全国高等职业教育技能型紧缺人才培养培训推荐教材

电工基本知识及技能

（楼宇智能化工程技术专业）

本教材编审委员会组织编写

邱海霞　主　编

刘　玲　主　审

中国建筑工业出版社

图书在版编目（CIP）数据

电工基本知识及技能/邱海霞主编. —北京：中国建筑工业出版社，2005
全国高等职业教育技能型紧缺人才培养培训推荐教材.
楼宇智能化工程技术专业
ISBN 978-7-112-07158-6

Ⅰ. 电… Ⅱ. 邱… Ⅲ. 电工技术-高等学校：技术学校-教材 Ⅳ. TM

中国版本图书馆 CIP 数据核字（2005）第 082453 号

全国高等职业教育技能型紧缺人才培养培训推荐教材
电工基本知识及技能
（楼宇智能化工程技术专业）
本教材编审委员会组织编写
邱海霞 主 编
刘 玲 主 审
*
中国建筑工业出版社出版、发行（北京西郊百万庄）
各地新华书店、建筑书店经销
北京富生印刷厂印刷
*
开本：787×1092 毫米 1/16 印张：15¼ 字数：370 千字
2005 年 8 月第一版 2010 年 8 月第三次印刷
定价：21.00 元
ISBN 978-7-112-07158-6
（13112）
版权所有 翻印必究
如有印装质量问题，可寄本社退换
（邮政编码 100037）

本书以提高学习者的职业实践能力和职业素养为宗旨，倡导以学生为本位的教育培训理念，根据理论和实践相结合的教学指导思想，突出职业教育的特色，以项目教学法的形式编写。

本书主要介绍电路的基本概念、正弦交流电路、三相交流电路、接地与安全、照明电路基础、变压器、电动机工作原理及控制电路，常用电工工具、器具、仪器、仪表的使用和保养，常用电器的安装与调试、照明电路的安装、常用线路的敷设与连接等电工基本知识和基本技能。

全书共分为五个基本项目教学单元，在每个基本项目教学单元中均按照课题、案例、实践项目的步骤进行实际教学，突出动手能力的培养和技能培训。全书的内容形式更贴近实际，且实用性、实践性更强，图文对照，新颖直观，通俗易懂，流程清晰，便于自学。

本书可作为高等职业学校相关专业的教学用书，并可作为不同层次的岗位培训教材，亦可供从事电气技术与维修人员参考。

* * *

本书在使用过程中有何意见和建议可与我社教材中心（jiaocai@china-abp.com.cn）联系。

责任编辑：齐庆梅　陈　桦
责任设计：郑秋菊
责任校对：刘　梅

本教材编审委员会名单

主　任： 张其光

副主任： 陈　付　刘春泽　沈元勤

委　员：（按拼音排序）

陈宏振　丁维华　贺俊杰　黄　河　蒋志良　李国斌

李　越　刘复欣　刘　玲　裴　涛　邱海霞　苏德全

孙景芝　王根虎　王　丽　吴伯英　邢玉林　杨　超

余　宁　张毅敏　郑发泰

序

改革开放以来，我国建筑业蓬勃发展，已成为国民经济的支柱产业。随着城市化进程的加快、建筑领域的科技进步、市场竞争的日趋激烈，急需大批建筑技术人才。人才紧缺已成为制约建筑业全面协调可持续发展的严重障碍。

面对我国建筑业发展的新形势，为深入贯彻落实《中共中央、国务院关于进一步加强人才工作的决定》精神，2004年10月，教育部、建设部联合印发了《关于实施职业院校建设行业技能型紧缺人才培养培训工程的通知》，确定在建筑施工、建筑装饰、建筑设备和建筑智能化等四个专业领域实施技能型紧缺人才培养培训工程，全国有71所高等职业技术学院、94所中等职业学校、702个主要合作企业被列为示范性培养培训基地，通过构建校企合作培养培训人才的机制，优化教学与实训过程，探索新的办学模式。这项培养培训工程的实施，充分体现了教育部、建设部大力推进职业教育改革和发展的办学理念，有利于职业院校从建设行业人才市场的实际需要出发，以素质为基础，以能力为本位，以就业为导向，加快培养建设行业一线迫切需要的高技能人才。

为配合技能型紧缺人才培养培训工程的实施，满足教学急需，中国建筑工业出版社在跟踪“高等职业教育建设行业技能型紧缺人才培养培训指导方案”编审过程中，广泛征求有关专家对配套教材建设的意见，组织了一大批具有丰富实践经验和教学经验的专家和骨干教师，编写了高等职业教育技能型紧缺人才培养培训“建筑工程技术”、“建筑装饰工程技术”、“建筑设备工程技术”、“楼宇智能化工程技术”4个专业的系列教材。我们希望这4个专业的系列教材对有关院校实施技能型紧缺人才的培养培训具有一定的指导作用。同时，也希望各院校在实施技能型紧缺人才培养培训工作中，有何意见和建议及时反馈给我们。

建设部人事教育司

2005年5月30日

前　言

根据教育部、建设部高等职业院校建筑智能化专业领域技能型紧缺人材培养培训指导方案有关精神，专业教学改革方案从培养目标、培养方案、课程体系、培养模式都有了改革与创新，必须有与之相适应的新教材。为了满足高等职业院校人才培养和全面教育的要求，我们编写了能满足当前建筑智能化专业所急需人才的配套教材，即《电工基本知识及技能》。它是建筑设备安装专业的主要实践课程，其教学任务是使学生掌握从事本专业工作所必需的电工基本知识和电工基本操作、安装技能，为形成较强的综合职业能力，成为高素质技能型紧缺人才奠定基础。

本教材以理论和实践融会一体为主导思想，以项目教学法为编写依据，力求内容丰富，图文并茂。本书也可作为建筑电气类相关专业的教材，同时也可供从事电气安装的技术人员作参考。在教材的编写中我们突出了培养实践能力的原则；理论联系实际的原则；适用性与灵活性相结合的原则。在教材中充分反映必须掌握的电工基本原理和电工基本技能中的新技术、新工艺和新方法，淘汰不适用的工艺和操作方法。本教材的内容形式以及与本专业的需求都更加密切，且实用性、实践性更强。本教材充分体现了综合能力的培养，体现了实践性特点。注重专业技能训练和创新能力的培养。图文对照，新颖直观，通俗易懂，流程清晰，便于自学。实用性强，可以满足企业对“双证”的要求。

本教材共分为五个单元，在每一单元中都有实训课题和成绩评定标准，供学习掌握操作要领和给教师提供评分参考。

本书由江苏联合职业技术学院南京建筑分院邱海霞副教授主编，并编写第 1、第 3、第 4 单元和第 5 单元，李蓓高级讲师编写第 2 单元和第 5 单元中的课题 1。由新疆建设职业技术学院刘玲副教授主审。编者在此对审稿人员及对本书编写工作给予大力支持的院校和中国建筑工业出版社的编辑们表示诚挚的谢意。

在编写过程中笔者参考了许多图书和杂志，由于篇幅有限，书后的参考文献中只列举了主要的参考书目，在此谨向参考文献的作者表示衷心的感谢。

由于编者水平有限，书中可能有错误和不足之处，殷切期望专家、同行批评指正，亦希望得到读者的意见和建议。

目　录

概　述

知 识 点：懂得电工知识的基本内容、电工操作技能的基本内容，懂得本门课程的学习方法。

1. 电工基本知识及技能的内容与任务

《电工基本知识及技能》是高等职业教育“建筑智能化专业”的核心能力培训系列教材之一。本教材以理论和实践融会一体为主导思想，以项目教学法为编写依据，力求内容的先进性和适用性。

《电工基本知识及技能》是研究电能在技术领域中应用的技术基础课程。电能的应用范围是极其广泛的。现代一切新的科学技术的发展无不与电有着密切的关系。

电能的应用，在生产技术上曾引起了划时代的革命。在现代工业、建筑业及国民经济的各个部门中，逐渐以电力作为主要的动力来源。电也是现代物质、文化生活中所不可缺少的，如电灯、电话、电影、电视、无线电广播及X射线透视等都是电能的应用。

电能所以会得到这样广泛的应用，是因为它具有无可比拟的优越性。电能的优越性主要表现在下列三个方面：

（1）便于转换　电能可以从水能（水力发电）、热能（火力发电），原子能（原子能发电）、化学能（电池）及光能（光电池）等转换而得；同时也可以将电能转换为其他所需要的能量形态，如利用电动机将电能转换为机械能，利用电炉将电能转换为热能，利用电灯将电能转换为光能，利用扬声器将电能转换为声能。电能之间也可以转换，如利用整流器将交流电能转换为直流电能，利用振荡器将直流电能转换为交流电能。

此外，工业生产中为了实现自动控制和调节，也可以将非电量利用传感器转换为电量（信号）。

（2）便于输送　电能可以方便地被输送到远方，而且输电设备简单，输电效率很高。我们知道，工厂通常建于原料产地或运输方便之处，而发电站则大多建于有能源的地方，二者之间有一定的距离。动力基地与工业基地在位置上存在的这个矛盾，由于电能的远距离输送而得到了解决。电能不仅输送方便，而且分配也很容易，根据用电需要，可以分配自如。

此外，电能也可以不通过导线而以电磁波的形式传播。

（3）便于控制　利用电能可以达到高度自动化。例如，能控制生产过程或设备，实现程序控制、数字控制或最佳状态控制，能检测生产过程的各种参数，转换成一定的电信号，实现自动调节和管理自动化。

此外，利用电能还能实现巡回检测、分析数据、程序显示、处理故障等功能。所以，电能的应用对劳动生产率的提高和社会生产力的发展起着巨大的作用。

在高等职业学校的教学计划中，“电工基本知识及技能”是一门实践性较强的技术基础课程。本课程系统地叙述了电工基本知识、线路与布线、电机、变压器和电器的基本知识与安装实训技能。本教材以培养实践能力为主，并附实训作业。全书以突出电工基本知识与操作技能为主，要求学生既了解基本理论与工艺知识，又掌握实际操作技能，由浅入深地培养学生的动手实践能力，增强学生的工作适应能力与竞争能力。它的目的和任务是使学生获得电工技术方面的基本理论、基本知识和基本技能，为学习后续课程以及今后从事工程技术工作打下必要的基础。

2. 学习方法与要求

为了学好本课程，首先要求具有正确的学习目的和态度。在学习中要能够刻苦钻研，踏踏实实，获得优良成绩。现就本课程的各个教学环节提出学习中应注意之点及要求，以供参考。

（1）学习时要抓住物理概念、基本理论、工作原理和分析方法；要理解问题是如何提出和引申的，又是怎样解决和应用的；要注意各部分内容之间的联系；要重在理解，能提出问题，积极思考，不宜死记。每单元后都有练习与思考，提出的问题都是基本的和概念性的，有助于课后复习巩固。此外，在教师指导下要培养自学能力，并且要多看参考书。

（2）通过实验验证和巩固所学理论，训练实验技能，并培养严谨的科学作风。实验是本课程的一个重要环节，不能轻视。实验前务必认真准备；实验时积极思考，多动手，学会正确使用常用的电子仪器，电工仪表，能正确连接电路，能准确读取数据；实验后要对实验现象和实验数据认真地整理分析，编写出整洁的实验报告。

（3）通过电工基本操作和基本技能的训练，掌握常用电气设备的安装、运行与维修的操作技能和工艺知识，了解常见电机、变压器、电器及电气设备的基本结构，为进入专业课程的学习建立感性认识。

（4）掌握本专业电工作业的基本操作技能，能够正确地使用和调整一般设备、工具和仪器仪表，根据原理图、互连图及装配图等技术资料做一般性的独立操作。

（5）电工技术实训一般包括预习、讲解与示范、操作训练、实训总结与考核。为了提高教学质量与效率，必须理论联系实际，并通过实物、图片、录像及参观生产工艺现场提高教学效果。为了保证电工技术实训能正常进行，以达到预期的要求，学生在电工技术实训中必须遵守如下规则：

1）明确实训目的，端正学习态度，认真参加实训，并在指定的岗位上实习，服从实习指导教师的指导。

2）重视技能训练，认真听取实习指导教师的讲解，仔细观察示范操作，并应理论联系实际。

3）掌握操作技能，严肃认真、细心操作，并严格按图样及工艺要求完成实训作业与课题。

4）重视实训总结，及时做好数据及现象记录，仔细分析故障原因，认真撰写实训总结或报告。

5）注意节约器件与材料，爱护设备、工具与仪器仪表，并应正确使用与妥善保管。

6）遵守实习规则与安全操作规程，保持工作岗位的整洁，并做到文明生产。

在实训中加强思想教育，使学生逐步树立正确的劳动观点，培养良好的职业习惯与职业道德，使学生具有德、智、体、美全面发展和较强的动手实践能力。

单元1　电路的基本概念

知 识 点： 电路的组成、电路的基本物理量、电阻及其连接、欧姆定律、电能和电功率、基尔霍夫定律、直流电路的计算、常用电工工具、常用电工仪表等。

教学目标： 懂得电路的基本概念，会做相关实验，会使用常用电工工具和常用电工仪表。

课题1　电路基本概念

1.1　电路的组成、电路的基本物理量

1.1.1　电路的作用与组成部分

电路是电流的通路，它是为了某种需要由某些电工设备或元件按一定方式组合起来的。

电路的结构形式和所能完成的任务是多种多样的，它的作用是实现电能的传输和转换，图1-1就是一个基本的电路，其中包括电源（干电池），负载（灯泡）、中间环节（导线和开关）三个组成部分。电源是供应电能的设备，干电池、蓄电池、发电机等都是常用的电源。电灯、电动机、电炉等都是负载，是取用电能的设备，它们分别把电能转换为光能、机械能、热能等。导线和开关是中间环节，是连接电源和负载的部分，它起传输和分配电能的作用。

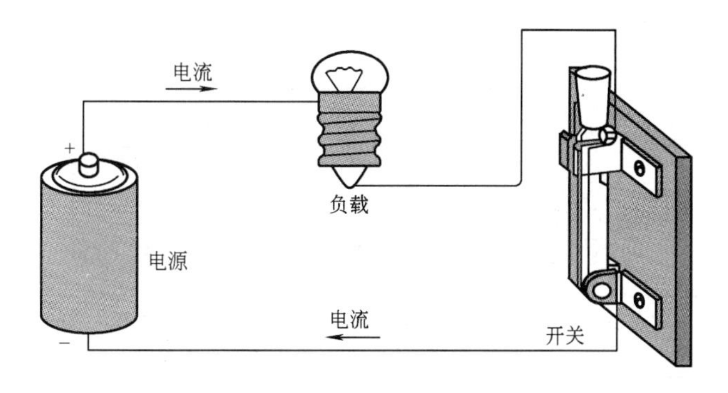

图1-1　电路的组成

1.1.2　电路图

实际电路都是由一些按需要起不同作用的实际电路元件或器件所组成，诸如发电机、变压器、电动机、电池、电灯以及各种电阻器和电容器等，为了便于对实际电路进行分析和用数学描述，将实际元件理想化，并用规定的图形符号表示这些理想电路元件，在理想电路元件中主要有电阻元件、电感元件、电容元件和电源元件等。由图形符号表示电路连

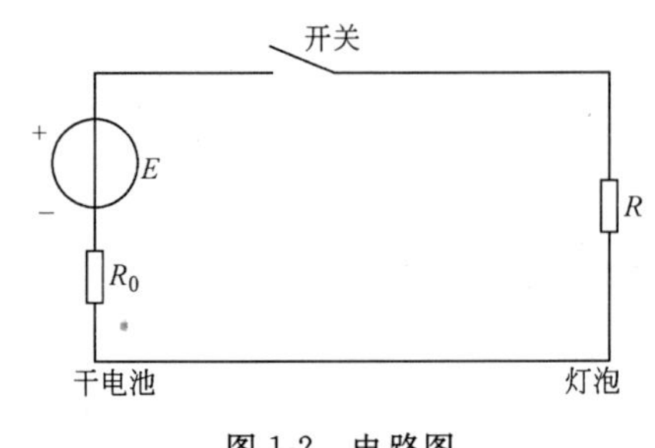

图 1-2　电路图

接情况的图，称为电路图。

图 1-2 就是对应图 1-1 的电路图。

1.1.3　电路的状态

电路的状态有以下几种：

（1）通路（闭路）

电路各部分连接成闭合回路，有电流通过。如图 1-1 中开关接通的情况，此时灯泡亮。

（2）开路（断路）

电路断开，电路中没有电流通过。如图 1-1 中开关拉下的情况，此时灯泡不亮。若导线某一处因故障断开，也是开路。

（3）短路（捷路）

当电源两端的导线直接相连，这时电源输出的电流不经过负载，只经过连接导线直接流回电源，这种状态称为短路状态，简称短路。

一般情况下，短路时的大电流会损坏电源和导线，应该尽量避免。有时，在调试电子设备的过程中，将电路某一部分短路，这是为了使与调试过程无关的部分没有电流通过而采取的一种方法。

1.1.4　电流

电子的定向运动称为电流。只有在一个闭合的电路内，才会有电流流动。一个基本的电流回路由电源、负载以及连接电源与负载的导线组成。在电流回路中加上开关后，可以接通和切断电流回路，如图 1-1 所示。

电流具有各种不同的作用和效应，如表 1-1 所示。其中，热与磁的效应总是伴随着电流一起发生。而电流对于光、化学以及人体生命的作用，只是在一定的条件下才能产生。

电流的作用　　**表 1-1**

热效应总是出现	磁效应总是出现	光效应在气体和一些半导体中	化学效应在导电的溶液中	对人体生命的效应
暖气、电烙铁、熔断器	继电器线圈，开门装置	白炽灯，发光二极管	蓄电池和带负载的元件的充电过程	事故，动物麻醉

在金属物体内有大量自由运动的电子，这些电子称为自由电子。它们总是从电子的密集处移向电子稀少处。自由电子的数量越多，物质的导电性能就越好。对于良导体，铜与银这两种金属的自由电子数，基本上与其原子数相等。

在一个闭合的电路中，电路对自由电子立即产生作用力，该力几乎以光的速度在闭合的电路中传播。而导体中的自由电子由于受到原子核的阻碍作用，只作缓慢的定向运动（每秒只有几毫米）。

测量电流时，应把电流表串联在电流回路中，如图 1-3 所示。

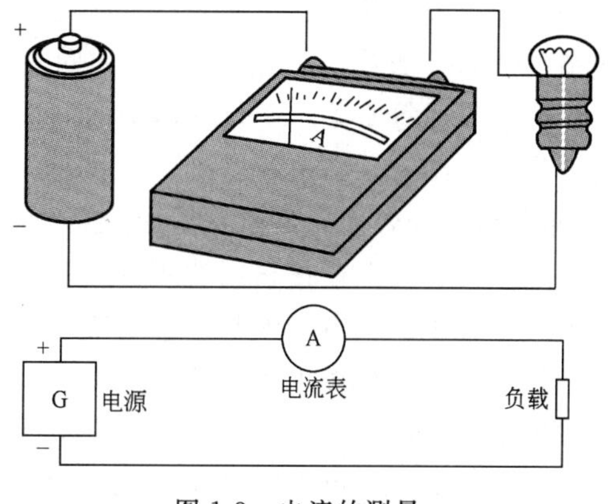

图 1-3　电流的测量

在国际单位制中，电流的单位是安培（A）。常用的电流单位还有毫安（mA），微安（μA）等。$1A=10^3mA=10^6\mu A$

习惯上规定正电荷定向移动的方向为电流的方向。在金属导体中电流的方向与自由电子定向移动的方向相反，在电解液中电流的方向与正离子移动的方向相同。电子运动的方向与电流的方向相反。

电流的种类如表 1-2 所示。

我们规定，直流电流用大写字母 I 表示，交流电流用小写字母 i 表示，两者不能混淆。

电流的种类　　**表 1-2**

名　称	波　形　图	名　称	波　形　图
直流电流　DC 符号　—	电流强度 I；时间 t	交流电流　AC 符号　～	电流强度 i；时间 t
直流电流的强度和方向不随时间而变化		交流电流的强度和方向均随时间而变化	
		混合电流（UC）是带有交流成分的直流电	

1.1.5　**电压、电动势、电位**

（1）电压

为了衡量电场力对电荷做功的能力，引入电压这一物理量。两点之间的电压在数值上等于电场力把单位正电荷从一点 a 移到另一点 b 所做的功。

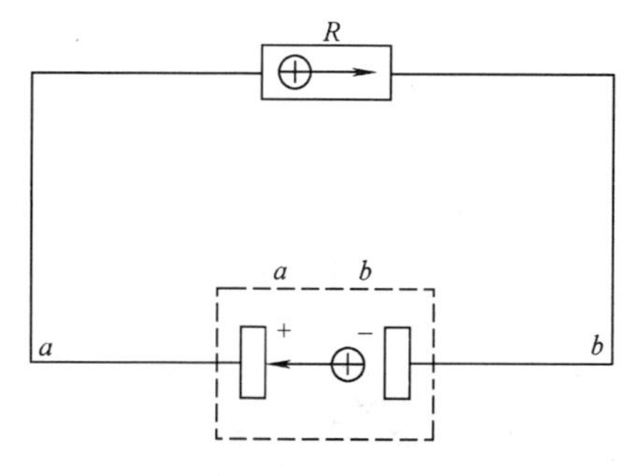

图 1-4　电压、电动势

用 U_{ab} 表示 a、b 两点之间的电压。电压的单位为伏特（V）。计量高电压时，常取千伏（kV）为单位，计量微小电压时，常取毫伏（mV）或微伏（μV）为单位。它们之间的换算关系是：

$$1kV=10^3V \qquad 1mV=10^{-3}V \qquad 1\mu V=10^{-6}V$$

如果电压的大小和方向都不随时间变动，这样的电压称为直流电压，用大写字母 U 表示，如果电压的大小和方向都随时间而变动，则称为交流电压，用小写字母 u 表示。

测量电压时，应把电压表并联在电路中。

（2）电动势

在前面的讨论中，我们知道正电荷在电场作用下，总是从高电位处（如正极）向低电位处（如负极）移动的。如果只有电场力对电荷作用，那么正电荷移动的结果，势必改变电荷的分布。随着时间的推移，正、负极上的电荷只会越来越少，它所产生的电场也就越来越弱，最后等于零，于是导体中的电流也只能是短暂的，不能持续地流动。

为了要维持导体中的电流，必须有一种外力源源不断地把正电荷从低电位处（如负极 *b*）移到高电位处（如正极 *a*）。在电源内部，就存在着这种外力。如在电池中由于电极和电解液的化学反应，在它们的接触处就有这种外力存在。在电源内部，同样也有电场，但是外力超过了电场力，因此形成正电荷从低电位到高电位的连续运动。在正电荷运动过程中，外力对正电荷做了功。把单位正电荷在电源内部从负极 *b* 移到正极 *a*，外力所做的功在数值上等于电动势，用字母 *E* 表示。电动势 *E* 的方向由负极 *b* 指向正极 *a*，也就是从电源的低电位处指向电源的高电位处。换句话说，电动势 *E* 为正时，电动势的方向是电位升高的方向。

在国际单位制中，电动势的单位也是伏特。

直流电动势的大小和方向，都是不随时间改变的（直流电动势用大写字母 *E* 表示）。如蓄电池的电动势约为 2V，干电池的电动势约为 1.5V。

当电源的正负极外部没有接通导体时，电源处于“开路”状态。电源开路时，电源中没有电荷在移动，这时电场力刚好和外力相平衡。换句话说，电场力和外力对正电荷做功的本领是相同的。这样，电源开路时，电源正负极间的电压数值上与电动势相等。

（3）电位

电位指的是某点相对于参考点之间的电压。参考点的电位为零电位。参考点可以任意选取，但一个电路一次只能选一个参考点。电位用字母 *V* 表示，电位的单位也是伏特。

在电场内两点间的电压也常称为两点间的电位差，即

$$U_{ab}=V_a-V_b$$

式中 U_{ab}——*a*、*b* 两点的电压；

V_a——*a* 点的电位；

V_b——*b* 点的电位。

电位、电压的关系可以比照水位与水压的关系，如图 1-5 所示。

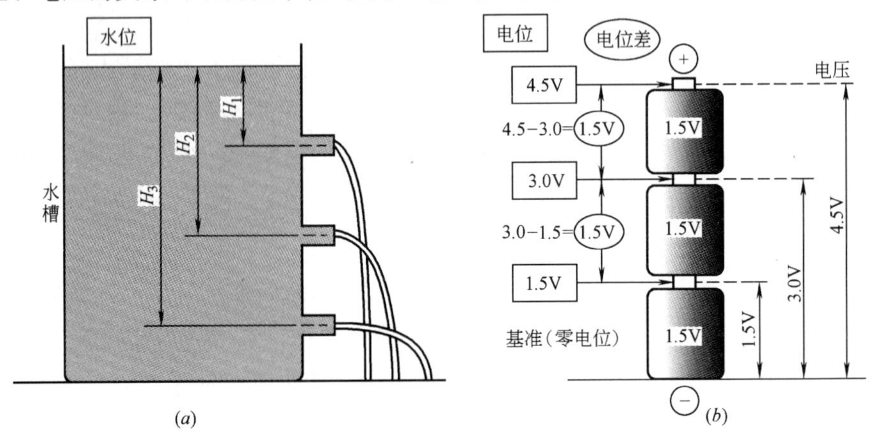

图 1-5　电压与水压的比照

（*a*）水位与水压；（*b*）电位与电压

在图中我们可以看出，水槽的水从几个出水口放水的情况，水深越深则水压越大，电池重叠得越多则电压越高。对于零电位而言，电池越多电位越高，但两点之间的电位差（电压）是不变的。

【例 1-1】 一恒定的直流电源（电压为 12V）与可变直流电源有一极相连，如图 1-6 所示。试回答下列问题：

（1）E_2＝4V 时，a、b 点的电位各是多少？

（2）在（1）的情况下，a、b 间的电位差 U_{ab}，是多少？

（3）E_2＝12V 时，a、b 间的电位差是多少？

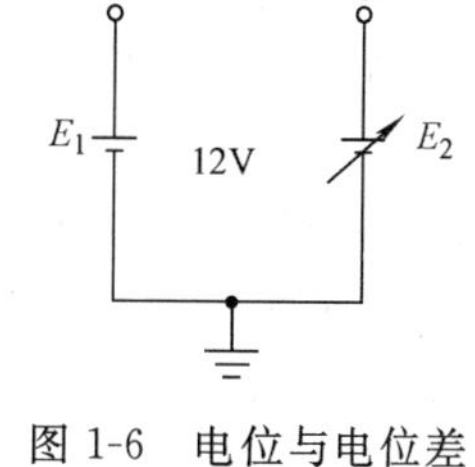

图 1-6 电位与电位差

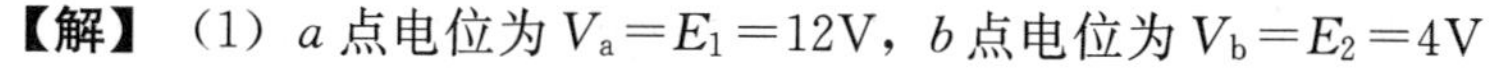

【解】（1）a 点电位为 $V_a = E_1 = 12V$，b 点电位为 $V_b = E_2 = 4V$

（2）$U_{ab} = V_a - V_b = 12 - 4 = 8V$

（3）$U_{ab} = V_a - V_b = 12 - 12 = 0V$

这是因为 a、b 两点电位相同，故此两点间没有电位差。

1.2 电阻及其连接

1.2.1 电阻

（1）电阻

有良好导电性能的物体叫导体。几乎不导电的物体叫作绝缘体或非导体。而像硅或锗等则具有在低温下电阻较大，但在高温时其电阻则减少的性质。它们被称作半导体。

导体——金、银、铜、铝、铁等金属，食盐水、稀硫酸、氢氧化钠的水溶液等电解液；

半导体——硅、锗、硒等；

绝缘体——橡胶、树脂、棉布、绢布、大理石、玻璃、云母、空气等。

金属导体中的电流是自由电子定向移动形成的。自由电子在运动中要跟金属正离子频繁碰撞，每秒的碰撞次数高达 10^{15} 左右。这种碰撞阻碍了自由电子的定向移动，表示这种阻碍作用的物理量叫做电阻。不但金属导体有电阻，其他物体也有电阻。电阻的英文名称为 resistance，通常缩写为 R。

电阻的基本单位是欧姆，用希腊字母 Ω 来表示。电阻的单位欧姆有这样的定义：导体上加上 1V 电压时，产生 1A 电流所对应的阻值为 1Ω。电阻的主要职能就是阻碍电流流过。事实上，“电阻”说的是一种性质，而通常在电子产品中所指的电阻，是指电阻器这样一种元件。师傅对徒弟说：“找一个 100Ω 的电阻来！”指的就是一个“电阻值”为 100Ω 的电阻器，欧姆常简称为欧。表示电阻阻值的常用单位还有千欧（kΩ），兆欧（MΩ）。

电阻器是电气、电子设备中用得最多的基本元件之一。主要用于控制和调节电路中的电流和电压，或用作消耗电能的负载。

（2）电阻率

导体的电阻是由它本身的物理条件决定的。金属导体的电阻是由它的长短、粗细、材料的性质和温度决定的。

在保持温度（如 20℃）不变的条件下，实验结果表明，用同种材料制成的横截面积相等而长度不相等的导线，其电阻与它的长度 l 成正比；长度相等而横截面积不相等的导线，其电阻与它的横截面积 S 成反比，即

$$R=\rho l/S$$

上式称为电阻定律。式中ρ叫做导体的电阻率，单位是Ω·m（欧·米）；R、l、S的单位分别是Ω（欧）、m（米）和m^2（平方米）。

可以理解为将每边为1m的立方体的电阻，作此导体的电阻率。ρ与导体材料的性质和导体所处的条件，如温度等有关。在一定温度下，对同一种材料，ρ是常数。

不同的物质有不同的电阻率，电阻率的大小反映了各种材料导电性能的好坏，电阻率越大，表示导电性能越差。通常将电阻率小于10^{-6}Ω·m的材料称为导体，如金属；电阻率大于10^7Ω·m的材料称为绝缘体，如石英、塑料等；而电阻率的大小介于导体和绝缘体之间的材料，称为半导体，如锗、硅等。导线的电阻要尽可能地小，各种导线都用铜、铝等电阻率小的纯金属制成。而为了安全，电工用具上都安装有用橡胶、木头等电阻率很大的绝缘体制作的把、套。表1-3列出了几种常用材料的电阻率。

几种常用材料的电阻率 **表1-3**

	材料名称	电阻率 ρ(Ω·m)(20℃)	电阻温度系数 α(1/℃)
导体	银	1.6×10^{-8}	3.6×10^{-3}
	铜	1.7×10^{-8}	4.1×10^{-3}
	铝	2.8×10^{-8}	4.2×10^{-3}
	钨	5.5×10^{-8}	4.4×10^{-3}
	镍	7.3×10^{-8}	6.2×10^{-3}
	铁	9.8×10^{-8}	6.2×10^{-3}
	锡	1.14×10^{-7}	4.4×10^{-3}
	铂	1.05×10^{-7}	4.0×10^{-3}
	锰铜(85%铜+3%镍+12%锰)	$(4.2\sim4.8)\times10^{-7}$	$\approx0.6\times10^{-5}$
	康铜(58.8%铜+40%镍+1.2%锰)	$(4.8\sim5.2)\times10^{-7}$	$\approx0.5\times10^{-5}$
	镍铬丝(67.5%镍+15%铬+16%碳+1.5%锰)	$(1.0\sim1.2)\times10^{-6}$	$\approx15\times10^{-5}$
	铁铬铝	$(1.3\sim1.4)\times10^{-6}$	$\approx5\times10^{-5}$
半导体	碳（纯）	3.5×10^{-5}	-0.5×10^{-3}
	锗（纯）	0.60	
	硅（纯）	2300	
绝缘体	塑料	$10^{15}\sim10^{16}$	
	陶瓷	$10^{12}\sim10^{13}$	
	云母	$10^{11}\sim10^{15}$	
	石英(熔凝的)	75×10^{10}	
	玻璃	$10^{10}\sim10^{14}$	
	琥珀	5×10^{14}	

1.2.2 电阻与温度的关系

温度对导体电阻的影响：(1) 温度升高，使物质分子的热运动加剧，带电质点的碰撞次数增加，即自由电子的移动受到的阻碍增加；(2) 温度升高，使物质中带电质点数目增多，更容易导电。随着温度的升高，导体的电阻究竟是增大了，还是减小了，要看哪一种因素的作用占主要地位而定。

一般金属导体中，自由电子数目几乎不随温度变化，而带电粒子的碰撞次数却随温度的升高而增多，因此温度升高时，其电阻增大。温度每升高1℃时，一般金属导体电阻的增加量约为3‰～6‰。所以，温度变化小时，金属导体电阻可认为是不变的。但当温度变化大时，电阻的变化就不可忽视。例如，40W 白炽电灯的灯丝电阻在不发光时约 100Ω，正常发光时，灯丝温度可达 2000℃以上，这时的电阻超过 1kΩ，即超过原来的 10 倍。

利用这一特性，可制成电阻温度计，这种温度计的测量范围为－263～1000℃（常用铂丝制成）。

少数合金的电阻，几乎不受温度的影响，常用于制造标准电阻器。

在极低温（接近于绝对零度）状态下，有些金属（一些合金和金属的化合物）电阻突然变为零，这种现象叫做超导现象。对超导材料的研究是现代物理学中很重要的课题，目前正致力于提高超导体的温度，以扩大它的应用范围。

必须指出，不同的材料因温度变化而引起的电阻变化是不同的，同一导体在不同的温度下有不同的电阻，也就有不同的电阻率。表 1-3 列出的电阻率是 20℃时的值。

温度每升高 1℃时电阻所变动的数值与原来电阻值的比，称为电阻的温度系数，以字母 α 表示，单位为 1/℃。

如果在温度为 t_1 时，导体的电阻为 R_1，在温度为 t_2 时，导体的电阻为 R_2，则电阻的温度系数

$$\alpha=\frac{R_2-R_1}{R_1(t_2-t_1)}$$

即
$$R_2=R_1[1+\alpha(t_2-t_1)]$$

表 1-3 所列的 α 值是导体在某一温度范围内温度系数的平均值。并不是任何初始温度下，每升高 1℃都有相同比例的电阻变化，上述公式只是近似的表示式。

1.2.3 电阻的串联

如果电路中有两个或以上的电阻一个接一个地顺序相连，并且在这些电阻中通过同一电流，则这样的连接方法就称为电阻的串联。图 1-7（a）所示是两个电阻串联的电路。

两个串联电阻可用一个等效电阻 R 来代替如图 1-7（b），等效的条件是在同一电压 U 的作用下电流 I 保持不变。等效电阻等于两个串联电阻之和，即

$$R=R_1+R_2$$

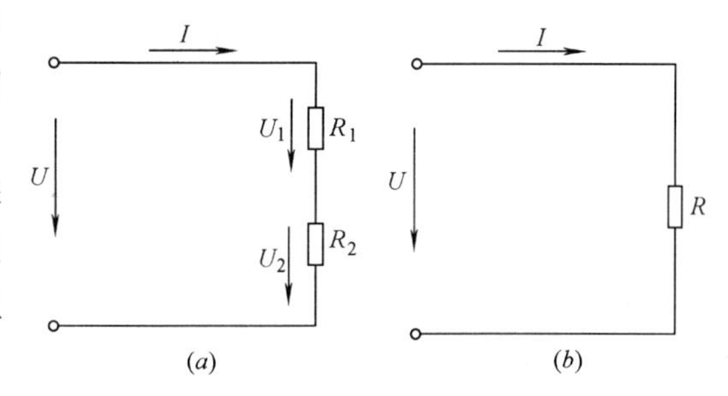

图 1-7 两电阻串联电路

（a）电阻的串联；（b）等效电阻

两个串联电阻上的电压分别为

$$U_1=IR_1=R_1/(R_1+R_2U)$$

$$U_2=IR_2=R_2/(R_1+R_2U)$$

可见，串联电阻上电压的分配与电阻成正比。当其中某个电阻较其他电阻小很多时，在它两端的电压也较其他电阻上的电压低很多，因此，这个电阻的分压作用常可忽略不计。

电阻串联的应用很多。譬如在负载的额定电压低于电源电压的情况下，通常需要与负载串联一个电阻，以降落一部分电压。有时为了限制负载中通过过大的电流时，也可以与

负载串联一个限流电阻。如果需要调节电路中的电流时，一般也可以在电路中串联一个变阻器来进行调节。另外，改变串联电阻的大小以得到不同的输出电压，这也是常见的。

1.2.4　电阻的并联

如果电路中有两个或更多个电阻连接在两个公共的节点之间，则这样的连接方法就称为电阻的并联。在各个并联支路（电阻）上受到同一电压。图 1-8（a）是两个电阻并联的电路。

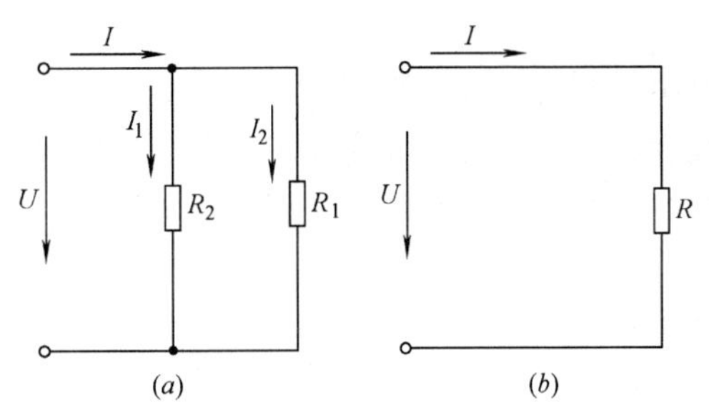

图 1-8　两电阻并联电路

（a）电阻的并联；（b）等效电阻

两个并联电阻也可以用一个等效电阻 R 来代替如图 1-8（b）。等效电阻的倒数等于各个并联电阻的倒数之和，即

$$1/R=1/R_1+1/R_2$$

上式也可写成　$G=G_1+G_2$

式中 G 称为电导，是电阻的倒数。在国际单位制中，电导的单位是西门子（S）。并联电阻用电导表示，在分析计算多支路并联时可以简便些。

两个并联电阻上的电流分别为

$$I_1=\frac{U}{R_1}=\frac{IR}{R_1}=\frac{R_2}{R_1+R_2}I$$

$$I_2=\frac{U}{R_2}=\frac{IR}{R_1}=\frac{R_1}{R_1+R_2}I$$

可见，并联电阻上电流的分配与电阻成反比。当其中某个电阻较其他电阻大很多时，通过它的电流也较其他电阻上的电流小很多，因此，这个电阻的分流作用常可忽略不计。

一般负载都是并联运用的。负载并联运用时，它们处于同一电压之下，任何一个负载的工作情况基本上不受其他负载的影响。

并联的负载电阻越多（负载增加），则总电阻越小，电路中总电流和总功率也就越大。但是每个负载的电流和功率却没有变动（严格地讲，基本上不变）。

有时为了某种需要，可将电路中的某一段与电阻或变阻器并联，以起分流或调节电流的作用。

【例 1-2】 计算图 1-9（a）所示电阻电路的等效电阻 R，并求电流 I。

【解】（1）首先从电路结构，根据电阻串联与并联的特征，看清哪些电阻是串联的，哪些是并联的。在图 1-9（a）中，

R_1 与 R_2 并联，得 $R_{12}=1\Omega$

R_3 与 R_4 并联，得 $R_{34}=2\Omega$

因而简化为图 1-9（b）所示的电路。在这图中，R_{34} 与 R_6 串联，而后再与 R_5 并联，得 $R_{3456}=2\Omega$，再简化为图 1-9（c）所示的电路。由此最后简化为图 1-9（d）所示的电路，等效电阻

$$R=(1+2)\times3/(1+2+3)=1.5\Omega$$

（2）由图 1-9（d）得出

$$I=U/R=3/1.5=2\text{A}$$

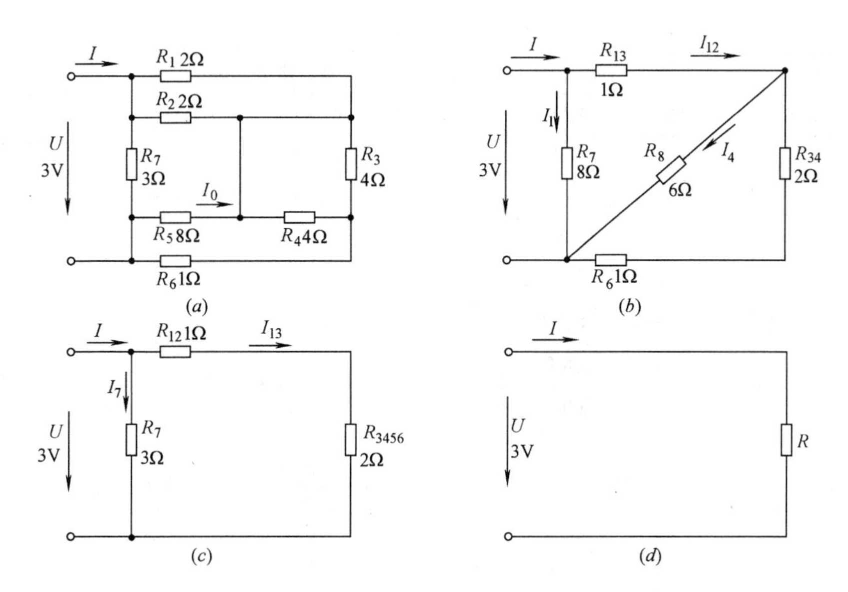

图 1-9　等效电阻化简步骤

1.2.5　电阻的识别

电阻器是电气、电子设备中最常用的元件之一，主要用于控制和调节电路中的电流和电压，或作为消耗电能的负载。

电阻器有不同的分类方法。按材料分，有碳膜电阻、水泥电阻、金属膜电阻和线绕电阻等不同类型；按功率分，有 1/16W、1/8W、1/4W、1/2W、1W、2W 等额定功率的电阻；按电阻值的精确度分，有精确度为 ±5%、±10%、±20%等的普通电阻，还有精确度为±0.1%、±0.2%、±0.5%、±1%和±2%等的精密电阻。电阻的类别可以通过外观的标记识别。

电阻器的种类有很多，通常分为三大类：固定电阻，可变电阻（可变电阻通常称为电位器），特种电阻。在电子产品中，以固定电阻应用最多。而固定电阻以其制造材料又可分为好多类，但常用、常见的有 RT 型碳膜电阻、RJ 型金属膜电阻、RX 型线绕电阻，还有近年来开始广泛应用的片状电阻。在国产老式的电子产品中，常可以看到外表涂覆绿漆的电阻，那就是 RT 型的。而红颜色的电阻，是 RJ 型的。一般老式电子产品中，以绿色的电阻居多。为什么呢？这影响到产品成本的问题，因为金属膜电阻虽然精度高、温度特性好，但制造成本也高，而碳膜电阻特别价廉，而且能满足民用产品要求。

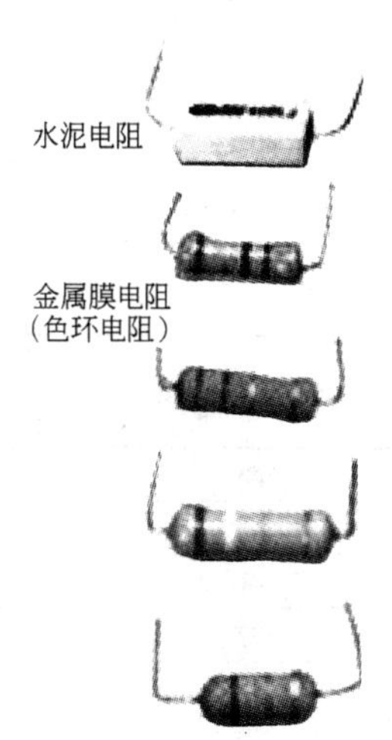

图 1-10　电阻的外形

电阻器当然也有功率之分。常见的是 1/8W 的“色环碳膜电阻”，它是电子产品和电子制作中用得最多的。再者就是微型片状电阻，它是贴片元件家族的一员，以前多见于进口微型产品中。

（1）固定电阻

1）电阻器的型号如表 1-4 电阻器的型号命名方法所示，电阻器的型号由四部分（主称、材料、类别、序号）组成。

电阻器的型号命名方法 **表 1-4**

第一部分			第二部分			第三部分				第四部分
主称	符号	意义	材料	符号	意义	类别	符号	电阻器	电位器	序号：对主称、材料相同，仅性能指标、尺寸大小有区别，但基本不影响互换使用的产品，给同一序号；若性能指标、尺寸大小明显影响互换时，则在序号后面用大写字母作为区别代号
	R	电阻器		T	碳膜		1	普通	普通	
				H	合成膜		2	普通	普通	
				S	有机实芯		3	超高频	—	
				N	无机实芯		4	高阻	—	
				J	金属膜		5	高温	—	
				Y	氧化膜		6	—	—	
				C	沉积膜		7	精密	精密	
				I	玻璃釉膜		8	高压	特殊函数	
				P	硼酸膜		9	特殊	特殊	
	W	电位器		U	硅酸膜		G	高功率	—	
				X	线绕		T	可调	—	
				M	压敏		W	稳压式	微调	
				G	光敏		D	—	多圈	
				R	热敏		B	温度补偿用	—	
							C	温度测量用	—	
							P	旁热式	—	
							Z	正温度系数	—	

例如：精密金属膜电阻器 RJ73　第一部分：主称 R——电阻器；第二部分：材料 J——金属膜；第三部分：类别 7——精密；第四部分：序号 3。

电阻器（电位器、电容器）的标称有 E24、E12、E6 系列，相应允许误差分别为Ⅰ级（±5%）、Ⅱ级（±10%）、Ⅲ级（±20%）。

2）常用固定电阻的阻值和允许偏差的标注方法

A. 直标法　将阻值和误差直接用数字和字母印在电阻上（无误差标示的即为允许误差Ⅲ级±20%）。

B. 色环表示法　将不同颜色的色环涂在电阻器上来表示电阻的标称值及允许误差。各种颜色代表的数值见表 1-5。读数规则如图 1-11 所示。

电阻器色标符号意义 **表 1-5**

色环颜色	第一色环	第二色环	第三色环	第四色环
	有效数字第一位数	有效数字第二位数	应乘倍数	允许误差
黑	0	0	10^0	—
棕	1	1	10^1	±1%
红	2	2	10^2	±2%
橙	3	3	10^3	—
黄	4	4	10^4	—
绿	5	5	10^5	±0.5%
蓝	6	6	10^6	±0.2%

续表

色环颜色	第一色环	第二色环	第三色环	第四色环
	有效数字第一位数	有效数字第二位数	应乘倍数	允许误差
紫	7	7	10^7	±0.1%
灰	8	8	10^8	—
白	9	9	10^9	±50%～±20%
金	—	—	10^{-1}	±5%
银	—	—	10^{-2}	±10%
无色	—	—	—	±20%

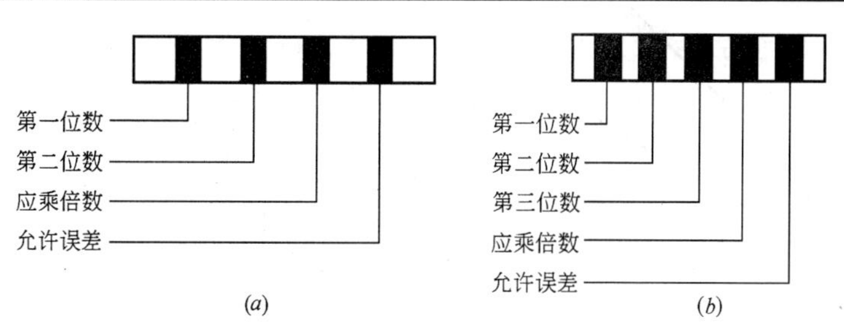

图 1-11　固定电阻色环标示读数识别方法

(*a*) 一般电阻；(*b*) 精密电阻

例如：黄　紫　红　金　　　　　表示 4.7×(1%±5%)kΩ

　　　红　橙　黄　　　　　　　表示230×(1%±20%)kΩ

　　　棕　紫　绿　金　棕　　　表示17.5×(1%±1%)kΩ

(2) 可变电阻器

可变电阻器一般称电位器，在旋转它时，其电阻值会随旋转角度的变化而变化。有圆柱形、长方体形等多种形状的电位器，从结构上分有直滑式、旋转式、带开关式、多连式、多圈式、微调式和无接触式等多种形式。材料有碳膜、合成膜、有机导电体、金属玻璃釉和合金电阻丝等多种电阻体材料。电路进行一般调节时最常用的一种是碳膜电位器，其价格低廉。在精确调节时，宜采用多圈电位器或精密电位器。

(3) 电阻的测量

线性电阻的阻值不随使用环境条件（加在电阻上的电压）的变化而变化，可以通过万用表的电阻挡进行测量，也可以用伏安法测量（即先用直流电压表和直流电流表测出电阻上相应的电压和电流读数值，然后利用欧姆定律 $R=U/I$，计算电阻值）。当被测电阻 R_x 较大时，采用电流表内接法，当 R_x 较小时，采用电流表外接法。对于非线性电阻，其阻值随使用条件的变化而变化，如热敏电阻是温度与电阻有关系，压敏电阻是压力与电阻有关系等。因此测量阻值，用交流电压表和交流电流表测出相应的读数，并利用欧姆定律计算不同状态下的（动态）电阻值，也可以通过万用表的电阻挡测量。

1.3　欧姆定律

1.3.1　欧姆定律

实验：先将一个电位器（变阻器）调至某一固定的电阻值，再将一个输出电压可调的电源与电位器相连接，然后把电源从 0V 开始逐步升高，并把每次调整后的电压以及电路中的电流测量出来。

结果：这时我们将看到电流的增长变化与电压成正比。

在电阻值为恒定时，电流随电压线性增长，如将上述关系采用如图 1-12 所示的坐标来描述，我们将可以得到 I 随 U 变化的一条直线。从图中可以看出：电阻值越小，这条直线越陡；随着电阻值的增大，这条直线的斜率将变小。此时，电流 I 是电压 U 的函数。

当电压保持恒定时，电流与电阻值成反比关系，如图 1-13 所示，电流 I 随电阻 R 的变化呈双曲线关系。此时，电流 I 是电阻 $1/R$ 的函数。

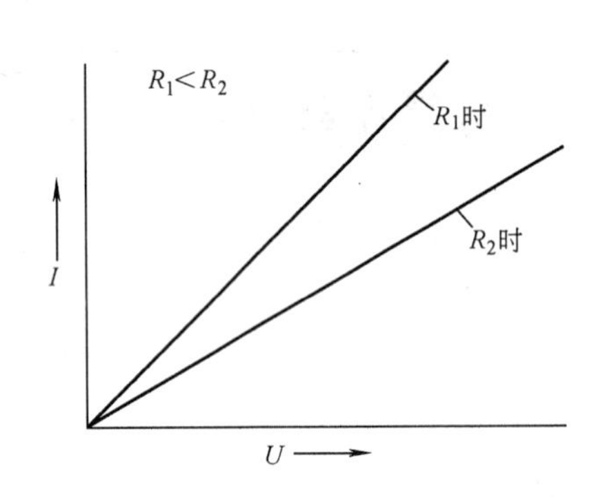

图 1-12　线性电阻时 I 作为 U 的函数

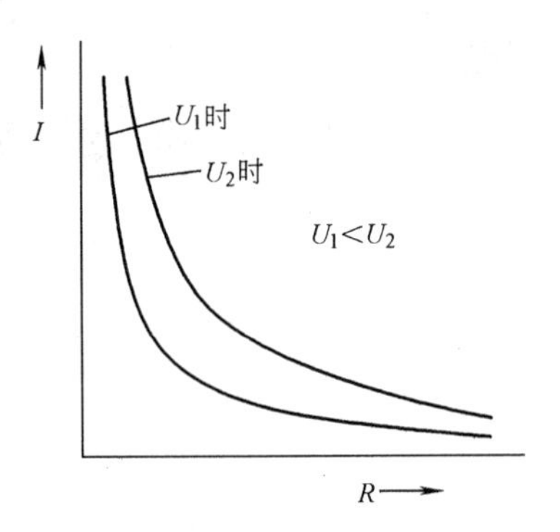

图 1-13　线性电阻时 I 作为 R 的函数

欧姆定律表达了电流强度 I、电压 U 与电阻 R 相互之间的关系。

$$I=\frac{U}{R}\text{单位：}[I]=\frac{[U]}{[R]}=\frac{\mathrm{V}}{\Omega}=\mathrm{A}$$

【例 1-3】 当一个白炽灯接上 4.5V 电压时，其灯丝的工作电阻值为 1.5Ω。请问，此时流经灯泡的电流是多少？

【解】

$$I=\frac{U}{R}=\frac{4.5\mathrm{V}}{1.5\Omega}=3\mathrm{A}$$

1.3.2　闭合电路的欧姆定律

图 1-14 所示是最简单的闭合电路，在闭合电路里，不但外电路有电阻，内电路（电源部分）也有电阻，内电路的电阻称为内阻。

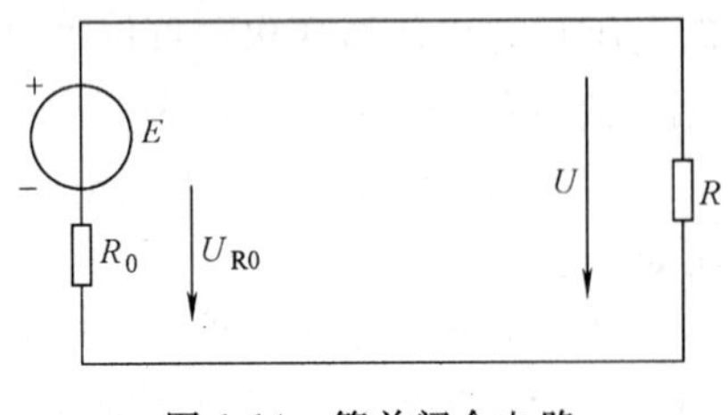

图 1-14　简单闭合电路

在闭合电路里，电流是由哪些因素决定的呢？这个问题可以用能量守恒定律和焦耳定律来解决。

设 t 时间内有电荷量 q 通过闭合电路的横截面。在电源内部，非静电力把 q 从负极移到正极所做的功 $W=Eq$，考虑到 $q=It$，那么 $W=EIt$。电流通过电阻 R 和 R_0 时，电能转化为热能，根据焦耳定律，$Q=RI^2t+R_0I^2t$。电源内部其他形式的能转化成的电能，在电流通过电阻时全部转化为热能，根据能量守恒定律，$W=Q$，即 $EIt=RI^2t+R_0I^2t$，所以

$$E=RI+R_0I$$

或

$$I=E/(R+R_0)$$

上式表示：闭合电路内的电流，跟电源的电动势成正比，跟整个电路的电阻成反比，这就是闭合电路的欧姆定律。

由于 $IR=U$ 是外电路上的电压降（也叫端电压），$R_0I=U_{R0}$ 是内电路上的电压降，所以

$$E=U+U_{R0}=IR+R_0I$$

这就是说，电源的电动势等于内外电路电压降之和。

1.3.3 电源向负载输出的功率

将 $E=IR+R_0I$ 式写成 $U=E-R_0I$，后两端同乘以 I，得

$$UI=EI-R_0I^2$$

式中 EI——电源的总功率；

UI——电源向负载输出的功率；

R_0I^2——内电路消耗的功率。

由以上讨论可知：电流随负载电阻的增大而减小，端电压随负载电阻的增大而增大，电源输出给负载的功率 $P=UI$ 也和负载电阻有关。那么，在什么情况下电源的输出功率最大呢？

若负载为纯电阻时，则

$$P=UI=RI^2=R(E/R+R_0)^2=RE^2/(R+R_0)^2$$

利用 $(R+R_0)^2=(R-R_0)^2+4RR_0$，上式可以写成

$$P=\frac{RE^2}{(R-R_0)^2+4RR_0}=\frac{E^2}{\frac{(R-R_0)^2}{R}+4R_0}$$

电源的电动势 E 和内电阻 R_0 与电路无关，可以看作是恒量。因此，只有 $R=R_0$ 时，上式中分母的值最小，整个分式的值最大，这时电源的输出功率就达到最大值，该最大值为

$$P=E^2/4R=E^2/4R_0$$

这样，就得到结论：外电路的电阻等于电源的内电阻时，电源的输出功率最大，这时称负载与电源匹配。

当电源的输出功率最大时，由于 $R=R_0$，所以，负载上和内阻上消耗的功率相等，这时电源的效率不高，只有 50%。在电工和电子技术中，根据具体情况，有时要求电源的输出功率尽可能大些，有时又要求在保证一定功率输出的前提下尽可能提高电源的效率，这就要根据实际需要选择适当阻值的负载，以充分发挥电源的作用。

上述原理在许多实际问题中得到应用。例如，在多级晶体管放大电路中，总是希望后一级能从前一级获得较大的功率，以提高整个系统的功率放大倍数。这时，前级放大器的输出电阻相当于电源内阻，后级放大器的输入电阻则相当于负载电阻，当这两个电阻相等时，后一级放大器就能从前一级得到最大的功率，这个问题叫放大器之间的阻抗匹配。

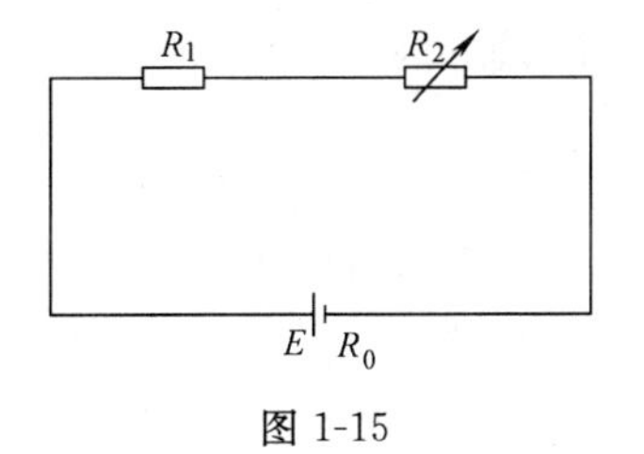

图 1-15

【例 1-4】 在图 1-15 中，$R_1=8\Omega$，电源的电动势 $E=80\text{V}$，内阻 $R_0=2\Omega$，R_2 为变阻器，要使变阻器消耗

的功率最大，R_2 应多大？这时 R_2 消耗的功率是多少？

【解】 可以把 R_1 看作是电源内阻的一部分，这样电源内阻就是 R_1+R_0，利用电源输出功率最大的条件，可以求出

$$R_2=R_1+R_0=(8+2)\Omega=10\Omega$$

这时，R_2 消耗的功率

$$P_W=\frac{E^2}{4R_2}=\frac{80^2}{4\times10}W=160W$$

1.4 电能和电功率

1.4.1 电能

在导体两端加上电压，导体内就建立了电场。电场力在推动自由电子定向移动中要做功。设导体两端的电压为 U，通过导体横截面的电荷量为 Q，电场力所做的功即电路所消耗的电能：$W=qU$，由于 $q=It$，所以

$$W=UIt$$

式中，W、U、I、t 的单位应分别是 J（焦）、V（伏）、A（安）、s（秒）。在实际应用中常以 kW·h（千瓦时，俗称度）作为电能的单位。

1 度：$1kW\cdot h=3.6\times10^6J$

电流做功的过程实际上是电能转化为其他形式的能的过程。例如，电流通过电炉做功，电能转化为热能；电流通过电动机做功，电能转化为机械能；电流通过电解槽做功，电能转化为化学能。

1.4.2 电功率

在一段时间内，电路产生或消耗的电能与时间的比值叫做电功率。用 P 表示电功率，那么

$$P=\frac{W}{t}$$

或

$$P=UI$$

式中，P、U、I 的单位应分别是 W（瓦）、V（伏）、A（安）。

可见，一段电路上的电功率，跟这段电路两端的电压和电路中的电流成正比。

用电器上通常标明它的电功率和电压，叫做用电器的额定功率和额定电压。如果给它加上额定电流，它的功率就是额定功率，这时用电器正常工作。根据额定功率和额定电压，可以很容易算出用电器的额定电流。例如，220V、40W 灯泡的额定电流就是 40/220A≈0.18A。加在用电器上的电压改变，它的功率也随着改变。

【例 1-5】 有一只 220V、40W 的白炽灯，接在 220V 的供电线路上，求取用的电流？若平均每天使用 2.5h（小时），电价是每千瓦时 0.42 元，求每月（以 30 天计）应付出的电费。

【解】 因为 $P=UI$

所以

$$I=\frac{P}{U}=\frac{40}{220}A\approx0.18A$$

每月用电时间为 $2.5h\times30=75h$

每月消耗电能为 $W=P_2=0.04\times75kW\cdot h=3kW\cdot h$

每月应付电费为 $0.42\times3kW\cdot h=1.26$ 元

1.4.3 焦耳定律

电流通过金属导体的时候，作定向移动的自由电子要频繁地跟金属正离子碰撞。由于这种碰撞，电子在电场力的加速作用下获得的动能，不断传递给金属正离子，使金属正离子的热振动加剧，于是通电导体的内能增加，温度升高，这就是电流的热效应。

实验结果表明：电流通过导体产生的热量，跟电流的平方、导体的电阻和通电时间成正比，这就是焦耳定律。用 Q 表示热量，I 表示电流，R 表示电阻，t 表示时间，焦耳定律可写成公式

$$Q=RI^2t$$

式中，I、R、t 分别用 A、Ω、s 作单位，Q 用 J 作单位。

复习思考题

1. 有一根导线每小时通过其横截面的电荷量为 900C，问通过导线的电流多大？合多少毫安？多少微安？

2. 一根实验用的铜导线，它的截面积为 1.5mm²，长度为 0.5m，计算该导线的电阻值（温度为 20℃）。

3. 有一个电炉，它的炉丝长 50m，炉丝用镍铬丝，若炉丝电阻为 5Ω，问这根炉丝的截面积是多大（镍铬丝的电阻率取 $1.1\times10^{-6}\Omega\cdot m$）？

4. 用横截面积为 0.6mm²，长 200m 的铜线绕制一个线圈，这个线圈允许通过的最大电流是 8A，这个线圈两端至多能加多高的电压？

5. 电源的电动势为 1.5V，内电阻为 0.12Ω，外电路的电阻为 1.38Ω，求电路中的电流和端电压。

6. 试求图 1-16 所示电路中 A 点和 B 点的电位。如将 A，B 两点直接连接或接一电阻，对电路工作有无影响？

图 1-16 习题 6

7. 在图 1-17 中，当开关 S 扳向 2 时，电压表读数为 6.3V，当开关 S 扳向 1 时，电流表读数为 3A。已知电阻 $R=2\Omega$，求电源的内电阻。

8. 在图 1-18 中，1kΩ 电位器两头各串 100Ω 电阻一只，求当改变电位器滑动触点时，U_2 的变化范围。

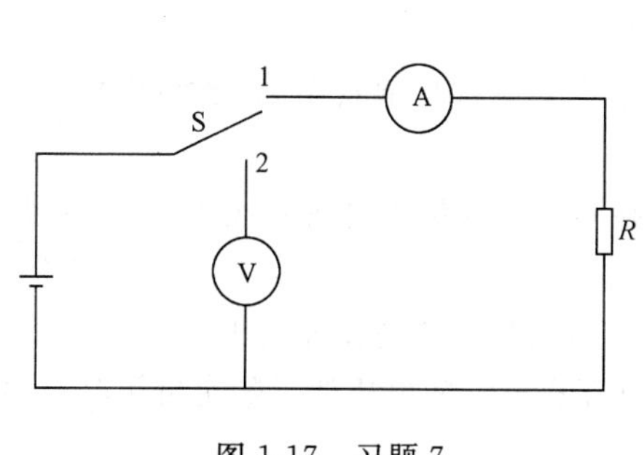

图 1-17 习题 7

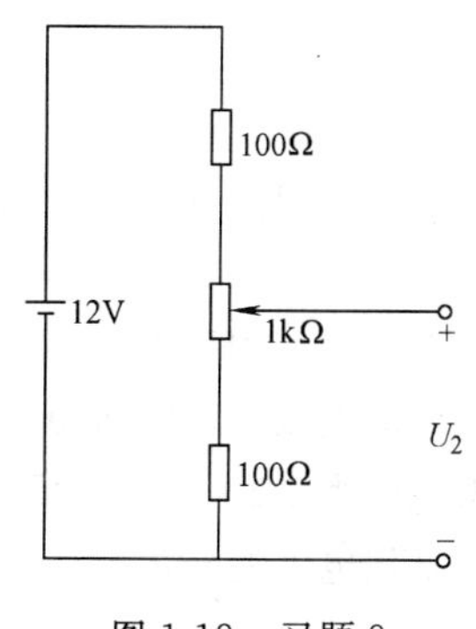

图 1-18 习题 8

9. 有一电流表，内阻为0.03Ω，量程为3A。测量电阻R中的电流时，本应与R串联，如果不注意，错把电流表与R并联了，如图1-19所示，将会产生什么后果？假设R两端的电压为3V。

10. 如图1-20所示，电源的电动势为8V，内电阻为1Ω，外电路有三个电阻，R_1为5.8Ω，R_2为2Ω，R_3为3Ω。求：(1) 通过各电阻的电流；(2) 外电路中各个电阻上的电压降和电源内部的电压降；(3) 外电路中各个电阻消耗的功率。

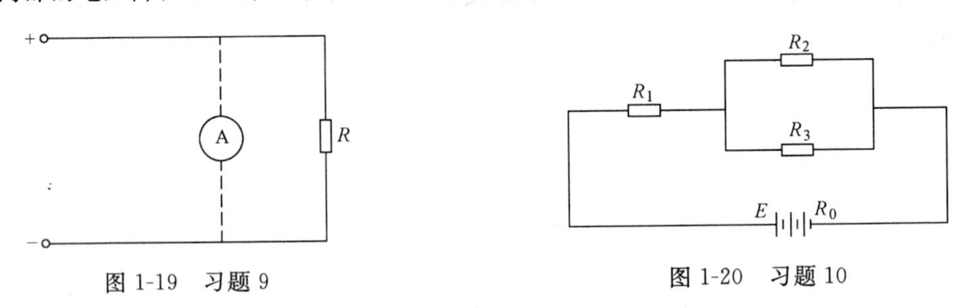

图1-19 习题9　　图1-20 习题10

11. 求图1-21中各等效电阻R_{ab}。

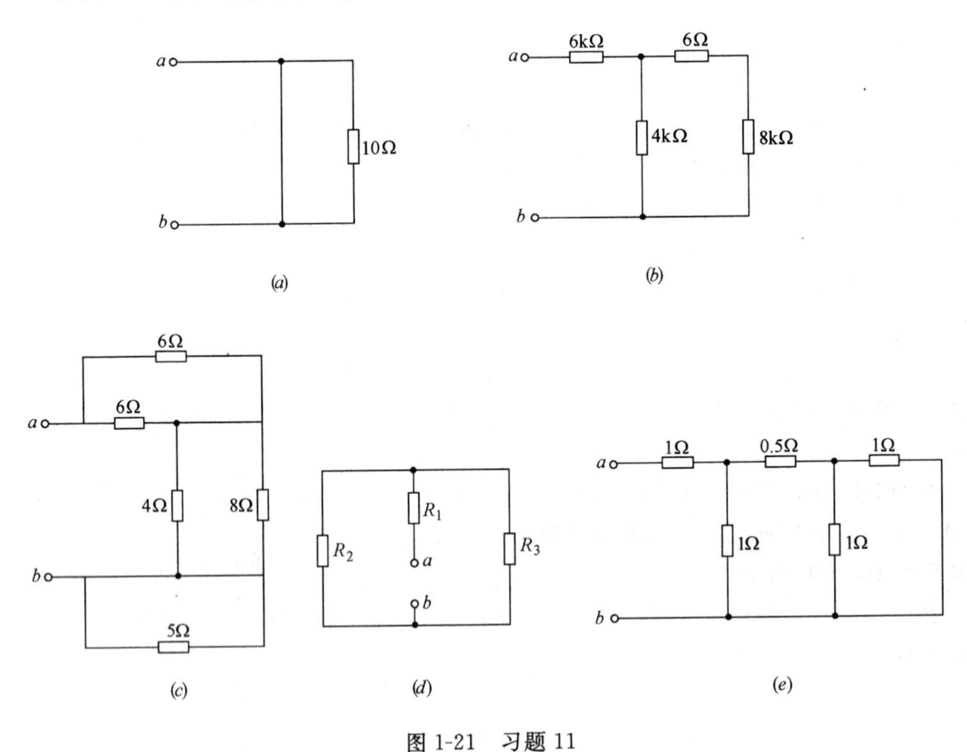

图1-21 习题11

12. 某礼堂有40盏电灯，每个灯泡的功率为100W，问全部灯泡点亮2h消耗的电能为多少千瓦时？

13. 一个1kW、220V的电炉，正常工作时电流是多大？如果不考虑温度对电阻的影响，把它接在110V的电压上，它的功率将是多少？

14. 试求阻值为2Ω，额定功率为1/4W的电阻器所允许的工作电流和电压。

15. 什么是用电器的额定电压和额定功率？当加在用电器上的电压低于额定电压时，用电器的实际功率。

实验1 电位电压的测定

1. 实验目的

(1) 通过电位、电压的测定，验证电位值的相对性和电压值的绝对性。

(2) 掌握简单电路的连接方法。

(3) 熟悉万用表的使用及测量方法。

2. 所用器材

(1) 通用电学实验台（注意：用直流电源6V）。

(2) 万用表一只。

(3) 开关、导线及电阻100Ω、680Ω、300Ω、200Ω、100Ω各一只。

3. 实验步骤

(1) 按图1-22连接好电路。

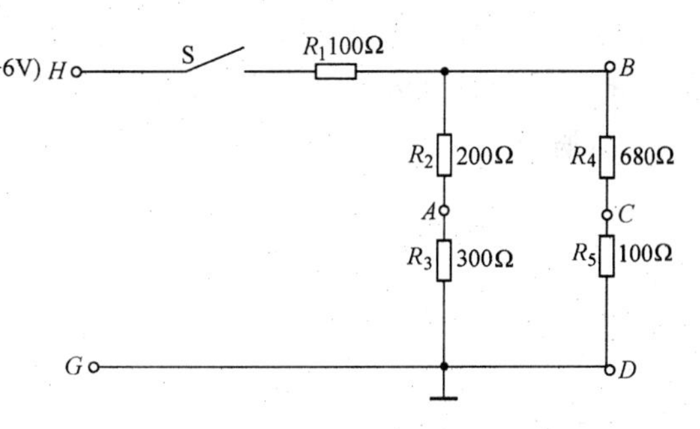

图 1-22

(2) 电压测量

闭合开关S，用万用表直流电压挡分别测量电压U_{BA}、U_{BC}、U_{CD}、U_{DA}、U_{HB}、U_{HG}、U_{DG}记入下列表格1-6中。

(3) 电位测量

1) 把万用表转换开关放在直流电压挡上，将负表笔接电路D点（$V_D=0$），正表笔依次测量A、B、C、H、G各点电位，并记入表1-7中。

2) 将负表笔分别接A、B、C、H、G，重复步骤1)，测量电路中各点的电位，并记入表中。如遇表针反转，则将表笔互换，这时负表笔所接点的电位应为负值。

表 1-6

测量电压	U_{BA}	U_{BC}	U_{CD}	U_{DA}	U_{HB}	U_{HG}	U_{DG}
测量值							

表 1-7

测量内容 / 参考点	V_A	V_B	V_C	V_D	V_H	V_G
D点						
A点						
B点						
C点						
H点						

4. 分析讨论

(1) 计算题

1) $U_{HB}+U_{BC}+U_{CD}+U_{DG}+U_{GH}$的值

2）$U_{BC}+U_{CD}+U_{DA}+U_{AB}$的值

（2）根据记入表的实验数据，分析电位值的相对性和电压值的绝对性。

（3）选择不同参考点时，电路中各点的电位有无变化？这时，任意两点间的电压有无变化？为什么？

实验2　欧姆定律与电阻的串、并联

1. 实验目的

（1）通过实验进一步明确流过电阻的电流与电阻两端的电压之间的关系。

（2）深刻理解电阻串联时，总电压与分电压之间、总电阻与分电阻之间的关系，各分电压的大小与各分电阻大小之间的关系。

（3）深刻理解电阻并联时，总电流与分电流之间、总电阻与分电阻之间的关系，各分电流的大小与各分电阻大小之间的关系。

2. 所用设备

（1）直流稳压电源1台

（2）万用表2只

（3）电阻3只（100Ω×1、150Ω×1、1kΩ×1）

（4）连接导线

3. 实验步骤

（1）欧姆定律的验证

1）按图1-23接线，U为直流稳压电源的输出电压。

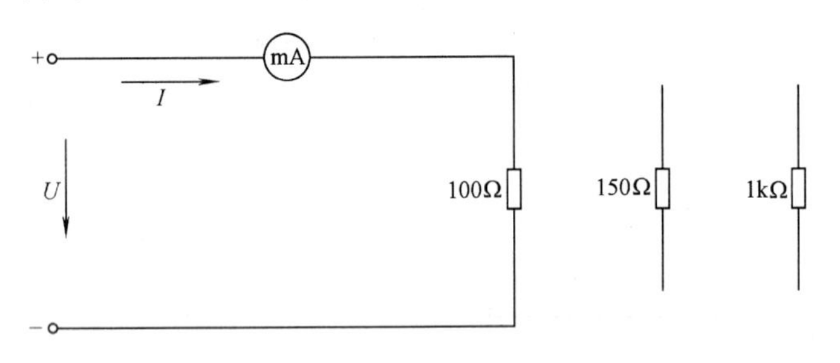

图1-23　实验电路图

2）根据表1-8所给定的U的数值（0～10V），调节稳压电源输出电压，分别测量不同电压情况下，电流I的大小，并将测得的数据填入表内。并计算$U:I$的比值，将计算结果填入表内。

R＝100Ω　　　　**表1-8**

U(V)	0	1	2	3	4	5	6	7	8	9	10
I(mA)											
$U:I$											

3）将100Ω的电阻用150Ω的电阻代替，重复上面的实验步骤，将测量数据和计算结果填入表1-9。

$R=150\Omega$ 表 1-9

U(V)	0	1	2	3	4	5	6	7	8	9	10
I(mA)											
$U:I$											

4）将 100Ω 的电阻用 1kΩ 的电阻代替，再次重复上面的实验步骤，将测量数据和计算结果填入表 1-10。

$R=1k\Omega$ 表 1-10

U(V)	0	1	2	3	4	5	6	7	8	9	10
I(mA)											
$U:I$											

根据实验结果在下面的坐标平面上绘制不同电阻的电压与电流之间的关系曲线。

（2）电阻的串联

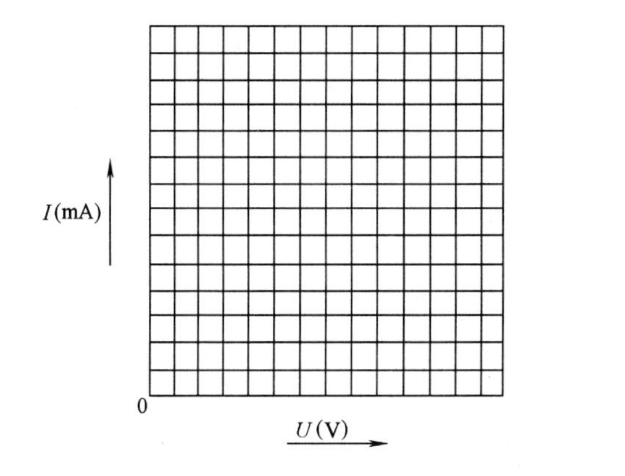

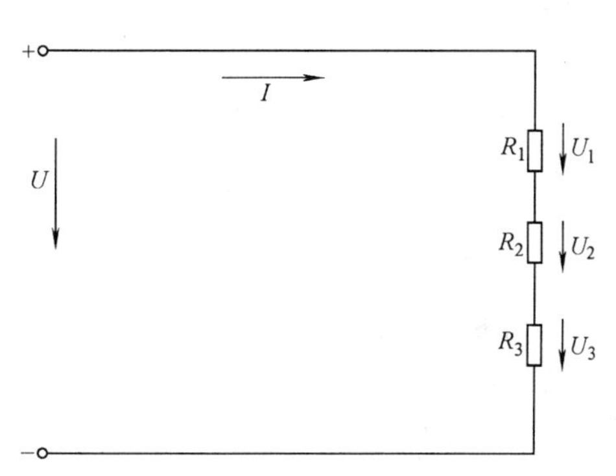

图 1-24 电阻的串联

1）按图 1-24 接线，当 $U=10$V 时，分别测量电流 I、电阻 R_1 两端的电压 U_1，电阻 R_2 两端的电压 U_2，R_3 两端的电压 U_3，测量结果填入表 1-11 内。

表 1-11

I(mA)		I(mA)	
$R_1=100\Omega$	$U_1=$	$R_3=1k\Omega$	$U_3=$
$R_2=150\Omega$	$U_2=$		

2）根据测量值计算并写出结论

A. $U_1+U_2+U_3=$（ ）V

结论：________________

B. $U_1/I+U_2/I+U_3/I=$（ ）Ω

$U/I=$（ ）Ω

结论：________________

C. $U_1:U_2:U_3=$（ ）

$R_1 : R_2 : R_3 =($　　$)$

结论：____

(3) 电阻的并联

1) 根据图 1-25 接线，*a*) 当 $U=10\text{V}$ 时，*b*) 当 $U=15\text{V}$ 时，分别测量电流 I_1、I_2 及 I 的大小，将测量结果填入表 1-12 内。

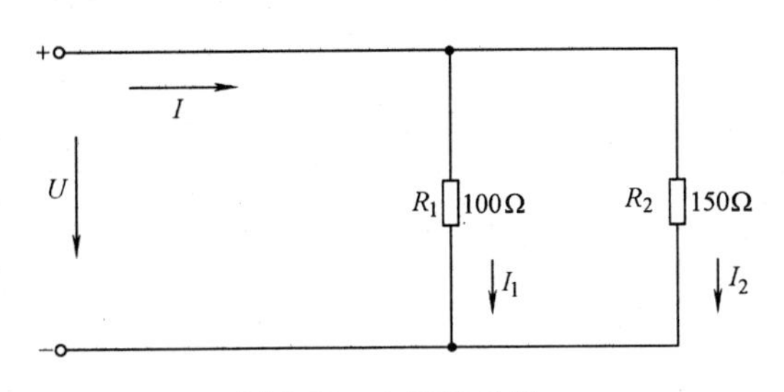

图 1-25　电阻的并联

表 1-12

电压电流	$U=10\text{V}$	$U=15\text{V}$
I(A)		
I_1(A)		
I_2(A)		

2) 根据测量值计算并写出结论

A. *a*. $I_1+I_2=($　　$)$A　　　　*b*. $I_1+I_2=($　　$)$A

$I=($　　$)$A　　　　$I=($　　$)$A

结论：____

B. *a*. $I_1 : I_2=($　　$)$　　　　*b*. $I_1 : I_2=($　　$)$

$I/R_1 : I/R_2=($　　$)$

结论：____

4. 分析和讨论

(1) 从实验结果说明串联电路中，各电阻两端的电压与电阻的大小关系如何？

(2) 从实验结果说明并联电路中，各支路电流与阻值的关系如何？

(3) 从实验结果说明，并联电路总电流与各支路电流的关系如何？

课题 2　直流电路的计算

2.1　基尔霍夫定律

基尔霍夫定律是电路理论中最基本的定律之一。正确、灵活地应用基尔霍夫定律分析电路，在学习电路理论的过程中很重要。基尔霍夫定律有两条：基尔霍夫电流定律，简称 KCL；另一条是基尔霍夫电压定律，简称 KVL。

2.1.1　支路、节点和回路

支路：由一个或几个元件首尾相接构成的无分支电路。在同一支路内，流过所有元件的电流相等。在图 1-26 中，R_1 和 E_1 构成一条支路，R_2 和 E_2 构成一条支路，R_3 是另一条支路。

节点：三条或三条以上支路会聚的点。如图 1-26 中的 *A* 点和 *B* 点，以及图 1-27 (*a*)、(*b*) 中的 *A* 点都是节点。

回路：任意的闭合电路。如图 1-26 中的 *CDEFC*、*AFCBA*、*EABDE* 都是回路。

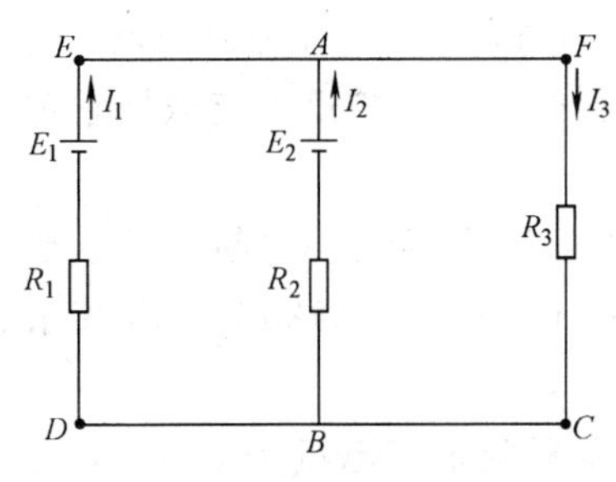

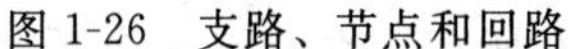
图 1-26　支路、节点和回路

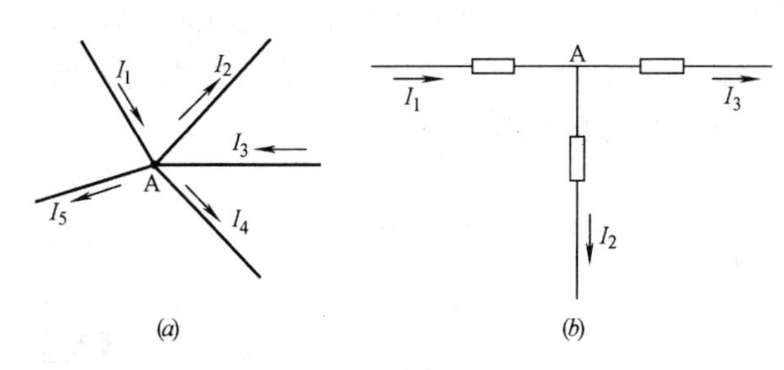

图 1-27　节点

2.1.2　基尔霍夫电流定律（KCL）

基尔霍夫电流定律指出，在任意时刻流入电路中任一个节点的电流总和等于从该节点流出的电流总和。KCL 是电流连续性原理的反映。例如，图 1-27（a）电路中，对于节点 A，在图示的各支路电流参考方向下，可写出

$$I_1+I_3=I_2+I_4+I_5$$

或

$$I_1+I_3-I_2-I_4-I_5=0$$

上式是基尔霍夫电流定律的数学表达式，常称为节点电流方程。如把流入节点的支路电流取正号，流出节点的支路电流取负号，则基尔霍夫电流定律也可写成

$$\sum I=0$$

可见，与节点关联的各支路电流的代数和等于零。亦即在任一电路的任一节点上，电流的代数和永远等于零。这个结论与各支路是什么元件毫无关系。例如图 1-27（a）只是某一个完整电路的一部分（即部分电路），而且各支路元件也没有画出，但由基尔霍夫电流定律可以写出。

基尔霍夫电流定律可以推广应用于任意假定的封闭面，如图 1-28 所示的电路，假定一个封闭面 S 把电阻 R_3、R_4 及 R_5 所构成的三角形全部包围起来，则流进封闭面 S 的电流应等于从封闭面 S 流出的电流，故得 $I_1+I_2=I_3$。

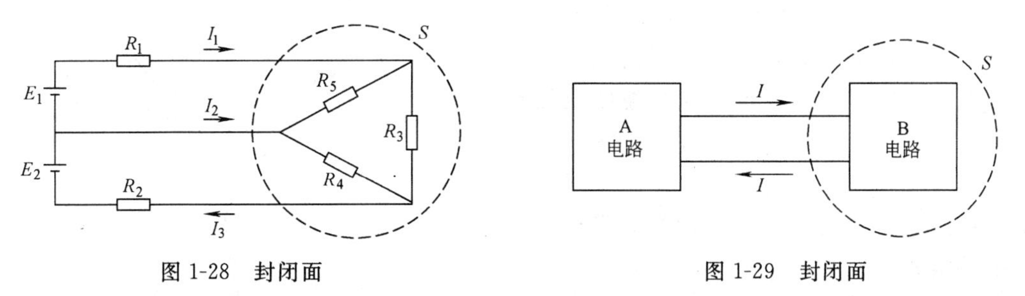

图 1-28　封闭面　　　　图 1-29　封闭面

事实上，不论电路怎样复杂，总是通过两根导线与电源连接的，而这两根导线是串接在电路中的，所以，流过它们的电流必然相等，如图 1-29 所示。显然，若将一根导线切断，则另一根导线中的电流一定为零。所以，在已经接地的电力系统中进行工作时，只要穿绝缘胶鞋或站在绝缘木梯上，并且不同时触及有不同电位的两根导线，就能保证安全，不会有电流流过人体。

应该指出，在分析与计算复杂电路时，往往事先不知道每一支路中电流的实际方向，这时可以任意假定各个支路中电流的方向。称为参考方向，并且标在电路图上。若计算结

果中，某条支路中的电流为正值，表明原来假定的电流方向与实际的电流方向一致；若某一支路的电流为负值，表明原来假定的电流方向与实际的电流方向相反，应该把它倒过来，才是实际的电流方向。

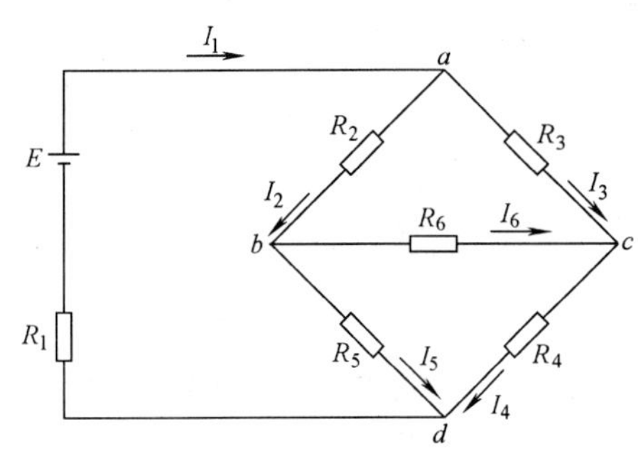

图 1-30　例 1-6

【例 1-6】 图 1-30 所示为一电桥电路，已知 $I_1=25\text{mA}$，$I_3=16\text{mA}$，$I_4=12\text{mA}$，求其余各电阻中的电流。

【解】 先任意标定未知电流 I_2、I_5 和 I_6 的参考方向，如图 1-30 所示。在节点 a 应用基尔霍夫电流定律，列出节点电流方程式

$$I_1=I_2+I_3$$

$$I_2=I_1-I_3=(25-16)=9\text{mA}$$

同样，分别在节点 b 和 c 应用基尔霍夫电流定律，列出节点电流方程式

$$I_2=I_5+I_6$$

$$I_4=I_3+I_6$$

于是求出

$$I_6=I_4-I_3=(12-16)\text{mA}=-4\text{mA}$$

$$I_5=I_2-I_6=[9-(-4)]\text{mA}=13\text{mA}$$

I_6 的值是负的，表示 I_6 的实际方向与标定的参考方向相反。

2.1.3　基尔霍夫电压定律（KVL）

基尔霍夫电压定律又叫回路电压定律，它说明在一个闭合回路中各段电压之间的关系。如图 1-31 所示，回路 $abcdea$ 表示复杂电路若干回路中的一个回路（其他部分没有画出来），若各支路都有电流（方向如图所示），当沿 a-b-c-d-e-a 绕行时，电位有时升高，有时降低，但不论怎样变化，当从 a 点绕闭合回路一周回到 a 点时，a 点电位不变，也就是说，从一点出发绕回路一周（绕行方向任意）回到该点时，各段电压（电压降）的代数和等于零，这一关系叫做基尔霍夫电压定律，即

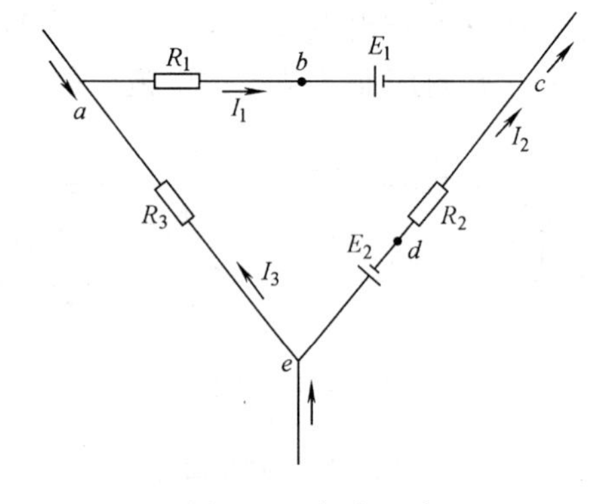

图 1-31　闭合回路

$$\sum U=0$$

对于图 1-31 所示的电路，有

$$U_{\text{ac}}=R_1I_1+E_1$$

$$U_{\text{ce}}=-R_2I_2-E_2$$

$$U_{\text{ea}}=R_3I_3$$

沿整个闭合回路的电压应为

$$U_{ac}+U_{ce}+U_{ea}=0$$

即
$$R_1 I_1+E_1-R_2 I_2-E_2+R_3 I_3=0$$

移项后得

$$R_1 I_1-R_2 I_2+R_3 I_3=-E_1+E_2$$

上式表明：在任一时刻，一个闭合回路中，各段电阻上电压降的代数和等于各电源电动势的代数和，公式为

$$\sum IR=\sum E$$

这就是基尔霍夫电压定律的另一种形式。

在运用基尔霍夫电压定律所列的方程中，电压与电动势均指的是代数和，因此，必须考虑正、负。应该指出：在用式$\sum U=0$时，电压、电动势均集中在等式左边，各段电压的正、负号规定如下：

在绕行过程中，电压的方向与绕行方向一致，则为正，反之为负，电压可以是电源电压，也可以是电阻上的电压。注意：电源的电压与电动势的方向相反。

但如果用$\sum RI=\sum E$时（电压与电动势分别写在等式两边），则电压的正、负规定仍和前面相同，而电动势的正、负号则恰好相反，也就是当绕行方向与电动势的方向（由负极指向正极）一致时，该电动势为正，反之为负。

在列方程时，回路绕行方向可任意选择，但一经选定后就不能中途改变。

我们可以将解题步骤归纳如下：

（1）标出各条支路电压、电流的参考方向；

（2）设定回路的绕行方向；

（3）根据绕行方向和各支路电压、电流的参考方向列出电流方程、电压方程。

【例 1-7】 在图 1-32 所示电路中，已知 $R_B=20k\Omega$，$R_1=10k\Omega$，$E_B=6V$，$U_S=6V$，$U_{BE}=-0.3V$，试求电流 I_B、I_2 及 I_1。

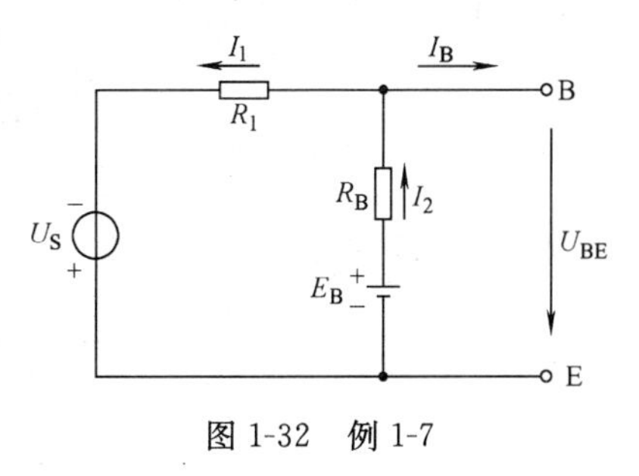

图 1-32　例 1-7

【解】 对右回路应用基尔霍夫电压定律列出

$$E_B-I_2R_B-U_{BE}=0$$

即
$$6-20I_2-(-0.3)=0$$

故
$$I_2=0.315mA$$

再对左回路列出

$$E_B-I_2R_B-I_1R_1+U_S=0$$

即
$$6-0.315\times20-10I_1+6=0$$

故
$$I_1=0.57mA$$

应用基尔霍夫电流定律列出

$$I_2-I_1-I_B=0$$

即
$$0.315-0.57-I_B=0$$

故
$$I_B=-0.255mA$$

2.2 叠加定理

在线性电路中，任一支路电流（或电压）都是电路中各个电动势单独作用时在该支路中产生的电流（或电压）的代数和。线性电路的这一性质称为迭加原理。

叠加原理在线性电路分析中起着重要作用。它是分析线性电路的基础。线性电路的许多定理可以从叠加原理导出。有些线性电路的分析计算就是依据叠加原理来进行的。

应用叠加原理时，可以分别计算各个电压源和电流源单独作用下的电流和电压，然后把他们叠加起来。当然，也可以把电路中的所有电压源和电流源分成几组，按组计算电流和电压后，再求它们的代数和。

下面通过一个例题来讲解叠加定理解题的步骤。

【例 1-8】 如图 1-33（a）所示，已知 $E_1=E_2=17V$，$R_1=2\ \Omega$，$R_2=1\Omega$，$R_3=5\Omega$ 应用叠加定理求各支路中的电流。

【解】（1）设 E_1 单独作用时，如图 1-33（b）所示，则

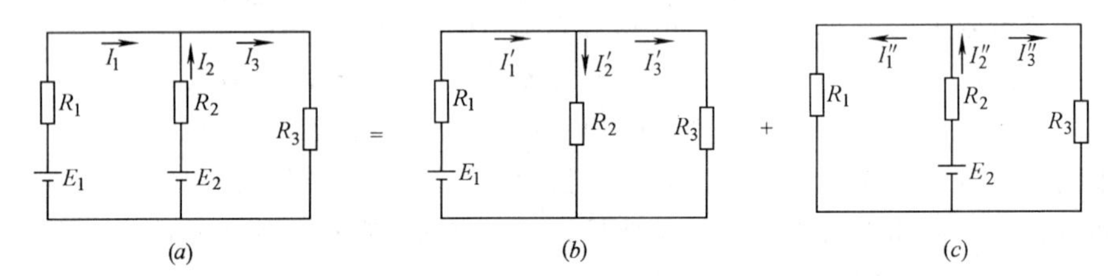

图 1-33　例 1-8

$$I_1'=\frac{E_1}{R_1+\dfrac{R_2R_3}{R_2+R_3}}=\frac{17}{2+\dfrac{1\times5}{1+5}}A=6A$$

$$I_2'=\frac{R_3}{R_3+R_2}I_1'=\frac{5}{6}\times6A=5A$$

$$I_3'=I_1'-I_2'=(6-5)A=1A$$

（2）设 E_2 单独作用时，如图 1-33（c）所示，则

$$I_2''=\frac{E_2}{R_2+\dfrac{R_1R_3}{R_1+R_3}}=\frac{17}{1+\dfrac{2\times5}{2+5}}A=7A$$

$$I_1''=\frac{R_3}{R_1+R_3}I_2'=\frac{5}{7}\times7A=5A$$

$$I_3''=I_2''-I_1''=(7-5)A=2A$$

（3）将各支路电流叠加起来（即求出代数和），即

$$I_1=I_1'-I_1''=1A\text{（方向与 }I_1'\text{相同）}$$

$$I_2=I_2'-I_2''=2A\text{（方向与 }I_2'\text{相同）}$$

$$I_3=I_3'+I_3''=3A\text{（方向与 }I_3'\text{、}I_3''\text{均相同）}$$

综上所述，应用叠加定理求电路中各支路电流的步骤如下：

（1）分别作出由一个电源单独作用的分图，而其余电源只保留其内阻。

（2）按电阻串、并联的计算方法，分别计算出分图中每一支路电流的大小和方向。

(3) 求出各电动势在各个支路中产生的电流的代数和，这些电流就是各电动势共同作用在各支路中产生的电流。

使用叠加原理时，应注意下列几点：

(1) 只能用来计算线性电路的电流和电压。对非线性电路，叠加原理不适用。

(2) 叠加时要注意电流和电压的方向，求代数和时要注意各个电流和电压的正负。

(3) 叠加时，电路的连接以及电路中所有电阻都不能更动。所谓电动势不作用，就是把该电压源予以短路；电流源不作用，就是把它断开。

(4) 即使在线性电路中，对功率也不能用叠加原理来计算。

2.3 戴维南定理

在实际问题中，往往有这样的情况：一个复杂电路，并不需要把所有支路电流都求出来，而只要求出某一支路的电流，在这种情况下，用前面的方法来计算就很复杂，而应用戴维南定理就比较方便。

2.3.1 二端网络

电路也称为电网络或网络。如果网络具有两个引出端与外电路相连，不管其内部结构如何，这样的网络就叫作二端网络。二端网络按其内部是否含有电源，可分为无源和有源两种。

一个由若干个电阻组成的无源二端网络，可以等效成一个电阻，这个电阻称为该二端网络的入端电阻，即从两个端点看进去的总电阻，如图 1-34 所示。

一个有源二端网络两端点之间的电压称为该二端网络的开路电压。

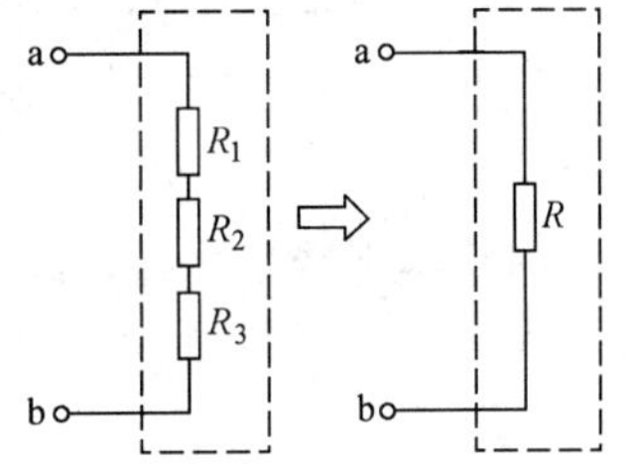

图 1-34 二端网络的等效电阻

2.3.2 戴维南定理

戴维南定理的内容是：对外电路来说，任何一个有源二端线性网络都可以用一个电动势为 E 和内阻 R_0 串联的电源来等效代替。该电源的电动势 E 等于二端网络的开路电压 U_0，其内阻 R_0 等于有源二端网络内所有电源不作用，仅保留其内阻时，网络两端的等效电阻（入端电阻）。

根据戴维南定理可对一个有源二端网络进行简化，简化的关键在于正确理解和求出有源二端网络的开路电压和等效电阻。其步骤如下：

(1) 把电路分为待求支路和有源二端网络两部分，如图 1-35 (a) 所示，虚线框内为有源二端网络部分，电阻 R 为待求支路也即有源二端网络的负载。

(2) 把待求支路移开，求出有源二端网络的开路电压 U_0，如图 1-35 (b) 所示。

(3) 将网络内各电源除去，仅保留电源内阻，求出网络两端的等效电阻 R_0，

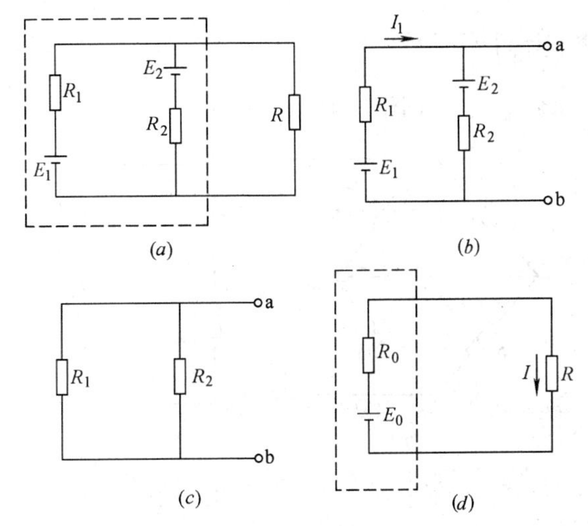

图 1-35 戴维南定理的化简

如图 1-35（c）所示。

（4）画出有源二端网络的等效电路，等效电路中电源的电动势 $E_0=U_0$，电源的内阻 $R_0=R_{ab}$，然后在等效电路两端接入待求支路，如图 1-35（d）所示，这时待求支路的电流为

$$I=E_0/(R_0+R)$$

必须注意，代替有源二端网络的电源的极性应与开路电压 U_0 一致，如果求得的 U_0 是负值，则电动势方向与图 1-35（d）相反。

【例 1-9】 在图 1-35（a）所示电路中，已知 $E_1=7\text{V}$，$R_1=0.2\Omega$，$E_2=6.2\text{V}$，$R_2=0.2\Omega$，$R=3.2\Omega$，应用戴维南定理求电阻 R 中的电流。

【解】 （1）把电路分成两部分，如图 1-35（a）所示。

（2）移开待求支路，求二端网络的开路电压，如图 1-35（b）所示。

$$U_0=E_2+R_2I_1=\left(6.2+\frac{7-6.2}{0.2+0.2}\times0.2\right)\text{V}=6.6\text{V}$$

或

$$U_0=E_1-R_1I_1=\left(7-\frac{7-6.2}{0.2+0.2}\times0.2\right)\text{V}=6.6\text{V}$$

（3）将网络内电源电动势移去，仅保留电源内阻，求出网络的等效电阻，如图 1-35（c）所示。

$$R_0=R_{ab}=0.1\Omega$$

（4）接上待求支路，即可计算待求支路的电流 I，如图 1-35（d）所示。

$$I=\frac{E_0}{R_0+R}=\frac{U_0}{R_{ab}+R}=\frac{6.6}{0.1+3.2}\text{A}=2\text{A}$$

【例 1-10】 图 1-36（a）所示是一电桥电路，已知 $R_1=3\Omega$，$R_2=5\Omega$，$R_3=R_4=4\Omega$，$R_5=0.125\Omega$，$E=8\text{V}$，用戴维南定理求 R_5 上通过的电流。

【解】 移开 R_5 支路作为待求支路，求开路电压 U_{ab}（U_0），如图 1-36（b）所示。

$$U_{ab}=R_2I_2-R_4I_4=R_2\frac{E}{R_1+R_2}-R_4\frac{E}{R_3+R_4}$$

$$=\left(5\times\frac{8}{3+5}-4\times\frac{8}{4+4}\right)\text{V}=1\text{V}$$

再求等效电阻 R_{ab}，这时必须将电源电动势除去。如图 1-36（c）所示。

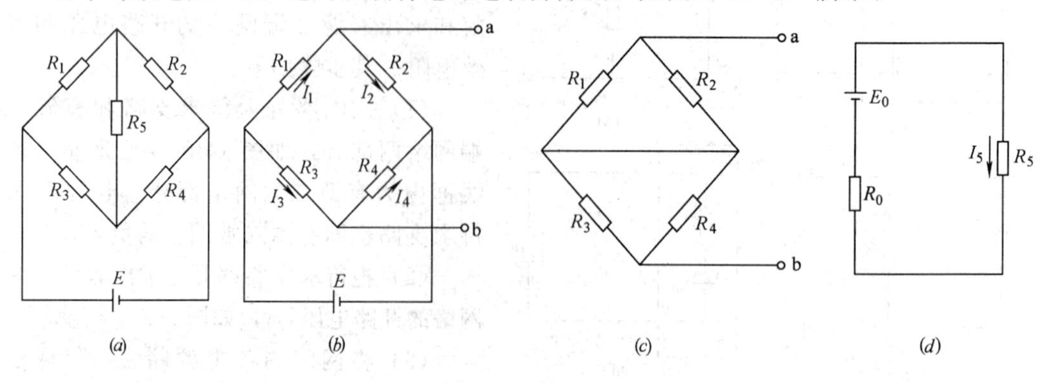

图 1-36　例 1-10

$$R_{ab}=\frac{R_1R_2}{R_1+R_2}+\frac{R_3R_4}{R_3+R_4}=\left(\frac{3\times5}{3+5}+\frac{4\times4}{4+4}\right)\Omega=3.875\Omega$$

画出等效电路，并将 R_5 接入，如图 1-36（d）所示，则

$$I_5=\frac{E_0}{R_0+R_5}=\frac{U_{ab}}{R_{ab}+R_5}=\frac{1}{0.125+3.875}\text{A}=0.25\text{A}$$

复习思考题

1. 电路如图 1-37 所示，求 I_1、I_2 的大小。

2. 电路如图 1-38 所示，电流表的读数为 0.2A，电源电动势 $E_1=12\text{V}$，外电路电阻 $R_1=R_3=10\Omega$，$R_2=R_4=5\Omega$，求 E_2 的大小。

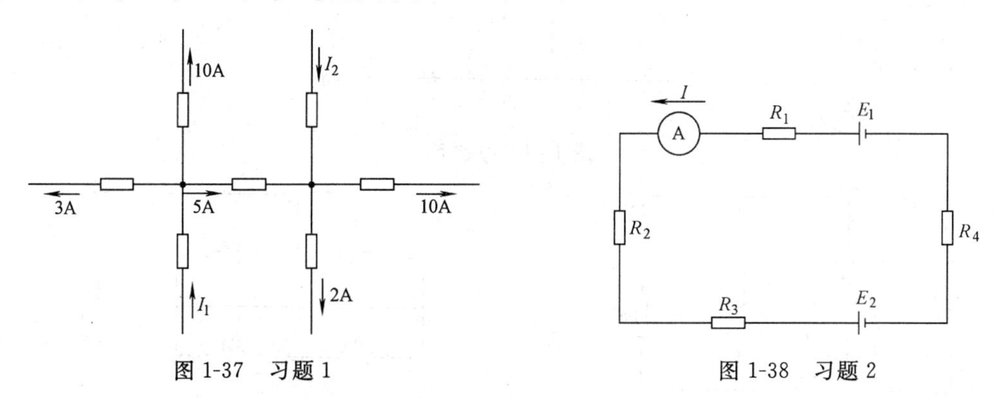

图 1-37　习题 1

图 1-38　习题 2

3. 在图 1-39 所示的电路中，已知 $E_1=8\text{V}$，$E_2=6\text{V}$，$R_1=R_2=R_3=2\Omega$，用叠加原理求：（1）I_1；（2）U_{AB}；（3）R_3 上消耗的功率。

4. 在图 1-40 所示的电路中，已知 $E=1\text{V}$，$R=1\Omega$，用叠加原理求 U 的数值。如果右边的电源反向，电压 U 将变为多大？

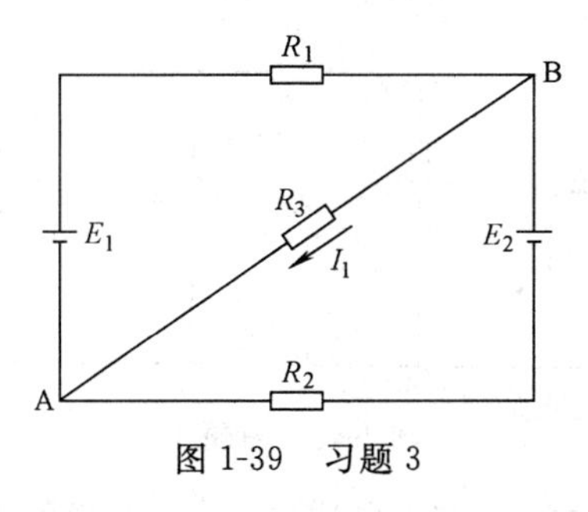

图 1-39　习题 3

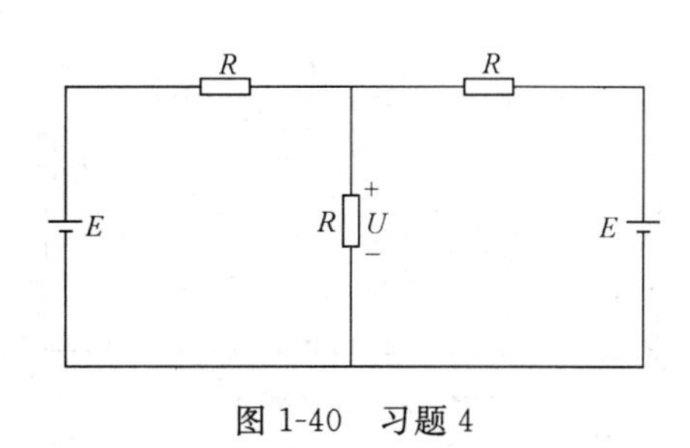

图 1-40　习题 4

5. 求图 1-41 所示各电路 a、b 两点间的开路电压和相应的网络两端的等效电阻，并作出其等效电压源。

6. 在图 1-42 所示的电路中，已知 $E_1=10\text{V}$，$E_2=20\text{V}$，$R_1=4\Omega$，$R_2=2\Omega$，$R_3=8\Omega$，$R_4=6\Omega$，$R_5=6\Omega$，求通过 R_4 的电流 I_4。

7. 在图 1-43 所示的电路中，已知 $E=12.5\text{V}$，$R_1=10\Omega$，$R_2=2.5\Omega$，$R_3=5\Omega$，$R_4=20\Omega$，$R=14\Omega$，求电流 I。

8. 在图 1-44 所示的电路中，已知 $E_1=20\text{V}$，$E_2=E_3=10\text{V}$，$R_1=R_5=10\Omega$，$R_2=R_3=R_4=5\Omega$，求 A、B 两点间的电压。

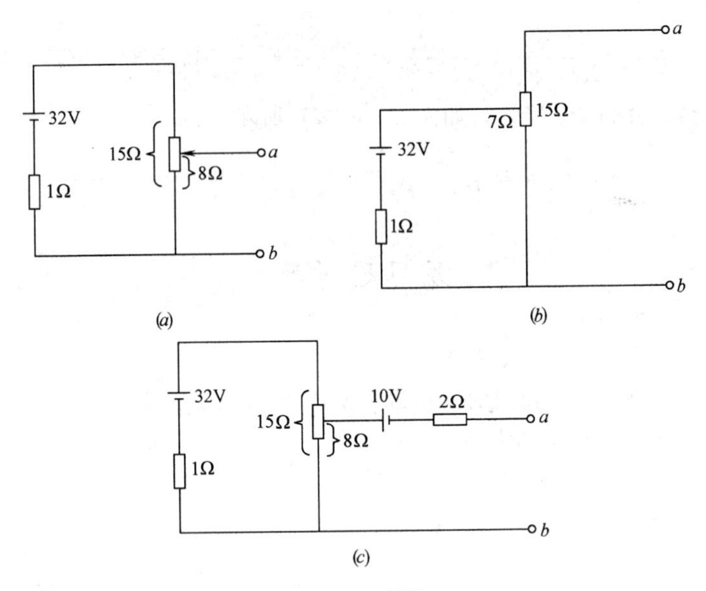

图 1-41　习题 5

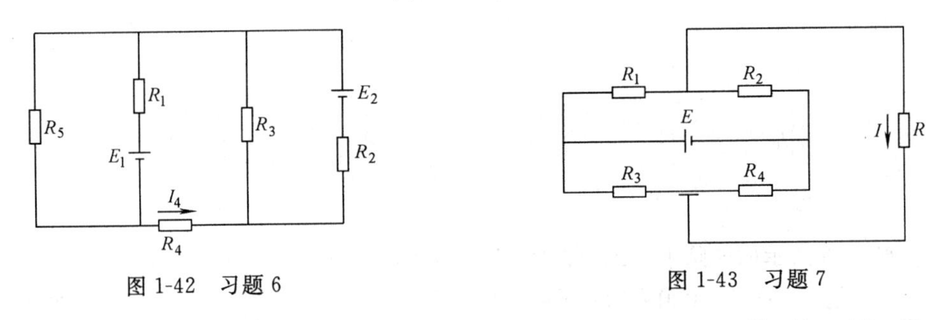

图 1-42　习题 6　　　　图 1-43　习题 7

9. 在图 1-45 所示的电路中，已知 $E_1=40\text{V}$，$E_2=22\text{V}$，$E_3=E_4=20\text{V}$，$R_1=6\Omega$，$R_2=R_3=3\Omega$，$R_4=10\Omega$，$R_5=8\Omega$，$R_6=2\Omega$，$R_L=6\Omega$，求 R_L 两端的电压。

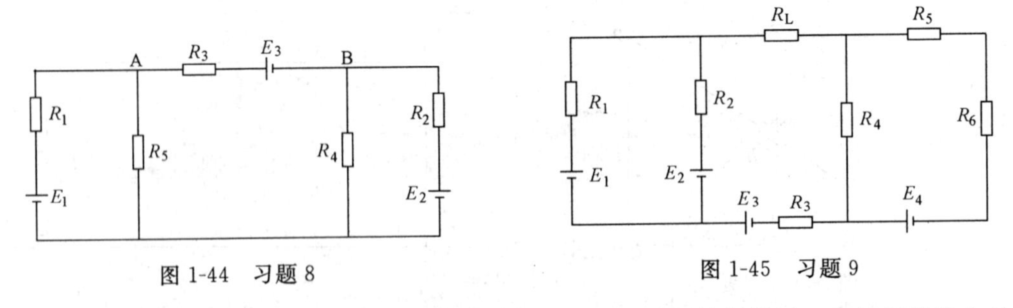

图 1-44　习题 8　　　　图 1-45　习题 9

10. 电路中某两端开路时，测得这两端的电压为 10V；这两端短接时，通过短路线上的电流是 2A，求此两端接上 5Ω 电阻时，通过电阻中的电流应为多大？

实验 1　基尔霍夫定律的验证

1. 实验目的

（1）验证基尔霍夫定律的正确性，加深对基尔霍夫定律的理解。

（2）熟悉电位、电压测定方法。

（3）掌握直流稳压电源、万用表、电流表的使用方法。

2．原理说明

基尔霍夫电流定律（KCL）：对于电路中的任意节点，任一时刻流入该节点的电流之和等于流出该节点的电流之和，即$\sum I=0$。

基尔霍夫电压定律（KVL）：在电路中从任意点出发，沿任意一个闭合回路绕行一周，则在这个方向上的所有电压降等于零，即$\sum U=0$。

运用基尔霍夫定律时，必须预先设定好电流或电压参考方向。

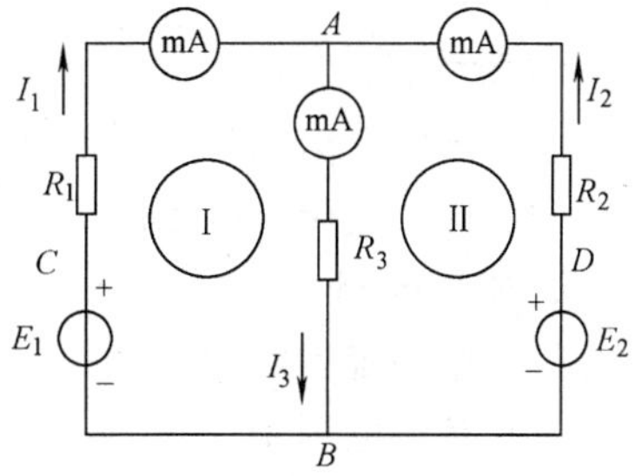

图 1-46　实验电路

3．实验步骤

如图 1-46 所示设计连接电路。

（1）测电位，记录测量值。

1）以 A 为参考点用万用表测量 B、C、D 点的电位。如 $V_B=V_B-V_A=U_{BA}$，万用表的红表笔置于待测点 B，黑表笔放在 A 点测量。若指针反偏，说明极性相反，A 点电位高，应立即对调表笔测 U_{AB}，则 $V_B=U_{BA}=-U_{AB}$。

2）以 B 为参考点用万用表测量 A、C、D 点的电位。

（2）验证 KCL

以图示电流参考方向，测量电流 I_1、I_2、I_3 的值。电流表可通过电流插头插入各支路的电流插座中，即可测量该支路的电流。若电流表指针反偏，说明极性相反。调节 E_2 测 3 组，记录测量值，验证 KCL。并比较各支路电流的测量值与计算值。

（3）验证 KVL。

用万用表分别测量 U_{AB}、U_{BC}、U_{CA}、U_{AD}、U_{DB} 的值，并记入表 1-15。调节 E_2 测 3 组，记录测量值，对回路Ⅰ、回路Ⅱ分别验证 KVL。

4．记录作业

（1）选用主要仪器（按实际情况填，如表 1-13 所示）。

表 1-13

名　　称	型　号　参　数	数　　量	推荐仪器参数
直流稳压电源		2 组	0～15V
直流电流表		1 块	150mA，1.0 级
万用表		1 块	
电阻器		$R_1=60\Omega$、$R_2=30\Omega$、$R_3=100\Omega$	

（2）由电路已知参数：E_1、E_2、R_1、R_2、R_3，求解 I_1、I_2、I_3，并填入记录表 1-14 中的计算值，以备比较测量值与计算值。

表 1-14

I_1(mA)	I_2(mA)	I_3(mA)	节点 A 上电流的代数和

表 1-15

U_{AB}	U_{BC}	U_{CA}	U_{AD}	U_{DB}	回路Ⅰ电压降之和	回路Ⅱ电压降之和

(3) 完成实验内容要求的有关数据记录与计算。

实验 2　验证叠加原理

1. 实验目的

(1) 理解叠加定理并了解叠加定理的适用范围。

(2) 理解电压、电流的实际方向与参考方向的关系。

2. 实验器材

(1) 叠加定理实验板 1 块。

(2) 直流电源 16V、6V。

(3) 直流电流表 3 只。

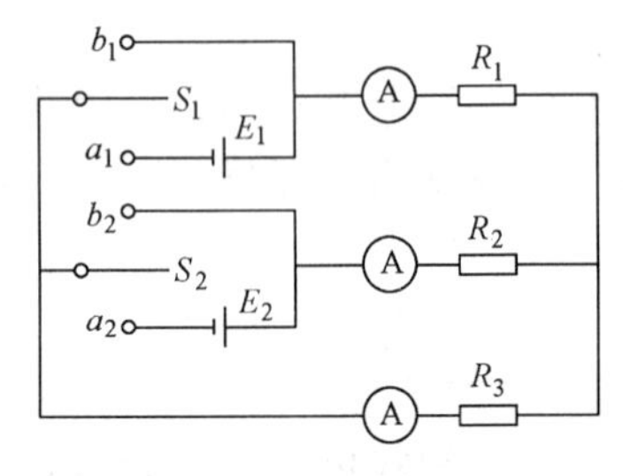

图 1-47　实验电路

(4) 万用电表 1 只。

(5) 导线若干。

3. 实验步骤

(1) 按实验图 1-47 在实验板上将电源 E_1、E_2 和电流表接入电路，并调节使 $E_1=16\text{V}$，$E_2=6\text{V}$。

(2) E_1 单独作用。将 S_1 投向 a_1，S_2 投向 b_2，分别测出电流 I_1'、I_2'和 I_3'，并将数据填入表 1-16 中。

(3) E_2 单独作用。将 S_1 投向 b_1，S_2 投向 a_2，分别测出电流 I_1''、I_2''和 I_3''，并将数据填入表 1-16 中。

表 1-16

	E_1(V)	E_2(V)	I_1'(A)	I_2'(A)	I_3'(A)	I_1''(A)	I_2''(A)	I_3''(A)	I_1(A)	I_2(A)	I_3(A)
测量结果											
将所得电流相加	×	×	×	×	×	×	×	×			
计算结果											

(4) E_1、E_2 共同作用。将 S_1 投向 a_1，S_2 投向 a_2，分别测出电流 I_1、I_2 和 I_3，并将数据填入表 1-16 中。

(5) 用叠加定理从已测得的电流 I_1'、I_2'和 I_3'，I_1''、I_2''和 I_3''，求出电流 I_1、I_2 和 I_3，并与步骤 (4) 测得的结果进行比较。

(6) 已知 E_1、E_2、R_1、R_2 和 R_3 的数值用计算法求出 I_1'、I_2'和 I_3'，I_1''、I_2''和 I_3''，I_1、I_2 和 I_3，并与测量结果进行比较。

4. 注意事项

(1) E_1、E_2 在实验过程中要保持 16V 和 6V 不变。

(2) 测量过程中要特别注意电流的方向，如发现指针反偏，要立即交换表笔的位置。如遇实际电流方向和参考方向相反，则表中的数值为负值。

实验 3　戴维南定理

1. 实验目的

（1）学习有源二端网络的开路电压和入端电阻的测量方法，验证戴维南定理，加深对定理的理解。

（2）实验分析有源二端网络输出最大功率的条件。

2. 实验器材

（1）戴维南定理实验板1块。

（2）直流电源16V、6V。

（3）万用电表2只。

（4）电阻箱1只。

（5）导线若干。

3. 实验步骤

（1）按实验图1-48在实验板上将电源E_1、E_2接入电路，并调节使$E_1=16V$，$E_2=6V$。

（2）用万用表直流电压挡测量A、B两端的开路电压U_{AB}，并将数据填入表1-17中。

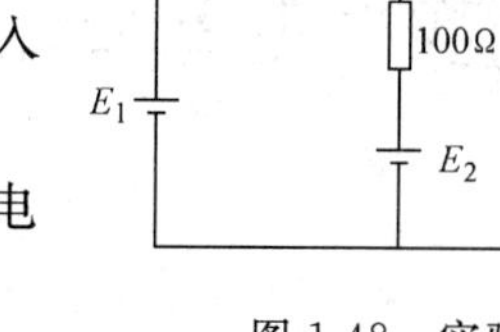

图1-48　实验电路

（3）把万用电表转换开关放在直流电流挡上，并选择适当量程，将它连在A、B两点间，测量电流I_L，并将数据填入表1-17中。

表1-17

U_{AB}(V)	I_L(mA)	计算内阻R_0	测量内阻R_0

（4）计算$R_0=U_{AB}/I_L$，并将计算值填入表1-17中。

（5）用导线代替电源，用万用电表欧姆挡测量A、B两端的等效电阻，并将测量值与步骤（4）的计算值进行比较。

（6）验证有源二端网络输出最大功率的条件。

（7）将电阻箱作为负载电阻R_L接在A、B两点间。改变负载电阻R_L的大小，当$R_L=0.1R_0$（R_0为步骤4的计算值），$R_L=0.5R_0$，$R_L=R_0$，$R_L=1.5R_0$和$R_L=2R_0$时，测量R_L中的电流I_L和R_L两端的电压U_L，并计算功率P_L，将数据填入表1-18中。

表1-18

R_L	$0.1R_0$	$0.5R_0$	R_0	$1.5R_0$	$2R_0$
I_L(mA)					
U_L(V)					
P_L(W)					

4. 思考题

（1）用实验数据说明戴维南定理的正确性。

（2）有源二端网络输出最大功率的条件是什么？

课题3　常用电工工具及使用

3.1　常用电工工具

（1）低压试电笔

低压试电笔又称电笔，是用于检验60～500V导体或各种用电设备外壳是否带电的常用的一种辅助安全用具，分钢笔式和螺丝刀（螺钉旋具的俗称）式（又称起子式或旋凿式）两种。

试电笔由氖管、电阻、弹簧、笔身和笔尖上的金属探头组成，如图1-49所示。

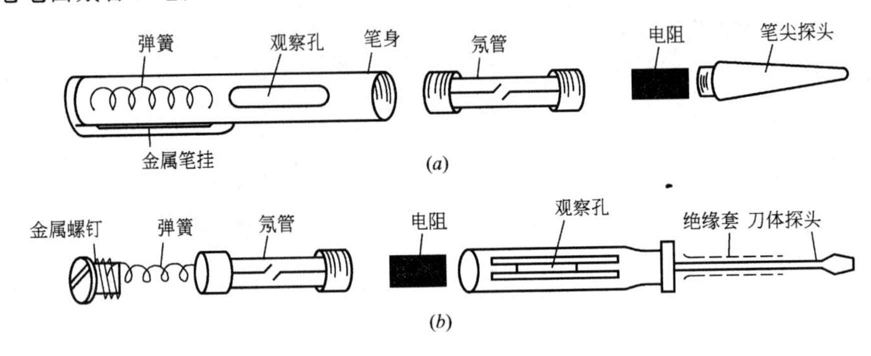

图1-49　试电笔

(a) 钢笔式低压验电器；(b) 螺丝刀式低压验电器

试电笔的原理是：当手拿着它测试带电体时，电流经带电体、电笔、人体到大地形成通电回路。只要带电体与大地之间的电位差超过60V，电笔中的氖管就会发光。测交流电时，氖泡两极均发光，测直流电则一极发光。

目前，还有一种电笔，它根据电磁感应原理，采用微型晶体管作机芯，并以发光二极管显示，整个机芯装在一个螺丝刀中。它的特点是测试时不必直接接触带电体，只要靠近带电体就能显示红光，有的还可直接显示电压的读数。利用它还能检测导线的断线部位，当电笔沿导线移动时，红光熄灭处即为导线的断点。

低压试电笔使用时，必须按图1-50所示的方法把笔握妥。以手指触及笔尾的金属体，使氖管小窗背光朝向自己，便于观察；要防止笔尖金属体触及皮肤，以避免触电。

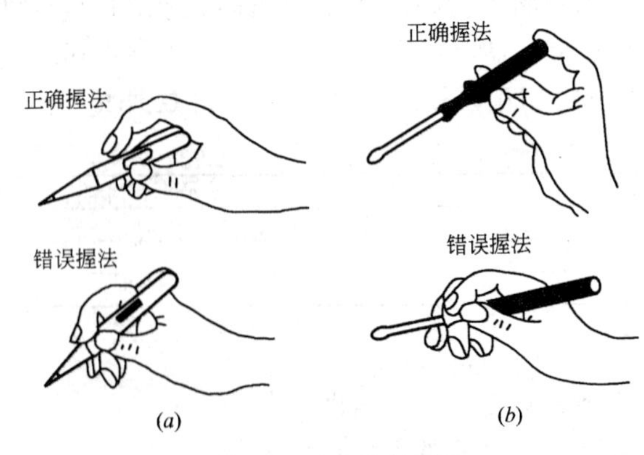

图1-50　试电笔的握法

(a) 笔式握法；(b) 螺钉旋具式握法

验电笔主要用途如下：

1）区别相线与零线　在交流电路中，当验电笔触及导线时，氖管发亮的即是相线；正常时，零线不会使氖管发亮。

2）区别电压的高低　测试时可根据氖管发亮的强弱来估计电压的高低。

3）区别直流电与交流电　交流电通过验电笔时，氖管里的两个极同时发亮；直流电通过验电笔时，氖管里两个极只有一个发亮。

4）区别直流电的正负极　把验电笔连接在直流电的正负极之间，氖管发亮的一端即为直流电的正极。

5）识别相线碰壳　用验电笔触及电机、变压器等电气设备外壳，若氖管发亮，说明该设备相线有碰壳现象。如果壳体上有良好的接地装置，氖管是不会发亮的。

6）识别相线接地　用验电笔触及三相三线制星形接法的交流电路时，有两根比通常稍亮，而另一根的亮度则暗些，说明亮度较暗的相线有接地现象，但不太严重。如果两根很亮，而另一根不亮，则这一相有接地现象。在三相四线制电路中，当单相接地后，中线用验电笔测量时，也会发亮。

（2）钢丝钳

它是弯、钳、剪导线的电工常用工具。由钳头和钳柄两大部分构成，钳头由钳口、齿口、刀口和铡口组成，见图 1-51（*a*）所示。钢丝钳的使用方法如图 1-52 所示。

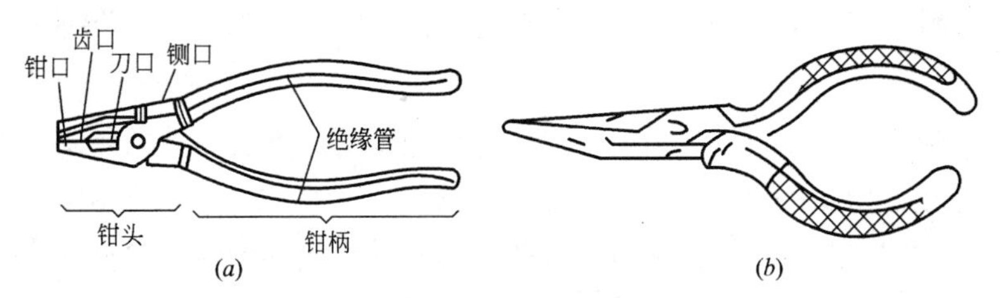

图 1-51　钢丝钳和尖嘴钳

（*a*）钢丝钳；（*b*）尖嘴钳

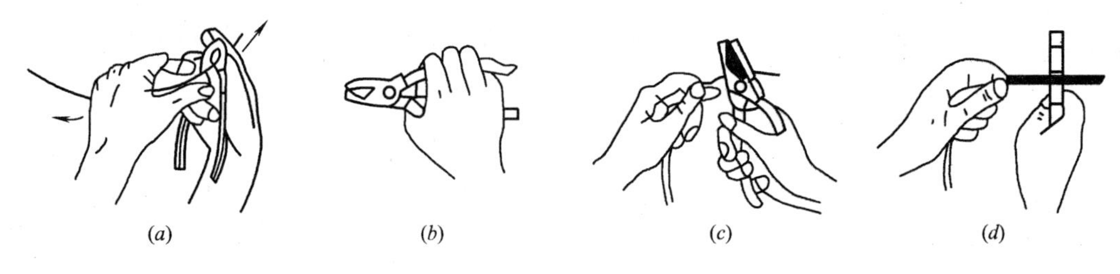

图 1-52　钢丝钳的使用

（*a*）用刀口剖削导线绝缘层；（*b*）用齿口扳旋螺母；（*c*）用刀口剪切导线；（*d*）用铡口铡切导线

钢丝钳的主要用途有：

1）用钳口来弯绞或钳夹导线线头；

2）用齿口来紧固或旋松螺母；

3）用刀口来剪切或剖削软导线绝缘层；

4）用铡口来铡切粗电线线芯、钢丝或铅丝等较硬金属。

（3）尖嘴钳

头部的尖细使它常在狭小的空间操作，外形如图 1-51（*b*）。

尖嘴钳的主要用途有：

1）钳刃口剪断细小金属丝；

2）夹持较小螺钉、垫圈、导线等元件；

3）装接控制线路板时，将单股导线弯成一定圆弧的接线鼻子。

（4）断线钳

又称斜口钳，其外形如图 1-53 所示。其耐压为 1000V，可直接剪断低电压带电导线。主要用途是专供剪断较粗的金属丝、线材及电线电缆等。

（5）剥线钳

它是用于剖削小直径导线绝缘层的专用工具。其外形如图 1-54 所示。使用时，将要剖削的绝缘层长度用标尺定好以后，即可把导线放入相应的刃口中，用手将钳柄一握，导线的绝缘层即被割破自动弹出。

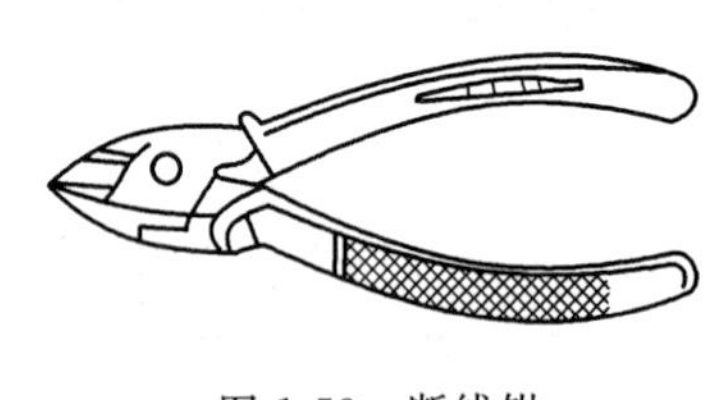

图 1-53　断线钳

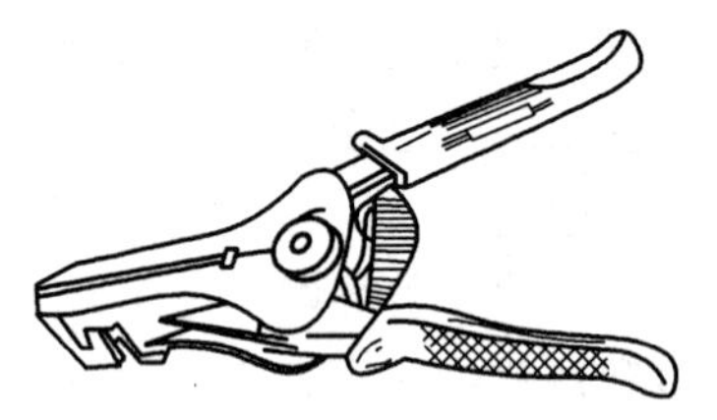

图 1-54　剥线钳

（6）电工刀

电工刀其外形如图 1-55 所示。由于刀柄是无绝缘的，不能在带电导线或器材上剖削，以免触电。使用时，应将刀口朝外剖削。剖削导线绝缘层时，应将刀面与导线成较小的锐角，以免割伤导线芯。刀用毕后，随即将刀身折入刀柄。

图 1-55　电工刀

电工刀的主要用途有：用来剖削电线线头，切割木台缺口，削制木楔等。

（7）螺丝刀

螺丝刀（螺钉旋具的俗称）是紧固或拆卸螺钉的专用工具。有一字形和十字形两种如图 1-56 所示。

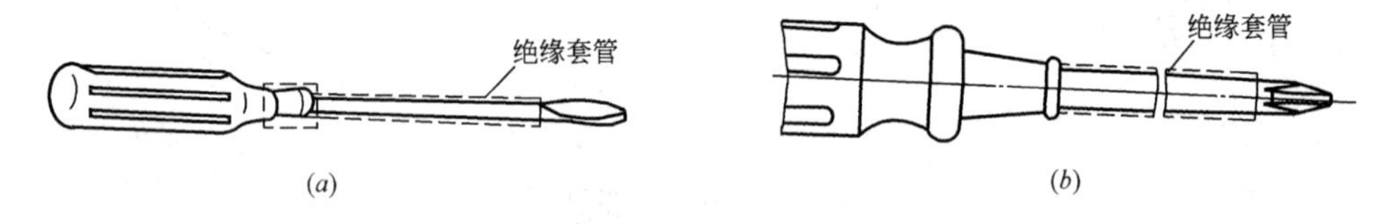

图 1-56　螺丝刀

(a) 平口螺丝刀；(b) 十字口螺丝刀

一字形螺丝刀电工必备的是 50mm 和 150mm 两种；十字形螺丝刀常用的规格有四个，Ⅰ号适用于直径为 2～2.5mm 的螺钉；Ⅱ号为 3～5mm 的螺钉；Ⅲ号为 6～8mm 的螺钉，Ⅳ号为 10～12mm 的螺钉。使用时手握住顶部旋转所需的方向。注意不可使用金属柄直通柄顶的螺丝刀。

使用螺丝刀紧固或拆卸带电的螺钉时，手不得触及螺丝刀的金属杆，以免发生触电事故。为了避免螺丝刀的金属杆触及皮肤，或触及邻近带电体应在金属杆上穿套绝缘管。正确的使用方法见图 1-57 所示。

（8）活络扳手

它是用来紧固或旋松螺母的专用工具，由头部和柄部组成，头部又由活络扳唇、呆扳

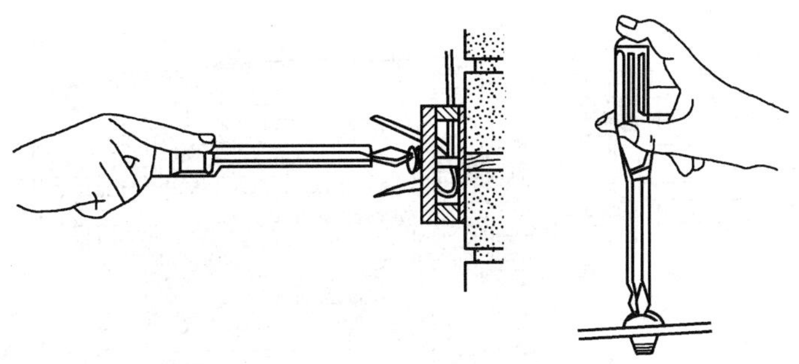

图 1-57 螺丝刀的使用

唇、扳口、蜗轮和轴销等构成。使用方法如图 1-58 所示。旋动蜗轮可调节扳口的大小。注意活络扳手不可反用，即动扳唇（活动部分）不可作为重力点使用，也不可用钢管接长柄部来施加较大的扳拧力矩。

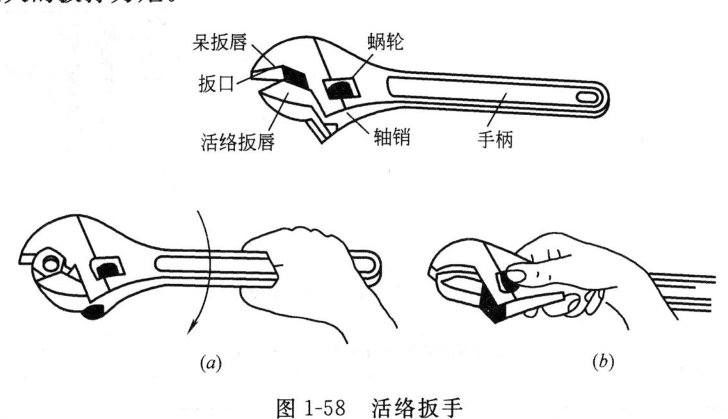

图 1-58 活络扳手

(a) 扳较大螺母时握法；(b) 扳较小螺母时握法

(9) 冲击钻

冲击钻如图 1-59 所示，可以用来在砖墙或混凝土墙上钻孔，使用时注意在调速或调档时（“冲”和“锤”），均应停转。

(10) 手提电钻

单相电钻主要由串激电动机、减速箱、快速切断自动复位手揿式开关、钻轧头及电源连接装置等部件组成，如图 1-60 所示。

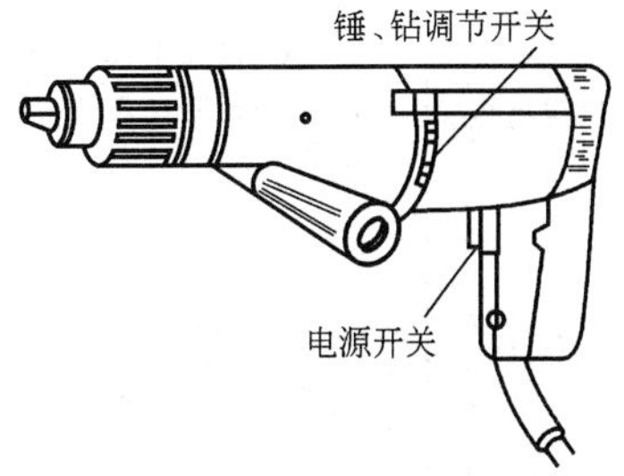

图 1-59 冲击钻

钻轴由电动机经减速箱带动，减速箱装有几个相互啮合的齿轮，以降低钻轴的转速，提高钻轴的转矩。另一方面，减速箱也是电钻空载时串激电动机的负载，可使串激电动机不会出现空载运行、转速过高的不正常运行状态。风叶以静配合固定在转子轴上，当转子旋转时，用以降低定子绕组和电枢绕组的温升。

单相电钻常见故障的排除：

单相电钻由于采用了单相串激电动机，其故障现象、产生原因及排除方法都与直流电动机基本相似，现将单相电钻常见故障和排除方法列于表 1-19。

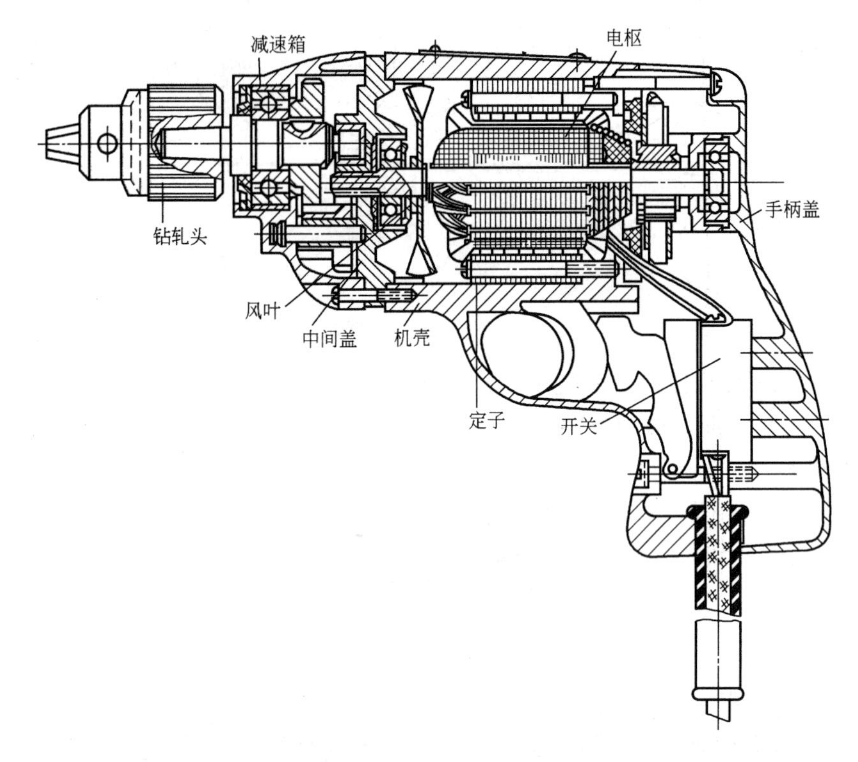

图 1-60　JIZ 电钻结构图

单相电钻常见故障及其排除方法　　**表 1-19**

故障现象	可能原因	排除方法
电钻不能启动	1. 电源线断线或焊点松脱 2. 开关损坏 3. 电刷和换向器不接触 4. 定子绕组断路 5. 电枢绕组严重断路 6. 减速齿轮卡住或损坏	1. 用万用表或校验灯检查，如断线，更换电源线；焊点松脱，重新焊好 2. 用万用表或校验灯检查，修理或更换开关 3. 调整电刷压力及改善接触面积 4. 如断在焊接点，可重新焊接，否则要重绕 5. 重绕电枢绕组 6. 修理或更换齿轮
电钻转速慢	1. 电枢绕组短路或断路 2. 定子绕组通地或短路 3. 轴承磨损或减速齿轮损坏	1. 电钻转速慢，工作无力，换向器与电刷间产生很大火花，火花呈红色 1)经检查如有的线圈短路，需重绕电枢绕组 2)经检查如发现线圈引线与换向器焊接处如有开焊后，可重新焊接，如断路在线圈内部，需重绕电枢绕组 2. 用兆欧表、检验灯检查定子线圈对地绝缘，如通地，应重绕；用万用表检查定子两线圈，阻值小者有短路，需重绕 3. 更换轴承或齿轮
换向器与电刷间火花大	1. 定子绕组短路、电枢绕组短路或断路 2. 电刷和换向器接触不良	1. 参看本表上栏 1、2 点处理方法 2. 增加电刷压力，修理换向器表面，若电刷太短，应更换电刷；如电刷接触面小于 70%，应修磨电刷接触面
转子在某一位置上不能启动	换向器与电枢绕组连接处有两处以上开焊	查出开焊点，重新焊接
换向器发热	1. 电刷压力过大 2. 电刷规格不符	1. 调整到适当压力 2. 更换电刷

（11）麻线凿

麻线凿也叫圆榫凿，如图 1-61（*a*）所示。麻线凿是用来凿打混凝土结构建筑物的木榫孔。电工常用的麻线凿有 16 号和 18 号两种，分别可凿直径为 8mm 和 6mm 两种圆形木榫孔。凿孔时要不断转动凿子，使灰砂碎石及时排出。

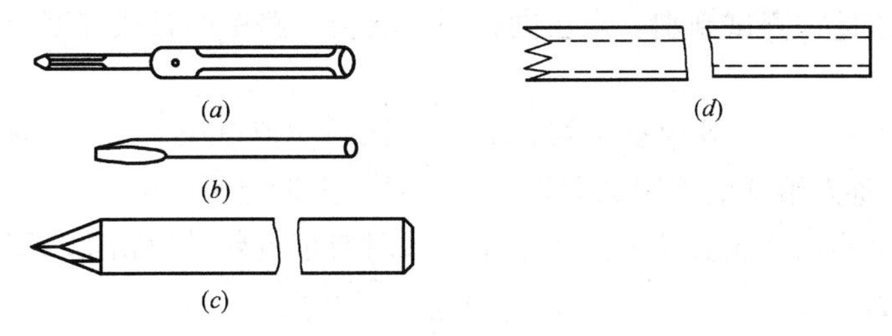

图 1-61　凿削墙孔工具

（*a*）麻线凿；（*b*）小扁凿；（*c*）凿打混凝土墙孔用长凿；（*d*）凿打砖墙孔用长凿

（12）小扁凿

小扁凿如图 1-61（*b*）所示，是用来凿打砖墙上的方形木榫孔。电工常用的凿口宽 12mm。

（13）长凿

长凿如图 1-61（*c*）、（*d*）所示，图示两种均用来凿打墙孔，作为穿越线路导线的通孔。（*c*）所示用来凿打混凝土墙孔，由中碳钢制成；（*d*）所示用来凿打砖墙孔，由无缝钢管制成。长凿直径分有 19、25、30mm，长度通常有 300、400、500mm 多种。使用时，应不断旋转，及时排出碎屑。

（14）梯子

梯子如图 1-62 所示，电工常用的有直梯和人字梯两种。直梯通常用于户外登高作业，人字梯通常用于户内登高作业。直梯的两脚应各绑扎胶皮之类防滑材料；人字梯应在中间绑扎两道防自动滑开的安全绳。

登在人字梯上操作时，不可采取骑马方式站立，以防人字梯两脚自动滑开时造成工伤事故。在直梯上作业时，为了扩大人体作业的活动幅度和保证不致因用力过度而站立不稳，必须按图 1-63 示的方法站立。

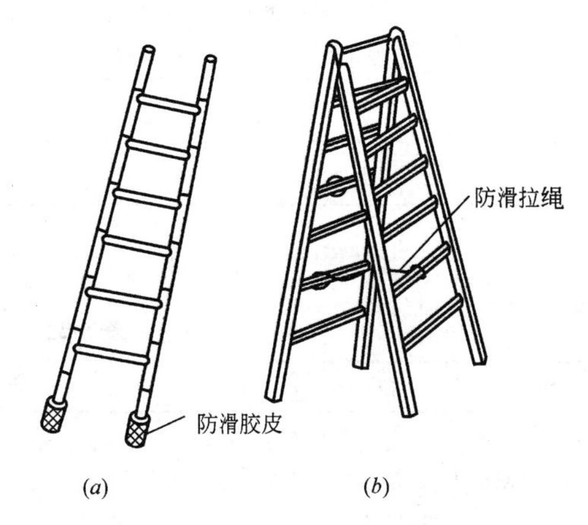

图 1-62　电工用梯

（*a*）直梯；（*b*）人字梯

图 1-63　电工在梯子上作业的姿势

实训课题　练习使用电工工具

1. 实训内容

（1）用试电笔进行测试判别：电压的性质、交流电路中的相线与零线。将其结果填入实训记录表中。

步骤：给出 5 根导线（其中有 2 根是高低不同的交流电压、1 根为直流电压、1 根零线和 1 根空线），每人用试电笔测试测量一遍。填入实训记录表中。

（2）用试电笔测试单相交流电路中不带负载时与带负载时的相线与零线，观察其现象并填写实训记录表。

步骤：用验电笔对不带负载的单相交流电路中相线与零线的测试点进行测试，然后给该单相交流电路带上负载，再在上述测试点处进行测试。

（3）使用剥线钳将直径为 1～2mm 的单股导线剖削出线头，并用尖嘴钳弯成直径为 4～5mm 的圆形的接线鼻子。

方法：每人按指定长度剖削出线头，并限时（10min）、定量（10 个）地完成。

（4）使用 50mm 一字形螺丝刀旋紧木螺钉，Ⅱ号十字螺丝刀旋紧再旋松螺钉。

步骤：每人按规定姿势站立在人字梯的三挡以上，在墙面的配电板上 10min 内拧紧 5 个木螺钉，在 5min 内对 3mm 厚的铁皮上的螺孔拧紧 5 个机螺钉，检查后 5min 内再旋松，并取下。

（5）用电工刀剖削废旧塑料单芯铜线的绝缘层，将剖削后的单芯线用钢丝钳弯成 5cm 边长的立方体形状。

方法：先用电工刀将废旧塑料单芯铜线剖削绝缘层，不能剖伤线芯，再用钢丝钳折弯成 5cm 边长的立方体形状。最后用钢丝钳补剪三根线芯，长度为 5cm，补齐立方体的 12 条边，以备焊接实训使用。

2. 实训记录（表 1-20）

表 1-20

<table>
<tr><td rowspan="2">项　目</td><td colspan="5" rowspan="2">对导线测试</td><td colspan="4">单相交流电路测试</td></tr>
<tr><td colspan="2">不带负载</td><td colspan="2">带负载</td></tr>
<tr><td>导线色别</td><td></td><td></td><td></td><td></td><td></td><td></td><td></td><td></td><td></td></tr>
<tr><td>试电笔测试</td><td></td><td></td><td></td><td></td><td></td><td></td><td></td><td></td><td></td></tr>
</table>

3. 成绩评定（表 1-21）

表 1-21

<table>
<tr><td>项　目</td><td>技　术　要　求</td><td>满　分</td><td>扣　分　标　准</td><td>得　分</td></tr>
<tr><td>电工工具的使用</td><td>正确操作电工工具，使用得当、熟练、迅速、灵活</td><td>100</td><td>不会电工工具的握法每件扣 10 分，使用不当每件扣 10 分，做不到迅速灵活使用扣 10 分</td><td></td></tr>
<tr><td colspan="2">安全文明操作</td><td colspan="3">违反安全操作、损坏工具扣 20～50 分</td></tr>
</table>

课题4　常用电工仪表

4.1　电工仪表的分类

电工仪表的分类主要根据作用原理和用途来划分。

（1）按用途分类

按用途的不同，可分为电压表、电流表、功率表等。还可根据电流的不同，分为直流表、交流表和交直流两用表等三种。

（2）按作用原理分类

按作用原理分，常用的有电磁式、电动式、磁电式和感应式四种。电磁式、电动式、磁电式都能用作电流表和电压表。直流电流表和直流电压表主要采用磁电式测量机构，交流电流表和交流电压表多采用电磁式测量机构，交、直流标准表则采用电动式测量机构的居多。

（3）按测量方法分类

按测量方法，可分为直读式和比较式两种。直接指示被测量数值的仪表，称为直读式仪表，例如电压表、电流表、功率表、万用表等；被测量数值用“标准量”比较出来的仪表称为比较式仪表，如平衡电桥、补偿器等。

（4）按准确度分类

按测量的准确度可分为0.1、0.2、0.5、1.0、1.5、2.5和5级7种。0.2级仪表的允许误差为±0.2%，0.5级仪表的允许误差为±0.5%，依次类推。0.5级以上的仪表准确度比较高，多数用于实验室作为校验仪表。1.5级、2.5级等仪表，准确度比较低，一般装在配电盘和操作台上，用来监视电气设备运行情况。

4.2　万　用　表

万用表是一种多用途的仪表，一般的万用表可以测量交流电压、直流电压、直流电流和直流电阻等。有的万用表还能测量交流电流、电容、电感以及晶体管参数等。万用表的每一个测量种类又有多种量程，且携带和使用方便，因而是电气维修和测试最常用的仪表。万用表的测量精度不高，误差率在2.5%～5%，故不宜用于精密测量。

万用表主要由表头、测量机构、测量线路和转换开关组成，如图1-64所示。

4.2.1　表头

表头通常采用磁电式测量机构作为万用表的表头。这种测量机构灵敏度和准确度较高，满刻度偏转电流一般为几个微安到数百微安。满刻度偏转电流越小，灵敏度就越高，表头特性就越好。

4.2.2　测量线路

万用表的测量线路由多量程的直流电流表、多量程直流电压表、多量程交流电压表及多量程欧姆表组成，个别型号的万用表还有多量程交流档。实现这些功能的关键是通过测量线路的变换把被测量变换成磁电系统所能接受的直流电流，它是万用表的中心环节。测量线路先进，可使仪表的功能多、使用方便、体积小和重量轻。

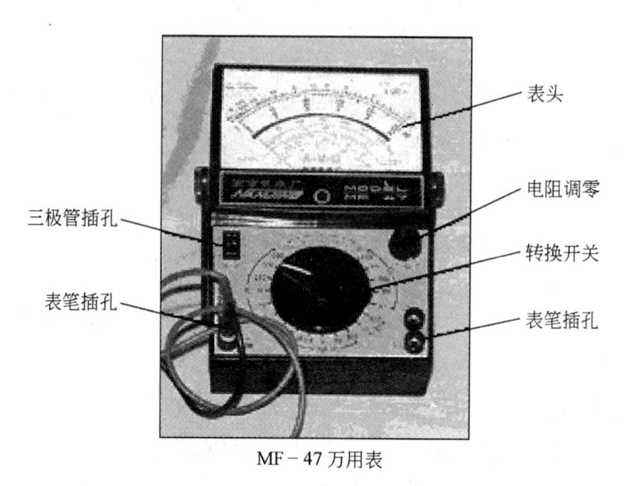

图 1-64　万用表外观图

4.2.3　转换开关

转换开关是用来选择不同的被测量和不同量程时的切换元件。转换开关里有固定接触点和活动接触点，当活动接触点和固定接触点闭合时就可以接通一条电路。

4.2.4　万用表的使用

万用表测量的电量种类多、量程多，而且表的结构型式各异，使用时一定要仔细观察，小心操作，以获得较准确的测量结果。

(1) 测量方法

测量前，先检查万用表的指针是否在零位，如果不在零位，可用螺丝刀在表头的“调零螺钉”上，慢慢地把指针调到零位，然后再进行测量。

测量电压时，当转换开关转到“$\underline{V}$”符号是测量直流电压，转到“$\underset{\sim}{V}$”符号是测量交流电压，所需的量程由被测量电压的高低来确定。如果被测量电压的数值不知道，可选用表的最高测量范围，指针若偏转很小，再逐级调低到合适的测量范围。测量直流电压时，事先须对被测电路进行分析，弄清电位的高低点（即正负极），“＋”号插口的表笔，接至被测电路的正极，“－”号插口的表笔，接至被测电路的负极，不要接反，否则指针会逆向偏转而被打弯。如果无法弄清电路的正负极，可以选用较高的量程，用两根表笔很快地碰一下测量点，看清表针的指向，找出正负极。测量交流电压则不分正负极，但转换开关必须转到“V”符号档。

测直流电流时，要先弄清电路的正负极，将万用表串联到被测电路中，“＋”插口的表笔是电流流进的一端，“－”插口的表笔是电流流出的一端。如果无法确定电路的正负极，可以选用较高的量程，用表笔很快地碰一下测量点，看清表针的指向，找出正负极。

测量电阻时，把转换开关放在“Ω”范围内的适当量程位置上，先将两根表笔短接，旋动“Ω”调零旋钮，使表针指在电阻刻度的“Ω”上，（如果调不到“0”Ω，说明表内电池电压不足，应更换新电池）。然后用表笔测量电阻。表盘上×1、×10、×100、×1000、×10000的符号，表示倍率数，将表头的读数乘以倍率数，就是所测电阻的阻值。例如：将转换开关放在×100的倍率上，表头读数是80，则这只电阻的阻值是8000Ω。每换一种量程（即倍率数），都要将两根表笔短接后调零。

测量半导体二极管的正向电阻时，要按图 1-65 所示进行，因为表内部有电池，表笔上带有电压，而且它的极性却与插口处标的“+”与“−”相反，只有按图示电路测量，才能使表内电路与二极管构成正向导通回路。

目前，晶体管数字式万用表的使用已很普及，它可以在表头上直接显示出被测量的读数，给使用带来很大的方便。图 1-66 为多功能、多量程的数字式仪表。其最大显示范围−1999～1999，因为最高位只能显示 1，又称三位半数字万用表。与指针万用表性能比较，数字万用表的优点是：

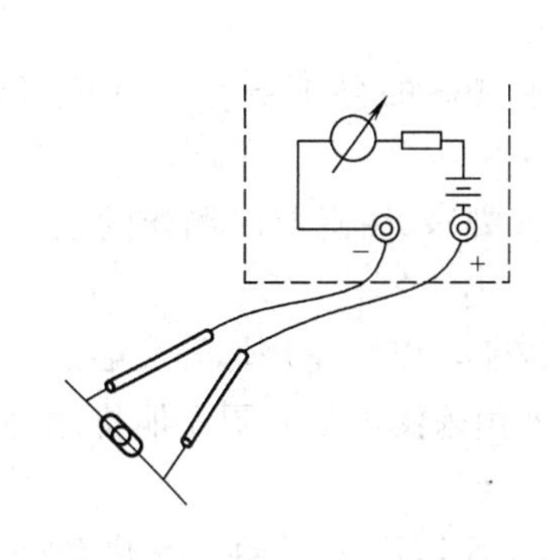

图 1-65　测量半导体二极管的正向电阻

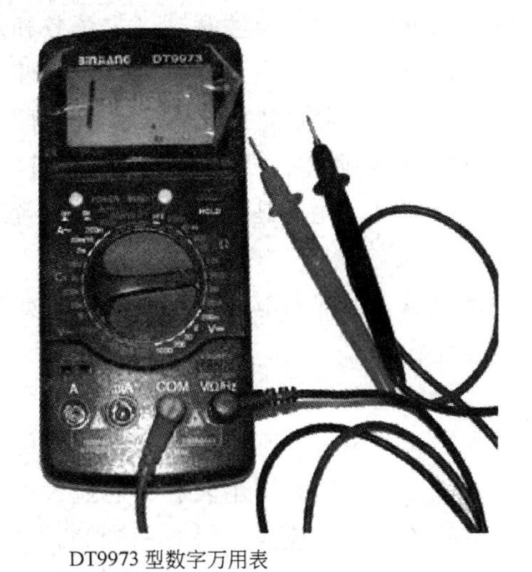

DT9973 型数字万用表

图 1-66　数字式万用表外形

1）读数直观，没有视差；

2）准确度高，灵敏度高出 10^3 倍；

3）能测量交流电流，能自动调零；

4）过载可自动保护，故障率低；

5）测量速度快，体积小。

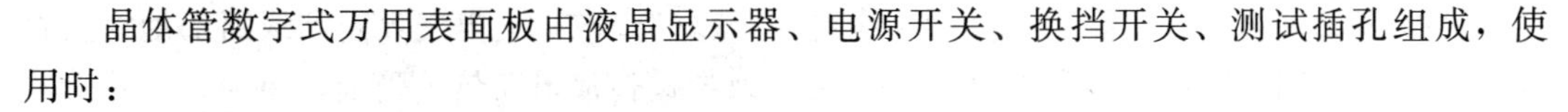

晶体管数字式万用表面板由液晶显示器、电源开关、换挡开关、测试插孔组成，使用时：

1）黑棒插在“COM”插孔，红棒。

A. 测电阻和电压，插“V Ω”孔。

B. 测等于或小于 200mA 的电流，插在“A”孔。

C. 测大于 200mA 的电流，插在“20A”孔。

2）根据被测量的性质和大小，将换挡开关旋至适当位置。

3）电源开关置于“ON”，然后用测试棒测量。测量完毕，电源开关置于“OFF”。

4）故障排除：若测电流时无显示，可能表内快速熔断器已断，需换 0.5A（250V）同样的熔断器。

5）其他功能：有的数字万用表还设有测试电容、三极管放大倍数等功能。使用时应查阅用户手册。

尽管万用表的型式很多，使用方法也有差别，但基本原理是一样的。

(2) 使用万用表一般应注意以下情况

首先要选好插孔和转换开关的位置。红色测棒为“+”，黑色测棒为“-”，测棒插入表孔时一定要按颜色对号入孔。测直流电量时，要注意正负极性；测电流时，测棒与电路串联；测电压时，测棒与电路并联。应根据测量对象，将转换开关旋至所需位置。量程的选择应使指针移动到满刻度的 2/3 附近，这样测量误差小。在被测量的大小不详时，应先用高档试测，后再改用合适的量程。

读数要正确，万用表有多条刻度线，分别适用于不同的被测对象。测量时应在对应的刻度尺上读数，同时应注意刻度尺读数和量程的配合，避免出错。

测量电阻时，应注意倍率的选择，使被测电阻接近该量程的中心值，以使读数准确。测量前应先把两测量棒短接调零，旋转调零旋钮使指针指在电阻零位上。每变换一种倍率（即量程）都要调零。严禁在被测电阻带电的状态下测量。

测电阻时，尤其是测大电阻时，不能用两手接触测棒的导电部分，以免影响测量结果。

用欧姆表内部电池作测试电源时（如判断晶体管管脚），注意此时测棒的正、负极与电池极性相反。

测量较高电压或较大电流时，不准带电转动开关旋钮，以防止烧坏开关触点。

当转换开关置于测电流或测电阻的位置上时，切勿用来测电压，更不能将两侧棒直接跨接在电源上，否则万用表会因通过大电流而烧毁。

使用完毕后，应注意保管和维护。万用表应水平放置，不得震动、受热和受潮。每当测量完毕后，应将转换开关置于空档或最高电压档，不要将开关置于电阻档上，以免两侧棒短接时使表内电源耗尽。如果在测量电阻时，两侧棒短接后指针仍调整不到零位，则说明电池应该更换。如果长期不用时，应将电池取出，防止电池泄漏腐蚀电表内其他元件。

4.3 兆 欧 表

4.3.1 用途

兆欧表又称摇表，主要用来测量绝缘电阻，以判定电机、电气设备和线路的绝缘是否良好，这关系到这些设备能否安全运行。由于绝缘材料常因发热、受潮、污染、老化等原因使其电阻值降低，泄漏电流增大，甚至绝缘损坏，从而造成漏电和短路等事故，因此必须对设备的绝缘电阻进行定期检查。各种设备的绝缘电阻都有具体要求。一般来说，绝缘电阻越大，绝缘性能也越好。

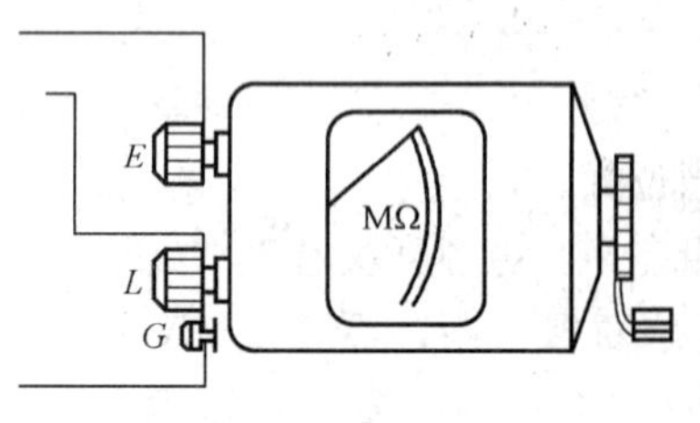

图 1-67 兆欧表的外形平面图

4.3.2 结构

兆欧表主要有两部分组成：磁电式比率表和手摇发电机。手摇发电机能产生 500V、1000V、2500V 或 5000V 的直流高压，以便与被测设备的工作电压相对应。目前有的兆欧表，采用晶体管直流变换器，可以将电池的低压直流转换成高压直流。图 1-67 是兆欧表的外形平面图，*L*、*E*、*G* 是它的三个接线柱，一个为“线路”（*L*)，另一个为“接地”（*E*)，还有一个为“屏蔽”（*G*)。手柄转动，手摇发电机发电，指针显示电阻值的读数。

4.3.3 兆欧表的使用

(1) 兆欧表的选用

选用兆欧表测试绝缘电阻时，其额定电压一定要与被测电气设备或线路的工作电压相适应；兆欧表的测量范围也应与被测绝缘电阻的范围相吻合。在施工验收规范的测试篇中有明确规定，应按其规定标准选用。一般低压设备及线路使用 500～1000V 的兆欧表；1000V 以下的电缆用 1000V 的兆欧表；1000V 以上的电缆用 2500V 的兆欧表。在测量高压设备的绝缘电阻时，须选用电压高的兆欧表，一般需 2500V 以上的兆欧表才能测量，否则测量结果不能反映工作电压下的绝缘电阻。同时还要注意：不能用电压过高的兆欧表测量低压设备的绝缘电阻，以免设备的绝缘受到损坏。

各种型号的兆欧表，除了有不同的额定电压外，还有不同的测量范围，如 ZC11-5 型兆欧表，额定电压为 2500V，测量范围为 0～10000MΩ。选用兆欧表的测量范围，不应过多的超出被测绝缘电阻值，以免读数误差过大。有的表其标尺不是从零开始，而是从 1MΩ 或 2MΩ 开始，就不宜用来测量低绝缘电阻的设备。

(2) 兆欧表的接线方法

一般测量时，应将被测绝缘电阻接在“*L*”和“*E*”接线柱之间。在测量电缆芯线的绝缘电阻时，就要用 *L* 接芯线，*E* 接电缆外皮、用 *G* 接电缆绝缘包扎物。

1) 照明及动力线路对地绝缘电阻的测量　如图 1-68 (*a*) 所示，将兆欧表接线柱 *E* 可靠接地，接线柱 *L* 与被测线路连接。按顺时针方向由慢到快摇动兆欧表的发电机手柄，待兆欧表指针读数稳定后，这时兆欧表指示的数值就是被测线路的对地绝缘电阻值。

2) 电动机绝缘电阻的测量　拆开电动机绕组的星形或三角形连接的连线。用兆欧表的两接线柱 *E* 和 *L* 分别接电动机两相绕组，如图 1-68 (*b*) 所示。摇动兆欧表发电机手柄，应以 120r/min 的转速均匀摇动手柄，待指针稳定后读数，测出的是电动机绕组相间绝缘电阻。图 1-68 (*c*) 是电动机绕组对地绝缘电阻的测量接线，接线柱 *E* 接电动机机壳上的接地螺钉或机壳上（勿接在有绝缘漆的部位），接线柱 *L* 接电动机绕组上，摇动兆欧表发电机手柄，测出的是电动机绕组对地的绝缘电阻。

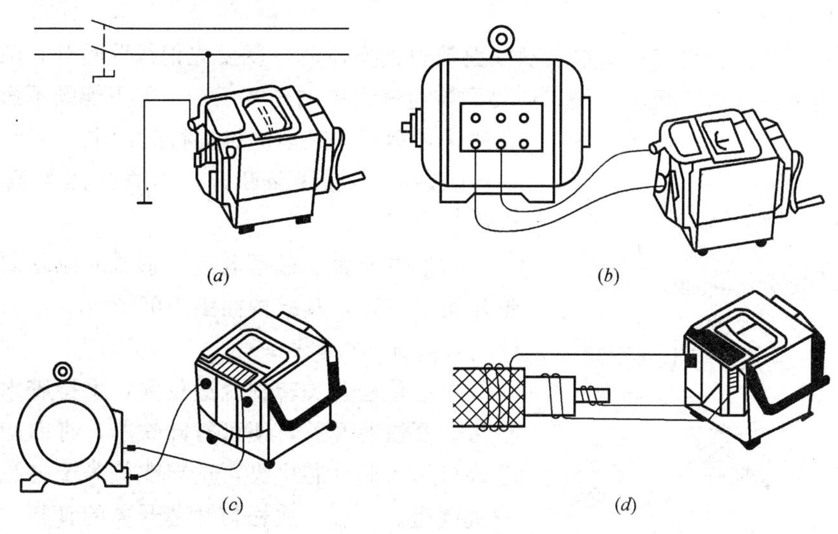

图 1-68　兆欧表测量绝缘电阻的接法

3）电缆绝缘电阻的测量　测量接线如图 1-68（*d*）所示。将兆欧表接线柱 *E* 接电缆外皮，接线柱 *G* 接电缆线芯与外皮之间的绝缘层上，接线柱 *L* 接电缆线芯，摇动兆欧表发电机手柄，读数。测出的是电缆线芯与外皮之间的绝缘电阻值。

（3）使用兆欧表应注意的事项

使用兆欧表测量设备和线路的绝缘电阻时，须在设备和线路不带电的情况下进行；测量前须先将电源切断，并使被测设备充分放电，以排除被测设备感应带电的可能性。

兆欧表在使用前须进行检查，检查的方法如下：将兆欧表平稳放置，先使“*L*”、“*E*”两个端钮开路，摇动手摇发电机的手柄并使转速达到额定值，这时指针应指向标尺的“∞”处；然后再把“*L*”、“*E*”端钮短接，再缓缓摇动手柄，指针应指在“0”位上；如果指针不指在“∞”或“0”刻度上，必须对兆欧表进行检修后才能使用。

在进行一般测量时，应将被测绝缘电阻接在“*L*”和“*E*”接线柱之间。如测量线路绝缘电阻，则将被测端接到“*L*”接线柱，而“*E*”接线柱接地。

接线时，应选用单根导线分别连接“*L*”和“*E*”接线柱，不可以将导线绞合在一起，因为绞线间的绝缘电阻会影响测量结果。

测量电解电容器的介质绝缘电阻时，应按电容器耐压的高低选用兆欧表，并要注意极性。电解电容的正极接“*L*”，负极接“*E*”，不可反接，否则会使电容击穿。测量其他电容器的介质绝缘电阻时可不考虑极性。

测量绝缘电阻时，发电机手柄应由慢渐快地摇动。若表的指针指零，说明被测绝缘物有短路现象，此时就不能继续摇动，以防止表内动圈因发热而损坏。摇柄的速度一般规定每分钟 120 转，切忌忽快忽慢，以免指针摆动加大而引起误差。当兆欧表没有停止转动和被测物没有放电之前，不可用手触及被测物的测量部分尤其是在测量具有大电容的设备的绝缘电阻之后，必须先将被测物对地放电，然后再停止兆欧表的发电机转动，以防止电容器放电而损坏兆欧表。

4.4 钳形电流表

4.4.1 用途

在临时需要检查电气设备的负载线路流过的电流时，就要先把线路断开，然后把电表串联到电路中去，这样很不方便，还要影响电气设备的正常运行。能不能既不影响电气设备的正常运行，又能测得运行时的电流呢？使用钳形电流表就不必把线路断开，而直接测得负载电流的大小。

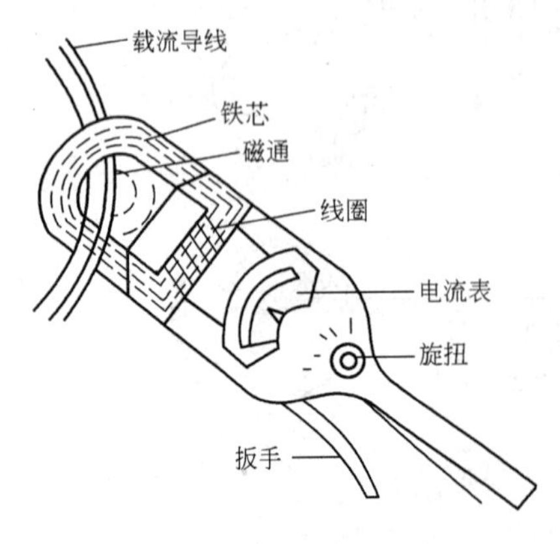

图 1-69　钳形电流表外型与结构

钳形电流表是根据电流互感器的原理制成的，外形象钳子一样，其结构如图 1-69 所示。

4.4.2 测量方法

先把量程开关转到合适位置，手持胶木手柄，用食指勾紧铁芯开关，便可打开铁芯，将欲测导线从铁芯缺口引入到铁芯中央，这导线就等于电流互感器的一次绕组。然后，放松勾铁芯开关的食指，铁芯就自动闭合，被测导线的电流就在铁芯中产生交变磁力线，使二次绕组感应出与导线所流过的电流成一定比例的二次电流，从表上就可以直接读数。

常用的钳形电流表有 T-301 型，这种仪表有三种规格，每种规格有五档量程，即：

0～10～25～50～100～250A

0～10～25～100～300～600A

0～10～30～100～300～1000A

T-301 型钳型表，只适用于测量低压交流电路中的电流。因此，在测量前，要注意被测电路电压的高低，如果用低压钳型电流表去测量高压电路中的电流，会有触电的危险，甚至会引起线路短路。

在测量三相交流电时，夹住一相时的读数为本相的线电流值；夹两根线时的读数为第三相的线电流值；夹三根线时，如读数为零，则表示三相平衡；若有读数则表示三相电流不平衡（也就是零线上的电流值）。

每次测量完毕后，一定要把量程开关置于最大量程位置，以免下次测量时由于疏忽而造成电表损坏。

4.4.3　注意事项

选择合适的量程，防止用小量程测量大电流，将表针打坏。

不要在测量过程中切换量程。因为钳形表的二次绕组匝数很多，测量时工作在相当于二次绕组短路状态（如忽略表头内阻），一旦测量中切换量程，会造成瞬间二次绕组中感应出很高的电压，这个电压有可能将二次绕组的层间或匝间的绝缘击穿。

测量时，应将被测载流导线放在钳口中央位置，以免产生测量误差。

在测量小于 5A 以下电流时，为了得到较为准确的测量值，可把被测导线多绕几圈，放进钳口进行测量，但测得的数值应除以放入钳口的导线根数，才是实际的电流值。

实训课题　练习使用电工仪表

1. 实训内容

（1）万用表使用练习；

（2）兆欧表使用练习；

（3）钳形电流表使用练习。

2. 实训记录（表 1-22）

表 1-22

项　目	导线色别	试电笔测试	仪表测量值		分析及结论
			电压(V)	电流(A)	
对导线测试					

续表

<table>
<tr><th colspan="2" rowspan="2">项　目</th><th rowspan="2">导线色别</th><th rowspan="2">试电笔测试</th><th colspan="2">仪表测量值</th><th rowspan="2">分析及结论</th></tr>
<tr><th>电压(V)</th><th>电流(A)</th></tr>
<tr><td rowspan="4">单相交流电路测试</td><td rowspan="2">不带负载</td><td></td><td></td><td></td><td></td><td rowspan="2"></td></tr>
<tr><td></td><td></td><td></td><td></td></tr>
<tr><td rowspan="2">带负载</td><td></td><td></td><td></td><td></td><td rowspan="2"></td></tr>
<tr><td></td><td></td><td></td><td></td></tr>
</table>

3. 成绩评定（表 1-23）

电工仪表练习评分标准　　**表 1-23**

项　目	测量方法、评分标准	满　分	得　分
测量电阻	测量 10 个不同阻值的电阻，每错一个扣 2 分	10	
测量二极管	测量二极管判断极性和管子的好坏，每错一个扣 5 分	10	
测量交流电压	测量不同的交流电压，每错一个扣 5 分	30	
测量直流电压	测量不同的直流电压，每错一个扣 5 分	20	
钳形电流表测量	测量电流值，方法不对扣 10 分	10	
兆欧表测量	测量照明电路绝缘，测量线圈绝缘每错一个扣 10 分	20	
	合计	100	

单元2　交流电路

知识点： 电容、磁路、电磁感应、正弦交流电路、三相交流电路、电度表的结构与原理等。

教学目标： 懂得交流电路的基本概念，会做相关实验，会识别各类电容和电感，会安装单相、三相电度表等。

课题1　电　　容

1.1　电容器　电容

1.1.1　电容器

两块互相靠近的平行金属板，就组成一个最简单的电容器，叫做平行板电容器。这两个金属板叫做电容器的极板，实际上，任何两个彼此绝缘又相互靠近的导体，都可以看成是一个电容器。

（1）实验1

将一个平行金属板电容器（内有电介质硬板或有机玻璃）与一个零位刻度在中间的灵敏电流表和一个转换开关串联后，接在500V的直流电压上，如图2-1所示，电流表用灵敏度高的微安表或检流计，在电容器上并联一个验电器，然后借助于转换开关使电容器电路与电源接通和断开。

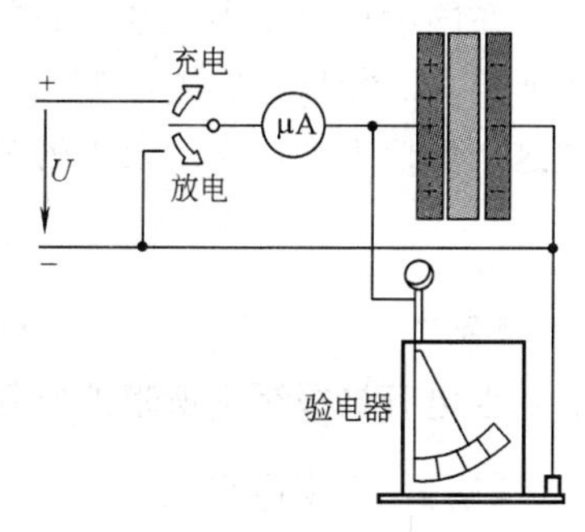

图2-1　实验电路图

结果　当电路与直流电源接通后，电容器的两个极板分别与电源的正负极相连，两个极板就分别带上等量异种电荷。这个过程叫做充电。在电路接通后的一段时间内，电流表显示出充电电流，验电器可以显示出电容器被充电。即在此期间电子流向一块极板，同时又有同样多的电子从另一块极板流出，这样，两块极板就分别带上了不同极性的电荷。

当电容器与直流电源断开后，电容器的两个极板上仍然保持有电荷，两极板间有电场存在。在充电过程中由电源获得的电能储存在电场中，称为电场能。两个极板上所带电荷量的绝对值，叫做电容器所带的电荷量。

（2）实验2

在图2-1所示的实验电路中，把这个已充好电的电容器通过转换开关将电路短路。

结果　把充电后的电容器的两极板接通后，两极板上的正负电荷就会通过导线互相中和，电容器就不再带电，这个过程叫做放电。

电容器在充电过程中，储存电荷的同时，也储存了电能。在放电过程中，电场能又转化为其他形式的能。摄影用的闪光灯就是利用电容器的充放电来工作的。先用电池给大容量的电容器充电，之后使电容器在短时间（大约千分之一秒）内放电，从而使闪光灯发出一道强烈的闪光。

1.1.2 电容

电容器储存电荷的能力在同一电压的情况下并不相等。

实验：将一个 2μF 的电容器通过一个零位刻度在中间的验电器和一个转换开关与 20V 的直流电压相连接，如图 2-1 所示。当电路接通后，观察仪表的指针偏转，然后再通过转换开关将电路短路，观察验电器上的放电情况，在 40V 和 60V 的条件下重复上述实验。

结果 在 40V 和 60V 时验电器指针偏转幅度分别是 20V 时的两倍和三倍。电容器储存电荷的电荷量随着所加电压的增大而增加。

我们把电容器所带的电荷量 q 与电容器两极板间的电压 U 的比值，叫做电容器的电容。

用 C 表示电容，即
$$C=\frac{q}{U}$$

式中 q——电荷量；

C——电容量；

U——电压；

上式表示，电容器的电容在数值上等于两极板间的电压为 1V 时电容器所带的电荷量。电容是表示电容器储存电荷本领的物理量，电容的大小由电容器的构造决定，与电容器带电多少无关。

在国际单位制中，电容的单位是法拉，简称法，符号是 F。这个名字是为了纪念法拉第而定的。如果电容器带 1C 的电荷量时，两极板间的电压是 1V，电容器的电容就是 1F。法这个单位太大，常用较小的单位，微法（μF）和皮法（pF），他们之间的换算关系为

$$1\text{F}=10^{6}\mu\text{F}=10^{12}\text{pF}$$

【例 2-1】 一个电容为 6.8μF 的电容器接到电压为 1000V 的直流电源上，充电结束后，求电容器极板上所带的电量。

【解】 根据电容定义式 $C=\frac{q}{U}$，则 $q=CU=6.8\times10^{-6}\times1000=0.0068\text{C}$

1.1.3 电容上的电压与电流

在图 2-1 实验中，为什么电容器在充电过程中电流会由大变小，最后到零呢？这是由于当开关拨到充电位置一瞬间，电容器的极板和电源之间存在较大的电压，所以，开始充电电流较大。随着电容器两极板上所带的电荷量的增加，两者之间的电压逐渐减小，充电电流逐渐减小，当充电结束时，电流为零，电容器两端电压 $U=E$，电容器中储存的电荷 $q=CE$。在图 2-1 实验中，我们还可以看到电容器的放电过程，开始放电时由于电容器两极板上的电压较大，因此电流较大，随着电容器极板上电荷量的减少，电容器两端电压逐渐减小，放电电流也逐渐减小直至为零，此时放电过程结束。

在电容器充放电过程中，电容器两端电压发生变化时，电容器极板上储存的电荷发生了变化，这时电容所在电路中就有电荷的定向移动，形成了电流。当电容两端电压不变

时，极板上电荷也不变化，电路中便没有电流。这与电阻元件不同，电阻只要两端有电压，不论它是否发生变化都有电流流过电阻。

如在 Δt 时间内，电容 C 的极板上的电量改变了 Δq 则电容电路中的电流为 $i=\frac{\Delta q}{\Delta t}$

已知 $q=CU_C$，所以

$$i=C\frac{\Delta U_C}{\Delta t}$$

上式对电容充电和放电情况均适用。此式与欧姆定律地位相当，说明电容元件的规律。需要说明的是，电路中的电流是由于电容器充放电形成的，并非电荷直接通过了介质。

【例 2-2】 一个 1μF 的电容器，其两端的电压在 5ms 内均匀地上升了 100V，其充电电流为多大？

【解】

$$i=C\frac{\Delta U_C}{\Delta t}=1\mu F\times 100V/5ms=20mA$$

当电容器在充电电流为 1A，充电时间为 1s 时，电压升高了 1V，则其电容量为 1F。在使用曾被充过电压的电容器之前，或在一次实验后，应使电容器放电。对于容量较大的电容器，必须通过电阻进行放电。

1.2 电容器的连接

1.2.1 电容器的串联

把几个电容器的极板首尾相接，连成一个无分支电路的连接方式叫做电容器的串联。图 2-2 是三个电容器的串联，接上电压为 U 电源后，两极板分别带电，电荷量为 $+q$ 和 $-q$，由于静电感应，中间各极板所带的电荷量也等于 $+q$ 或 $-q$，所以，串联时每个电容器带的电荷量都是 q。如果各个电容器的电容分别为 C_1、C_2、C_3，电压分别为 U_1、U_2、U_3，则

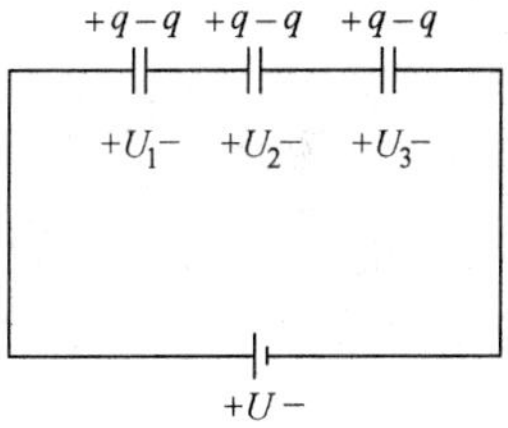

图 2-2 电容器的串联

$$U_1=\frac{q}{C_1},\ U_2=\frac{q}{C_2},\ U_3=\frac{q}{C_3}$$

电压 U 等于各个电容器上的电压之和，所以

$$U=U_1+U_2+U_3=q\left(\frac{1}{C_1}+\frac{1}{C_2}+\frac{1}{C_3}\right)$$

设串联总电容（等效电容）为 C，则由 $C=\frac{q}{U}$，可得

$$\frac{1}{C}=\frac{1}{C_1}+\frac{1}{C_2}+\frac{1}{C_3}$$

即：串联电容器总电容的倒数等于各电容器电容的倒数之和。

【例 2-3】 如图 2-2 中，$C_1=C_2=C_3=C_0=200\mu F$，额定工作电压为 50V，电源电压 $U=120V$，求这组串联电容器的等效电容是多大？每只电容器两端的电压是多大？在此电压下工作是否安全？

【解】 三只电容器串联后的等效电容是

$$C=\frac{C_0}{3}=\frac{200}{3}\approx 66.67\mu F$$

每只电容器上所带的电荷量为

$$q=q_1=q_2=q_3=CU=66.67\times 10^{-6}\times 120\approx 8\times 10^{-3}C$$

每只电容上的电压为

$$U_1=U_2=U_3=\frac{q}{C}=\frac{8\times 10^{-3}}{200\times 10^{-6}}=40V$$

电容器上的电压小于它的额定电压，因此电容在这种情况下工作是安全的。

从上例中可看出，当一只电容器的额定工作电压值太小不能满足需要时，除选用额定工作电压值高的电容器外，还可采用电容器串联的方式来获得较高的额定工作电压。

【例 2-4】 现有两只电容器，其中一只电容器的电容为 $C_1=2\mu F$，额定工作电压为 160V，另一只电容器的电容为 $C_2=10\mu F$，额定工作电压为 250V，若将这两个电容器串联起来，接在 300V 的直流电源上，问每只电容器上的电压是多少？这样使用是否安全？

【解】 两只电容器串联后的等效电容为

$$C=\frac{C_1C_2}{C_1+C_2}=\frac{2\times 10}{2+10}\approx 1.67\mu F$$

各电容的电容量为

$$q_1=q_2=CU=1.67\times 10^{-6}\times 300\approx 5\times 10^{-4}C$$

各电容器上的电压为

$$U_1=\frac{q_1}{C_1}=\frac{5\times 10^{-4}}{2\times 10^{-6}}=250V$$

$$U_2=\frac{q_2}{C_2}=\frac{5\times 10^{-4}}{10\times 10^{-6}}=50V$$

由于电容器 C_1 的额定电压是 160V，而实际加在它上面的电压是 250V，远大于它的额定电压，所以电容器 C_1 可能会被击穿；当 C_1 被击穿后，300V 的电压将全部加在 C_2 上，这一电压也大于它的额定电压，因而也可能被击穿。由此可见，这样使用是不安全的。本题中，每个电容器允许充入的电荷量分别为

$$q_1=2\times 10^{-6}\times 160=3.2\times 10^{-4}C$$

$$q_2=10\times 10^{-6}\times 250=2.5\times 10^{-3}C$$

为了使 C_1 上的电荷量不超过 $3.2\times 10^{-4}C$，外加总电压应不超过

$$U=\frac{3.2\times 10^{-4}}{1.67\times 10^{-6}}\approx 192V$$

电容值不等的电容器串联使用时，每个电容上分配的电压与其电容成反比。

从上例中可看出，电容值不等的电容器串联使用时，每个电容器上所分配到的电压是不相等的。各电容器上的电压分配和它的电容成反比，即电容小的电容器比电容大的电容器所分配的电压要高。所以，电容值不等的电容器串联时，应先通过计算，在安全可靠的情况下再串联使用，以减少不必要的损失。

1.2.2 电容器的并联

把几个电容器的正极连在一起，负极也连在一起，这就是电容器的并联。图 2-3 所示

是三个电容器的并联，接上电压为 U 的电源后，每个电容器的电压都是 U。如果各个电容器的电容分别是 C_1、C_2、C_3，所带的电量分别为 q_1、q_2、q_3，则

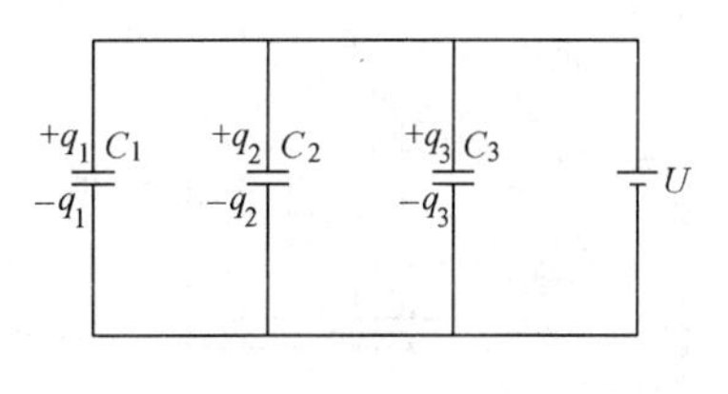

图 2-3　电容器的并联

$$q_1 = C_1U, q_2 = C_2U, q_3 = C_3U$$

电容器组储存的总电荷量 q 等于各个电容器所带电荷量之和，即

$$q_1+q_2+q_3=(C_1+C_2+C_3)U$$

设并联电容器的总电容（等效电容）为 C，由

$$q=CU$$

得

$$C=C_1+C_2+C_3$$

即并联电容器的总电容等于各个电容器的电容之和。

【例 2-5】 电容器 A 的电容为 10μF，充电后电压为 30V，电容器 B 的电容为 20μF，充电后电压为 15V，把它们并联在一起，其电压是多少?

【解】 电容器 A、B 连接前的带电量分别为

$$q_1=C_1U_1=10\times10^{-6}\times30=3\times10^{-4}\text{C}$$

$$q_2=C_2U_2=20\times10^{-6}\times15=3\times10^{-4}\text{C}$$

它们的总电荷量为

$$q=q_1+q_2=6\times10^{-4}\text{C}$$

并联后的总电容为

$$C=C_1+C_2=3\times10^{-5}\mu\text{F}$$

连接后的共同电压为

$$U=\frac{q}{C}=\frac{6\times10^{-4}}{3\times10^{-5}}=20\text{V}$$

同学们还可以计算连接后每个电容器的电荷量，看看电荷是从哪个电容器流到另一个电容器的。

1.3　电容器的分类和识别

1.3.1　电容器的分类

电容器的种类很多。按所用介质分：有纸介电容器、金属化纸介电器、聚苯乙烯薄膜介质电容器、聚四氟乙烯薄膜介质电容器、云母电容器、陶瓷电容器、玻璃膜和玻璃釉电容器、铝电解电容器、钽电解电容器、铌电解电容器、油质电容器等。

按容量是否可调来分：有固定电容器、可变电容器、微调电容器等。

常见电容器符号见表 2-1。

电容器在电路中的符号　　**表 2-1**

名称	电容器	电解电容器	半可变电容器	可变电容器	双连可变电容器
图形符号		+（有极性） （无极性）			

(1) 固定电容器

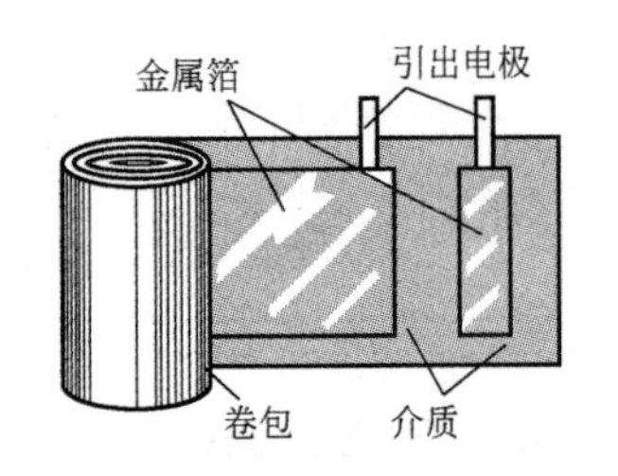

图2-4 卷包式电容器

卷包式电容器。在卷包式电容器中，金属薄片和介质都制成长条带形，然后卷在一起。如图 2-4 所示。通常将这卷包放在一个杯状的金属壳内，为了防潮，再浇注一些绝缘材料把它密封起来。

纸介电容器。纸介电容器的介质是由两层或多层纤维纸组成，金属箔由薄铝片制成，引出电极则焊在金属箔上，然后卷起来，常常还将此卷包在真空状态下浸在绝缘液体中进行绝缘处理。

有机质薄膜电容器。这类电容器的介质由有机薄膜，例如聚丙烯、聚酯、聚碳酸酯等组成。在涤纶薄膜电容器中的金属箔是铝箔，金属膜有机质电容器（MK 电容器）是用真空蒸发的方法在有机质薄膜（涤纶薄膜）上形成金属薄膜，这样制成的电容器可以在电容量一样大的情况下缩小其体积。该电容器的损耗因数很小，而电容量的稳定性和绝缘电阻都很大。

MK-电容器的一个很大的优点是它的自愈作用，当电容器内部的某处被击穿时，在击穿处便会出现电弧，使该处的金属膜被蒸发，形成无金属区。这样就可以防止金属膜之间因短路而进一步损坏电容器。金属膜形式电容器尤其适用于采用印刷电路板技术的元件安装。

电解电容器。电解电容器用一层薄的氧化膜来作为介质，这样就可以制成体积小而容量大的电容器。铝电解电容器是由中间夹纸的两层铝箔卷包而成的，如图 2-5（*a*）所示。有极性的电解电容器只允许按电容器标注的极性施加直流电压。钽箔电解电容器如图 2-5（*b*）左图所示，烧结式钽电解电容器如图 2-5（*b*）的右图所示。由于钽电解电容器中作介质的氧化膜其相对介电系数很大，所以它是目前体积很小的一种电解电容器。钽电解电容器可用作耦合电容和滤波电容。

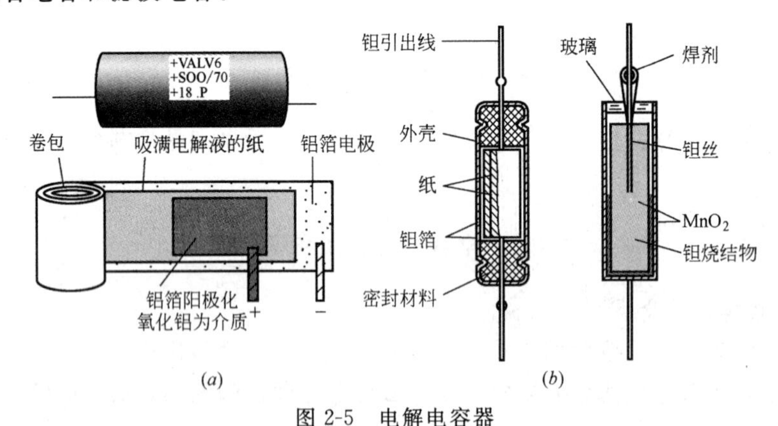

图 2-5 电解电容器

（*a*）铝电解电容器；（*b*）钽电解电容器

瓷介电容器。瓷介电容器以陶瓷物质作为介质。小型瓷介电容器一般制成管状或圆片状。

云母电容器。云母电容器的介质是云母，在云母片上有紧贴的金属箔片。这种电容器可由两片或多片组成。云母电容器主要应用于发射和测量技术中。

用于 SMD 技术的电容器。这种电容器是体积尺寸很小的元件，可以直接在印刷电路板的表面安装。SMD（Surface mounted Device＝表面安装器件）技术较适合于自动化插件处理工艺。这种电容器由于体积尺寸很小以及没有引脚的分布电感作用，所以很适用于高频技术中。

（2）可变电容器

可变电容器有转动式电容器和微调电容器。如图 2-6 所示，可变电容器的形式有转动式电容器、片式微调电容器和管形微调电容器。

图 2-6　可变电容器

微调电容器可用于电容量一次性设定。在广播、电视和测量设备中用于微调。

1.3.2　电容器的识别

（1）电容器的型号命名方法

按国标 GB 2470—81 规定，电容器型号由以下四部分组成。

第一部分用字母表示产品的主称，即用 C 表示电容器；

第二部分用字母表示产品的材料，见表 2-2；

第三部分一般用数字表示分类（个别也有用字母表示），见表 2-3；

电容器型号中材料代号的意义　　**表 2-2**

符　号	意　义	符　号	意　义
C	高频陶瓷	L	聚酯等极性有机薄膜
Y	云母	Q	漆膜
I	玻璃釉	H	纸膜复合
O	玻璃膜	D	铝电解
J	金属化纸	A	钽电解
Z	纸	N	铌电解
B	聚苯乙烯等非极性有机薄膜	T	低频陶瓷

电容器型号中分类符号的意义　　**表 2-3**

符　号	意　义			
	磁介电容器	云母电容器	电解电容器	有机电容器
1	圆片		箔式	
2	管形	非密封	箔式	非密封
3	叠片	非密封	烧结粉、固体	非密封
4	独石	密封	烧结粉、固体	密封
5	穿心	密封	烧结粉、固体	密封
6	支柱	—	—	穿心
7	—	—	—	—
8	高压	—	—	—
9	—	高压	无极性	高压
G	高功率	—	—	特殊
W	微调		特殊	

第四部分用数字表示序号。举例说明：

CJ21 表示小型非密封金属化纸介电容器。

```
         C      L      2      1
        ╱       |      |       ╲
   电容器     涤纶   非密封     序号
```

CL21 表示小型非密封涤纶电容器。

```
         C      D        1   3
        ╱       |        |    ╲
   电容器     铝电解    箔式    序号
```

CD13 表示箔式铝电解电容器。

又如 CB21 为非密封聚苯乙烯电容器，CC14 为高频独石陶瓷电容器等。

2）常见电容器的主要性能参数

标称容量　电容器的电容量一般均按国标 GB 2471—81 标明标称容量。容量一般在外壳上标明。

工作电压　表明在电容器外壳上。该电压表示电容器在使用期内能正常工作的最大电压。工作电压与电容器的使用期限有关，如果要延长使用期限，则应在降低电容器的标值电压的情况下使用。

绝缘电阻　电容器的绝缘电阻表示电容器的漏电性能，它在数值上等于加在电容器两端的电压除以漏电流。品质优良的电容器绝缘电阻很高，一般都在兆欧级以上，因此电容器的绝缘电阻一般都用 MΩ 表示。

电容器的损耗　电容器在电场作用下，单位时间内因发热而消耗的能量称为电容器的损耗。此损耗主要是在交变电压作用下，介质反复极化引起的能量损耗。损耗与介质的种类和外施电压的频率有关。

复习思考题

1. 当一容量为 16μF 的电容器接在 300V 的直流电压上时，该电容器所带的电量为多少？

2. 某电容器的电容为 C，如果不带电时它的电容是________。

① 0；　② C；　③ 大于 C；　④ 小于 C。

3. 有两个电容器，一个电容较大，另一个电容较小，如果它们所带的电荷量一样，那么哪一个电容器上的电压高？如果它们充得的电压相等，那么哪一个电容器的电荷量大？

4. 有人说“电容器带电多电容就大，带电少电容就小，不带电则没有电容。”这种说法对吗？为什么？

5. 两个电容器分别为 10pF/100V 与 30pF/50V，将它们串联后接到 200V 的电源，电容器会被击穿吗？如果要使它们安全工作，外加电压应不超过多少伏？

6. 电容器混联电路如图 2-7 所示，当 S 断开时，A、B 两端的等效电容是多少？当 S 闭合时，A、B 两端的等效电容是多少？

7. 把“100pF、600V”和“300pF、600V”的电容器串联后，接到 900V 的电路上，电容器会被击穿吗？为什么？

8. 电路如图 2-8，已知电源电动势 $E=4$V，内阻不计，外电路电阻 $R_1=3\Omega$，$R_2=1\Omega$，电容 $C_1=2\mu$F，$C_2=1\mu$F。求：①R_1 两端的电压；②电容 C_1、C_2 所带的电量；③电容 C_1、C_2 两端的电压。

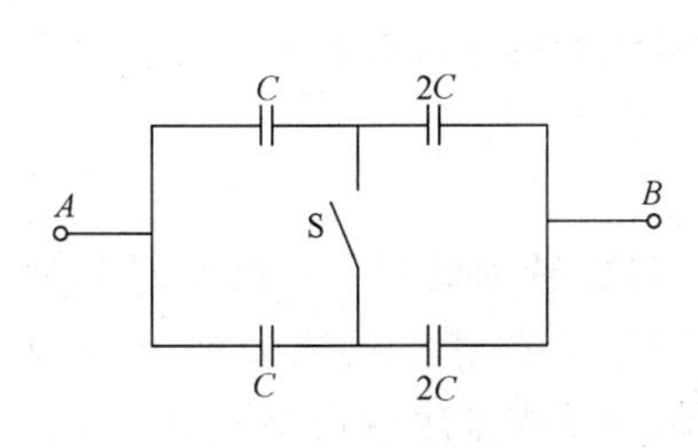

图 2-7　习题 6

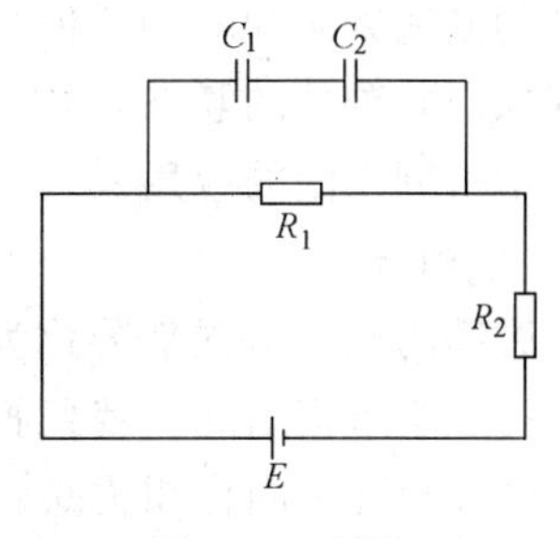

图 2-8　习题 8

9. 阐述 MK 电容器的构造。

10. 为什么 MK 电容器具有自愈作用？

11. 为什么不能将有极性的电解电容器的极性接反？

12. 微调电容器用于哪些场合？

13. 说出下列电容器的型号。

CD12　　CL21　　CB24　　CY23　　CA30　　CZ41

实验　用万用表判别较大容量的电容器质量

1. 实验目的

学会用万用表的电阻挡（$R\times100$ 或 $R\times1\text{k}$）来判别较大容量的电容器质量。

2. 实验器材

（1）万用表。

（2）电容器。

3. 实验原理

电容器的充放电作用。

4. 实验步骤

（1）将万用表的表棒分别与电容器的两端接触，则指针会有一定的偏转，并很快回到接近于起始位置的地方。说明电容器的质量很好，漏电很小。

（2）如果指针回不到起始位置，而停在标度盘的某处，说明电容器的漏电量很大，则这时指针所指出的电阻数值即表示该电容器的漏电阻值。

（3）如果指针偏转到零欧位置之后不再回去，则说明电容器内部已经短路。

（4）如果指针根本不偏转，则说明电容器内部可能断路，或电容量很小，充放电电流很小，不足以使指针偏转。

课题 2　磁场　磁感应强度

2.1　电流和磁场

早在春秋战国时期，我们就发现了磁体的指向性。东汉时候，我们制成世界上最早的磁性指南工具——司南勺；北宋时代（公元 11 世界），沈括在《梦溪笔谈》中就明确记载了指南针的制造方法和应用。但是直到19世纪，人们发现了电流的磁效应之后，才开始认识电现象与磁现象的联系，随着研究的深入，电磁理论迅速发展起来，并在生产技术和科学实验中得到广泛的应用。

2.1.1 *磁场*

一块磁铁的磁性最强部分称为“磁极”。一个能自由转动的磁铁，静止时总是一个磁极指南，另一个磁极指北。我们把指南的磁极称为S极；把指北的磁极称为N极。通过实验可知磁极相互之间作用力是：异性极相吸引，同性极相排斥。在磁体的周围存在的这种特殊的物质叫作磁场。磁极之间相互作用的磁力，不是在磁极之间直接发生的而是通过磁场传递的。磁场对处在它里面的磁极有磁场力的作用。

实验　把一些可以自由转动的小磁针放在条形磁铁的周围不同的位置上，看看小磁针N级（或S级）的指向是否相同。

结果　在磁场力的作用下，小磁针将发生偏转，静止时，小磁针不再指向南北。可以看到磁体周围不同位置小磁针的指向不同。

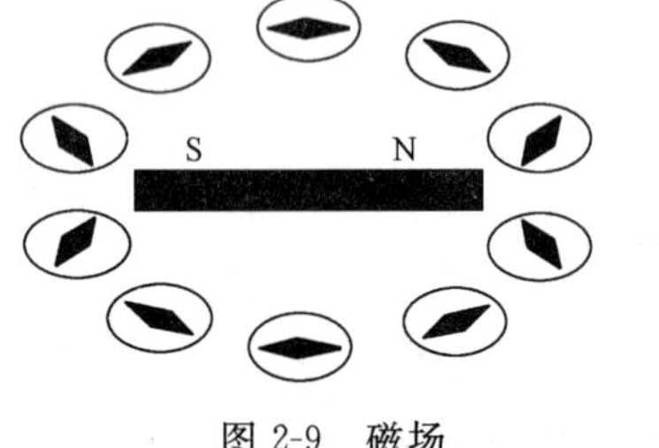

图 2-9　磁场

通常规定：放在磁场中某一点的可以自由转动的小磁针，它静止时N极（北极）所指的方向为该点磁场的方向。如图2-9所示。

磁场是一种看不见，也摸不着的特殊物质，而磁场中不同的地方，磁场方向一般是不同的，那么如何形象地描绘磁场的分布情况呢？

实验　在水平放置的条形磁铁上面放一小块玻璃板，在玻璃板上均匀地撒上细铁屑，轻轻敲击玻璃板。

结果　铁屑在磁场的作用下便有规律地排列起来，显示出条形磁场的分布情况如图2-10（*a*）所示。图2-10（*b*）是马蹄形磁铁磁场的分布情况。

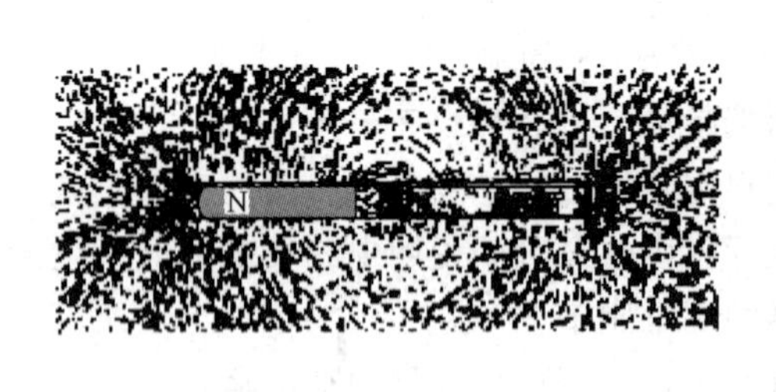

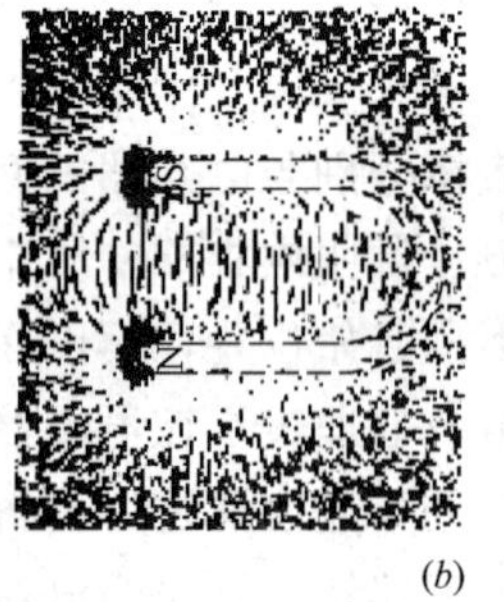

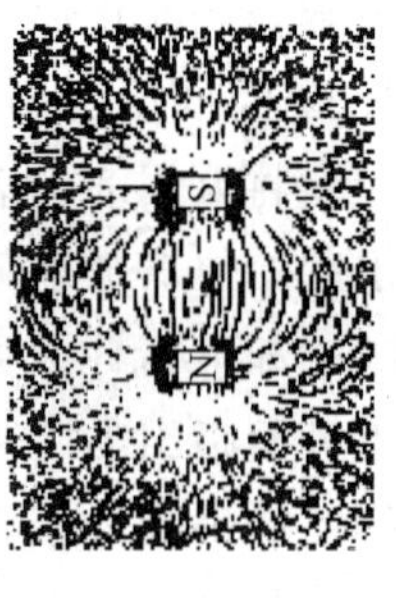

(*a*)　(*b*)

图 2-10　磁场的分布情况

（*a*）条形磁场；（*b*）马蹄形磁场

为了形象地描绘磁场，根据铁屑在磁场中的排列情况，在磁场中画一系列带箭头的曲线，这些曲线就叫做磁感线。

图2-11是条形磁铁周围磁场的磁感线，图2-12是马蹄形磁铁周围的磁感线。磁感线可以形象直观地反映磁场的分布情况。磁感线上各点的切线方向反映出各点的磁场方向，磁感线上每一点的切线方向跟该点的磁场方向一致，如图2-13所示。此外，磁感线的疏密，可以直观地反映磁场的强弱。磁感线密的地方，磁场较强；反之磁感线疏的地方，磁

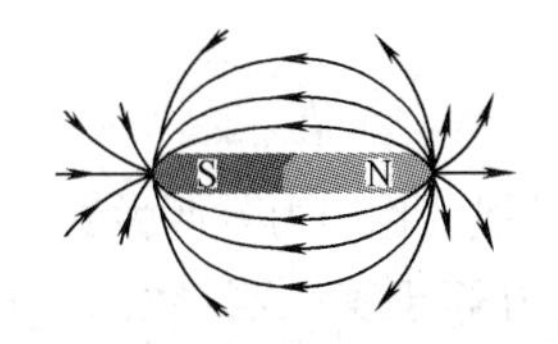

图 2-11　条形磁铁的磁感线

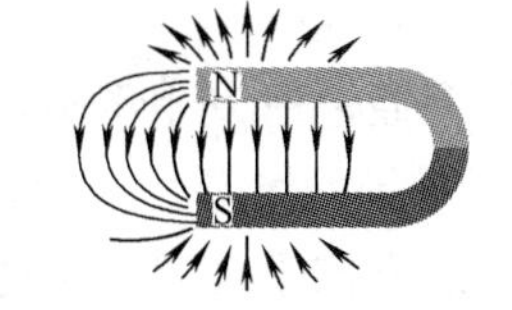

图 2-12　马蹄形磁铁的磁感线

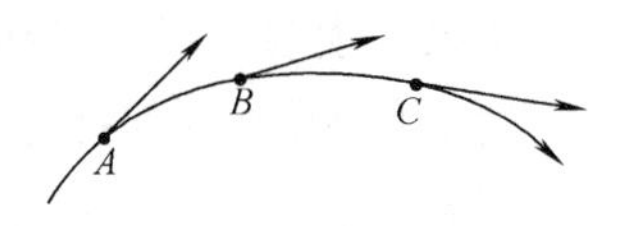

图 2-13　磁感线图示

场较弱。从图中可以看出，靠近磁极的地方，磁场较强，而远离磁极的地方，磁场较弱。从图中还可以看出，磁体外部的磁感线都是从 N 极出来，进入 S 极。此外，磁场中任意两条磁感线都不会相交（为什么?）

2.1.2　电流的磁场

磁铁并不是磁场的惟一来源。1820 年丹麦物理学家奥斯特做过下面的实验：把一条导线平行地放在磁针的上方，给导线通电，磁针就发生偏转，如图 2-14（*a*）所示。这说明不仅磁铁能产生磁场，电流也能产生磁场，电和磁是有密切联系的。

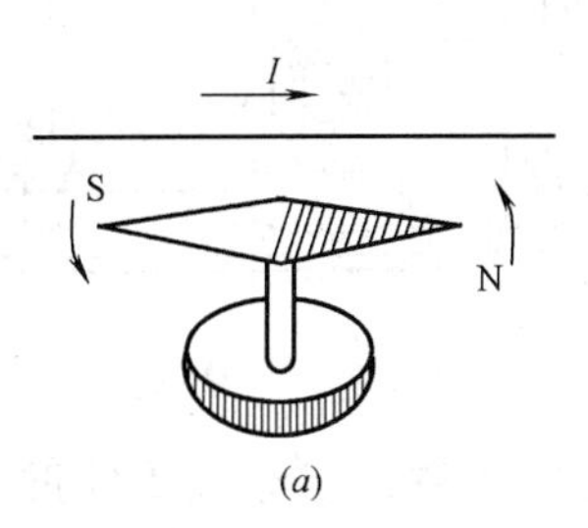

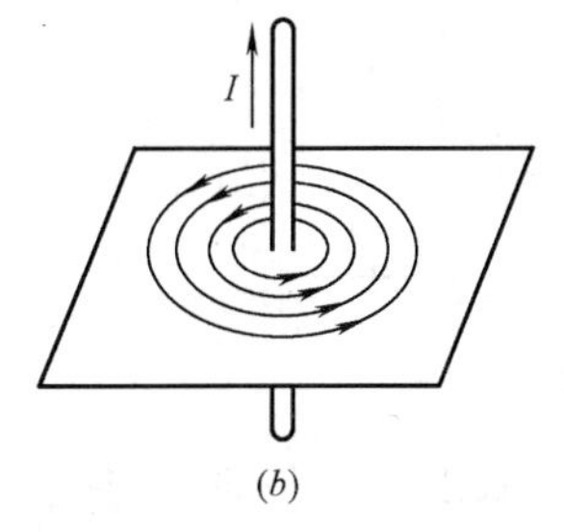

图 2-14　电流和磁场

图 2-14（*b*）是直线电流磁场的磁感线，它是一些以导线上各点为圆心的同心圆，这些同心圆都在与导线垂直的平面上。直线电流的方向跟它的磁感线方向之间的关系可以用安培定则（也叫右手螺旋法则）来判定：用右手握住导线，让伸直的大拇指所指的方向跟电流方向一致，那么弯曲的四指所指的方向就是磁感线的环绕方向。

图 2-15（*a*）、（*b*）分别是环形电流的和通电螺线管的磁场，电流的方向跟它的磁感线方向之间的关系，也可以用安培定则来判定。

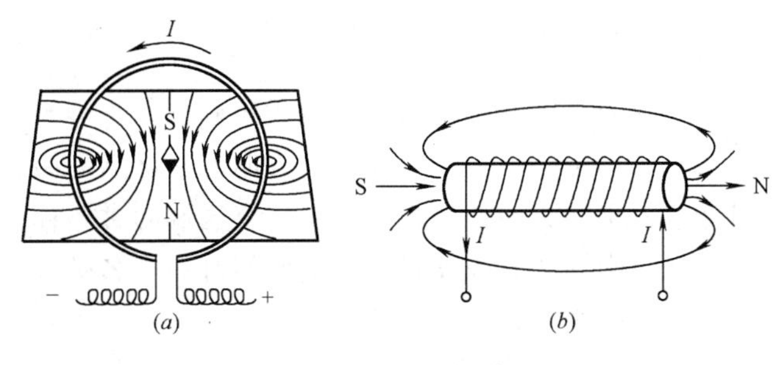

图 2-15　安培定则

2.2　磁场的主要物理量

2.2.1　磁感应强度

（1）实验 1　如图 2-16 所示，把一段直导线 *CD* 水平放在竖直方向的磁场中，当导线通过电流时，看看会发生什么现象？改变导线中电流的方向或磁场的方向，再做一做，看看情况又如何？

结果　实验发现，导线在磁场中通电时发生了运动。

这表明通电导线在磁场中受到了磁场的作用力。磁场对通电导线的作用力，叫做安培力。

实验还发现，当导线方向与磁场方向平行时，通电导线受力等于零；当导线方向与磁场方向垂直时，通电导线受力最大。

下面我们通过实验来定量研究磁场的强弱。

(2) 实验 2　如图 2-17 所示的装置中，把一小段水平的通电的直导线放入磁场中，并保证直导线与磁场的方向垂直。导线受力的大小可由电流天平称量出来。

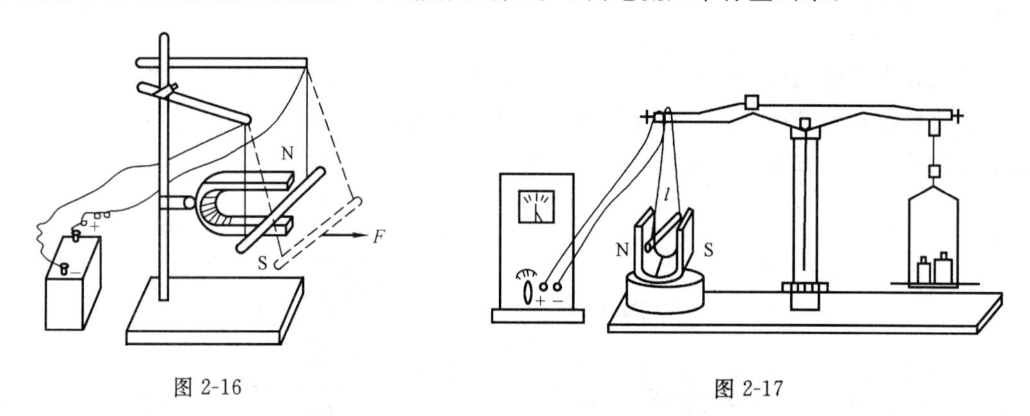

图 2-16　　　　图 2-17

结果　当导线长度 L 不变时，通电导线受到的磁力与电流 I 成正比；当电流 I 不变时，导线受到的磁力与长度 L 成正比，即通电导线受到的磁力 F 跟乘积 IL 成正比。其比值$\frac{F}{IL}$在磁场中同一位置总是一个常量；在磁场的不同位置，该比值一般不同。这个比值越大之处，表示同一根导线受到的磁力越大，即该处的磁场越强。反之，表示该处的磁场越弱。因此，我们可用这个比值来表示磁场的强弱。

垂直于磁场方向的通电导线受到的磁力 F 跟电流 I 和导线长度 L 的乘积 IL 的比值，叫做导线所在处的磁感应强度，用字母 B 表示，即

$$B=\frac{F}{IL}$$

在国际单位制中，磁感应强度的单位是特斯拉，简称特，符号为 T。

磁感应强度是矢量，磁场中某点磁感应强度的方向就是该点的磁场方向。在磁场中的某区域，若磁感应强度的大小和方向处处相同，则这个区域的磁场称为匀强磁场。匀强磁场的磁感线互相平行，且疏密均匀。彼此靠近且端面相对的异名磁极之间的磁场，除边缘外，可近似视为匀强磁场（图 2-18）。

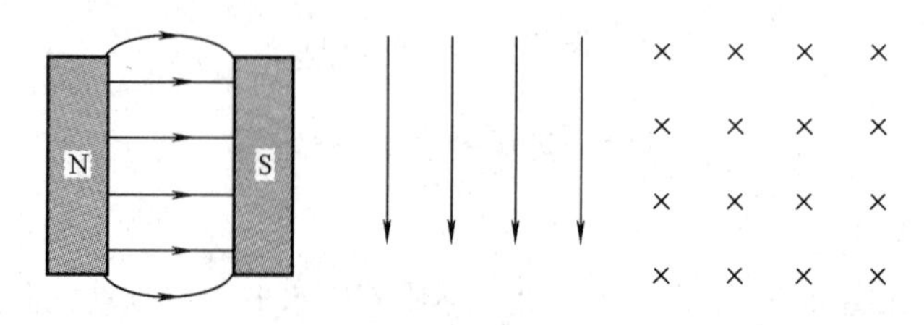

图 2-18　匀强磁场的磁感线的示意图

2.2.2 磁通量

前面我们讲过，用磁感线的疏密可以定性，直观地反映各处磁铁的强弱，但疏和密只是比较而言的，没有确定的量值。现在有了磁感应强度的概念，我们可以建立起磁感应线的疏密与磁感应强度之间的定量关系。例如我们可规定，在磁感应强度为1T的匀强磁场中，在与磁场方向垂直的$1m^2$面积上画1条磁感线。作出这种规定之后，磁感应强度B就表示与磁场方向垂直的单位面积上的磁感线数，因此，电磁学和电工学中又称磁感应强度为磁通密度。

知道了匀强磁场的磁感应强度B就可以计算出穿过与磁场方向垂直的某个面积S上的磁感线数。我们把穿过磁场中某一面积的磁感线的条数，叫做穿过该面积的磁通量，简称磁通。若用字母ϕ表示磁通，则有

$$\phi=BS$$

磁通量是标量，国际单位是韦伯，简称韦，符号为Wb。如图2-19所示，将平面S放入图示磁场中，可以看出，当平面S与磁场方向平行时，没有磁感线穿过该面，即穿过该面的磁通量为零；当平面S与磁场方向垂直时，穿过该面的磁感线最多，磁通量最大。

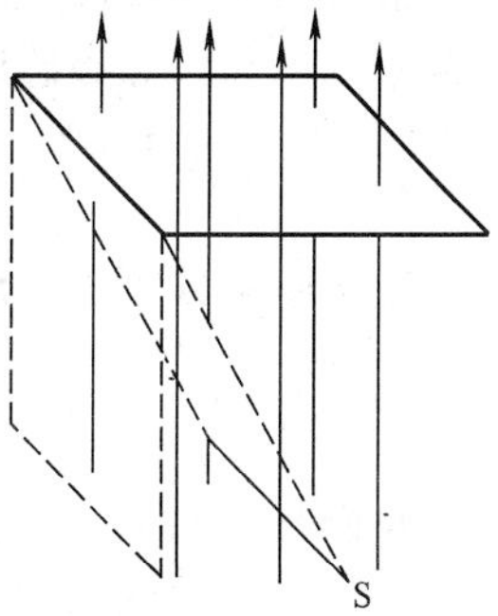

S

图2-19

2.2.3 磁导率

磁场不仅与产生它的电流及导体的形状有关，而且与磁场内磁介质的性质有关。磁导率是一个用来表示磁介质磁性的量，通常用μ表示，对于不同物质有不同的μ。在国际单位制中，磁导率的单位为H/m（亨/米）。

由实验确定，真空的磁导率μ_0为

$$\mu_0=4\pi\times10^{-7}\mathrm{H/m}$$

为了对不同磁介质的影响有一个较清楚的概念，可以把均匀的磁介质内磁感应强度与真空中磁感应强度在其他条件相同的情况下加以比较。比较的结果表明：在某些磁介质内的磁感应强度比真空中大些，而在另一些磁介质内就比较小些；这是由于不同的磁介质具有不同的磁性质的缘故。

任意一种磁介质的磁导率（μ）与真空磁导率（μ_0）的比值叫作相对磁导率，用μ_r表示，因此$\mu_r=\frac{\mu}{\mu_0}$

根据相对磁导率μ_r的大小，可将物质分为三类：

（1）顺磁性物质：μ_r略大于1，在1.000003～1.00001之间。如空气、氧、锡、铝、铅等物质都是顺磁性物质。在磁场中放置顺磁性物质，磁感应强度B略有增加。

（2）反磁性物质：μ_r略小于1，在0.999995～0.99983之间。如氢、铜、石墨、银、锌等物质都是反磁性物质，又叫做抗磁性物质。在磁场中放置反磁性物质，磁感应强度B略有减小。

（3）铁磁性物质：相对磁导率μ_r很大，且不是常数，是随着磁感应强度和温度而变的。如铁、钢、铸铁、镍、钴等物质都是铁磁性物质。在磁场中放入铁磁性物质，可使磁感应强度B增加几千甚至几万倍。

表2-4列出了几种常用的铁磁性物质的相对磁导率。

几种常用铁磁性物质的相对磁导率 **表 2-4**

材　料	相对磁导率	材　料	相对磁导率
钴	174	已经退火的钢	7000
未经退火的铸铁	240	变压器钢片	7500
已经退火的铸铁	620	在真空中熔化的电解铁	12950
镍	1120	镍铁合金	60000
软钢	2180	“C”型玻莫合金	115000

2.2.4　*磁场强度*

磁场强度，也是磁场的一个基本物理量。通常用符号 H 表示。在无限大均匀磁介质中，如果载流导体的形状、电流的大小以及所求点在磁场中的位置为已知时，磁场强度这个量与磁介质的磁性无关。也就是说，对同一相对位置的某一点来说，如磁场强度相同而磁介质不同，则磁感应强度不同。

某点的磁场强度的大小等于该点的磁感应强度 B 与媒介质磁导率 μ 的比值，而磁场强度的方向与该点磁感应强度方向相同。

即
$$H=\frac{B}{\mu} \quad 或 \quad B=\mu_0\mu_r H$$

在国际单位制中，磁场强度的单位是 A/m（安/米）。

2.3　磁路的基本概念

我们常见的电工设备和仪器，例如变压器、电机、电工仪表等，其中发生的物理过程常常同时包含“电”和“磁”这两个紧密相联的现象。在许多电工设备中只用电路概念来研究是不够的，还必须用磁路的概念加以分析。

2.3.1　*铁磁性物质的磁化*

（1）物质的磁性　铁磁性物质（简称铁磁质）为什么会有高的导磁性能呢？近代科学实践证明，铁磁质的磁性主要来源于电子自旋磁矩。在没有外磁场的条件下，铁磁质中电子自旋磁矩可以在小范围内“自发地”排列起来，形成一个个小的“自发磁化区”。这种自发磁化区叫磁畴。在每个磁畴内，电子自旋磁矩是平行排列的、具有一定的磁化方向。

通常在没有外磁场（又称磁化场）时，铁磁质内各磁畴的自发磁化方向不同，杂乱无章，在宏观上对外不显示磁性。加上外磁场以后，铁磁质将显示出宏观的磁性，这过程通常称为技术磁化。当外加磁化场不断加强时，起初磁化方向与磁化场方向接近的那些磁畴扩大自己的疆界，把邻近的那些磁化方向与磁化场方向相反的磁畴领域并过来一些，见图 2-20（*a*）～（*c*），以后磁畴的磁化方向在不同程度上转向磁化场的方向，见图 2-20（*d*），当所有的磁畴都按磁化场的方向排列好，铁磁质的磁化就达到饱和，见图 2-20（*e*）。铁磁性物质比顺磁性物质的磁性强得多的原因，就是由于铁磁性物质中每个磁畴中的电子自旋磁矩已完全排列起来。

铁磁质在磁化过程中，磁畴的变化状态是不均匀的，这就使得铁磁性物质的磁感应强度 B 与其磁场强度 H 之间不是线形关系。

（2）铁磁性物质的磁化曲线　铁磁性物质的磁性主要由其磁化曲线即 B-H 曲线来表示。磁化曲线可以由实验来测定。

实验　如图 2-21 所示，实验前，待测的铁芯是去磁的（即当 $H=0$ 时 $B=0$）。实验开

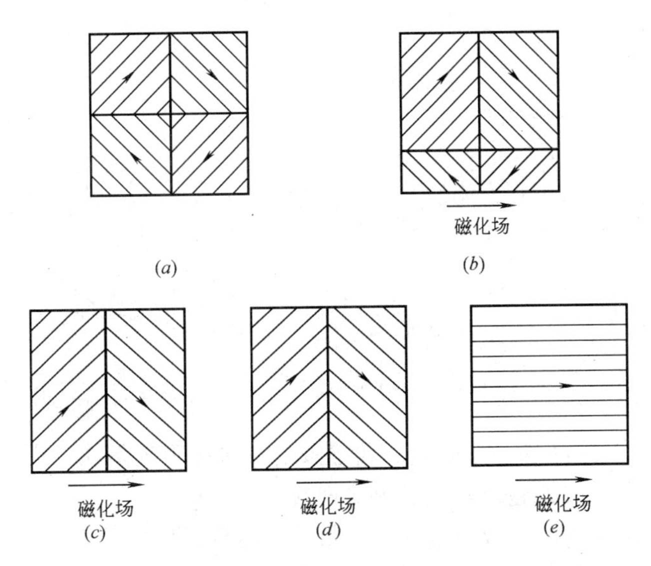

图 2-20 铁磁性物质磁化示意图

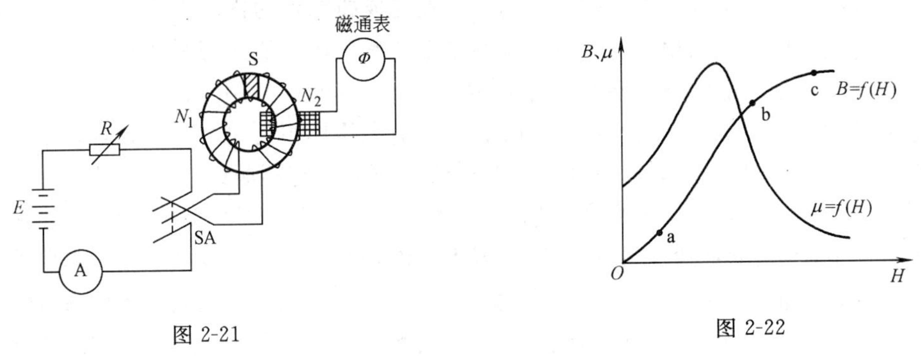

图 2-21

图 2-22

始，接通电路，使电流 I 由零逐渐增加，即 H 由零逐渐增加，$\left(H=\frac{IN}{l}\right)^*$，$B$ 随之变化。

结果　以 H 为横坐标、B 为纵坐标，将多组 B-H 对应值逐点描出，就是磁化曲线，如图 2-22 所示 $B=f(H)$ 的那根曲线。该图给出了从 $H=0$，$B=0$ 开始的 B-H 曲线叫铁磁性物质的起始磁化曲线，oa 段 B 随 H 的增加而较慢，ab 段 B 随 H 的增加而迅速增加，bc 段 B 随 H 的增加而逐渐趋于饱和，c 点称为饱和点。

可以看出，铁磁性物质的 B 与 H 呈非线性关系。因为 $\mu=\frac{B}{H}$，所以磁导率 μ 不是常数，而且随 H 变化的，μ-H 曲线也绘在图 2-22 上。

图 2-23 给出了磁滞回线，如果将磁场强度 H 由零增至 H_m 时（对应的工作点不超过饱和点），则 B 也由零增至 B_m。当 H 由 H_m 逐渐减少时，B 将沿着比起始磁化曲线稍高的曲线下降，当 $H=0$ 时，$B\neq0$，而有一个数值 $B_r(=ob)$，叫做剩余磁感应强度，简称剩磁。这是铁磁性物质所特有的磁滞特性。当施加反向磁化场时，到 $-H_c(=oc)$ 时 B 才等于零，这时反向磁场强度的大小 H_c 称为矫顽磁力。当磁场强度到达 $-H_m$ 时，磁感应

* 此公式在 2.3.2 中进行证明。

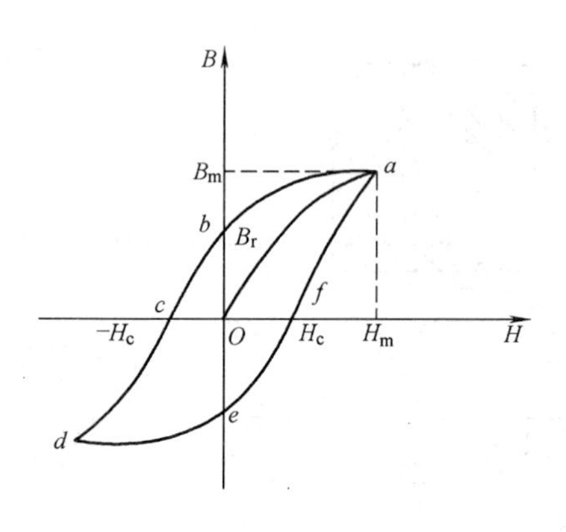

图 2-23

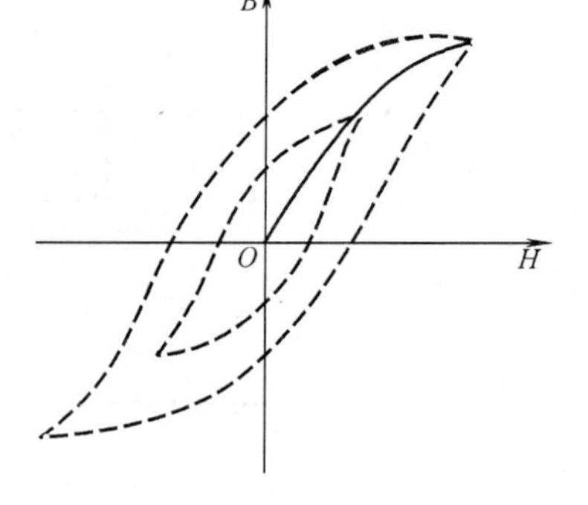

图 2-24

强度到达$-B_m$。然后令 H 回到零，再次增至 H_m，这样重复多次，便可获得一个对称于坐标原点的闭合曲线，即铁磁性物质的磁滞回线。

如果我们改变做实验时所取电流的最大值，则磁场强度的最大值也随之改变。重复上述实验，在反复交变磁化中，就可相应得到一系列大小不一的磁滞回线。图 2-24 给出了不同 H_m 值时的磁滞回线族。把这些回线的正顶点连成曲线称为铁磁性物质的基本磁化曲线。对每一种铁磁性物质来说，基本磁化曲线是完全确定的，当磁滞回线较窄时，一般就用基本磁化曲线来表示磁铁质的磁性能，因而工程上计算时常常用到它。

如果将带铁芯的线圈接上交流电压，那么在交流电压作用的每个周期内，铁芯的磁滞回线都要经历一次如图 2-23 所示的过程。由于铁芯内部磁畴不断改变其方向，相互之间的摩擦运动会产生热量，使铁芯发热，这种能量消耗称为反复磁化耗能。铁芯的反复磁化，需要耗费电能。磁滞回线所包围的面积越大，消耗的能量也就越多，通过磁滞的能量也就越多。反复磁化所需的电功率，称为磁滞损耗。剩磁和矫顽磁力越大的铁磁性物质，磁滞损耗就越大。因此磁滞回线的形状经常用来判断铁磁性物质的性质和作为选择材料的依据。

(3) 铁磁性物质的分类　铁磁性物质根据磁滞回线的形状及其在工程上的用途基本上分为两大类。一类是硬磁（永磁）材料，另一类是软磁材料。

软磁材料的特点是磁导率高，磁滞回线狭窄，面积小，磁滞损耗小。如图 2-25 的左图所示。硬磁性材料的特点是磁滞回线较宽，剩磁的矫顽磁力都较大，如图 2-25 的右图所示。

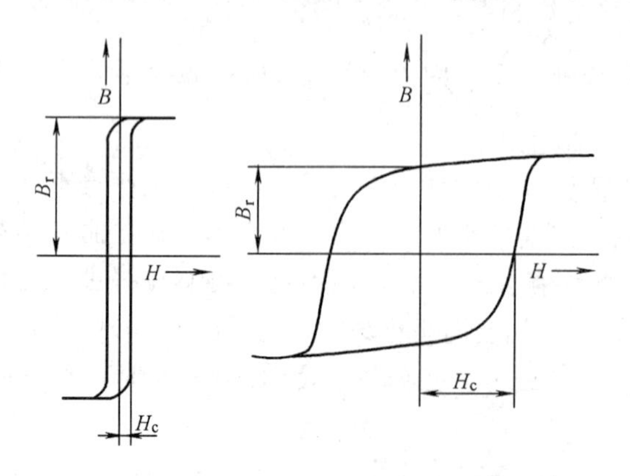

图 2-25　软磁材料和硬磁性材料的磁滞回线

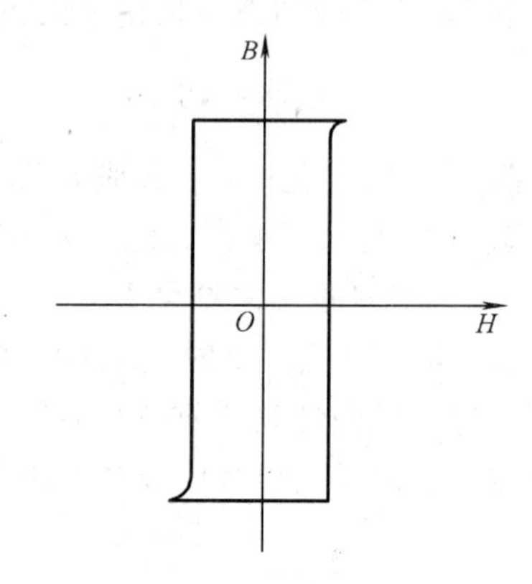

图 2-26　矩形磁滞回线

此外，还有矩磁材料，它的磁滞回线的形状如矩形，见图 2-26。电子计算机存储器中的磁芯就常用矩磁材料。

2.3.2 *磁路和磁路定律*

(1) 磁路　线圈中通以电流就会产生磁场，磁感应强度线将分布在线圈周围的整个空间。如果我们把线圈绕在铁芯上，则由于铁磁性物质的优良导磁性能，电流所产生的磁感应线基本上都局限在铁芯内。在同样大小的电流作用下，有铁芯时磁通将大大增加。这就是在电磁器件采用铁芯的原因。图 2-27 (*a*)、(*b*)、(*c*) 给出了采用铁芯的直流发电机、变压器和磁电系仪表。铁芯起着增加磁通和为磁通规定路线的作用。工程上把这种约束在铁芯及其范围内的磁通路径称为磁路。

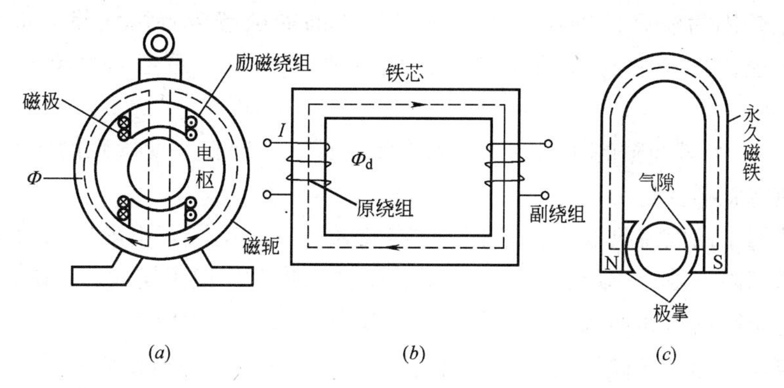

图 2-27　磁路

由励磁电流产生的磁通实验上分为两个部分。全部在磁通中闭合的磁通称为主磁通。部分经过磁路、部分经过磁路周围的物质而闭合的磁通以及全部不经过磁路的磁通都成为漏磁通。例如图 2-27 (*a*) 中经磁轭、空气隙和电枢而闭合的磁通 Φ 为主磁通，(*b*) 中经变压器铁心而闭合的磁通 ϕ 就是主磁通。而部分经过铁心，部分经过空气而闭合的磁通 ϕ_σ 就是漏磁通。通常由于漏磁通只占总磁通的很小一部分，所以常将漏磁通略去不计。

和电路类似，磁通也分为无分支磁路和有分支磁路。图 2-27 中，(*a*) 是有分支磁路，因为磁通 ϕ 在磁轭中是分两路然后集中通过磁极的，(*b*)、(*c*) 都是无分支磁路。

1) 磁动势　电流是产生磁场的原因，电流越大，磁场越强，磁通越多；通电线圈的每一匝都要产生磁通，这些是彼此相加的（可用右手螺旋定则判定），线圈的匝数越多，磁通也越多。可以说通电线圈产生的磁通 Φ 与线圈的匝数 N 和线圈中所通过的电流 I 的乘积成正比。

把通过线圈的电流 I 与线圈匝数 N 的乘积，称为磁动势，也叫磁通势，即

$$E_{\mathrm{m}}=NI$$

磁动势 E_{m} 的单位是安培（A）。

2) 磁阻　磁阻就是磁通通过磁路时所受到的阻碍作用，用 R_{m} 表示。磁路中磁阻的大小与磁路的长度 l 成正比，与磁路的横截面积 S 成反比，并与组成磁路的材料性质有关。因此有

$$R_{\mathrm{m}}=\frac{l}{\mu S}$$

式中，μ 为磁导率，单位 H/m，长度 l 和截面积 S 的单位分别为 m 和 m^2。因此，磁阻 R_m 的单位为 1/亨（H^{-1}）。由于磁导率 μ 不是常数，所以 R_m 也不是常数。

3）磁路欧姆定律　通过磁路的磁通与磁动势成正比，与磁阻成反比，即 $\Phi=\dfrac{E_m}{R_m}$上式与电路的欧姆定律相似，磁通 Φ 对应于电流 I，磁动势 E_m 对应于电动势 E，磁阻 R_m 对应于电阻 R。因此，这一关系称为磁路欧姆定律。

通常磁路由几段截面不同的铁磁性物质组成，铁磁物质的磁导率 μ 又不是常数。所以使用磁路的欧姆定律计算磁路是不方便的。

磁路的欧姆定律可用于磁路的定性分析。例如利用铁磁性物质作外壳，可起到磁屏蔽的作用，就是因为铁磁性物质的磁阻小，外磁场的磁感应强度线绝大部分集中通过铁壳，漏入铁壳内的磁感应线很少，这样就将壳体内部屏蔽起来，避免了外磁场的干扰。

【例 2-6】 一个带气隙的铁芯线圈接到直流电源上，问在改变气隙的大小时，线圈中的电流及磁通将怎样变化。

【解】 线圈中的电流只取决于外加直流电压及线圈的电阻，不随气隙的大小而变化。而磁通中磁阻却随气隙大小的变化而变化。当气隙增大时，磁阻增大，由磁路欧姆定律可知，磁通将随磁阻的增大而减小；反之，气隙减小，磁通则增大。

（2）全电流定律　在磁路的欧姆定律中，由于磁阻 R_m 与铁磁性物质的磁导率 μ 有关，所以，它是一个常数，用它来进行磁路的计算很不方便，但却能帮助我们对磁路进行定性分析。全电流定律是磁场计算中的一个重要定律，现推导如下：

根据磁路的欧姆定律 $\Phi=\dfrac{E_m}{R_m}$，将 $\Phi=BS$、$E_m=NI$、$R_m=\dfrac{l}{\mu S}$代入，

可得

$$B=\mu\frac{IN}{l}$$

将上式与 $B=\mu H$ 对照，可得 $H=\dfrac{IN}{l}$　或　$IN=Hl$

即磁路中磁场强度 H 与磁路的平均长度 l 的乘积，在数值上等于激发磁场的磁动势，这就是全电流定律。

磁场强度 H 与磁路平均长度 l 的乘积，又称磁位差，用 U_m 表示，

即　$U_m=Hl$　磁位差 U_m 的单位为安培（A）。

若所研究的磁路具有不同的截面，并且是由不同的材料构成的，则可以把磁路分成许多段来考虑，于是有

$$IN=H_1l_1+H_2l_2+\Lambda+H_nl_n$$

或

$$IN=\sum Hl=\sum U_m$$

【例 2-7】 匀强磁场的磁感应强度为 5×10^{-2}T，媒介质是空气，与磁场方向平行的线段长 10cm，求在这一线段上的磁位差。

【解】 先求磁场强度

$$H=\frac{B}{\mu}=\frac{B}{\mu_0}=\frac{5\times10^{-2}}{4\pi\times10^{-7}}\text{A/m}\approx39809\text{A/m}$$

所以

$$U_m=HL=39809\times0.1\text{A}=3980.9\text{A}$$

2.4 电磁感应定律

2.4.1 电磁感应现象

电流能产生的磁场，能否用磁场产生电流呢？

(1) 实验 1 如图 2-28 所示，如果让导体 AB 在磁场中向前或向后运动，电流表的指针就发生偏转，表明电路中有了电流。导体 AB 静止或上下运动时，电流表指针不偏转，电路中没有电流。导线 AB 向前或向后运动时要切割磁感线，导线 AB 静止或上下运动时不切割磁感线。

结论 闭合电路中的一部分导体作切割磁感线的运动时，电路中就有电流产生。

如果导体不动而让磁场运动，会不会在电路中产生电流呢？

(2) 实验 2 如图 2-29 所示，把磁铁插入线圈，或把磁铁从线圈中抽出时，电流表指针发生偏转，这说明闭合电路中产生了电流。如果磁铁插入线圈后静止不动，或磁铁和线圈以同一速度运动，即保持相对静止，电流表指针不偏转，闭合电路中没有电流。在这个实验中，磁铁相对于线圈运动时，线圈的导线切割磁感线。

结论 不论是导体运动，还是磁场运动，只要闭合电路的一部分导体切割磁感线，电路中就有电流产生。

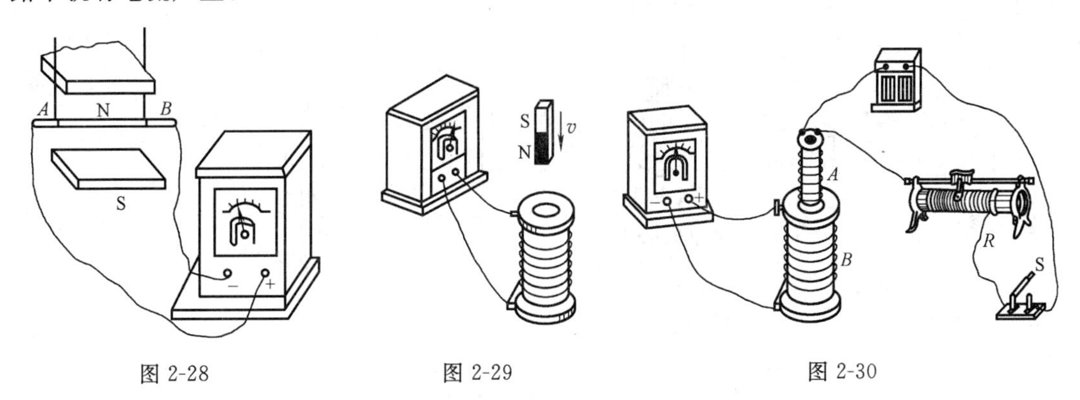

图 2-28　　图 2-29　　图 2-30

(3) 实验 3 如图 2-30 所示，把线圈 B 套在线圈 A 的外面，合上开关给线圈 A 通电时，电流表的指针发生偏转，说明线圈 B 中有了电流。当线圈 A 中的电流达到稳定时，线圈 B 中的电流消失。打开开关使线圈 A 断电时，线圈 B 中也有电流产生。如果用变阻器来改变电路中的电阻，使线圈 A 中的电流发生变化，线圈 B 中也有电流产生。在这个实验中，线圈 B 处在线圈 A 的磁场中，当 A 通电和断电时，或者使 A 中的电流发生变化时，A 的磁场随着发生变化，穿过线圈 B 的磁通也随着发生变化。

结论 在导体和磁场不发生相对运动的情况下，只要穿过闭合电路的磁通发生变化，闭合电路中就有电流产生。

总之，不论用什么方法，只要穿过闭合电路的磁通发生变化，闭合电路中就有电流产生。这种利用磁场产生电流的现象叫做电磁感应现象，产生的电流叫做感应电流。

2.4.2 感应电流的方向

在上述的实验中，当穿过闭合电路的磁通发生变化时，可以观察到电路中电流表的指针有时偏向这边，有时偏向那边。这表明在不同的情况下，感应电流的方向是不同的。那么，怎样确定感应电流的方向呢？

(1) 右手定则　当闭合电路中的一部分导线作切割磁感线运动时，感应电流的方向，可用右手定则来判定。伸开右手，使大拇指与其余四指垂直，并且都跟手掌在一个平面内，让磁感线垂直进入手心，大拇指指向导体运动方向，这时四指所指的方向就是感应电流的方向。

(2) 楞次定律　闭合电路中的磁通量发生变化时，电路中感应电流的方向有何规律呢？先来做下面的实验。

当把磁铁的N极插入闭合线圈时，穿过线圈的磁通量从无到有，不断地增加。实验发现，此时感应电流的方向如图2-31 (a) 所示。

根据安培定则可以知道感应电流产生的磁场方向（用虚线表示）与线圈中原磁场的方向（用实线表示）相反，这表明感应电流产生的磁场是阻碍线圈中原来磁通量增加的。

当把磁铁的N极抽出闭合线圈时，穿过线圈的磁通量从有到无，不断减小。实验发现，此时感应电流的方向如图2-31 (b) 所示。根据安培定则可以知道感应电流产生的磁场方向与线圈中原磁场的方向相同。这表明感应电流产生的磁场是阻碍线圈中原来磁通量的减小的。

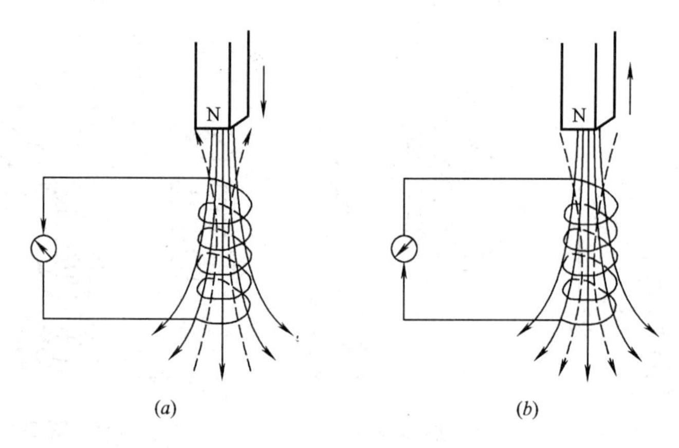

图2-31　楞次定律

俄国物理学家楞次概括了有关电磁感应现象的实验结果后，得出如下结论：闭合电路中产生的感应电流的方向，总是使它的磁场阻碍穿过线圈的原磁通量的变化。这就是楞次定律。

2.4.3　电磁感应定律

在图2-31的实验中，用不同速度将磁极插入或拉出线圈，看看电流表指针偏转情况有何差异？

通过上述实验我们发现，磁铁相对于线圈运动得越快，电流表指针角度越大，表明电路中产生的感应电流和感应电动势越大。因此不难得出，穿过线圈的磁通量变化得越快，产生的感应电动势就越大。感应电动势的大小与磁通量变化的快慢有关。磁通量变化的快慢可用磁通量变化量 $\Delta\Phi$ 与发生这个变化所用的时间 Δt 的比值 $\Delta\Phi/\Delta t$ 来表示，这个比值叫做磁通量的变化率。

法拉第从实验中精确测出：单匝线圈中感应电动势的大小跟穿过线圈的磁通量的变化率成正比，即

$$E=\mathrm{k}\frac{\Delta\Phi}{\Delta t}$$

这就是法拉第电磁感应定律。式中 k 为比值恒量，它的数值决定于式中各量的单位。在国际单位制中，E、Φ、t 分别用 V、Wb、s 作单位，此时 k=1。

为了获得较大的感应电动势，常可采用多匝线圈。如果线圈的匝数为 N，穿过每匝线圈的磁通量变化率都相同，则线圈中感应电动势就是单匝线圈感应电动势的 n 倍，即

$$E=N\frac{\Delta\Phi}{\Delta t}$$

式中的 $\Delta\Phi$ 是时间 Δt 内磁通的变化量，$\frac{\Delta\Phi}{\Delta t}$是指时间 Δt 内磁通的平均变化率，因此，E 也应是时间 Δt 内感应电动势的平均值。感应电动势的方向可以用楞次定律判定。

【例 2-8】 在一个 $B=0.5\text{T}$ 的匀强磁场里，放一个面积为 0.02m^2 的多匝线圈，其匝数为 300。在 0.01s 内，线圈平面从平行于磁感线的方向转过 90°，转到与磁感线垂直的位置。求线圈中感应电动势的平均值。

分析与解答　在线圈转动的过程中，穿过线圈的磁通量的变化是不均匀的，所以不同时刻，感应电动势的大小也不相等，只能根据穿过线圈的磁通量的平均变化率来求得感应电动势的平均值。

在 0.01s 时间内，线圈转过 90°，穿过它的磁通量从 0 变成

$$\Phi=BS=0.5\times0.02\text{Wb}=0.01\text{Wb}$$

根据法拉第电磁感应定律，线圈的感应电动势的平均值为

$$\overline{E}=N\frac{\Delta\Phi}{\Delta t}=300\times\frac{0.01}{0.01}\text{V}=300\text{V}$$

2.5　自感、互感

2.5.1　自感

(1) 自感现象实验 1　实验电路如图 2-32，合上开关 S，调节变阻器 R，使两个相同规格的灯泡 HL1 和 HL2 达到相同的亮度。再调节变阻器 R_1，使两个灯泡都正常发光，然后断开电路。

结果　再接通电路时可以看到，跟变阻器 R 串联的电灯 HL2 立刻达到了正常的亮度，而跟有铁芯的线圈 L 串联的电灯 HL1，却是较慢地达到正常的亮度。

为什么会出现这种现象呢？这是因为在电路接通的瞬间，通过线圈 L 的电流增强，线圈中的磁通量也随着增加，在线圈 L 中产生了感应电动势。由楞次定律可知，自感电

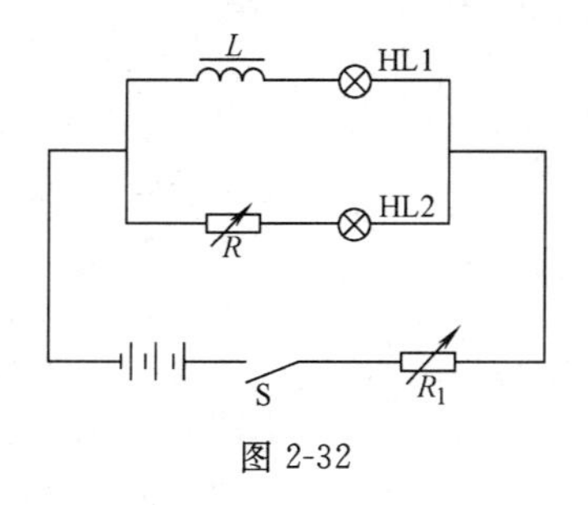

图 2-32

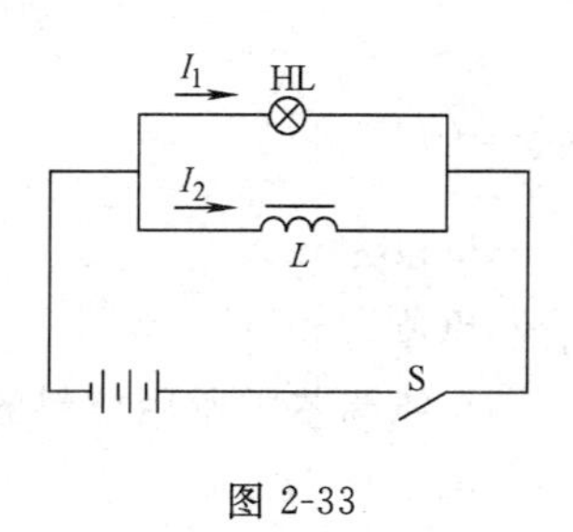

图 2-33

动势要阻碍通过线圈的电流的增强，所以灯泡 HL1 较慢地达到正常亮度。

实验 2　在图 2-33 的实验中，把电灯 HL 和带铁芯的电阻较小的线圈 L 并联后接在直流电源上。

结果　当断电时我们可以看到，电灯并不是马上熄灭。

为什么会出现这种现象呢？这是因为在切断电路的瞬间，通过线圈的电流很快的减弱，线圈中的磁通量也很快减少，在线圈 L 中产生了感应电动势。由楞次定律可知，自感电动势要阻碍通过线圈的电流的减弱，又因为这时线圈和电灯组成了闭合电路，自感电路中有感应电流通过，所以断电后灯泡并不马上熄灭。

由以上实验可以看出：当导体中电流发生变化时，导体本身就会产生感应电动势，自感电动势总是要阻碍导体中电流的变化。这种导体由于自身电流的变化而产生感应电动势的现象叫做自感现象，简称自感。在自感现象中产生的电动势叫做自感电动势，通常用 E_L 表示。

（2）自感系数　下面进一步考察自感电动势与电流变化的定量关系。当电流通过回路时，在回路内就要产生磁通，叫做自感磁通，用符号 Φ_L 表示。

当电流通过匝数为 N 的线圈时，线圈的每一匝都有自感磁通穿过，如果穿过线圈的每一匝的磁通都一样，那么，这个线圈的自感磁链为

$$\psi_L = N\Phi_L$$

当同一电流 I 通过结构不同的线圈时，所产生的自感磁链 ψ_L 各不相同。为了表明各个线圈产生的自感磁链的能力，将线圈的自感磁链与电流的比值叫作线圈（或回路）的自感系数（或叫自感量），简称电感，用符号 L 表示，

即
$$L = \frac{\psi_L}{I}$$

L 表示一个线圈通过单位电流所产生的磁链。

自感系数的单位是 H（亨），在电子技术中，常采用较小的单位，mH（毫亨）和 μH（微亨）。

它们之间的关系为
$$1\text{H} = 10^3\text{mH} = 10^6\mu\text{H}$$

（3）电感的计算　在实际工作中，常常需要估算线圈的电感，这里介绍环形螺旋线圈电感的计算方法。

假定环形螺旋线圈均匀地绕在某种材料做成的圆环上，线圈的匝数为 N，圆环的平均周长为 l，对于这样的线圈，可近似认为磁通都集中在线圈的内部，而且磁通在截面 S 上的分布是均匀的。当线圈通过电流 I 时，线圈内的磁感应强度 B 与磁通 Φ 分别为

$$B = \mu H = \mu\frac{NI}{l}，\Phi = BS = \frac{\mu NIS}{l}$$

由 $N\Phi = LI$ 可得
$$L = \frac{N\Phi}{I} = \frac{\mu N^2 S}{l}$$

式中　I——单位为 m；

S——单位为 m^2；

$\mu = \mu_0\mu_r$——是线圈芯子所用材料的磁导率；

L——单位是 H。

说明：

(1) 线圈的电感是由线圈本身的特性所决定的，它与线圈的尺寸、匝数和媒介质的磁导率有关，而与线圈中有无电流及电流的大小无关。

(2) 其他近似环形的线圈，例如，口字形铁芯的线圈或其他闭合磁路线圈，在铁芯没有饱和的条件下，也可用上式近似计算线圈的电感，此时 l 是铁芯的平均长度；若磁路不闭合，因为有气隙对电感影响很大，所以，电感不能用上式计算。

(3) 铁磁材料的磁导率 μ 不是一个常数，它是随磁化电流的不同而变化的量，铁芯越接近饱和，这种现象就越显著。所以，具有铁芯的线圈，其电感也不是一个定值，这种电感叫非线性电感。因此，用上式计算出的电感只是一个大致的常数。

(4) 自感电动势　根据法拉第电磁感应定律，可以列出自感电动势大小的数学表达式为

$$E_{\mathrm{L}}=\frac{\Delta\psi}{\Delta t}$$

把 $\Psi_{\mathrm{L}}=LI$ 代入，则

$$E_{\mathrm{L}}=\frac{\Psi_{\mathrm{L2}}-\Psi_{\mathrm{L1}}}{\Delta t}=\frac{LI_2-LI_1}{\Delta t}$$

即

$$E_{\mathrm{L}}=L\frac{\Delta I}{\Delta t}$$

上式说明：自感电动势的大小与线圈中电流的变化率成正比，根据上式还可规定自感系数的单位，当线圈中的电流在 1s 内变化 1A 时，引起的自感电动势为 1V，这个线圈的自感系数就是 1H。

2.5.2　**互感**

(1) 互感现象　在匝数为 N_1 的线圈Ⅰ近放置另一个匝数为 N_2 的线圈Ⅱ，如图 2-34 所示。

线圈Ⅰ有电流 i_1，使线圈Ⅰ具有的磁通 Φ_{11} 叫自感磁通。$N_1\Phi_{11}=\Psi_{11}$ 叫线圈Ⅰ的自感磁链。Φ_{11} 中一部分穿过线圈Ⅱ，由电流 i_1 产生的通过线圈Ⅱ的磁通 Φ_{21} 叫互感磁通，$\Psi_{21}=N_2\Phi_{21}$ 叫互感磁链。

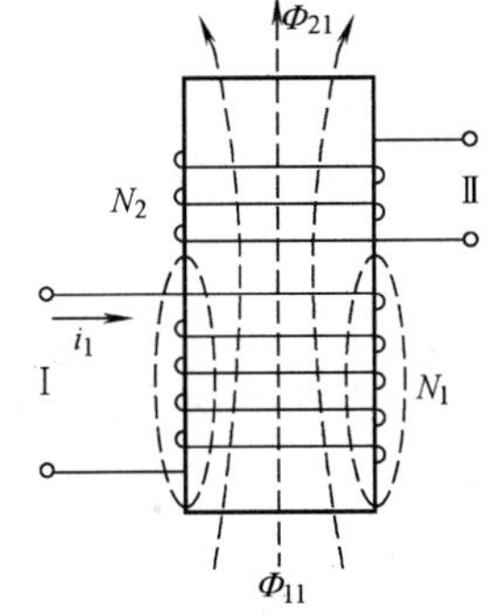

图 2-34　两线圈互感

随着 i_1 变化 Ψ_{21} 也变化，因而在线圈Ⅱ产生的感应电动势叫互感电动势。同理，线圈Ⅱ中的电流 i_2 变化，也会在线圈Ⅰ中产生互感电动势。这种由一个线圈中电流变化在另一个线圈中产生感应电动势的现象叫做互感现象。

两线圈的磁通相互交链的关系称为磁耦合。

(2) 互感系数和耦合系数　在非铁磁性的介质中，电流产生的磁通与电流成正比，当匝数一定时，磁链也与电流大小成正比。

即

$$\Psi_{21}=M_{21}i_1$$

式中 M_{21} 称为线圈Ⅰ对线圈Ⅱ的互感系数，

简称互感

$$M_{21}=\frac{\Psi_{21}}{i_1}$$

同理，线圈Ⅱ与线圈Ⅰ的互感

$$M_{12}=\frac{\Psi_{12}}{i_2}$$

事实证明，$M_{12}=M_{21}$（本书不作证明）。若只有Ⅰ、Ⅱ两耦合线圈时，可略去下标，以 M 表示，即

$$M=M_{21}=M_{12}$$

互感 M 的SI单位是亨，其符号用H表示。

线圈间的互感 M 是线圈的固有参数，它取决于两线圈的匝数、几何尺寸、相对位置和磁介质。当用磁性材料作耦合磁路时，M 将不是常数。

两个耦合线圈的电流所产生的磁通，一般情况下，只有部分磁通相互交链，而彼此不交链的那部分磁通称为漏磁通。两耦合线圈相互交链的磁通部分越大，说明两个线圈耦合得越紧密。为了表征两个线圈耦合的紧密程度，通常用耦合系数来表示。

耦合系数以 K 表示，定义为

$$K=\frac{M}{\sqrt{L_1L_2}}$$

$$L_1=\frac{\Psi_{11}}{i_1}=\frac{N_1\Phi_{11}}{i_1}\qquad L_2=\frac{\Psi_{22}}{i_2}=\frac{N_2\Phi_{22}}{i_2}$$

$$M_{21}=\frac{\Psi_{21}}{i_1}=\frac{N_2\Phi_{21}}{i_1}\qquad M_{12}=\frac{\Psi_{12}}{i_2}=\frac{N_2\Phi_{12}}{i_2}$$

$$K=\sqrt{\frac{M_{12}M_{21}}{L_1L_2}}=\sqrt{\frac{\Psi_{12}\Psi_{21}}{\Psi_{11}\Psi_{22}}}=\sqrt{\frac{\Phi_{21}\Phi_{12}}{\Phi_{11}\Phi_{22}}}$$

通常 $\Phi_{21}<\Phi_{11}$，$\Phi_{12}<\Phi_{22}$，所以 $0\leqslant K\leqslant 1$。当 $k=0$ 时，说明线圈产生的磁通互不交链，因此不存在互感；当 $k=1$ 时，说明两个线圈耦合得最紧，一个线圈产生的磁通全部与另一个线圈相交链，其中没有漏磁通，因此，产生的互感最大，又称为全耦合。即

$$M=K\sqrt{L_1L_2}$$

对于两个几何尺寸及匝数均为一定的线圈来说，其电感值 L_1 和 L_2 均为固定值，而他们之间的互感 M 就决定于 k 的大小。改变两线圈之间的相互位置，就可以改变 k，从而可以相应地改变 M 的大小。

（3）互感电动势　假定两个靠得很近的线圈中，电流 i_1 发生变化，将在线圈Ⅱ中产生互感电动势 E_{M2}，根据法拉第电磁感应定律，

可得

$$E_{M2}=\frac{\Delta\Psi_{21}}{\Delta t}$$

设两线圈的互感系数 M 为常数，把 $\Psi_{21}=Mi_1$ 代入上式

得

$$E_{M2}=\frac{\Delta(Mi_1)}{\Delta t}=M\frac{\Delta i_1}{\Delta t}$$

同样因电流 i_2 的变化而在线圈Ⅰ中产生的互感电动势 E_{M1} 为

$$E_{M1}=M\frac{\Delta i_2}{\Delta t}$$

由上述两个式中可以看出，互感电动势的大小取决于电流的变化率。

2.5.3　互感线圈的同名端

（1）同名端的定义　在电子电路中，对两个或两个以上的有电磁耦合的线圈，常常需

要知道互感电动势的极性。

如图 2-35（a）所示，当线圈 a 中通以电流 i（实际方向如图中虚线所示），并且设 i 正在增大，则线圈 a 中的自感电动势的实际极性与线圈 b、c 中互感电动势的实际极性必然是象图中所标的那样。如果 i 在减小，各端钮的极性都要改变。但是，不论 i 如何变化，在同一磁通作用下，图中端钮 1、4、5 三者实际极性始终一致；同样，端钮 2、3、6 三者也始终一致，并且后者的实际极性又总是与前者相反。另外，不论电流从哪一端流入或者流出，上述端钮关系仍旧不变。

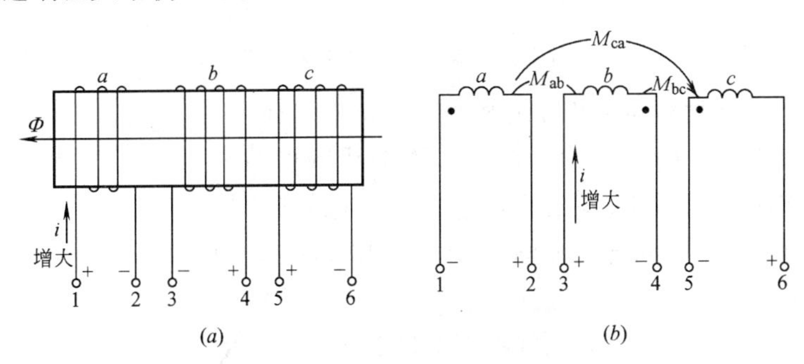

图 2-35　互感线圈的同名端图

我们把端钮 1、4、5 之间的这种实际极性始终一致的关系叫做同名端关系，显然 2、3、6 也是同名端。而 1 与 3 这种保持感应电动势实际极性相反的端钮就叫做异名端。我们把用一组同名端用一个标记标出，如标上“*”或“·”。这样标出后，另一组同名端则不需要标注自明。

在标注了同名端之后，就可以直接根据电流的实际方向和变化趋势判断感应电动势的实际极性。这样，线圈的具体绕向及相对位置等就不需要在图中表示出来了。这时图 2-35（a）就可以画成图 2-35（b）中，设电流 i 的实际方向由端钮 3 流进线圈 b，并且电流正在增大，这时线圈 b 上的自感电动势的实际极性是：端钮 3 为正而端钮 4 为负。由于端钮 2、6、3 是同名端，1、5、4 也是同名端，所以也就立即能判断出线圈 a 上互感电动势的实际极性为：2 是正，1 是负。线圈 c 上互感电动势的实际极性为：6 是正、5 是负。

（2）同名端的判断

1）在实际工作中，有时会碰到两个互感线圈的绕向无法判别的情况。例如有些设备中线圈是封装的，在这种情况下，常用实验方法来测定两线圈的同名端，接线方式如图 2-36 所示。当开关突然接通，电流 i 由端钮 1 流入且增大，如果此时电流计 G 向正方向偏转，则与电流计正端相连的端钮 3 和端钮 1 是同名端。因为端钮 1 是高电位，端钮 3 也是高电位。若电流计 G 反向偏转，则端钮 4 与端钮 1 是同名端。

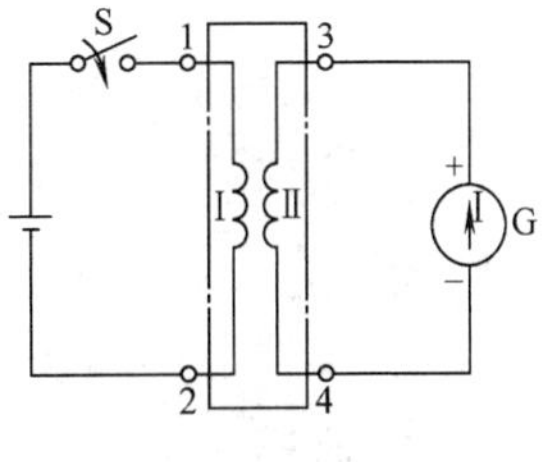

图 2-36　同名端的测定

2）利用重要性质判断同名端。

图 2-37（a）中两互感线圈 a 与 b，若同时有电流流入同名端 1 与 4，不难看出，两电流所产生的磁通具有同一方向是相互增强的。若同时有电流自 1、4 端流出，则两电流所产生的磁通仍是相互增强的。因此，可归纳为：

若两互感线圈中分别有电流 i_1、i_2，且 i_1、i_2 的实际方向对同名端是一致的。则 i_1

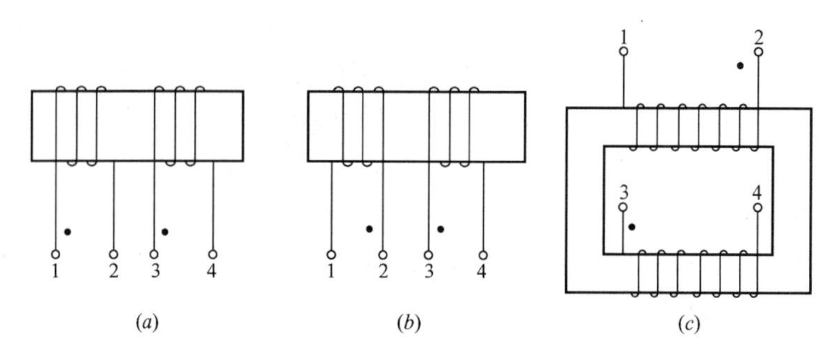

图 2-37　互感线圈同名端判断

产生的磁通与 i_2 产生的磁通是相互增强的。

利用上述性质来判断同名端，需要知道两线圈的绕向及相对位置。如图 2-37（*a*）中，设有电流分别自 1 端和 3 端流入，它们所产生的磁通是相互增强的，所以 1 端和 3 端是同名端，用圆点标记。同样，在图 2-37（*b*）中 2、3 是同名端，在（*c*）中 2、3 端是同名端。

在图 2-37（*a*）和（*b*）中；两线圈相对位置相同，由于其中一个线圈绕法不同，所以引起同名端不同。在（*a*）和（*c*）中，两线圈绕向相同，它们的相对位置不同，其同名端也就不同。可见同名端只决定于两线圈的实际绕向及其位置。

2.6　涡流和磁屏蔽

2.6.1　涡流

（1）实验 1　如图 2-38 所示。将一块可来回摆动的铝片悬挂于一个磁性作用很强的电磁铁的两个磁极之间，先将铝片来回摆动，然后将电磁铁的线圈接通支流电压。

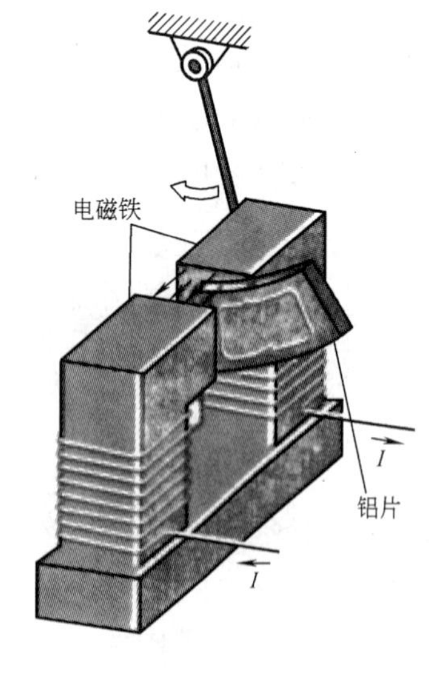

图 2-38

结果　铝片的摆动受到很强的制动力。

铝片在电磁铁产生的磁场中运动时，在铝片的内部感应出电压，而铝片本身就像一个闭合的导线匝。由于铝片的电阻很小，所以会产生很大的电流，这个电流在铝片内部没有固定的电流通路，在铝片内形成不规则的涡流旋转形式，因此称之为涡流。根据楞次定律，这个涡流利用其所产生的磁场，对运动的铝片有制动作用。

由导电材料构成的平板片在磁场中运动时，则在该平板片中会产生涡流。

涡流的作用可用于涡流制动。例如一块铜质的圆片在磁场中转动，在圆片上便产生涡流，通过涡流的磁场作用来实现圆片的制动。在电度表中就是通过一块铝质的圆盘在磁铁的两个磁极之间转动来产生制动作用的，测量仪表的指针偏转运动，就常常是通过涡流所产生的磁场来产生阻力作用的，如将一个闭合的铝质框架在磁铁的两个磁极之间运动就会产生这样的作用效果。

在通常情况下，人们并不希望出现涡流，这可以通过合金的方法降低的导电率来实现。

(2) 实验 2　将一个 1200 匝的线圈套入由硅钢片构成的 U 形铁芯上，再用一块将软磁性材料的实芯轭铁将磁路闭合，然后将线圈与 230V 的交流电压接通，大约过 5min 之后，再用手去触摸 U 形铁芯和实芯的轭铁。

结果　U 形铁芯的温度基本保持不变，而实芯铁芯的温度明显上升。

由于感应，在轭铁和铁芯中将产生涡流。因实芯轭铁只有很小的电阻，所以涡流很大，并由此而产生热量。而 U 形铁芯是由相互绝缘的、很薄的硅钢片叠成，其电阻当然大得多，所以只产生很微弱的涡流。当带铁芯的线圈接通交流电压时，则在铁芯中会产生涡流，并使铁芯被加热。

为了降低或减小涡流，铁芯采用薄的铁芯片（厚度为 0.1～1mm）来叠成。各层芯片之间相互绝缘，并且芯片可以通过硅合金来提高电阻。芯片之间的绝缘可以采用绝缘清漆、衬纸或氧化层的方法来实现。在变压器、低频变压器、扼流圈、保护装置和电机中，都是应用了这种类型的铁芯。

涡流造成的能量损耗与交流电流频率的平方成正比。在高频交流电的情况下，例如在无线电和电视的广播技术中，通常都是应用铁氧体材料作铁芯。由于铁氧体材料不导电，所以几乎不会产生涡流。

2.6.2　*磁屏蔽*

实验　将两根条形磁铁相异的磁极以相对位置放置，再在两磁极的中间放置一个铁环，然后在磁极和铁环的周围撒上细铁屑。

结果　如图 2-39 所示，在铁环中间没有铁屑存在。磁场可以通过铁磁性材料的封闭容器来屏蔽。容器材料的导磁率越高，其磁场屏蔽的效果也越好。如果屏蔽材料达到了磁饱和，则不再有屏蔽作用。因此，人们常常使用合金材料来作为屏蔽材料，它由 76%的镍、5%的铜、2%的铬和 17%的铁所组成。这是一种导磁系数高达 50000～300000 的软磁性材料，它具有较小的矫顽磁场强度和磁滞损耗。

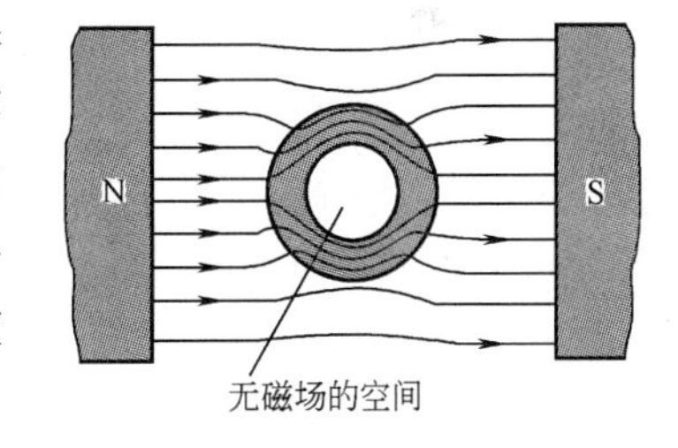

图 2-39　磁屏蔽

采用这种合金材料的磁屏蔽可以防止地球磁场的干扰影响，可用于高灵敏度的测量仪表中，此外，这种材料还用于抗低频的干扰磁场，例如由电源变压器、滤波扼流圈和电机所产生的低频干扰磁场。

高频磁场的屏蔽则由铝或铜等导电性能好的材料来实现。即在高频磁场的作用下，由这些材料做成的屏蔽罩上形成涡流，而由涡流所产生的磁场正好与外来磁场作用的方向相反，由此实现了对外部干扰磁场的屏蔽作用。在带通滤波器和高频线圈的外面就是应用了这种屏蔽方式。

复习思考题

1. 在图 2-40 强磁场中，穿过磁极极面的磁通 $\Phi=3.84\times10^{-2}$ Wb，磁极边长分别是 4cm 和 8cm，求磁极间的磁感应强度。

2. 在上题中，若已知磁感应强度 $B=0.8$T，铁芯的横截面积是 20cm。求通过铁芯截面中

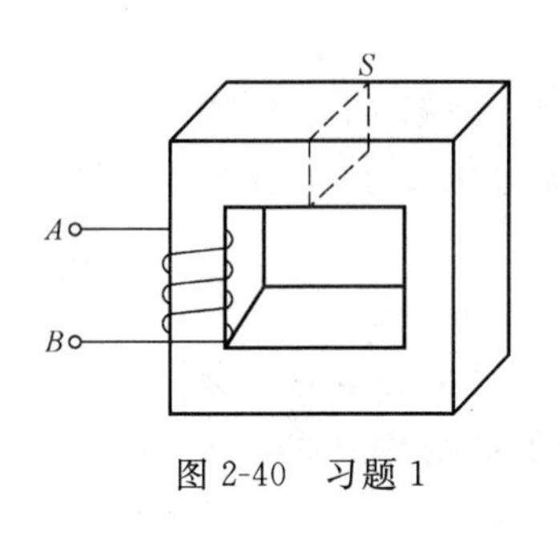

图 2-40 习题 1

的磁通。

3. 有一匀强磁场，磁感应强度 $B=3\times10^{-2}$T，介质为空气，计算该磁场的磁场强度。

4. 已知硅钢片中，磁感应强度为 1.4T，磁场强度为 5A/cm，求硅钢片的相对磁导率。

5. 在匀强磁场中，垂直放置一横截面积为 12cm^2 的铁心，设其中的磁通为 4.5×10^{-3}Wb，铁芯的相对磁导率为 5000，求磁场的磁场强度。

6. 在一个 $B=0.01$T 的匀强磁场里，放一个面积为 0.001m^2 的线圈，其匝数为 500 匝。在 0.1s 内，把线圈平面从平行于磁感线的方向转过 90°，变成与磁感线的方向垂直。求感应电动势的平均值。

7. 图 2-41 导线 AB 和 CD 互相平行，试确定在闭合和断开开关时，导线 CD 中感应电流的方向。

8. 图 2-42$CDEF$ 是金属框，当导体 AB 向右移动时，试用右手定则确定 $ABCD$ 和 $ABFE$ 两个电路中感应电流的方向。应用楞次定律，能不能用这两个电路中的任意一个来判定导体 AB 中感应电流的方向。

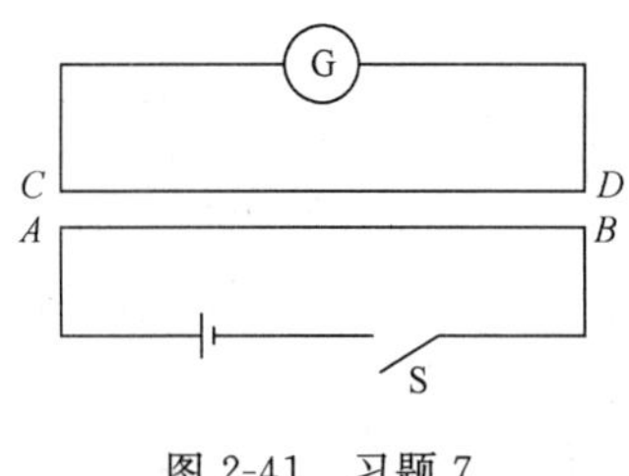

图 2-41 习题 7

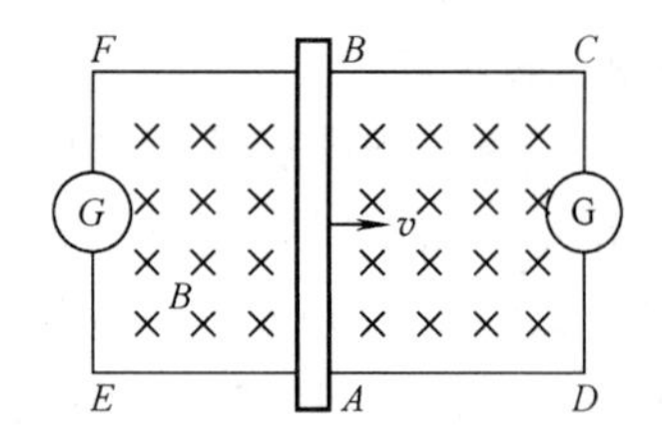

图 2-42 习题 8

9. 图 2-43 的电路中，把变阻器 R 的滑动片向左移动使电流减弱，试确定这时线圈 A 和 B 中感应电流的方向。

10. 有一个 1000 匝的线圈，在 0.4s 内穿过它的磁通量从 0.02Wb 增加到 0.09Wb，求线圈中的感应电动势，如果线圈的电阻是 10Ω，当它跟一个电阻为 990Ω 的电热器串联组成闭合电路时，通过电热器的电流是多大？

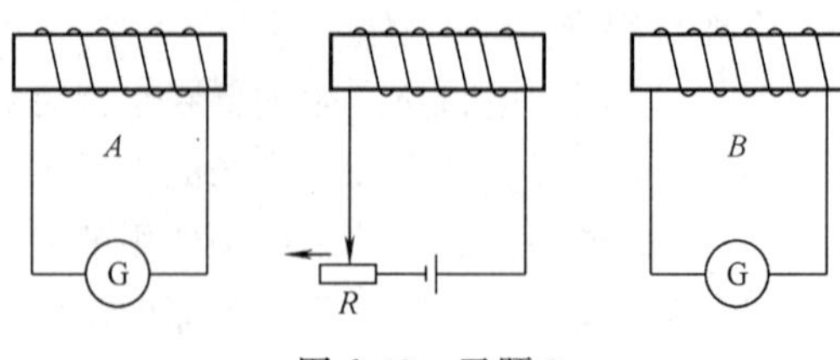

图 2-43 习题 9

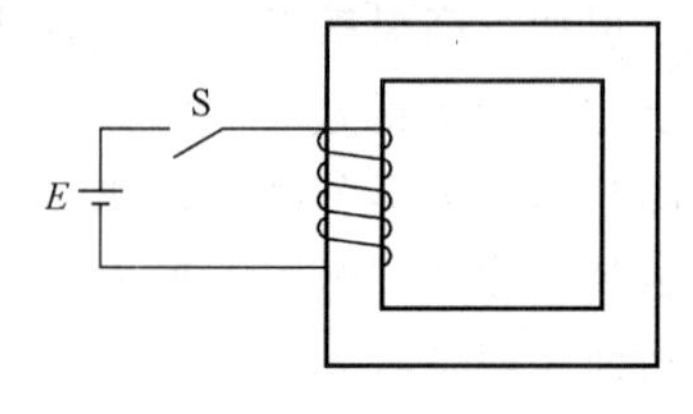

图 2-44 习题 11

11. 图 2-44 当开关 S 合上以后，电路中的电流由零逐渐增大到 $I=E/R$（R 代表线圈的电阻）。

(1) 试标出开关 S 闭合的瞬时，线圈中自感电动势的方向。

(2) 试标出开关 S 断开的瞬时，线圈中自感电动势的方向。

(3) 当 S 闭合，线圈中电流达到稳定值以后，线圈中自感电动势有多大？

12. 一个线圈的电流在 1/1000s 内有 0.02A 的变化时，产生 50V 的自感电动势，求线圈的自感系数。如果这个电路中电流的变化率为 40A/s，那么自感电动势是多大？

13. 有一个线圈，它的自感系数是1.2H，当通过它的电流在1/200s内由0增加到5A时，线圈中产生的自感电动势多大？

14. 若某一空心线圈中通入10A电流时，自感磁链为0.01Wb，求线圈的电感。若线圈有100匝，求线圈中电流为5A时的自感磁链和线圈内的磁通量。

15. 有一空心的环形线圈，平均周长为50cm，截面积为$10cm^2$，线圈中通过的电流是1A，自感磁链为2.3×10^{-2}Wb，求这个线圈的电感和匝数。

16. 已知空心环形线圈的半径为10cm，截面积为$6cm^2$，线圈共绕250匝，求它的电感。又若线圈中通过的电流是3A，求线圈中的磁通和自感磁链。

17. 两个靠得很近的线圈，已知甲线圈中电流变化率为200A/s时，在乙线圈中产生0.2V的互感电动势，求两线圈间的互感系数。又若甲线圈中的电流为3A，求由甲线圈产生而与乙线圈交链的磁链。

18. 当第一个线圈中的电流是5A时，穿过第二个线圈中的磁链为4×10^{-4}Wb，求两个线圈间的互感系数。

19. 收音机中的电源变压器与输出变压器为了彼此不发生互感现象，即要求$K=0$，应采取什么方位放置？

20. 两耦合线圈的$L_1=0.01$H，$L_2=0.04$H，$M=0.01$H，试求其耦合系数K。

21. 已知两个线圈的电感分别为$L_1=0.4$H，$L_2=0.9$H，它们之间的耦合系数$K=0.5$。当线圈中通以变化率为2A/s的电流时，求在线圈L_1中产生的自感电动势和L_2中产生的互感电动势的大小。

22. 已知两个具有互感的线圈如图2-45所示：

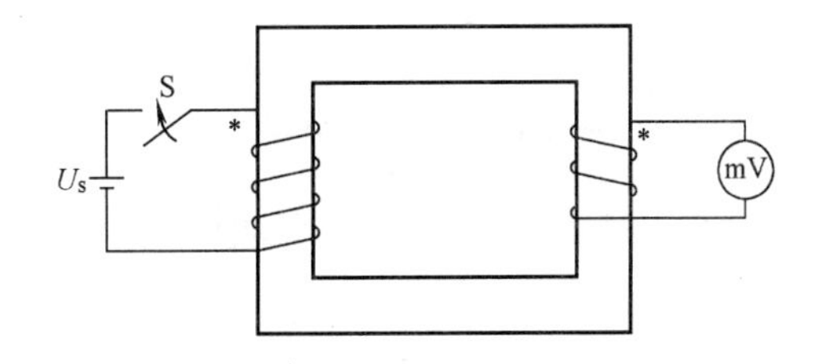

图2-45　习题22

（1）标出它们的同名端；

（2）试判断开关闭合时或开关断开时毫伏表的偏转方向。

实验　互感线圈的同名端

1. 实验目的

（1）学习测定耦合线圈的同名端、互感系数和耦合系数的方法。

（2）学习用电压表、电流表测自感、互感。

（3）进一步掌握实验误差分析方法。

2. 原理与说明

（1）互感线圈同名端的判定

在图2-46（a）所示电路中，线圈L_1通正弦电流，用电压表分别测出电压U_1、U_2和U，若U的值比U_1和U_2都大，则表示两线圈相接处为异名端，否则为同名端。

（2）互感线圈互感系数M和耦合系数K的测定

图2-46（b）所示电路中，当线圈L_1中通入正弦电流I_1时，线圈L_2产生感应电动势E_2，当电压表内阻足够大时，可以近似地认为$U_2=E_2$，则有

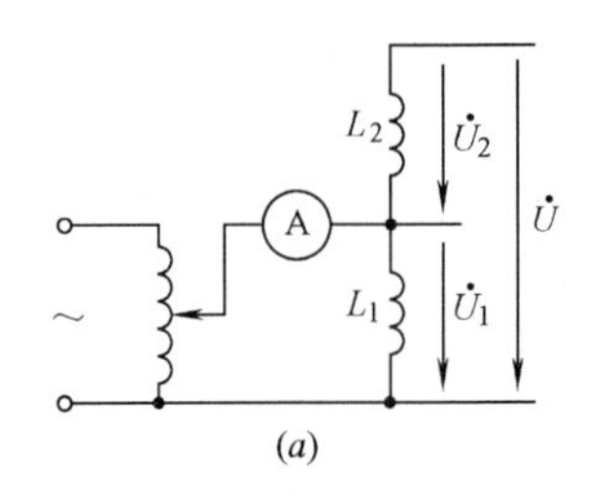

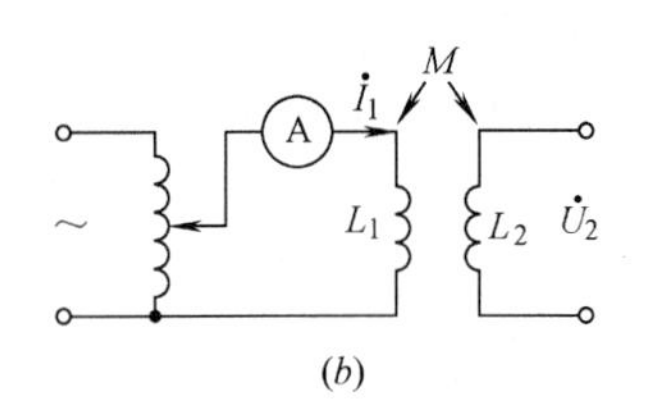

图 2-46

（a）测定同名端的电路；（b）测定互感系数的电路

$$U_2=\omega MI_1$$

则互感系数 $M=U_2/\omega I_1$

图 2-47（a）所示电路中，有 $U_1=\omega L_1 I_1$，$L_1=U_1/\omega I_1$

图 2-47（b）所示电路中，有 $U_2=\omega L_2 I_2$，$L_2=U_2/\omega I_2$

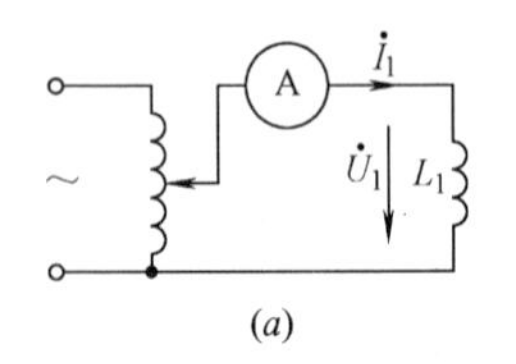

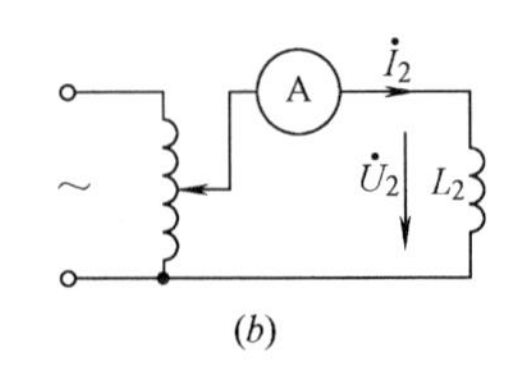

图 2-47

（a）测定 L_1 电路；（b）测定 L_2 电路

根据 M、L_1、L_1 可以计算出耦合系数为

$$K=\frac{M}{\sqrt{L_1 L_2}}$$

3. 实验内容：

（1）确定互感线圈同名端：实验电路如图 2-48（a）所示（3、4）端钮可调换一次，重复测量一次。L_2 中放入铁芯，保持 $I_1\leqslant 0.3A$，数据记录表 2-5 中并说明原理。

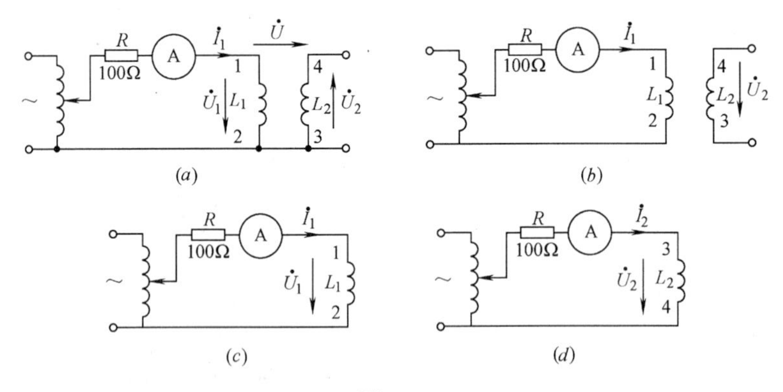

图 2-48

（a）测同名端的实验电路；（b）测互感系数的实验电路；

（c）测定 L_1 的实验电路；（d）测定 L_2 的实验电路

表 2-5

U(V)	U_1(V)	U_2(V)	$I_1\leqslant 0.3A$	结论

（2）测量互感线圈互感系数 M 和耦合系数 K：实验电路如图 2-48（b）、（c）、（d）所示，L_2 中放入铁芯，保持 $I_1\leqslant 0.3A$、$I_2\leqslant 0.1A$，数据记录表 2-6 中。由两次测量平均值计算结果，并进行误差分析。

表 2-6

<table>
<tr><th></th><th colspan="5">测　量　值</th><th colspan="5">计　算　值</th></tr>
<tr><td rowspan="2">图(b)
$I_1 \leqslant 0.3A$</td><td>第一次</td><td>I_1(A)</td><td></td><td>U_2(V)</td><td></td><td>M</td><td></td><td rowspan="2">M</td><td rowspan="2"></td><td rowspan="6">$K=$</td></tr>
<tr><td>第二次</td><td>I_1(A)</td><td></td><td>U_2(V)</td><td></td><td>M</td><td></td></tr>
<tr><td rowspan="2">图(c)
$I_1 \leqslant 0.3A$</td><td>第一次</td><td>I_1(A)</td><td></td><td>U_1(V)</td><td></td><td>L_1</td><td></td><td rowspan="2">L_1</td><td rowspan="2"></td></tr>
<tr><td>第二次</td><td>I_1(A)</td><td></td><td>U_1(V)</td><td></td><td>L_1</td><td></td></tr>
<tr><td rowspan="2">图(d)
$I_2 \leqslant 0.1A$</td><td>第一次</td><td>I_2(A)</td><td></td><td>U_2(V)</td><td></td><td>L_2</td><td></td><td rowspan="2">L_2</td><td rowspan="2"></td></tr>
<tr><td>第二次</td><td>I_2(A)</td><td></td><td>U_2(V)</td><td></td><td>L_2</td><td></td></tr>
</table>

(3) 研究影响互感系数 M 的因素，图 2-48 (b) 电路中 L_2 中放入铁芯，线圈 L_2 两端接入一发光二极管 LED。

1) 将 L_2 在 L_1 中上下移动，观察发光二极管 LED 的亮度变化。

2) 将 L_2 中的铁芯换成铝芯，观察发光二极管 LED 的亮度变化。分析原因，作出结论，填入表 2-7 中。

表 2-7

<table>
<tr><th rowspan="2">项目 / 铁芯情况</th><th colspan="2">LED 亮度变化情况</th></tr>
<tr><th>LED 亮度</th><th>亮度变化原因</th></tr>
<tr><td>插入铁芯</td><td></td><td></td></tr>
<tr><td>插入铝芯</td><td></td><td></td></tr>
</table>

4. 实验器材

交流电源、空心互感线圈、调压器、数字交流电压表、数字交流电流表、发光二极管、滑动变阻器、铁芯、铝芯。

5. 注意事项：

(1) 每次实验都要从零开始调电压。

(2) 给电路施加的电压大小，要根据线圈的额定电流来确定 (L_1 中 I_1 小于 0.6A，L_2 中 I_2 小于 0.3A) 防止烧坏线圈。

6. 思考题

(1) 试说明图 2-48 (a) 判断同名端的原理，其好处是什么？

(2) 本实验中，因为 $\omega L \gg R$，故线圈的电阻忽略不计。如果线圈的电阻不能忽略时，应该如何测量互感的参数？

课题 3　正弦交流电路

3.1　正弦交流电路的基本概念

3.1.1　交流电的产生

大小和方向随时间作周期性变化的电动势、电压和电流统称为交流电。交流电的波形有多种，其中大小和方向随时间按正弦规律变化的交流电叫做正弦交流电。

正弦交流电通常是由交流发电机产生的。下面首先来看一看最简单的交流发电机的构造。如图 2-49（a）所示，在静止的磁极之间，放着一个圆柱形铁芯，其上固定着线圈，铁芯和线圈合称为发电机的电枢。在原动机的拖动下，电枢能以某一恒定转速旋转。线圈的两端分别接在两个铜制的滑环上，滑环固定在轴上，滑环与滑环之间，滑环与轴之间互相绝缘。每一个滑环上安放着一个静止的电刷，作为发电机内外电路之间联系的桥梁。

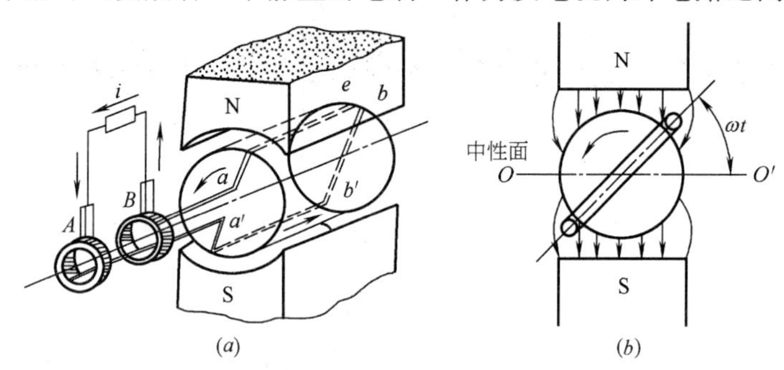

图 2-49

（a）交流发电机构造图；（b）磁感应强度分布图

电枢被原动机拖动后，电枢在磁极之间旋转，根据电磁感应原理，线圈内就会产生出感应电动势。如何才能获得按正弦规律变化的感应电动势呢？通常是把交流发电机的磁极做成特殊的形状，使磁极下面中央部分的空气隙最小，而两边的空气隙则逐渐增大，这样在电枢表面上就可以得到沿着电枢圆周按正弦规律分布的磁感应强度，如图 2-49（b）所示。磁力线垂直于电枢表面。

从图中可以看出，磁极的分界面（又称中性面）上各点的磁感应强度 $B=O$；沿电枢轴线通过磁极中心的平面与电枢表面相交的线上的磁感应强度具有最大值，用 B_m 表示。因此，电枢表面上任一点的磁感应强度可以用下式表示：

$$B=B_m \sin\omega t$$

式中　B_m——磁感应强度的最大值；

　　ωt——线圈平面与中性面之间的夹角。

当电枢被原动机带动，并在按正弦分布的磁场中沿逆时针方向作匀速旋转时，线圈 ab 边和 $a'b'$ 边分别切割磁力线，产生感应电动势 e' 和 e''。由于线圈两个有效边的长度相等，转速一致，所处位置的磁感应强度 B 也相等，所以 e' 和 e'' 的大小总是相等的，每条边产生的感应电动势的大小为：

$$e'=e''=BLv\sin\omega t$$

式中　L——线圈每边的有效长度（m）；

　　v——线圈切割磁力线的线速度（m/s）。

根据右手定则判断可知，线圈的两个有效边产生的感应电动势的方向始终相反，且两个有效边是串联的，所以在一匝线圈中的感应电动势等于一个有效边中的感应电动势的两倍，

即：
$$e=2BLv=2B_m \sin\omega t$$

如果在电枢表面的同一位置绕有 n 匝线圈，且互相串联在一起，则在此线圈中感应出的电动势等于一匝线圈的 n 倍，

即：$$e=2nB_m\sin\omega t$$

当线圈转到与中性面垂直，即 $\varphi=\pi/2$ 时，$\sin\omega t=1$，线圈所产生的电动势达到最大值，用 E_m 表示，即：$E_m=2nB_mL\upsilon$。显然，在 B_m 和 υ 为一定的情况下，E_m 是一个常数，于是线圈在任意位置上的感应电动势就可以写成：

$$e=E_m\sin\omega t$$

由此可见，电枢不停地旋转，φ 角不断地变化，因而在线圈的两端就可获得一个按正弦规律变化的电动势，其波形如图 2-50 所示。

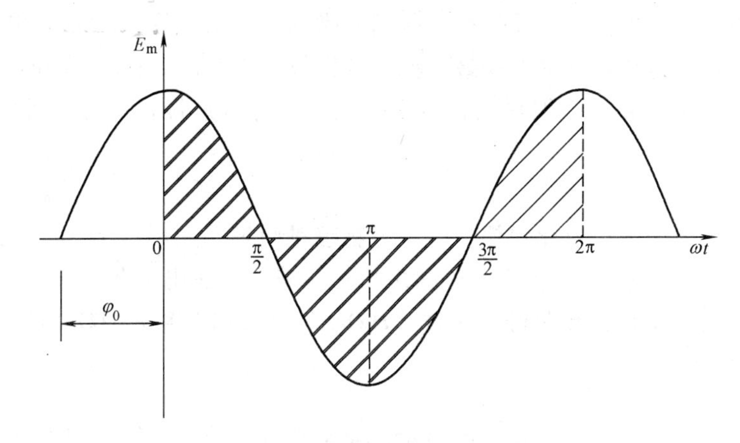

图 2-50　正弦电动势波形图

如果把线圈和电阻组成闭合电路，则电路中就有感应电流。用 R 表示整个闭合电路的电阻，用 i 表示电路中的感应电流，那么

$$i=\frac{e}{R}=\frac{E_m}{R}\sin\omega t$$

式中　$\frac{E_m}{R}$——电流的最大值，用 I_m 表示，则电流的瞬时值可用下式表示：

$$i=I_m\sin\omega t$$

可见感应电流也是按正弦规律变化的。外电路中一段导线上的电压同样也是按正弦规律变化的。设这段导线的电阻为 R'，电压的瞬时值为 u

则 $$u=R'i=R'I_m\sin\omega t$$

式中，$R'I_m$ 是电压的最大值，用 U_m 表示，所以

$$u=U_m\sin\omega t$$

上述各式都是从线圈平面跟中性面重合的时刻开始计时的，如果不是这样，而是从线圈平面与中性面有一夹角 φ_0 时开始计时，如图 2-51 所示，那么，经过时间 t，线圈平面与中性面间的角度是 $\omega t+\varphi_0$，感应电动势的公式就变成

$$e=E_m\sin(\omega t+\varphi_0)$$

电流和电压的公式分别变成

$$i=I_m\sin(\omega t+\varphi_0)$$

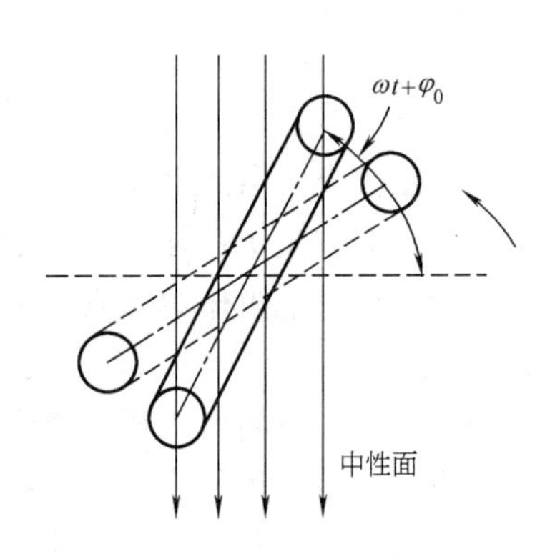

图 2-51

$$u=U_m\sin(\omega t+\varphi_0)$$

3.1.2 交流电的三要素

如前所述，正弦交流电的大小及方向均随时间按正弦规律作周期性变化，要完整准确地描述一个正弦量必须具备三个参数——频率、最大值和初相位。这三个参数被称为交流电的三要素。

(1) 交流电周期与频率

1) 周期

正弦交流电完成一次循环变化所用的时间叫做周期，用字母 T 表示，单位为秒（s）。显然正弦交流电流或电压相邻的两个最大值（或相邻的两个最小值）之间的时间间隔即为周期，由周期的含义可知，周期愈长，表示交流电变化得愈慢；反之，变化得愈快。因此，交流电的周期是用来表示交流电变化快慢的一个物理量。

2) 频率

除周期外，衡量交流电变化快慢的另一个物理量叫做“频率”。频率就是表示正弦交流电流在单位时间内作周期性循环变化的次数，即表征交流电交替变化的速率（快慢），用符号 f 表示。频率的国际单位制是赫兹（Hz）。频率和周期互为倒数，即

$$f=\frac{1}{T}$$

交流电变化快慢，还可以用角频率表示。通常交流电变化一周可用 2π 弧度或 $360°$ 来计量。那么，交流电每秒所变化的角度（电角度），叫做交流电的角频率，用 ω 表示，单位是 rad/s（弧度/秒）。因为交流电变化一周所需要的时间是 T，所以，角频率与周期、频率之间的关系为

$$\omega=\frac{2\pi}{T}=2\pi f$$

(2) 最大值和有效值

交流电的最大值是交流电在一个周期内所能达到的最大数值，可以用来表示交流电的电流强弱或电压高低，在实际中有重要意义。例如，把电容器接在交流电路中，就需要知道交流电压的最大值，电容器所能承受的电压要高于交流电压的最大值，否则电容器可能被击穿。通常用符号 E_m、U_m、I_m 符号来表示电动势、电压、电流的最大值。

但是，在研究交流电的功率时，最大值用起来却不够方便，它不适于用来表示交流电产生的效果。因此，在实际工作中规定一个能够表征其大小的特定值——有效值，其依据是交流电流和直流电流通过电阻时，电阻都要消耗电能（热效应）。

设正弦交流电流 $i(t)$ 在一个周期 T 时间内，使一电阻 R 消耗的电能为 Q_R，另有一相应的直流电流 I 在时间 T 内也使该电阻 R 消耗相同的电能，即 $Q_R=I^2RT$。

就平均对电阻作功的能力来说，这两个电流（i 与 I）是等效的，则该直流电流 I 的数值可以表示交流电流 $i(t)$ 的大小，于是把这一特定的数值 I 称为交流电流的有效值。例如，在同一时间内，某一交流电通过一段电阻产生的热量，跟 3A 的直流电通过阻值相同的另一电阻产生的热量相等，那么，这一交流电流的有效值就是 3A。

交流电动势和电压的有效值可以用同样的方法来确定。通常用 E、U、I 分别表示交流电的电动势、电压和电流的有效值。理论与实验均可证明，正弦交流电流 i 的有效值 I

等于其最大值（最大值）I_m 的 0.707 倍，即

$$I=\frac{I_m}{\sqrt{2}}=0.707I_m$$

正弦交流电压的有效值为

$$U=\frac{U_m}{\sqrt{2}}=0.707U_m$$

正弦交流电动势的有效值为

$$E=\frac{E_m}{\sqrt{2}}=0.707E_m$$

例如正弦交流电流 $i=2\sin(\omega t-30°)$A 的有效值 $I=2\times0.707=1.414$A，如果交流电流 i 通过 $R=10\Omega$ 的电阻时，在 1s 时间内电阻消耗的电能（又叫做平均功率）为 $P=I^2R=20$W，即与 $I=1.414$A 的直流电流通过该电阻时产生相同的电功率。

我国工业和民用交流电源电压的有效值为 220V、频率为 50Hz，因而通常将这一交流电压简称为工频电压。

（3）相位和相位差

1）相位

为了便于研究，仍以一对磁极的发电机为例进行讨论，如图 2-51 所示。电枢按逆时针方向以角速度 ω 旋转，设在记时开始（$t=0$）时，电枢线圈与中性面夹角为 φ_0，经过 t 秒后线圈与中性面夹角将是（$\omega t+\varphi_0$），此时线圈中感应电动势的表达式为：$e=E_m\sin(\omega t+\varphi_0)$

式中　电角度（$\omega t+\varphi_0$）——感应电动势的相位。

2）初相位

在（$\omega t+\varphi_0$）式中 φ_0 表示在开始计时（$t=0$）时，电枢线圈与中性面夹角，称之为初相位。初相位反映正弦量初始值的物理量，与线圈的起始位置有关，可以正，也可以为负或为零。

3）相位差

两个同频率正弦量的相位角之差称为相位差。设第一个正弦量的初相为 φ_{01}，第二个正弦量的初相为 φ_{02}，则这两个正弦量的相位差为

$$\varphi_{12}=\varphi_{01}-\varphi_{02}$$

例如已知 $u=311\sin(314t-30°)$V，$I=5\sin(314t+60°)$A，则 u 与 i 的相位差为 $\varphi_{ui}=(-30°)-(+60°)=-90°$，即 u 比 i 滞后 90°，或 i 比 u 超前 90°（图 2-52）。

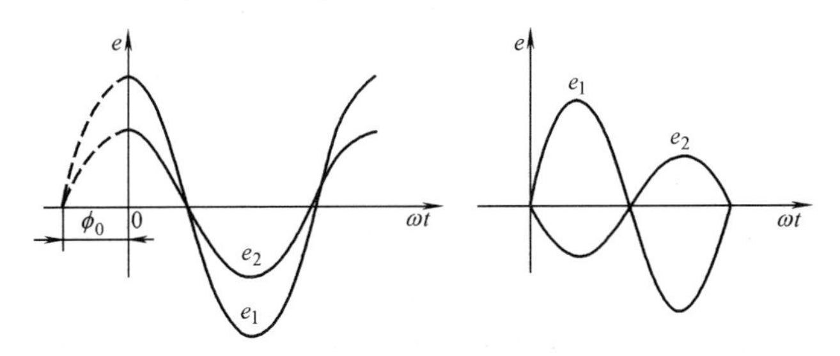

图 2-52　相位差的同相与反相的波形

3.1.3 交流电的表示法

(1) 解析式表示法

$i(t)=I_{\mathrm{m}}\sin(\omega t+\varphi_{i0})$ $u(t)=U_{\mathrm{m}}\sin(\omega t+\varphi_{u0})$ $e(t)=E_{\mathrm{m}}\sin(\omega t+\varphi_{e0})$

例如已知某正弦交流电流的最大值是2A，频率为100Hz，设初相位为60°，则该电流的瞬时表达式为

$$i(t)=I_{\mathrm{m}}\sin(\omega t+\varphi_{i0})=2\sin(2\pi ft+60^{\circ})=2\sin(628t+60^{\circ})\mathrm{A}$$

(2) 波形图表示法

图2-53给出了不同初相角的正弦交流电的波形图。

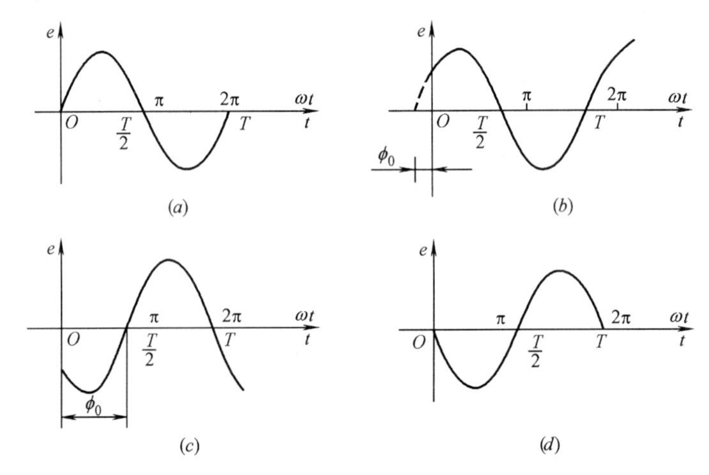

图2-53 正弦交流电的波形图举例

(3) 相量图表示法

正弦交流电也可以用旋转量表示。设正弦交流电压，其波形如图2-54 (b) 所示。在直角坐标系中，以原点 O 为中心，作逆时针方向旋转的矢量 E_{m} 如图2-54 (a) 所示。矢量的长度为电动势的最大值 E_{m}，旋转的角速度为 ω。$t=0$ 时，矢量与横轴的夹角为正弦交流电动势的初相位，此矢量在纵轴上的投影，即为该电动势的瞬时值。如 $t=0$ 时，$e_0=E_{\mathrm{m}}\sin\varphi_0$

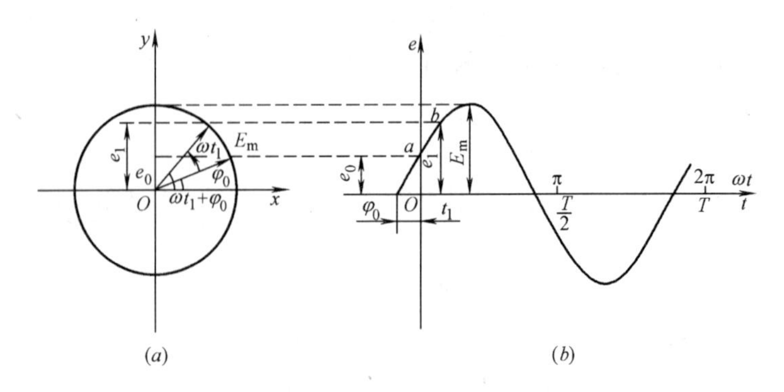

图2-54 相量图的表示

$t=t_1$ 时，$e_1=E_{\mathrm{m}}\sin(\omega t_1+\varphi_0)$，相位角为 $(\omega t_1+\varphi_0)$。可见，用旋转矢量既能表示正弦交流电的三要素，又能表示出正弦交流电的瞬时值。因此，用旋转矢量可以完整地表示正弦交流电。

需要指出的是，表示正弦交流电的旋转矢量与一般的空间向量如力等是有区别的。空间矢量有一定的方向，而旋转矢量是随时间而改变的，它仅是正弦变量的一种表示方法。因此，为了区别，把表示随时间变化的正弦交流电的旋转矢量称为“相量”，并用大写字母上加符号点表示，如 $\dot{I}_m$、$\dot{U}_m$ 等。在实际应用中常用正弦交流电的有效值，所以作相量图时，使相量的长度为正弦交流电的有效值。显然，用有效值表示其长度的旋转矢量在纵轴上的投影就不再是正弦交流电的瞬时值了，但仍可根据该相量写出与之对应的瞬时值表达式。正弦交流电的有效值相量用符号 $\dot{I}$、$\dot{U}$ 表示。

需要指出，同一相量图中，各个正弦量的频率是相同的，所有相量都以同一角速度旋转，它们之间的相对位置保持不变，两个旋转矢量之间的夹角恒等于它们的差。所以，如果在不需要表示各正弦量的初相角，而只需考虑各正弦量的相位差时，则可任选一个相量作为参考相量，而其他相量按照各相量与参考相量的相位来确定。如果一个相量超前参考相量，则从参考相量开始，按逆时针方向转过相位差角，画出此相量；反之，则按顺时针方向转过相位差角，画出这一相量。在此种情况下，坐标轴可不必画出。

【例 2-9】 有三个正弦量为

$$e=60\sin(\omega t+60°)\text{V}$$

$$u=30\sin(\omega t+30°)\text{V}$$

$$i=5\sin(\omega t-30°)\text{A}$$

画出它们的最大值相量图，如图 2-55 所示。

【例 2-10】 用相量图表示下列两个正弦量。

$$u=220\sqrt{2}\sin(\omega t+53°)\text{V}，i=0.41\sqrt{2}\sin(\omega t)\text{A}$$

它们的有效值相量图如图 2-56 所示。

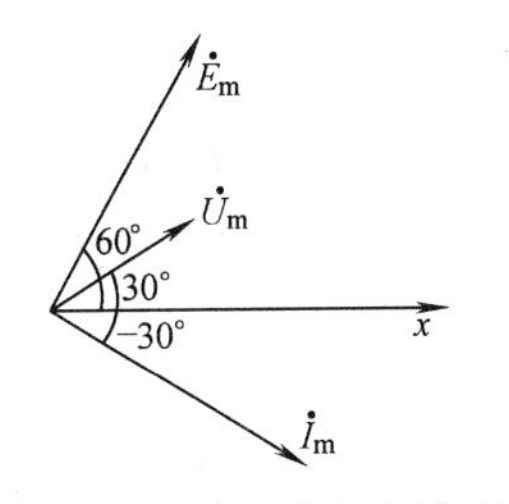

图 2-55　正弦量的振幅相量图

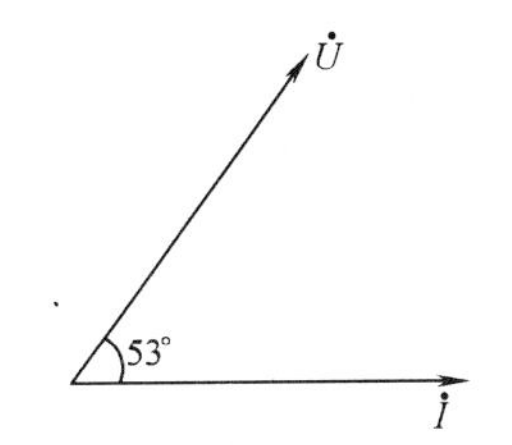

图 2-56　正弦量的有效值相量

3.2　正弦交流电路

3.2.1　单一参数的交流电路

电阻、电感和电容在电路中所起的作用各不相同，它们反映了电路的性质，被称为电路参数。电阻在直流与交流电路中的作用没有什么不同，而电感和电容则不同。在恒定的直流电路中电感相当于短路，电容相当于开路。但在正弦交流电路中，电感要产生自感电动势，对电路中电流的变化起阻碍作用，电容被反复充放电，隔断直流作用就不存在了。

在实际电路中，电阻、电感、电容三个参数往往同时存在，为了更好地掌握交流电动势的运行规律及其计算方法，首先讨论单一参数的正弦交流电路中各电量的关系，然后再分析多参数的电路，循序渐进，由浅入深。

(1) 纯电阻电路

只含有电阻元件的交流电路叫做纯电阻电路，如含有白炽灯、电炉、电烙铁等电路。

1）电压、电流的关系

电阻与电压、电流的瞬时值之间的关系服从于欧姆定律。设加在电阻 R 上的正弦交流电压瞬时值为 $u=U_{\mathrm{m}}\sin\omega t$，则通过该电阻的电流瞬时值为

$$i=u/R=\frac{U_{\mathrm{m}}}{R}\sin\omega t=I_{\mathrm{m}}\sin\omega t$$

式中 $I_{\mathrm{m}}=U_{\mathrm{m}}/R$，是正弦交流电流的最大值。如果把等式两边同时除以$\sqrt{2}$，即得到有效值关系，则得

$$I=U/R \text{ 或 } U=RI$$

这个公式和直流电路中欧姆定律的形式完全相同，所不同的是在交流电路中电压和电流要用有效值。在图 2-57 所示的实验电路中通以交流电，用电压表和电流表量出电压和电流，可以证实上述表达式是正确的。

实验：实验电路如图 2-57 所示，用手摇发电机或给电路通以低频交流电。

结果：可以看到电流表和电压表的指针的摆动步调一致，表示电流和电压是同相的，即在纯电阻电路中，电流和电压是同相的，电阻对电流和电压的相位关系没有影响。它们的波形图和相量图如图 2-58 所示。

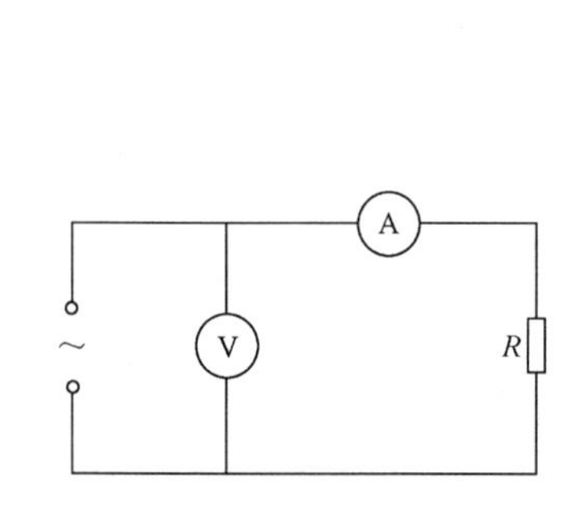

图 2-57　实验电路图

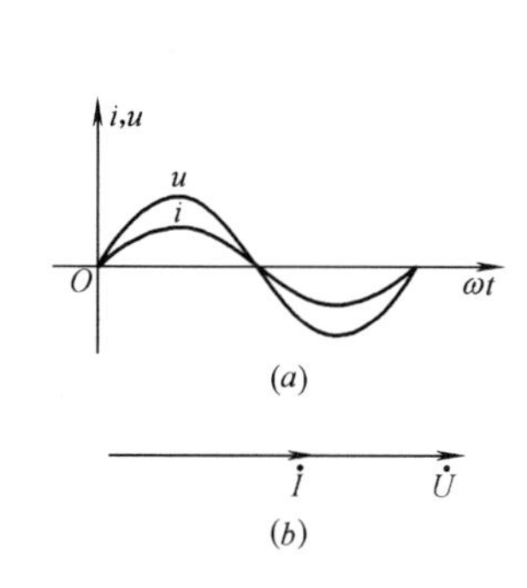

图 2-58　波形图和向量图

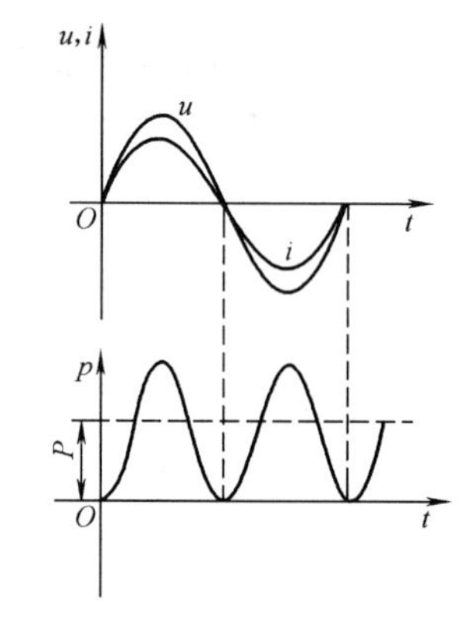

图 2-59　功率波形图

2）功率

设 $u=U_{\mathrm{Rm}}\sin\omega t$，则 $i=I_{\mathrm{m}}\sin\omega t$

所以

$$\begin{aligned}p&=ui=U_{\mathrm{Rm}}I_{\mathrm{m}}\sin^2\omega t=U_{\mathrm{Rm}}I_{\mathrm{m}}\left(\frac{1-\cos2\omega t}{2}\right)\\&=U_{\mathrm{R}}I-U_{\mathrm{R}}I\cos^2\omega t\end{aligned}$$

画出 u、i 和 p 三者的波形图，如图 2-59 所示。从函数式和波形图均可看出：由于电流和电压同相，所以，瞬时功率总是正值。表示电阻总是消耗功率，把电能转换成热能，这种能量转换是不可逆的。

因为瞬时功率是变化的，不便用于表示电路的功率。为了反映电阻所消耗功率的大小，在实用中常用有功功率（也叫平均功率）表示。所谓有功功率就是瞬时功率在一个周期内的平均值，用 P 表示，单位为 W（瓦）。

由图 2-59 可以看出，有功功率 P 在数值上等于瞬时功率曲线的平均高度，也就是最大功率值的一半，即

$$P=\frac{1}{2}P_{\mathrm{m}}=\frac{1}{2}\times\sqrt{2}U_{\mathrm{R}}\times\sqrt{2}I=U_{\mathrm{R}}I=I^2R=\frac{U_{\mathrm{R}}^2}{R}$$

通常所说电器消耗的功率，例如 40W 灯泡、75W 电烙铁等，都是指有功功率。

【例 2-11】 在纯电阻电路中，已知电阻 $R=44\Omega$，交流电压 $u=311\sin(314t+60°)$V，求通过该电阻的电流大小？写出电流的解析式，并求电阻所消耗的有功功率。

【解】 电压的有效值为

$$U=\frac{U_{\mathrm{Rm}}}{\sqrt{2}}=\frac{311}{\sqrt{2}}\mathrm{V}=220\mathrm{V}$$

电流的大小（有效值）为

$$I=\frac{U_{\mathrm{R}}}{R}=\frac{220}{44}\mathrm{V}=5\mathrm{A}$$

电流的解析式

$$i=I_{\mathrm{m}}\sin\omega t=7.071\sin(314t+60°)\mathrm{A}$$

电阻所消耗的有功功率为

$$P=U_{\mathrm{R}}I=220\times5\mathrm{W}=1100\mathrm{W}$$

（2） 纯电感电路

1）感抗的概念

实验 1 请在一个 6000 匝的线圈中插入一 U 型铁心，并用一段轭铁将铁心磁路闭合，然后将线圈通过一个交流电流表和一个电流换向开关与 6V 的直流电源相连接，再迅速不断地拨动电流换向开关，并观察电流表指针的偏转情况。

结果：电流换向开关拨动得越快，所显示的电流强度越小。

换向开关不断地变换着线圈两端的电压极性。由于自感应的作用，通过线圈的电流缓慢地上升和下降。如果线圈两端电压极性变换得足够快时则线圈中电流的平均值将减小。电压极性交替变化越迅速，电流就越小。

实验 2 将一个 4.5V 的灯泡连接到可调变压器上，将电压调整至灯泡的额定工作电压，然后将一个 600 匝的线圈与该灯泡串联，再调整可调变压器的电压，使灯泡的亮度与原来的差不多。测量电路的端电压，接着在线圈中插入一 U 型铁心，并重复上述实验。

结果：在灯泡与线圈串联电路中只有在一个较高的电压时才能达到该灯泡直接接在电源上的亮度。如果增大线圈的电感量，那么要使灯泡达到同样的亮度，则更要提高电压。

线圈在交流电路中具有比在直流电路中除了线圈的电阻，外线圈的电感对交流电也有阻碍作用，因此线圈具有一个感抗，反应电感对交流电流阻碍作用程度的参数叫做感抗。

从上述实验可以看出，频率越高、电感量越大，感抗就越大，如图 2-60 所示。纯电感电路中通过正弦交流电流的时候，所呈现的感抗为

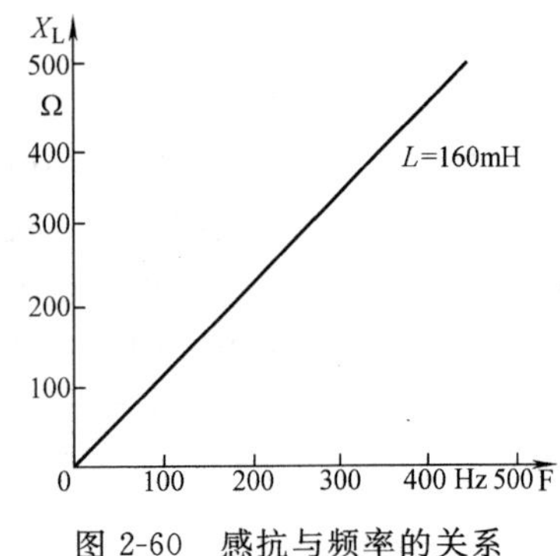

图 2-60 感抗与频率的关系

$$X_L = \omega L = 2\pi f L$$

式中　X_L——感抗（Ω）；

ω——角频率（Hz）；

L——自感系数（H）。

如果线圈中不含有导磁介质，则叫作空心电感或线性电感，线性电感 L 在电路中是一常数，与外加电压或通电电流无关。

如果线圈中含有导磁介质时，则电感 L 将不是常数，而是与外加电压或通电电流有关的量，这样的电感叫做非线性电感，例如铁芯电感。

【例 2-12】 某线圈的电感量为 31.5mH，计算它在 1000Hz 时的感抗。

【解】 $X_L = \omega L = 2\pi f L = 2\times\pi\times1000\times0.0315\text{mH} = 197.8\Omega$

线圈在电路中有不同的作用，用于“通直流、阻交流”的电感线圈叫作低频扼流圈，用于“通低频、阻高频”的电感线圈叫做高频扼流圈。

2）电压、电流的关系

一般的线圈中电阻比较小，可以忽略不计，而认为线圈只有电感。只有电感的电路叫纯电感电路。

实验 3　实验电路如图 2-61（a）所示，其中 L 是电阻可忽略不计的电感线圈，T 是调节变压器，用它可以连续改变输出电压。改变滑动触头 P 的位置，L 两端的电压和通过 L 的电流都随着改变。记下几组电流、电压的值。

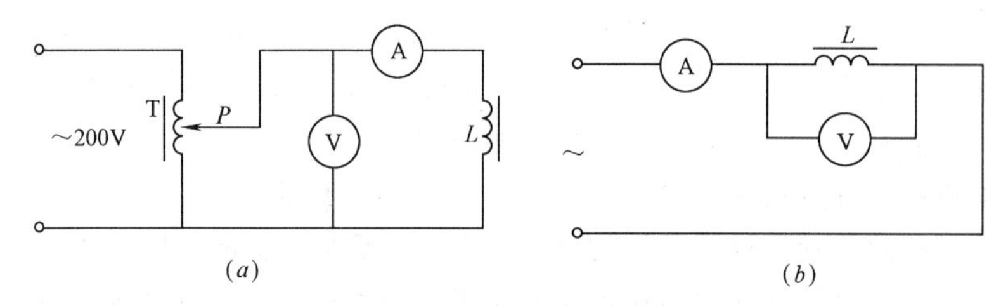

图 2-61　实验电路图

结果：在纯电感电路中，电流跟电压成正比，电感电流与电压的大小关系为

$$I = \frac{U}{X_L}$$

这就是纯电感电路中的欧姆定律的表达式。

实验 4：实验电路如图 2-61（b）所示，用手摇发电机或低频交流电源给电路通低频交流电，把电感线圈两端的电压和线圈中的电流的变化输送给示波器。

结果：可以看到电流表和电压表两指针摆动的步调是不同的。这表明，电感两端的电压跟其中的电流不是同相的。在示波器荧光屏上就可以看到电压和电流的波形。从波形看出，电感使交流电的电流落后于电压。

精确的实验可以证明，在纯电感电路中，电感电压比电流超前 90°（或 $\pi/2$），即电感电流比电压滞后 90°，他们的波形图和相量图如图 2-62（a）、（b）示。

3）功率

设　　　　　$i = I_m \sin\omega t$　则 $u(t) = U_{Lm}\sin(\omega t + 90°)$，

所以

$$p = ui = I_{\mathrm{m}} \sin\omega t U_{\mathrm{Lm}} \sin(\omega t + 90°) = I_{\mathrm{m}} U_{\mathrm{Lm}} \sin\omega t \cos\omega t$$
$$= \frac{1}{2} I_{\mathrm{m}} U_{\mathrm{Lm}} \sin^2 \omega t = I U_{\mathrm{L}} \sin^2 \omega t$$

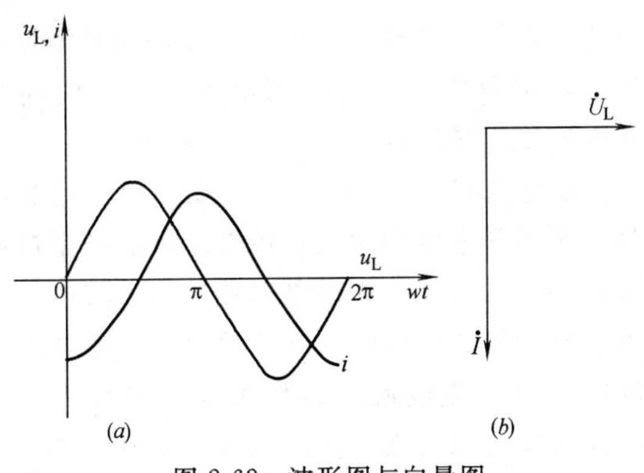

图 2-62　波形图与向量图

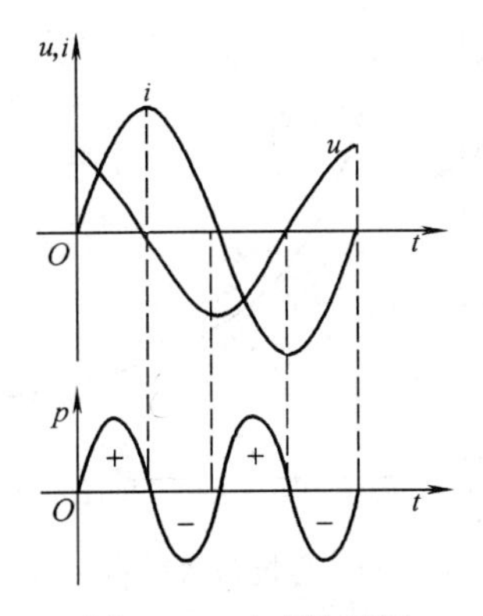

图 2-63　功率波形图

上式表明，瞬时功率也是正弦函数 u、i 和 p 的波形图如图 2-63 所示。由图可以看出，功率曲线一半为正，一半为负。因此，瞬时功率的平均值为零，即 $p = O$，说明电感线圈也不消耗功率，只是在线圈和电源之间进行着可逆的能量转换。瞬时功率的最大值，也叫无功功率，它表示电感线圈与电源之间能量交换的最大值，用符号 Q_{L} 表示，单位是 var（乏），即

$$Q_{\mathrm{L}} = U_{\mathrm{L}} I = I^2 X_{\mathrm{L}} = \frac{U_{\mathrm{L}}^2}{X_{\mathrm{L}}}$$

【例 2-13】 已知一电感 $L = 80\mathrm{mH}$，外加电压 $u_{\mathrm{L}} = 50\sqrt{2}\sin(314t + 65°)\mathrm{V}$。试求：(1) 感抗 X_{L}，(2) 电感中的电流 I_{L}，和电流瞬时值 i_{L}。(3) 电路的无功功率 Q_{L}。

【解】 (1) 电路中的感抗为

$$X_{\mathrm{L}} = \omega L = 314 \times 0.08 \approx 25\Omega$$

(2) $I_{\mathrm{L}} = \frac{U_{\mathrm{L}}}{X_{\mathrm{L}}} = \frac{50}{25} = 2\mathrm{A}$，电感电流 i_{L} 比电压 u_{L} 滞后 90°，则

$$i_{\mathrm{L}} = 2\sqrt{2}\sin(314t - 25°)\mathrm{A}$$

(3) 电路的无功功率

$$Q_{\mathrm{L}} = U_{\mathrm{L}} I = 50 \times 2\mathrm{var} = 100\mathrm{var}$$

(3) 纯电容电路

1) 容抗的概念

实验 1　请将一个 4μF 的电容器通过一个交流电流表和一个电流换向开关与 6V 的直流电源相连接，然后，迅速不断地拨动电流换向开关，并且观察电流表指针的偏转情况。

结果：电流表将显示出交流电流。换向开关拨动得越快，所显示的电流强度也越大。

由于换向开关不断地变换着电容器两端的电压极性，因此在电容器上出现了交流电压。电容器的极板也被交替地正向和反向充电。在导线中流过的是交替的充电电流或放电电流，即交流电流。

实验 2　将一个 4.5V 的灯泡连接到可调变压器上，将电压调整至灯泡的额定工作电压，然后将一个 8μF 的电容器与该灯泡构成串联电路，再调整电压，使灯泡的亮度与原来一样，同时测量电路两端的电压。接着用一个 4μF 的电容器来取代 8μF 的电容器，并重复上述实验。

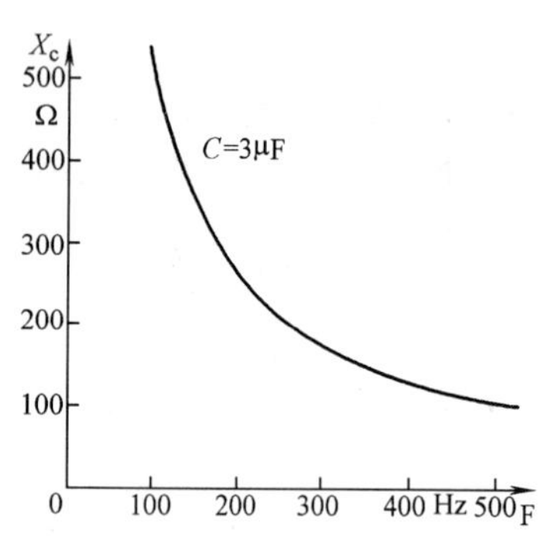

图 2-64　容抗与频率的关系

结果：在灯泡与电容器串联时，要使灯泡的亮度与原来一样，则串联电路两端的作用电压远远高于灯泡直接与电源连接时的电压。如果电容器的容量较小，那么要使灯泡达到同样的亮度时，则更要提高作用电压。

反映电容对交流电流阻碍作用程度的参数叫作容抗，从上述实验可以看出，频率越低、电容量越小，容抗就越大，如图 2-64 所示纯电容电路中通过正弦交流电流的时候，所呈现的容抗为

$$X_c=\frac{1}{\omega C}=\frac{1}{2\pi fC}$$

式中　X_c——容抗（Ω）；

ω——角频率（Hz）；

C——电容量（F）。

电容器在电路中，用于“通交流、隔直流”的电容叫作隔直电容器；用于“通高频、阻低频”将低频电流成分滤除的电容叫作高频旁路电容器。

2）电流与电压的关系

只有电容的电路叫纯电容电路。

实验 3　实验电路如图 2-65（a）所示，改变滑动触头 P 的位置，电路两端的电压和电路中的电流都随着改变。记下几组电流、电压的值。

结论：在纯电容电路中，电流与电压成正比，电容电流与电压的大小关系为 $I=\frac{U/X_c}{X_c}$这就是纯电容电路中欧姆定律的表达式。

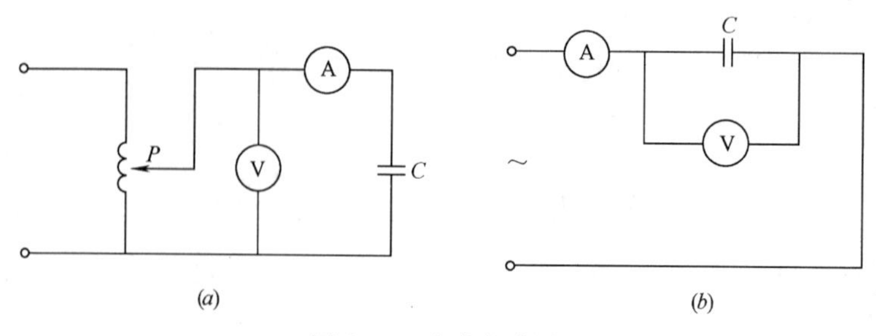

图 2-65　实验电路图

实验 4　实验电路如图 2-65（b）所示，用手摇发电机或低频交流电源给电路通低频交流电，把电容两端的电压和其中电流的变化输送给示波器。

结果：可以看到电流表和电压表两指针摆动的步调是不同的。从示波器荧光屏上的电流和电压的波形可以看出，电容使交流电的电流超前于电压。

精确的实验可以证明，在纯电容电路中，电流和电压之间的相位关系为：电容电流比电压超前 90°（或 π/2），即电容电压比电流滞后 90°，它们的波形图和相量图如图 2-66 (*a*)、(*b*) 所示。

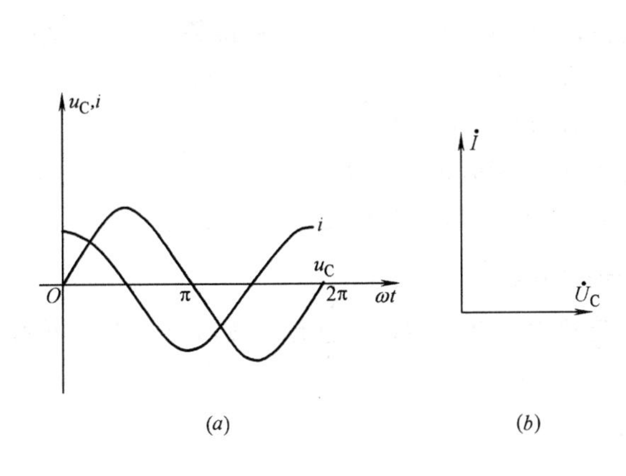

图 2-66 波形图与向量图

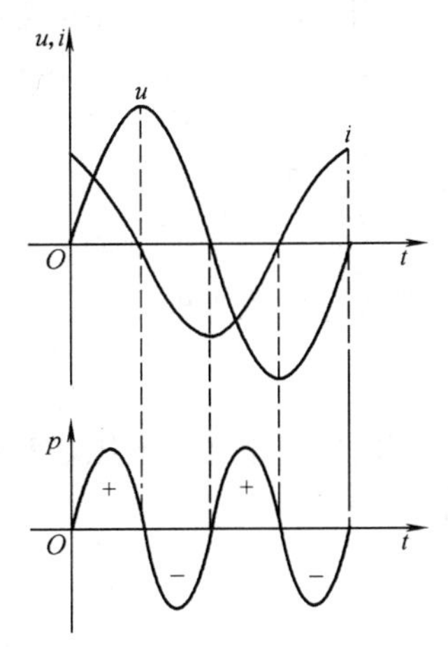

图 2-67 功率波形图

3）功率

设纯电容电路中设 $u(t)=U_{cm}\sin\omega t$，$i=I_m\sin(\omega t+90°)$ 则所以

$$p=ui=U_{cm}\sin\omega t I_m\sin(\omega t+90°)=U_{cm}I_m\sin\omega t\cos\omega t$$

$$=\frac{1}{2}U_{cm}I_m\sin^2\omega t=U_c I\sin^2\omega t$$

上式表明，瞬时功率也是正弦函数 u、I 和 p 的波形图如图 2-67 所示。瞬时功率的平均值也为零，即 $p=0$，说明电容元件也不消耗功率。

我们知道，电容器是贮能元件。当瞬时功率为正值时，表示电容器从电源吸收能量，并储存在电容器内部，此时电容器两端电压增加；当瞬时功率为负值时，表示电容器中的能量返还给电源，此时电容器两端电压减小。在电容器和电源之间进行着可逆的能量转换而不消耗功率，所以，有功功率为零。瞬时功率的最大值 $U_C I$，表示电容与电源之间能量交换的最大值，称为无功功率，用符号 Q_c 表示，

即

$$Q_c=U_C I=I^2X_C=\frac{U_C^2}{X_C}$$

【例 2-14】 已知一电容 $C=127\mu F$，外加正弦交流电压 $u_C=200\sqrt{2}\sin(314t+20°)V$，试求：(1) 容抗 X_C；(2) 电流大小 I_C 和电流瞬时值 i_C；(3) 电路的无功功率 Q_c。

【解】 (1) $X_C=\frac{1}{\omega C}=25\Omega$

(2) $I_C=\frac{U}{X_C}=\frac{200}{25}=8A$ 电容电流比电压超前 90°，则

$$i_C=8\sqrt{2}\sin(314t+110°)A$$

(3) 电路的无功功率

$$Q_C = U_C I = 200 \times 8 = 1600\text{var}$$

3.2.2 电阻、电感、电容的串联电路

(1) 电流与电压的关系

电阻、电感、电容相串联构成的电路叫做 R-L-C 串联电路，如图 2-68 所示。

设电路中电流为 $i = I_m \sin(\omega t)$，则根据 R、L、C 的基本特性可得各元件的两端电压：

$$u_R = RI_m \sin(\omega t)$$
$$u_L = X_L I_m \sin(\omega t + 90°)$$
$$u_C = X_C I_m \sin(\omega t - 90°)$$

根据基尔霍夫电压定律（KVL），在任一时刻总电压 u 的瞬时值为

$$u = u_R + u_L + u_C$$

用瞬时值来计算电压之和很麻烦，但可以借助于相量图进行加减运算，上式可用有效值相量表示为：

$$\dot{U} = \dot{U}_R + \dot{U}_L + \dot{U}_C$$

取电流相量 $\dot{I}$ 作为参考相量，画出相量图如图 2-70（a）所示。从相量图中可以看到，电路的端电压与各分电压构成一直角三角形，叫电压三角形。

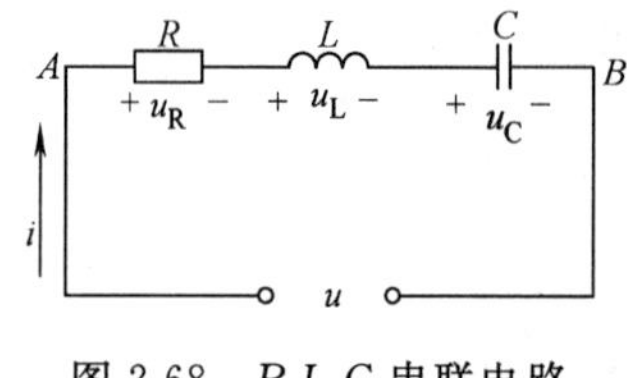

图 2-68 R-L-C 串联电路

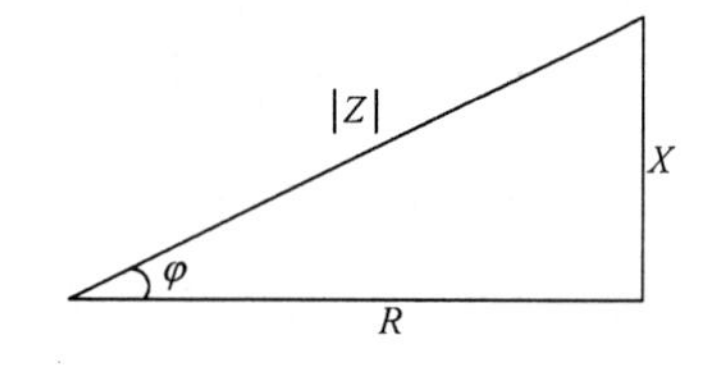

图 2-69 阻抗三角形

由电压三角形可得到：端电压有效值与各分电压有效值的关系是相量和，而不是代数和。根据勾股定理 $U = \sqrt{U_R^2 + (U_L - U_C)^2}$

将 $U_R = RI$，$U_L = X_L I$，$U_C = X_C I$ 代入上式，可得

$$U = I\sqrt{R^2 + (X_L - X_C)^2} = I\,|Z|$$

或
$$I = \frac{U}{|Z|}$$

这就是 R-L-C 串联电路中欧姆定律的表达式。式中

$$|Z| = \sqrt{R^2 + (X_L - X_C)^2}$$

$|Z|$ 叫做 R-L-C 串联电路的阻抗，它的单位是 Ω（欧）。

感抗和容抗统称电抗，用 X 表示，即 $X = X_L - X_C$。阻抗和电抗的单位均是欧姆（Ω）。故得 $|Z| = \sqrt{R^2 + X^2}$

电压三角形各边同除以电流 I 可以得到阻抗三角形。阻抗三角形的关系如图 2-69 所示。

由相量图可以看出总电压与电流的相位差为

$$\varphi=\arctan\frac{U_L-U_C}{U_R}=\arctan\frac{X_L-X_C}{R}=\arctan\frac{X}{R}$$

上式中 φ 叫作阻抗角。它就是端电压与电流的相位差。

由上述可知，电阻两端电压与电流同相，电感两端电压较电流超前 90°，电容两端电压较电流落后 90°。因此，电感上的电压 u_L 与电容上的电压 u_C 是反相的，故 *R-L-C* 串联电路的性质要由这两个电压分量的大小来决定。由于串联电路中电流相等，而 $U_L=X_L I$，$U_C=X_C I$，所以，电路的性质，实际上是由 X_L 和 X_C 的大小来决定。

根据总电压与电流的相位差（即阻抗角 φ）将电路分为三种：

当 $X>0$ 时，即 $X_L>X_C$，$\varphi>0$，电压 u 比电流 i 超前 φ，称电路呈感性；

当 $X<0$ 时，即 $X_L<X_C$，$\varphi<0$，电压 u 比电流 i 滞后 $|\varphi|$，称电路呈容性；

当 $X=0$ 时，即 $X_L=X_C$，$\varphi=0$，电压 u 与电流 i 同相，称电路呈电阻性。

相量关系如图 2-70 所示。

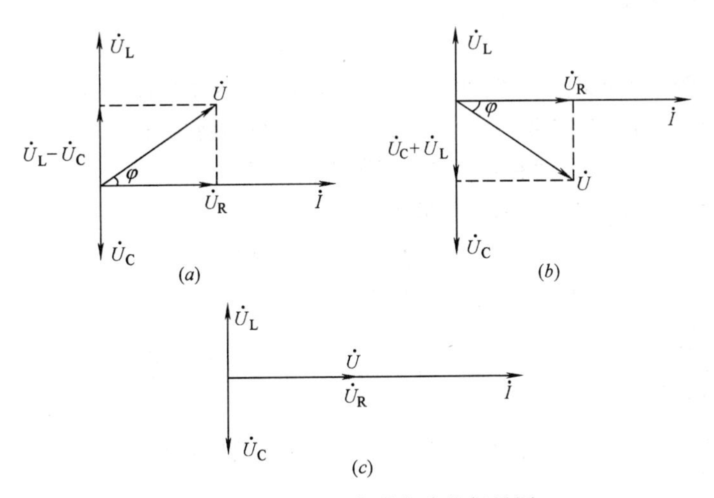

图 2-70　*R-L-C* 串联电路的相量图

(2) 电路的功率

在电阻与电感、电容串联电路中，电阻为耗能元件，电感、电容为储能元件，因此，电路中既有有功功率，又有无功功率。

1) 有功功率

由于电感、电容消耗的有功功率为零，所以，电路中的有功功率就是电阻上消耗的功率，即：

$$P=U_R I$$

由电压三角形可知，电阻两端的电压和总电压的关系为

$$U_R=U\cos\varphi$$

所以

$$P=U_R I=UI\cos\varphi$$

2) 无功功率

电路中的无功功率就是电感和电容的无功功率，它们的无功功率分别为

$$Q_L=U_L I \qquad Q_C=U_C I$$

由于电感和电容两端的电压在任何时候都是反相的，所以，Q_L 和 Q_C 的符号相反：当磁场能量增加时，电场能量却在减少；反之，磁场能量减少时，电场能量却在增加。因此，在 *R-L-C* 串联电路中，当感抗大于容抗（即线圈中的磁场能量大于电容器中的电场能量）时，磁场能量减少所放出的能量，一部分储存在电容器的电场中，剩下来的能量送返电源或消耗在电阻上；而磁场能量增加所需要的能量，一部分由电容器的电场能量转换而来，不足部分由电源补充。当感抗小于容抗时，情况与上述相似，只是此时电容器中的电场能量大于线圈中的磁场能量，有一部分能量在电容器和电源间转换。由此得到电路的无功功率为线圈和电容上的无功功率之差，即：$Q=Q_L-Q_C=(U_L-U_C)I$，由电压三角形关系可知，$U_L-U_C=U\sin\varphi$。所以，电路中的无功功率为

$$Q=UI\sin\varphi$$

3）视在功率

总电压与总电流的有效值的乘积，叫做视在功率，用符号 S 表示，单位为伏安（V·A）或千伏安（kV·A）。

$$S=UI$$

视在功率，既不表示电路中实际消耗的有功功率，也不表示电路与电源之间交换功率的最大值（无功功率），但三者之间存在着一定的联系。将电压三角形的各边分别乘以电流的有效值 I，便可得到一个新的三角形，称之为功率三角形，如图 2-71 所示。

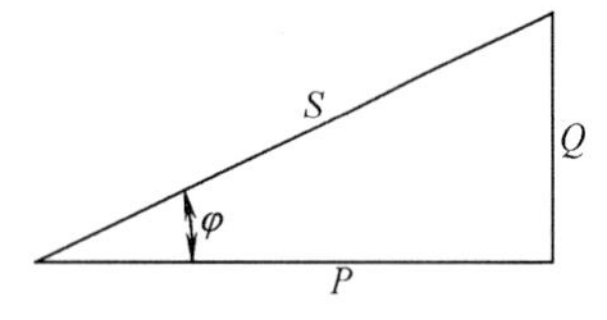

图 2-71　功率三角形

由于 P、Q、S 都不是正弦量，因此，功率三角形也不是相量三角形。由功率三角形可得：

$$S=\sqrt{P^2+Q^2}$$

4）功率因数

在功率三角形中，有功功率 P 与视在功率 S 的比值叫作功率因数，

即
$$\lambda=\cos\varphi=\frac{P}{S}$$

φ 角叫做功率因数角。结合前面的分析可知，功率因数角与阻抗角、总电压与电流的相位差角在数值上相等，所以，电压三角形、阻抗三角形和功率三角形都可以计算功率因数，

即
$$\cos\varphi=\frac{P}{S}=\frac{U_R}{U}=\frac{R}{|Z|}$$

由此可见，功率因数的大小，同样取决于电路参数（R、L）和电源的频率 f。

【例 2-15】 在 *R-L-C* 串联电路中，交流电源电压 $U=220\text{V}$，频率 $f=50\text{Hz}$，$R=30\Omega$，$L=445\text{mH}$，$C=32\mu\text{F}$。试求：(1) 电路中的电流大小 I；(2) 总电压与电流的相位差 φ；(3) 各元件上的电压 U_R、U_L、U_C；(4) 电路中的有功功率 P、无功功率 Q、视在功率 S 和电路的功率因数 λ

【解】 (1) $X_L=2\pi fL=2\times3.14\times50\times445\times10^{-3}\Omega\approx140\Omega$，

$$X_C=\frac{1}{2\pi fC}=\frac{1}{2\times3.14\times50\times32\times10^{-6}}\Omega\approx100\Omega,$$

$$|Z|=\sqrt{R^2+(X_L-X_C)^2}=\sqrt{30^2+(140-100)^2}\Omega=50\Omega,$$

则
$$I=\frac{U}{|Z|}=\frac{220}{50}A=4.4A$$

（2）$\varphi=\arctan\frac{X_L-X_C}{R}=\arctan\frac{40}{30}=53.1°$

即总电压比电流超前 53.1°，电路呈感性。

（3）
$$U_R=RI=30\times4.4V=132V,$$
$$U_L=X_LI=140\times4.4V=616V,$$
$$U_C=X_CI=100\times4.4V=440V。$$

（4）
$$p=UI\cos\varphi=220\times4.4\times\cos53.1°=581W$$
$$Q=UI\sin\varphi=220\times4.4\times\sin53.1°=774var$$
$$S=UI=220\times4.4=968VA$$

本例中电感电压、电容电压都比电源电压大，在交流电路中各元件上的电压可以比总电压大，这是交流电路与直流电路特性不同之处。

在 *R-L-C* 串联电路中将电容 *C* 短路去掉，即令 $X_C=0$，$U_C=0$，这时电路就是 *R-L* 串联电路，则有关 *R-L-C* 串联电路的公式完全适用。

【例 2-16】 把电阻 $R=3\Omega$，电感 $L=12.75mH$ 的线圈串联在频率为 50Hz，电压为 220V 的电路上，分别求：U_L、I、U_R、U_L、$\cos\varphi$、p、S。

【解】
$$X_L=2\pi fL=2\pi\times50\times12.75\times10^{-3}=4\Omega$$

$$|Z|=\sqrt{R^2+X_L^2}=\sqrt{3^2+4^2}=5\Omega$$

$$I=\frac{U}{|Z|}=\frac{220}{5}=44A$$

$$U_R=IR=44\times3=132V$$

$$U_L=IX_L=44\times4=176V$$

$$\cos\varphi=\frac{R}{|Z|}=\frac{3}{5}=0.6$$

$$p=UI\cos\varphi=220\times44\times0.6=5808W$$
$$S=UI=220\times44=9680V\cdot A$$

只要将 *R-L-C* 串联电路中的电感 *L* 短路去掉，即令 $X_L=0$，$U_L=0$，这个电路就是 *R-C* 串联电路。则有关 *R-L-C* 串联电路的公式完全适用。

【例 2-17】 在 *R-C* 串联电路中，已知：电阻 $R=60\Omega$，电容 $C=20\mu F$，外加电压为 $u=141.2\sin628t$V。试求：(1) 电路中的电流 I；(2) 各元件电压 U_R、U_C；(3) 总电压与电流的相位差 φ。

【解】 (1) 由 $X_C=\frac{1}{\omega C}=80\Omega$，$|Z|=\sqrt{R^2+X_C^2}=100\Omega$，$U=\frac{141.4}{\sqrt{2}}=100V$，

则电流为 $$I=\frac{U}{|Z|}=1\text{A}$$

(2) $U_R=RI=60\text{V}$，$U_C=X_CI=80\text{V}$，显然 $U=\sqrt{U_R^2+U_C^2}$。

(3) $\varphi=\arctan\left(-\frac{X_C}{R}\right)=\arctan\left(-\frac{80}{60}\right)=-53.1°$，即总电压比电流滞后 53.1°，电路呈容性。

3.2.3 电感线圈串联与电容并联电路

实际的电感线圈其电阻不能忽略，该电路就是电阻与电感串联的电路，是一种感性电路，电压超前电流一定的相位，从而使整个线路的功率因数下降。如果在线圈的两端并联适当的电容器，利用电容器能使电流超前电压 90°相角的特点，使总电流与总电压间的相位角减小，便可达到提高功率因数的目的。这种电路有很强的实用意义，电路图如图 2-72（*a*）所示。

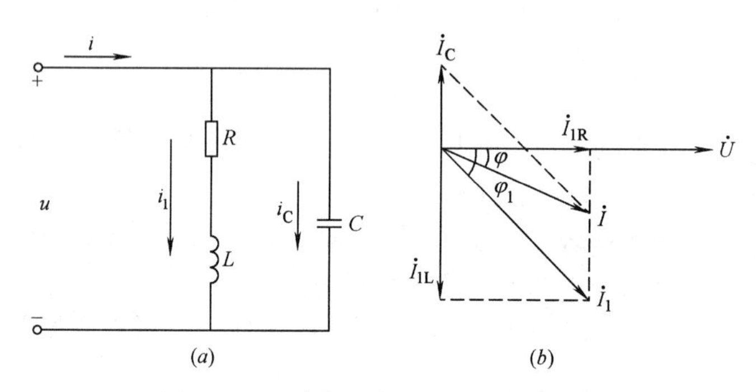

图 2-72 电感线圈串联与电容并联电路

(1) 电流和电压的关系

并联电路中，加在两支路上的电压相同，等于电源电压，故可取电压 U 作为参考量总电流 I 分为两路，一路通过电阻和电感线圈串联的支路，用 I_1 表示；另一路通过电容用 I_C 表示。下面分析一下各支路电流与总电压和总电流的关系。

电容 C 支路的电流为 $$I_C=\frac{U}{X_C}=\omega CU$$

在相位上，电流 I_C 超前电压 U90°

电感线圈 R-L 支路的电流为有效值：$I_1=\frac{U}{|Z|}=\frac{U}{\sqrt{R^2+X_L^2}}$

相位上，电流 I_1 滞后电压 U 一个 φ_1 角。

即 $$\varphi_1=\arctan\frac{X_L}{R}$$

电路中的总电流 I，根据基尔霍夫第一定律，并联电路总电流的瞬时值，应等于两支路电流瞬时值代数和，而总电流的有效值等于两支路电流有效值的向量和，即

$$i=i_L+i_C$$

$$\dot{I}=\dot{I}_L+\dot{I}_C$$

取电压为参考相量，分别画出各支路电流的相量，然后，应用平行四边形法则，即可

求出总电流 I，如图 2-72（b）所示。总电流的大小为：

$$I=\sqrt{I_{1R}^2+(I_{1L}-I_C)^2}=\sqrt{(I_1\cos\varphi_1)^2+(I_1\sin\varphi_1-I_C)^2}$$

其中 I_{1R} 是 I_1 中与路端电压同相的分量，I_{1L} 是 I_1 中与路端电压正交（垂直）的分量。路端电压与总电流的相位差（即阻抗角）为

$$\varphi=\arctan\frac{I_{1L}-I_C}{I_{1R}}=\arctan\frac{I_L\sin\varphi_1-I_C}{I_L\cos\varphi_1}$$

（2）电路的电功率

电感性负载与电容器并联的交流电路中，各种功率的表达式为：

有功功率 $p=UI\cos\varphi$

无功功率 $Q=UI\sin\varphi$

视在功率 $S=UI$

从图 2-72（b）可见，并联电容器前，电路的有功功率 $UI_1\cos\varphi_1$，接入电容器后，整个电路消耗的有功功率为 $UI\cos\varphi$，因为 $I_1\cos\varphi_1=I\cos\varphi$，所以接入电容器不会改变电路的有功功率，它就是电阻上消耗的功率。但是接入电容器后，无功电流将由 $I_1\sin\varphi_1$ 减少到 $I_1\sin\varphi_1-I_C=I\sin\varphi$，使无功功率相应减少。同时，总电流减少，视在功率也减少，功率因数得到提高。因此，并联补偿电容器并不能改变负载本身的功率因数，而是通过补偿无功功率来改变线路总电压与总电流之间的相位差，以提高供电线路的功率因数。

3.2.4 提高功率因数的意义和方法

（1）提高功率因数的意义

在交流电力系统中，负载多为感性负载。例如常用的感应电动机，接上电源时要建立磁场，所以它除了需要从电源取得有功功率外，还要由电源取得磁场的能量，并与电源作周期性的能量交换。在交流电路中，负载从电源接受的有功功率 $P=UI\cos\varphi$，显然与功率因数有关。功率因数低会引起下列不良后果。

1）负载的功率因数低，使电源设备的容量不能充分利用。因为电源设备（发电机、变压器等）是依照它的额定电压与额定电流设计的。例如一台容量为 $S=100$kVA 的变压器，若负载的功率因数 $\lambda=1$ 时，则此变压器就能输出 100kW 的有功功率；若 $\lambda=0.6$ 时，则此变压器只能输出 60kW 了，也就是说变压器的容量未能充分利用。

2）在一定的电压 U 下，向负载输送一定的有功功率 P 时，负载的功率因数越低，输电线路的电压降和功率损失越大。这是因为输电线路电流 $I=P/(U\cos\varphi)$，当 $\lambda=\cos\varphi$ 较小时，I 必然较大。从而输电线路上的电压降也要增加，因电源电压一定，所以负载的端电压将减少，这要影响负载的正常工作。从另一方面看，电流 I 增加，输电线路中的功率损耗也要增加。因此，提高负载的功率因数对合理科学地使用电能以及国民经济都有着重要的意义。

常用的感应电动机在空载时的功率因数约为 0.2～0.3，而在额定负载时约为 0.83～0.85，不装电容器的日光灯，功率因数为 0.45～0.6，应设法提高这类感性负载的功率因数，以降低输电线路电压降和功率损耗。

(2) 提高功率因数的方法

在生产实践中，大多数负载属于感性负载，如日光灯、电动机等，感性负载的功率因数一般不高，为此要设法予以提高。提高功率因数的主要措施是进行无功功率的人工补偿，所用的设备主要有同步补偿机和并联电容器。与同步补偿机相比，并联电容器无旋转部分，具有安装简单、运行维护方便、有功损耗小、组装灵活及扩建方便等优点，所以提高感性负载功率因数的最简便的方法之一，是用适当容量的电容器与感性负载并联。这样就可以使电感中的磁场能量与电容器的电场能量进行交换，从而减少电源与负载间能量的互换。在感性负载两端并联一个适当的电容后，对提高电路的功率因数十分有效。

借助相量图分析方法容易证明：对于额定电压为 U、额定功率为 P、工作频率为 f 的感性负载 R-L 来说，将功率因数从 $\lambda_1=\cos\varphi_1$ 提高到 $\lambda_2=\cos\varphi_2$，所需并联的电容为 $C=\frac{P}{2\pi fU^2}(\tan\varphi_1-\tan\varphi_2)$。

其中 $\varphi_1=\arccos\lambda_1$，$\varphi_2=\arccos\lambda_2$，且 $\varphi_1>\varphi_2$，$\lambda_1<\lambda_2$。

【例 2-18】 已知某单相电动机（感性负载）的额定参数是功率 $P=120\text{W}$，工频电压 $U=220\text{V}$，电流 $I=0.91\text{A}$。试求：把电路功率因数 λ 提高到 0.9 时，应使用一只多大的电容 C 与这台电动机并联？

【解】 (1) 首先求未并联电容时负载的功率因数 $\lambda_1=\cos\varphi_1$

因 $P=UI\cos\varphi_1$，则

$$\lambda_1=\cos\varphi_1=P/(UI)=0.5994,\qquad \varphi_1=\arccos\lambda_1=53.2^\circ$$

(2) 把电路功率因数提高到 $\lambda_2=\cos\varphi_2=0.9$ 时，$\varphi_2=\arccos\lambda_2=25.8^\circ$，则

$$C=\frac{P}{2\pi fU^2}(\tan\varphi_1-\tan\varphi_2)=\frac{120}{314\times220^2}(1.3367-0.4834)=6.74\mu\text{F}$$

3.3 谐振电路

在工程技术中，对工作在谐振状态下的电路常称为谐振电路，谐振电路在电子技术中有着广泛的应用。例如在收音机和电视机中，利用谐振电路特性来选择所需的电台信号，抑制某些干扰信号。在电子测量仪器中，利用谐振电路的特性来测量线圈和电容器的参数等。下面主要介绍串联谐振电路。

3.3.1 串联谐振的定义和条件

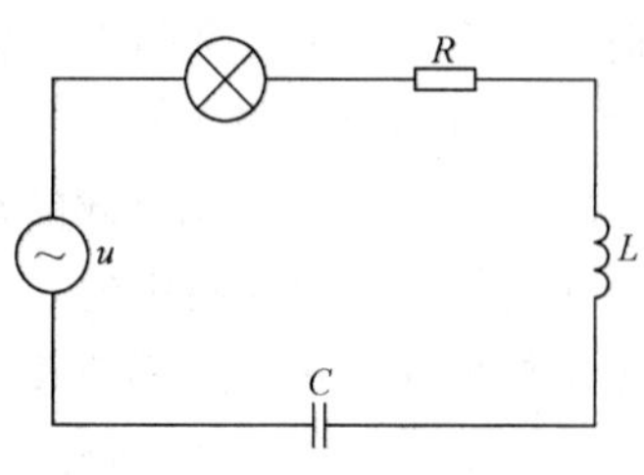

图 2-73 R-L-C 串联电路

实验：如图 2-73 所示，将三个元件 R、L 和 C 与一个小灯泡串联，接在频率可调的正弦交流电源上，并保持电源电压不变。实验时，将电源频率逐渐由小调大。

结果：发现小灯泡也慢慢由暗变亮。当达到某一频率时，小灯泡最亮，当频率继续增加时，又会发现小灯泡又慢慢由亮变暗。小灯泡亮度随频率改变而变化，意味着电路中的电流随频率而变化。怎么解释这个现象呢？在电路两端加上正弦电压 U，根据欧姆定律有

$$I=\frac{U}{|Z|}$$

式中 $$|Z|=\sqrt{R^2+(X_L+X_C)^2}=\sqrt{R^2+\left(\omega L-\frac{1}{\omega C}\right)^2}$$

当电路中电源电压的角频率 ω，电路的参数 L 和 C 满足一定的条件，恰好使感抗和容抗大小相等时，即 $X_L=X_C$ 时，则电路中的电抗为零，即 $X=X_L=X_C=0$，此时，电路端电压和电流相位相同。电路出现的这种现象称为谐振现象。

在 R-L-C 串联电路中，电路端电压和电流的相位相同的这种现象称为串联谐振。由上面分析可知，串联电路发生谐振的条件是：$X_L=X_C=0$ 或 $X_L=X_C$

即 $$\omega L-\frac{1}{\omega C}=0 \quad 或 \quad \omega L=\frac{1}{\omega C}$$

设串联谐振角频率为 ω_0、频率为 f_0，则 $\omega_0 L=\frac{1}{\omega_0 C}$

从而 $$\omega_0=\frac{1}{\sqrt{LC}} \qquad f_0=\frac{1}{2\pi\sqrt{LC}}$$

由此可见，谐振频率 f_0 只由电路中的电感 L 与电容 C 决定，是电路中的固有参数，所以通常将谐振频率 f_0 叫做固有频率。当电路的参数 L 和 C 一定时，谐振频率也就确定了。如果电源的频率一定，可以通过调节 L 或 C 的大小来实现谐振。

3.3.2 串联谐振的特点

（1）谐振时，阻抗最小且电路呈电阻性。

当外加电源 U 的频率 $f=f_0$ 时，电路发生谐振，由于 $X_L=X_C$，则此时电路的阻抗达到最小值，称为谐振阻抗 $|Z_0|$ 或谐振电阻 R，即

$$|Z_0|=\sqrt{R^2+X^2}=R$$

（2）谐振时，电路中电流最大，且与外加电压同相。

串联谐振时，因阻抗最小，在电源电压 U 一定时，电路中的电流则达到了最大值，叫做谐振电流 I_0，即

$$I_0=\frac{U}{|Z_0|}=\frac{U}{R}$$

由于电路呈电阻性，故电流与电源电压同相位，其 $\varphi=0$。

（3）谐振时，电感 L 与电容 C 上的电压大小相等，且相位相反。其大小为电源电压 U 的 Q 倍。即 $$U_L=U_C=X_L I_0=X_C I_0=\frac{\omega_0 L}{R}U=\frac{1}{\omega_0 CR}U=QU$$

式中，Q 叫做串联谐振电路的品质因数，即 $Q=\frac{\omega_0 L}{R}=\frac{1}{\omega_0 CR}$

谐振电路中的品质因数，一般可达 100 左右。可见，电感和电容上的电压比电源电压大很多倍，故串联谐振也叫电压谐振。线圈的电阻越小，电路消耗的能量也越小，则表示

电路品质好，品质因数高；若线圈的电感 L 越大，储存的能量也就越多，而消耗一定时，同样也说明电路品质好，品质因数高。所以，在电子技术中，由于外来信号微弱，常常利用串联谐振来获得一个与信号电压频率相同，但大很多倍的电压。

谐振时，电能仅供给电路中电阻消耗，电源与电路间不发生能量转换，而电感与电容间进行着磁场能和电场能的转换。

3.3.4 电流谐振曲线

在 R-L-C 串联谐振电路中，当外加电压的频率变动时，电路中的电流、电压、阻抗等都将随频率而改变。在串联谐振回路中电流有效值大小随电源频率变化的曲线叫串联谐振回路的电流谐振曲线。

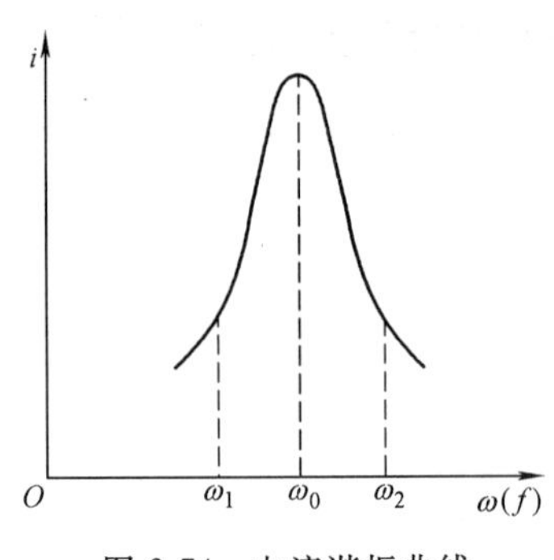

图 2-74 电流谐振曲线

从图 2-74 中可以看出，当 $\omega=\omega_0$ 时，电路中电流达到最大值，即 $I=I_0=\dfrac{U}{R}$。当 ω 偏离 ω_0 时，由于电抗 X 的增加，使电路中阻抗 $|Z|$ 增大，电流下降；ω 偏离 ω_0 越远，电流下降越大。电流谐振曲线表明，由于串联谐振回路的谐振特性，使它对 ω_0 附近的频率的电流越容易通过，对远离 ω_0 的频率的电流越不容易通过。电路具有这种选择接近于谐振频率附近的电流的性能，在无线电技术中，叫做“选择性”。选择性与电路的品质因数 Q 有关，品质因数 Q 越大，电流谐振曲线越尖锐，或选择性越好，这是 Q 叫品质因数的一个原因，但是并不是 Q 越大越好。

工程上，串联谐振电路是用线圈和电容器串联而成的，线圈一般用 RL 串联，电容器的能量损耗一般可以不计，所以把线圈的 $\omega L/R$ 值定义为线圈的品质因数 Q_L。在一定频率范围内，Q_L 值一般在 200～250 之间。

【例 2-19】 设在 R-L-C 串联电路中，$L=30\mu H$，$C=211pF$，$R=9.4\Omega$，外加电源电压为 $u=\sqrt{2}\sin(2\pi ft)mV$。试求：

（1）该电路的固有谐振频率 f_0，和品质因数 Q；

（2）当电源频率 $f=f_0$ 时（即电路处于谐振状态）电路中的谐振电流 I_0、电感 L 与电容 C 元件上的电压 U_{L0}、U_{C0}？

【解】（1）$f_0=\dfrac{1}{2\pi\sqrt{LC}}=2MHz$，$Q=\dfrac{\omega_0 L}{R}=40$，

（2）$I_0=U/R=1/9.4=0.106mA$，$U_{L0}=U_{C0}=QU=40mV$

复习思考题

1. 照明用交流电压是 220V，动力供电线路的电压是 380V，它们的最大值、有效值各是多大？

2. 某正弦交流电压的最大值是 311V，频率是 50Hz，初相位为 30°，试写出此电压的瞬时值的表达式，绘出波形图，并求出当 $t=0.01$ 秒时的电压瞬时值。

3. 求交流电压 $u_1=110\sqrt{2}\sin\omega t V$ 和 $u_2=220\sqrt{2}\sin(\omega t+90°)V$ 之间的相位差，并画出它们

的波形图和相量图。

4. 如图 2-75 所示，各电流的最大值为 $I_{1m}=10\text{A}$，$I_{2m}=20\text{A}$，$I_{3m}=15\text{A}$，其频率均为 50Hz，试写出它们瞬时值的表达式。

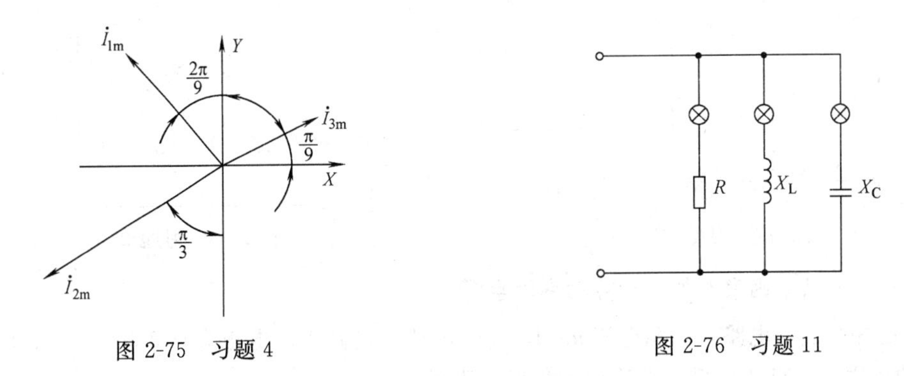

图 2-75 习题 4

图 2-76 习题 11

5. 由两个同频率的正弦交流电，它们频率为 50Hz，电压的有效值分别为 12V 和 6V，而且前者超前后者 $\frac{\pi}{2}$ 的相位角，试写出它们的电压瞬时值表达式，作出它们的相量图。

6. 将 220V、100W 的白炽灯，接在 220V 的直流电源时亮度和它接在 220V 交流电源时的亮度是否一样？为什么？

7. 有一个 75W 的电烙铁，接在 220V 正弦交流电源上，试求电流和电烙铁的电阻。

8. 有一个灯泡接在 $220\sqrt{2}\sin(\Omega t+30°)$V 的交流电源上，其电阻为 484Ω，试求通过的电流和消耗的功率。

9. 设有一电感 $L=0.626\text{H}$，若加上 $U=220\text{V}$、$f=50\text{Hz}$ 的正弦交流电压。求电流 I 及无功功率 Q。并画出相量图。

10. 设有一电容 $C=31.8\mu\text{F}$，加上 $U=220\text{V}$、$f=50\text{Hz}$ 的交流电压。求电路中的电流 I 及无功功率 Q，并画出相量图。

11. 三个同样的白炽灯，分别与电阻、电感及电容串联而接在交流电源上，如图 2-76 所示。如果 $R=X_L=X_C$，试问灯的亮度是否一样？为什么？假如将它们改接在直流电源上，灯的亮度又有什么变化？为什么？

12. 在一个 R-L-C 串联电路中，已知电阻为 6Ω，感抗为 4Ω，容抗为 12Ω，电路的端电压为 220V，求电路中的总阻抗、电流、各元件两端的电压以及电流和端电压的相位关系，并画出电压、电流的相量图。

13. 把电阻 $R=6\Omega$，电感 $L=25.5\text{mH}$ 的线圈接到 $U=220\text{V}$、$f=50\text{Hz}$ 的电源上，求电路的电流、功率因素、有无功功率、无功功率及视在功率，并绘出电压、阻抗、功率三角形。

14. 交流接触器电感线圈的电阻为 220Ω，电感为 10H，接到电压为 220V，频率为 50Hz 的交流电源上，问线圈中电流多大？如果不小心将此接触器接到 220V 直流电源上，问线圈中电流又将多大？若线圈允许通过的电流为 0.1A，会出现什么后果？

15. 日光灯电路可以看成是一个 R-L 串联电路，若已知灯管电阻为 300Ω，镇流器感抗为 520Ω，电源电压为 220V。(1) 画出电流、电压的相量图；(2) 求电路中的电流；(3) 求灯管两端和镇流器两端的电压；(4) 求日光灯管的发光功率。

16. 为了使一个 36V、0.3A 的灯泡接在 220V、50Hz 的交流电源上能正常工作，可以串上一个电容器限流，问应串联多大的电容才能达到目的？

17. 如图 2-77 所示的移相电路，已知电容为 0.01μF，输入电压 $u=\sqrt{2}\sin1200\pi t$V，欲使输出电压的相位向落后方向移动 60°，问应配多大的电阻？此时的输出电压是多大？

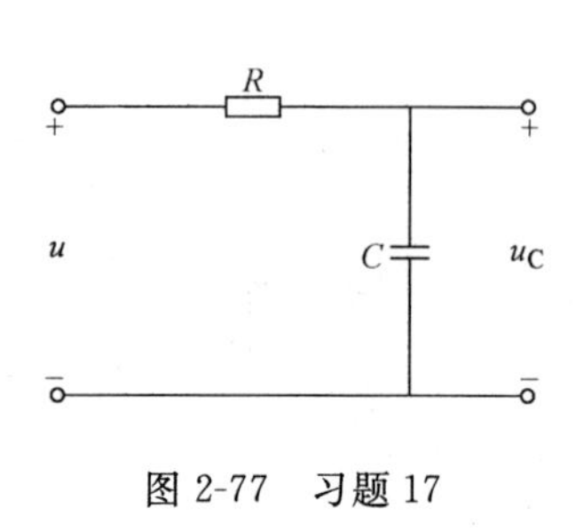

图 2-77　习题 17

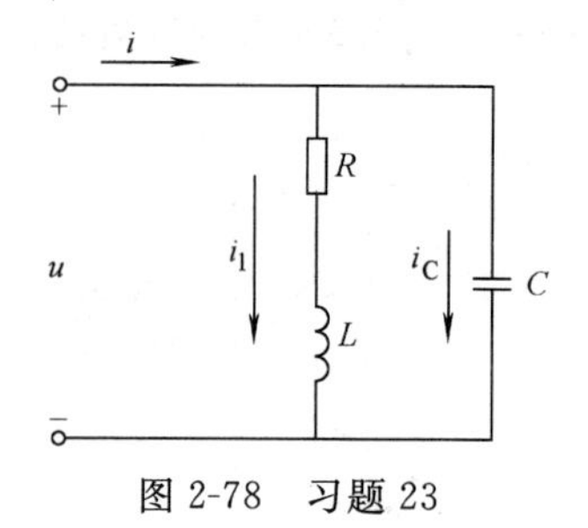

图 2-78　习题 23

18. 什么叫功率因素？如何计算功率因素？

19. 已知某交流电路，电源电压 $u=100\sqrt{2}\sin\omega t$V，电路中的电流为 $i\sqrt{2}\sin(\omega t-30°)$A，求电路的功率因数、有功功率、无功功率和视在功率。

20. 有一电动机，其输入功率为 1.212kW，接在 220V 交流电源上，通入电动机的电流为 11A，求电动机的功率因数。

21. 某变电所输出的电压为 220V，额定视在功率为 220kVA。如果给电压为 220V、功率因数为 0.75、额定功率为 33kW 的单位供电，问能供给几个这样的单位？若把功率因数提高到 0.9，又能供给几个这样的单位？

22. 在 220V 、50Hz 的交流电路中，接 40W 的日光灯一盏，测得功率因数为 0.5，现若并联一只 4.75μF 的电容器，问功率因数可提高到多大？

23. 在图 2-78 中，已知电源电压为 220V、频率为 50Hz，电阻为 6Ω，感抗为 8Ω，容抗为 19Ω，试求：

（1）支路电流 I_1、I_C 和总电流 I。

（2）线圈支路的功率因数 λ_1 和电路的功率因数 λ。

24. 收音机的输入调谐回路为 *R-L-C* 串联谐振电路，当电容为 150pF，电感为 250μH，电阻为 20Ω 时，求谐振频率和品质因数。

25. 在 *R-L-C* 串联谐振电路中，已知信号源电压为 1V，频率为 1MHz 现调节电容器使回路达到谐振，这时回路电流为 100mA，电容器两端电压是 100V，求电路元件参数 *R*、*L*、*C* 和回路的品质因数。

实验 1　单相交流电路

1. 实验目的

（1）掌握串联电路中总电压与各分电压的关系。

（2）掌握并联电路中总电流与各分电流的关系。

（3）熟悉电压表、电流表的使用及测量方法。

2. 实验器材

（1）交流电源 220V；

（2）白炽灯（220V、15W）4 只；

（3）镇流器（220V、20W）1 只；

(4) 电容器 (220V、4μF) 1 只;

(5) 交流电流表、电压表各 1 只;

(6) 电流插孔 3 个;

(7) 导线若干。

3. 实验步骤

(1) 白炽灯和白炽灯的串联电路。

1) 按实验图 2-79 (a) 连接电路。

2) 接通电源并将电压调至 220V。

3) 将电流表读数填入表 1 中。

4) 用电压表分别测量 AB、CD 两端的电压，并将数据填入表 2-8 中。

表 2-8

U(V)	U_{AB}(V)	U_{CD}(V)	I(A)
220			

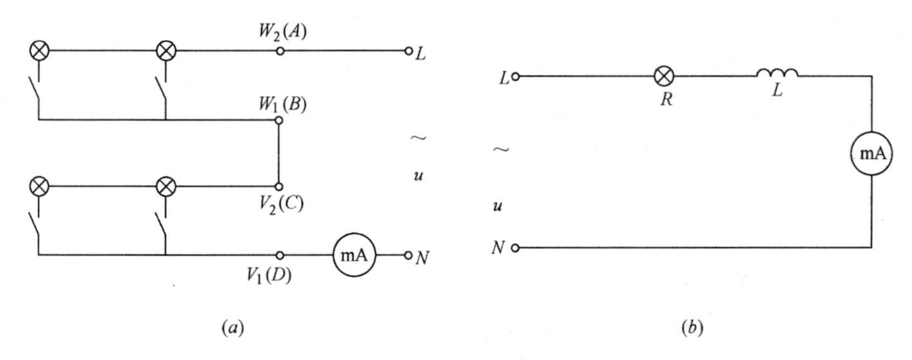

图 2-79　实验电路

(2) 白炽灯和镇流器的串联电路。

1) 按实验图 2-79 (b) 连接电路。

2) 接通电源并将电压调至 220V。

3) 将电流表读数填入表 2-9 中。

4) 用电压表测量灯泡和镇流器两端的电压，并将数据填入表 2-9 中。

表 2-9

U(V)	U_R(V)	U_L(V)	I(A)
220			

表 2-10

U(V)	U_R(V)	U_L(V)	U_C(V)	I(A)
220				

(3) 白炽灯、镇流器和电容器的串联电路。

1) 按实验图 2-80 (a) 连接电路。

2) 接通电源并将电压调至 220V。

3) 将电流表读数填入表 2-10 中。

4) 用电压表分别测量灯泡、镇流器和电容器两端的电压，并将数据填入表 2-10 中。

(4) 白炽灯和电容器的并联电路。

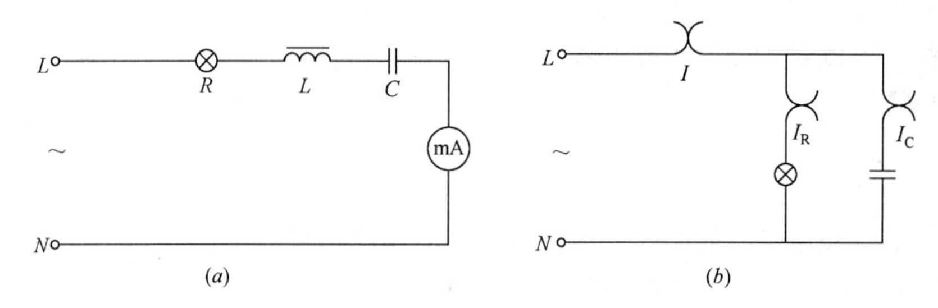

图 2-80　实验电路

1）按实验图 2-80（*b*）连接电路。

2）接通电源并将电压调至 220V。

3）将三只电流表的读数分别填入表 2-11。

表 2-11

U(V)	I(A)	I_R(A)	I_C(A)
220			

4. 思考题

（1）白炽灯的串联电路中，两组灯泡的电压之和等于电路的总电压吗？为什么？

（2）白炽灯和镇流器串联的电路中，U_R+U_L 等于电路的总电压 U 吗？为什么？它们应该符合什么关系？作出它们的相量图。

（3）白炽灯、镇流器和电容器串联的电路中，$U_R+U_L+U_C$ 等于电路的总电压 U 吗？为什么？它们应该符合什么关系？作出它们的相量图。

（4）白炽灯和电容器并联的电路中，I_R+I_C 等于电路中的总电流 I 吗？为什么？它们应该符合什么关系？作出它们的相量图。

实验 2　日光灯与电容器并联电路

1. 实验目的

（1）熟悉日光灯电路的接线方法。

（2）学会功率表的使用方法。

（3）验证提高感性电路功率因数的方法。

2. 实验接线图

3. 实验仪器和设备

（1）交流电源，单相 220V、50Hz

（2）日光灯（包括灯管、灯座、启辉器、镇流器）220V、40W　1 套

（3）电容器 450V 1μF、2μF、3μF、4μF、5μF、5.6μF 各　1 只

（4）交流电流表　1 只

（5）交流电压表　1 只

（6）单相功率表　1 只

（7）可调变压器（0～250V）　1 只

4. 实验步骤

(1) 按实验图 2-81 连接电路（电容器先不并入）。

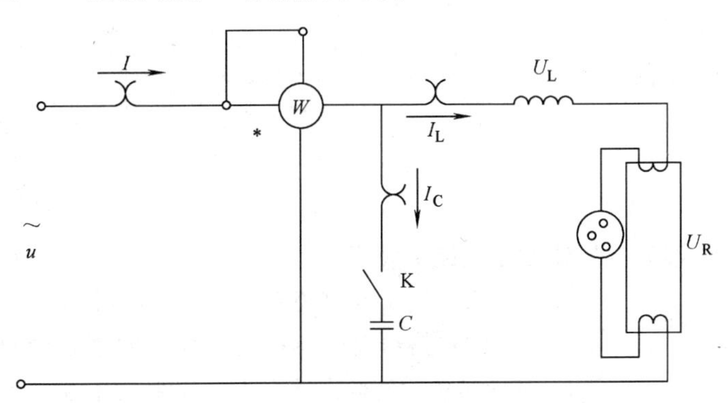

图 2-81　日光灯与电容器的并联电路

(2) 日光灯点燃后，记录电流 I、功率 P，并分别测量灯管两端电压 U_R 和镇流器两端电压 U_L，将数据填入表 2-12 中。

(3) 计算视在功率 S、无功功率 Q 和功率因数 λ，并将结果填入表 2-12 中。

表 2-12

测　量　值					计　算　值		
U(V)	I(A)	P(W)	U_R(V)	U_L(V)	S(V·A)	Q(var)	$\lambda=\cos\varphi$
220							

(4) 闭合开关 K，将电容由 1μF、2μF、3μF、4μF、5μF、6μF 逐渐增大，观察功率 P 和电流 I_L、I_C、I 的变化情况，并将数据填入表 2-13 中。

(5) 计算每次的视在功率 S、无功功率 Q 和功率因数 λ，并将结果填入表 2-13 中。

表 2-13

	C(μF)	1	2	3	4	5	6
测量值	U(V)						
	I_L(A)						
	I_C(A)						
	I(A)						
	P(W)						
计算值	S(V·A)						
	Q(var)						
	$\lambda=\cos\varphi$						

5. 实验作业

(1) 提高感性电路功率因数的方法是什么？

(2) 当并联电容后，电路的总电流如何变化（增大还是减小）？为什么？

实验 3　串联谐振电路

1. 实验目的

(1) 验证串联谐振电路的特点。

（2）测绘串联谐振电路的谐振曲线。

2. 实验器材

（1）信号源板；

（2）晶体管毫伏表一台；

（3）直流电路板；

（4）导线若干。

3. 实验步骤

（1）寻找谐振频率，验证谐振电路的特点。

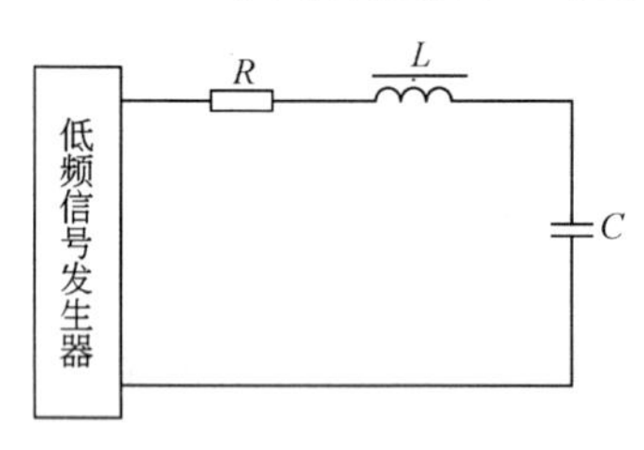

图 2-82 谐振实验电路

1）按实验电路图 2-82 连接电路。

2）信号发生器接通工作电源使之预热，并调节输出电压为 4V，在实验过程中一直保持不变。

3）用万用表的交流电压档测量电阻 R 上的电压 U_R，并连续调节信号发生器输出电压的频率，使 U_R 为最大，这时电路即达到谐振（同学们想想看这是什么道理），信号发生器输出电压的频率即为电路的谐振频率 f_0。将 U_R 和 f_0 的值填入表 2-14 中。

表 2-14

$R(\Omega)$		L(mH)		$C(\mu F)$	
U_R(V)		U_L(V)		U_C(V)	
f_0(Hz)		$I_0=\frac{U_R}{R}$		Q	

4）测量谐振时电感器和电容器两端的电压，并将数据填入表 2-14 中。

5）计算谐振电流 I_0 和电路的品质因数 Q。

（2）测绘谐振曲线。

1）电路同实验电路图，信号发生器输出电压仍为 4V。

2）在谐振频率两侧调节信号发生器输出电压的频率，在 1～8kHz 之间可选取 9 个点（包括 f_0 在内），分别测量各频率点时 U_R 的值，并填入表 2-15 中。在谐振频率点附近要多测几组数据。

3）计算 I、I/I_0、f/f_0 的值。

4）给出串联谐振电路的谐振曲线。

表 2-15

f(Hz)					$f_0=$				
U_R(V)									
I(mA)									
I/I_0									
f/f_0									

4. 注意事项

（1）谐振曲线的测定要在电源电压不变的条件下进行，因此，信号发生器输出电压频率改变时，输出电压的大小要保持 5V 不变。

（2）为了使谐振曲线的顶点绘制精确，要在谐振频率附近多选几组测量数据。

5. 思考题

（1）串联谐振时，电路中 $X_L = X_C$，但从表 2-14 中看出 U_1 和 U_C。并不严格相等，这是什么原因？

（2）信号发生器的内阻对串联谐振电路有什么影响？

课题 4　三相交流电

4.1　三相交流电源

什么是三相交流电源呢？概括地说，三相交流电源是三个单相交流电源按一定方式进行的组合，这三个单相交流电源的频率相同、最大值相等、相位彼此相差 120°。

4.1.1　三相交流电动势的产生

三相交流电动势是由三相交流发电机产生的。图 2-83（a）是一台最简单的三相交流发电机的示意图。和单相交流发电机一样，它由定子（磁极）和转子（电枢）组成。三相交流发电机的磁极所产生的磁场在电枢表面按正弦规律分布。发电机的转子绕组有三个绕组 U_1-U_2，V_1-V_2，W_1-W_2（U_1-U_2，V_1-V_2，W_1-W_2 是新的国家标准，即原标准中的 A-X，B-Y，C-Z），每一个绕组称为一相。其中 U_1、V_1、W_1 为绕组的始端，U_2、V_2、W_2 为绕组的末端。他们的始端或末端在空间位置上彼此相差 120°。当电枢由原动机拖动以角速度 ω 逆时针方向旋转时，则每个绕组切割磁力线而产生按正弦规律变化的电动势 e_1、e_2、e_3，它们的有效值分别用 E_1、E_2、E_3 表示。这三个电动势具有以下特点：

（1）由于三个绕组固定在同一转子铁芯上，且以等速旋转，故三个电动势的频率相等。

（2）由于三个绕组匝数相等、结构相同，因此三个电动势的最大值和有效值均相等。

（3）由于三相绕组的空间位置彼此相隔 120°电角，所以三个绕组之间互差 120°相位差。

若以第一相电动势的初相角为 0°，则第二相为 −120°，第三相为 120°（或 −240°），那么，各相电动势的瞬时值表达方式为

$$e_1 = E_m \sin(\omega t)$$
$$e_2 = E_m \sin(\omega t - 120°)$$
$$e_3 = E_m \sin(\omega t + 120°)$$

这样的三个电动势叫对称三相电动势。他们的波形图和相量图，如图 2-83（b）、（c）所示。

三相电动势到达最大值（或零）的先后次序叫作相序。上述的三个电动势的相序是第一相（U 相）第二相（V 相）第三相（W 相），这样的相序叫正序。由相量图可知，如果把三个电动势的相量加起来，相量和为零。由波形图可知，三相对称电动势在任一瞬间的代数和为零，即 $e_1 + e_2 + e_3 = 0$

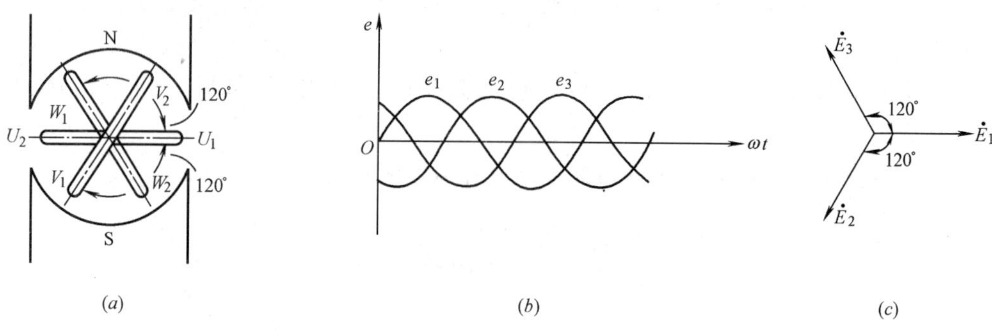

图 2-83 三相电源的产生

4.1.2 三相电源的连接及其特点

三相发电机有三个绕组，每一个绕组都是独立的电源，均可单独给负载供电，但这样供电需要用六根导线。这样就体现不出三相电的优越性，而是采用一定方式接成一个整体向外送电。绕组的连接方式有两种：一种是星形连接；一种是三角形连接。

(1) 星形连接

将发电机三相绕组的末端 U_2、V_2、W_2 连接在一起，始端 U_1、V_1、W_1 分别与负载相连，这种连接方法就叫做星形连接，如图 2-84 (a) 所示。图中三个末端相连接的点称为中性点或零点，用字母"N"表示，从中性点引出的一根线叫做中性线或零线。从始端 U_1、V_1、W_1 引出的三根线叫做端线或相线，因为它与中性线之间有一定的电压，所以，俗称火线。

由三根相线和一根中性线所组成的输电方式称为三相四线制（通常在低压配电中采用）；只由三根相线所组成的输电方式称为三相三线制（在高压输电工程中采用）。

每相绕组始端和末端之间的电压（即相线和中性线之间的电压）叫相电压，它的瞬时值用 u_1、u_2、u_3 来表示，通用符号用 u_p 表示。因为三个电动势的最大值相等，频率相同，彼此相位差 120°，所以，三个相电压的最大值也相等，频率也相同，相互之间的相位差也均是 120°，即三个相电压是对称的。

任意两相始端之间的电压（即相线和相线之间的电压）叫作线电压，它的瞬时值用 u_{12}、u_{23}、u_{31}来表示，通用符号用 u_L 表示。下面来分析线电压和相电压之间的关系。

首先规定电压的方向。电动势的方向规定为从绕组的末端指向始端，那么相电压的方向就是从绕组的始端指向末端。线电压的方向按三相电源的相序来确定，如 u_{12}就是从 U_1 端指向 V_1 端，u_{23}就是从 V_1 端指向 W_1 端，u_{31}就是从 W_1 端指向 U_1 端。由图 2-84 (b) 可得 $u_{12}=u_1-u_2$、$u_{23}=u_2-u_3$、$u_{31}=u_3-u_1$。

由此可作出线电压和相电压的相量图，如图 2-84 (b) 所示。从图中可以看出：各线电压在相位上比各对应的相电压超前 30°。又因为相电压是对称的，所以，线电压也是对称的，即各线电压之间的相位差也都是 120°。

利用相量图运用平行四边形法则进行运算可得线电压和相电压之间的数量关系即

$$U_{12}=2U_1\cos30°=\sqrt{3}U_1$$

同理可得 $U_{23}=\sqrt{3}U_2 \qquad U_{31}=\sqrt{3}U_3$

由于三相对称，一般表达式为 $U_L=\sqrt{3}U_P$

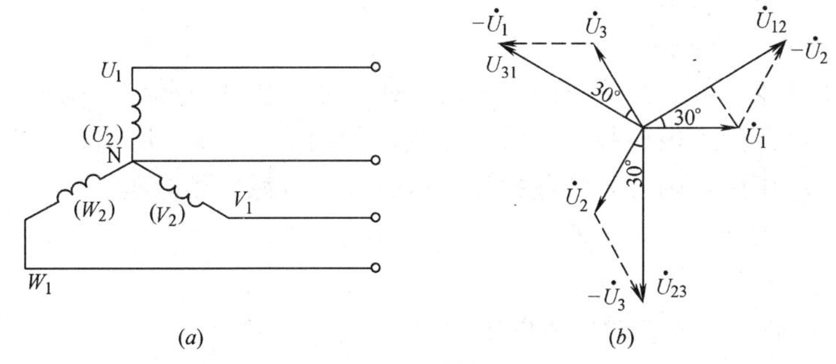

图 2-84　三相电源的星形连接

可见，当发电机绕组作星形连接时，三个相电压和三个线电压均为三相对称电压，各线电压的有效值为相电压有效值的$\sqrt{3}$倍，而且各线电压在相位上比各对应的相电压超前 30°。

通常所说的 380V、220V 电压，就是指电源成星形连接时的线电压和电压的有效值。

(2) 三相电源的三角形（△形）接法

将三相发电机的第二绕组始端 V_1 与第一绕组的末端 U_2 相连、第三绕组始端 W_1 与第二绕组的末端 V_2 相连、第一绕组始端 U_1 与第三绕组的末端 W_2 相连，并从三个始端 U_1、V_1、W_1 引出三根导线分别与负载相连，这种连接方法叫做三角形（△形）连接，如图 2-85 所示。显然这时线电压等于相电压，即

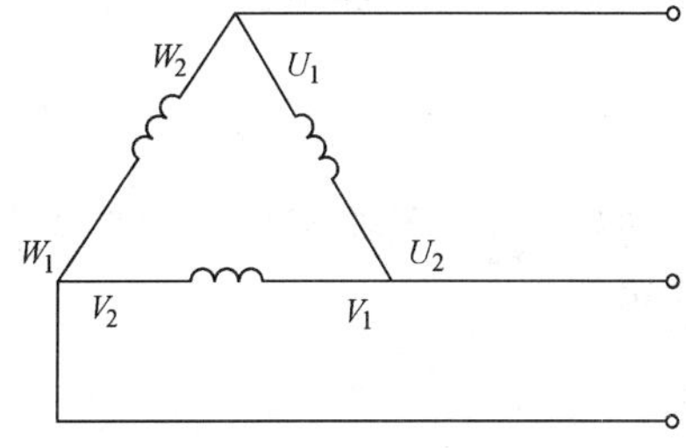

图 2-85　三相电源的三角形连接

$$U_L = U_P$$

这种没有中线，只有三根相线的输电方式叫做三相三线制。特别需要注意的是，在工业用电系统中如果只引出三根导线（三相三线制），那么就都是火线（没有中线），这时所说的三相电压大小均指线电压 U_L；而民用电源则需要引出中线，所说的电压大小均指相电压 U_P。

【例 2-20】 已知发电机三相绕组产生的电动势大小均为 $E=220V$，试求：(1) 三相电源为 Y 形接法时的相电压 U_P 与线电压 U_L；(2) 三相电源为△形接法时的相电压 U_P 与线电压 U_L。

【解】 (1) 三相电源 Y 形接法：相电压 $U_P=E=220V$，线电压 $U_L \approx \sqrt{3}U_P=380V$

(2) 三相电源△形接法：相电压 $U_P=E=220V$，线电压 $U_L=U_P=220V$。

4.2　三相负载的连接

平时所见到的用电器统称为负载，负载按它对电源的要求又分为单相负载和三相负载。单相负载是指只需单相电源供电的设备，如电灯、电炉、电烙铁等。三相负载是指需三相电源供电的负载，如三相异步电动机、大功率电炉等。在三相负载中，如果每相负载的电阻、电抗相等，这样的负载称为三相对称负载。

因为使用任何电气设备，都要求负载所承受的电压应等于它的额定电压，所以，负载要采用一定的连接方法，来满足负载对电压的要求。在三相电路中，负载的连接方法有两

种，星形连接和三角形连接。

4.2.1 负载的星形连接

所谓的星形连接，就是将负载的一端连接在一起，接到电源的中线上，而将各相负载的另一端分别与电源的三根相线（火线）连接。如图 2-86（a）所示。从图上可看出，若略去输电线上的电压降，则各相负载的相电压就等于电源的相电压。

即 $$U_{YP}=\frac{U_L}{\sqrt{3}}$$

式中 U_{YP}——负载星形连接时的相电压。

三相电路中，流过每根相线的电流叫线电流，即 I_1，I_2，I_3，一般用 I_{YL}表示，其方向规定为电源流向负载；而流过各相负载的电流叫相电流，一般以 I_{YP}表示，其方向与相电压方向一致；流过中性线的电流叫中性线电流，以 I_N 表示，其方向规定为由负载中性点 N'流向电源中性点 N。显然，在星形连接中，线电流等于相电流，

即 $$I_{YL}=I_{YP}$$

若三相负载对称，即 $|Z_1|=|Z_2|=|Z_3|=|Z_P|$，因各相电压对称，所以各负载中的相电流相等，即 $I_1=I_2=I_3=I_{YP}=\frac{U_{YP}}{|Z_p|}$

同时，由于各相电流与各相电压的相位差相等

$$\varphi_1=\varphi_2=\varphi_3=\varphi_P=\arccos\frac{R}{|Z_P|}$$

所以，三个相电流的相位差也互为 120°。由基尔霍夫第一定律可得中性线电流与各相电流的关系：

$$\dot{I}_N=\dot{I}_1+\dot{I}_2+\dot{I}_3$$

从相量图上很容易得出：三相电流的相量和为零，如图 2-86（b）所示，即 $\dot{I}_N=\dot{I}_1+\dot{I}_2+\dot{I}_3=0$

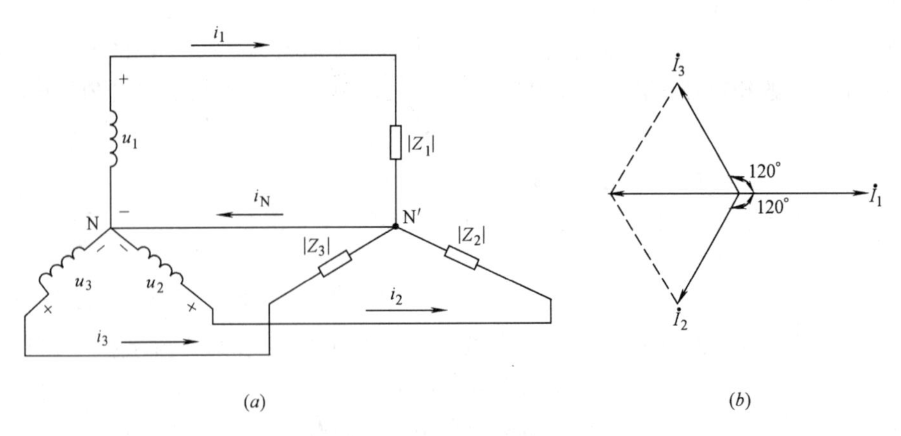

图 2-86 三相电源与三相负载的星形连接

所以，三相对称负载作星形连接时，中性线电流为零。中性线上没有电流流过，故可省去中性线，此时并不影响三相电路的工作，各相负载的相电压仍为对称的电源相电压，

这样三相四线制就变成了三相三线制。

【例 2-21】 三相发电机是星形连法，负载也是星形接法，发电机的相电压 $U_P=1000V$，每相负载电阻均为 $R=50k\Omega$，$X_L=25k\Omega$。试求：（1）相电流；（2）线电流；（3）线电压。

$$|Z|=\sqrt{50^2+25^2}=55.9k\Omega$$

（1）相电流 $$I_P=\frac{U_P}{|Z|}=\frac{1000}{55.9}=17.9mA$$

（2）线电流 $$I_L=I_P=17.9mA$$

（3）线电压 $$U_L=\sqrt{3}U_P=1732V$$

当三相负载不对称时，各相电流的大小就不相等，相位差也不一定是 120°，因此，中性线电流就不为零，此时中性线绝不可断开。因为当有中性线存在时，它能使作星形连接的各相负载，即使在不对称的情况下，也均有对称的电源相电压，从而保证了各相负载能正常工作；如果中性线断开，各相负载的电压就不再等于电源的相电压，这时，阻抗较小负载的相电压可能低于其额定电压，阻抗较大的负载的相电压可能高于其额定电压，使负载不能正常工作，甚至会造成严重事故。所以，在三相四线制中，规定中性线不准安装熔丝和开关，有时中性线还采用钢芯导线来加强其机械强度，以免断开。另一方面，在连接三相负载时，应尽量使其平衡，以减小中性线电流。

【例 2-22】 在负载作 Y 形连接的对称三相电路中，已知每相负载的电阻 $R=20\Omega$，感抗 $X_L=15\Omega$ 若将此负载连成星形，接于线电压 $U_L=380V$ 的对称三相电源上，试求负载相电压、相电流、线电流。

【解】 在对称 Y 形负载中，相电压 $U_{YP}=\frac{U_L}{\sqrt{3}}\approx 220V$

每相负载的阻抗为 $|Z|=\sqrt{R^2+X_L^2}=\sqrt{20^2+15^2}=25\Omega$

三相对称负载星接时，线电流与相电流相等

$$I_{YL}=I_{YP}=\frac{U_{YP}}{|Z|}=\frac{220}{25}=8.8A$$

【例 2-23】 如图 2-87 所示的负载为星形连接的对称三相电路，电源线电压为 380V，每相负载的电阻为 8Ω，电抗为 6Ω，求：

（1）在正常情况下，每相负载的相电压和相电流；

（2）第三相负载短路时，其余两相负载的相电压和相电流；

（3）第三相负载断路时，其余两相负载的相电压和相电流。

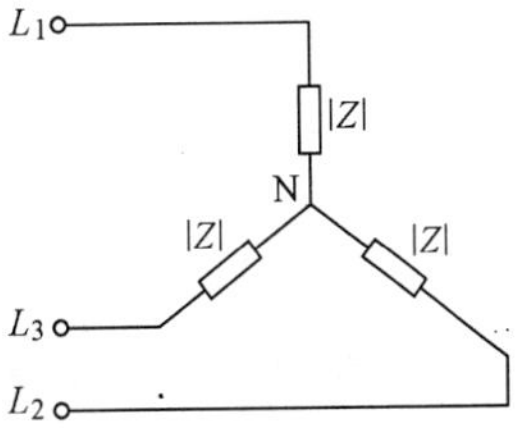

图 2-87 例 2-23

【解】 （1）在正常情况下，由于三相负载对称，中性线电流为零，故省去中性线，并不影响三相电路的工作，所以，各相负载的相电压仍为对称的电源相电压，即

$$U_1=U_2=U_3=U_P=\frac{U_L}{\sqrt{3}}=\frac{380}{\sqrt{3}}=220V$$

每相负载的阻抗为 $|Z|=\sqrt{R^2+X_L^2}=\sqrt{8^2+6^2}=10\Omega$

所以，每相的相电流为 $I_{YP}=\dfrac{U_{YP}}{|Z|}=\dfrac{220}{10}=22\text{A}$

（2）第三相负载短路时，线电压通过短路线直接加在第一相和第二相的负载两端，所以，这两相的相电压等于线电压，即 $U_1=U_2=380\text{V}$

从而求出相电流为 $I_1=I_2=\dfrac{U_{YP}}{|Z|}=\dfrac{380}{10}=38\text{A}$

（3）第三相负载断路时，第一、二两相负载串联后接在线电压上，由于两相阻抗相等，所以，相电压为线电压的一半，即 $U_1=U_2=\dfrac{380}{2}=190\text{V}$

于是得到这两相的相电流为 $I_1=I_2=\dfrac{U_{YP}}{|Z|}=\dfrac{190}{10}=19\text{A}$

4.2.2 负载的三角形连接

将三相负载分别接在三相电源的两根相线之间的接法，称为三相负载的三角形连接，如图 2-88 所示。这时，不论负载是否对称，各相负载所承受的电压均为对称的电源线电压，即

$$U_{\Delta P}=U_L$$

若三相负载对称时，则各相电流的大小相等，其值为 $I_{\Delta P}=\dfrac{U_{\Delta P}}{|Z|}$

同时，各相电流与各相电压的相位差也相同

$$\varphi_1=\varphi_2=\varphi_3=\varphi_P=\arccos\frac{R}{|Z_P|}$$

所以，三个相电流的相位差也互为 120°。各相电流的方向与该相的电压方向一致。不难看出负载作三角形连接时负载的相电流与线电流是不一样的。下面讨论它们之间的关系

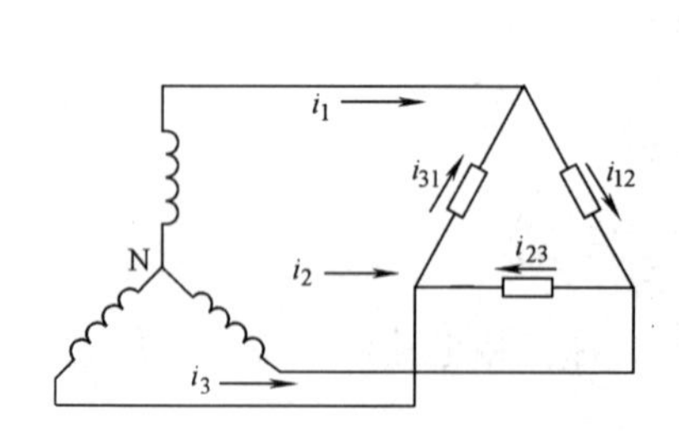

图 2-88 三相负载的三角形连接

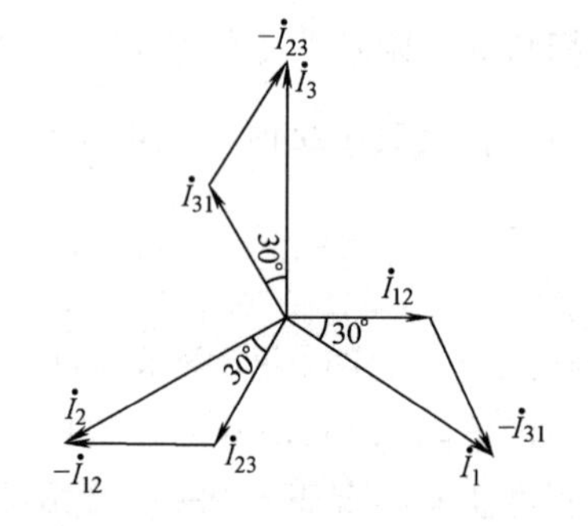

图 2-89 负载三角形连接的相量图

根据基尔霍夫第一定律可得 $i_1=i_{12}-i_{31}$、$i_2=i_{23}-i_{12}$、$i_3=i_{31}-i_{23}$。

由此可作出线电流和相电流的相量图，如图 2-89 所示。从相量图中不难求得线电流和相电流的大小关系 $I_1=2I_{12}\cos30°=2I_{12}\dfrac{\sqrt{3}}{2}=\sqrt{3}I_{12}$

同理 $I_2=\sqrt{3}I_{23}$ $I_3=\sqrt{3}I_{31}$

则二者之间数学关系写成一般表达式为 $I_{\Delta L}=\sqrt{3}I_{\Delta P}$

从图中还可以看出：各线电流在相位上比各相电流滞后 30°。又因为相电流是对称

的，所以，线电流也是对称的，即各线电流之间的相位差也都是 120°。对称三相负载成三角形连接时，线电流的有效值为相电流有效值的$\sqrt{3}$倍，而且各线电流在相位上比各相应的相电流滞后 30°。

综上所述，三相负载既可以成星形连接，也可以成三角形连接。具体如何连接，应根据负载的额定电压和电源电压的数值而定，务必使各相负载的额定电压为 220V 时，负载应连接成星形；当每相负载的额定电压为 380V 时，则应连接成三角形。

【例 2-24】 在对称三相电路中，负载作△形连接，已知每相负载均为 $|Z|=50\Omega$，设线电压 $U_L=380$ V，试求各相电流和线电流。

【解】 在△形负载中，相电压等于线电压，即 $U_{\Delta P}=U_L$，则相电流

$$I_{\Delta P}=\frac{U_{\Delta P}}{|Z|}=\frac{380}{50}=7.6\text{A}$$

线电流 $$I_{\Delta L}=\sqrt{3}I_{\Delta P}\approx 13.2\text{A}$$

4.3 三 相 功 率

三相电路中每相功率的计算，与单相电路完全相同，总功率的计算方法是：三相电路的有功功率等于各相功率之和，即 $P=P_1+P_2+P_3$

三相电路的无功功率等于各相无功功率之和，即 $Q=Q_1+Q_2+Q_3$

三相电路的视在功率为 $S=\sqrt{P^2+Q^2}$

当三相负载对称时，各相功率相等，则总功率为一相功率的三倍，即

$$P=3P=3U_P I_P\cos\varphi$$

$$Q=3Q=3U_P I_P\sin\varphi$$

$$S=\sqrt{P^2+Q^2}=3S_P=3UI$$

在一般情况下，相电压和相电流是不容易测量的，例如，三相电动机绕组接成三角形时，要测量它的电流就必须把绕组端部拆开。因此，通常是通过线电压和线电流来计算三相电路的功率的。

当负载星形连接时有 $U_L=\sqrt{3}U_{YP}$，$I_{YL}=I_{YP}$

所以 $P_Y=3U_{YP}I_{YP}\cos\varphi=\sqrt{3}U_L I_L\cos\varphi$

当负载三角形连接时有 $U_{\Delta P}=U_L$，$I_{\Delta L}=\sqrt{3}I_{\Delta P}$

所以 $P_\Delta=3U_{\Delta P}I_{\Delta P}\cos\varphi=\sqrt{3}U_L I_L\cos\varphi$

因此，三相对称负载不论作星形或三角形连接，总的有功功率的公式可统一写成 $P=\sqrt{3}U_L I_L\cos\varphi$

同理，可得到三相对称负载的无功功率和视在功率的计算公式为

$$Q=\sqrt{3}U_L I_L\sin\varphi \qquad S=\sqrt{3}U_L I_L$$

综上所述：三相对称负载，不论是作星形连接，还是三角形连接功率的计算公式是统一的。

必须指出，三相对称负载，不论是作星形连接，还是三角形连接功率的计算公式是虽

然相同。但决不能认为在线电压相同的情况下，将负载由星形连接改成三角形连接时，它们所耗用的功率相等。为了说明这个问题，请看下面的例子。

【例 2-25】 有一对称三相负载，每相的电阻为 6Ω，电抗为 8Ω，电源线电压为 380V，试计算负载星形连接和三角形连接时的有功功率。

【解】 每相阻抗均为 $|Z|=\sqrt{6^2+8^2}=10\Omega$，功率因数 $\lambda=\cos\varphi=\dfrac{R}{|Z|}=0.6$

（1）负载作星形连接时：

相电压 $$U_{YP}=\frac{U_L}{\sqrt{3}}=220V$$

线电流等于相电流 $$I_{YL}=I_{YP}=\frac{U_{YP}}{|Z|}=22A$$

负载的功率 $$P_Y=\sqrt{3}U_{YL}I_{YL}\cos\varphi=8.7kW$$

（2）负载作三角形连接时：

相电压等于线电压 $$U_{\Delta P}=U_{\Delta L}=380V$$

相电流 $$I_{\Delta L}=\frac{U_{\Delta P}}{|Z|}=38A$$

线电流 $$I_{\Delta L}=\sqrt{3}I_{\Delta P}=66A$$

负载的功率 $P_\Delta=\sqrt{3}U_{\Delta L}I_{\Delta L}\cos\varphi=26kW$ 为 P_Y 的 3 倍。

由上面的计算可见，在相同的线电压下，负载作三角形连接的有功功率是星形连接的有功功率的三倍。这是因为三角形连接时的线电流是星形连接时的线电流的三倍。对于无功功率和视在功率也有同样的结论。

复习思考题

1. 已知某三相电源的相电压是 6kV，如果绕组接成星形，它的线电压是多大？如果已知 $u_1=220\sqrt{2}\sin\omega t V$，写出所有的相电压和线电压的解析式。

2. 三相交流发电机绕组的电压作星形连接，试求以下两种情况下的线电压各是多少？①发电机每相绕组的电压最大值是 $127\sqrt{2}V$；②发电机每相绕组的电压最大值是 $220\sqrt{2}V$。

3. 三相对称负载作星形连接，接入三相四线制对称电源，电源线电压为 380V，每相负载的电阻为 60Ω，感抗为 80Ω，求负载的相电压、相电流和线电流。

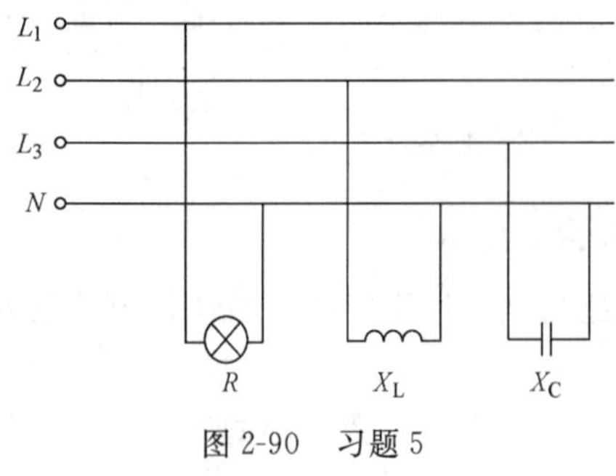

图 2-90 习题 5

4. 有一幢三层的教学楼，其照明电路由三相四线制供电，线电压为 380V，每层楼均有 220V、40W 的白炽灯 110 只，第一、二、三层分别使用 A、B、C 三相，试求：①各层楼的电灯全部点亮时总的线电流和中线电流各是多少？②当第三层的电灯全部熄灭时，另两层楼的电灯全部亮时的线电流和中线电流是多少？③当第三层的电灯全部熄灭，且中线断开时，第一、二层楼的电灯全亮时灯泡两端的电压是多少？

若再关掉第一层楼的一半，结果如何？

5. 如图 2-90 所示，在三相四线制的供电线上，第一相接入一个 220V、20W 的电灯，第二相接入一个电阻可以忽略的电感线圈，它的感抗 $X_L=110\Omega$，第三相接入一个电容器，它的容抗 $X_C=110\Omega$，电源线电压是对称的，$U_L=380V$，试求：

(1) 负载的各相电流 I_1、I_2、I_3；

(2) 三相总功率；

(3) 绘出电压和电流的相量图，并求中线电流 I_N。

6. 作三角形连接的对称负载，接于三相三线制的对称电源。已知电源的线电压为 380V，每相负载的电阻为 60Ω，感抗为 80Ω，求相电流和线电流。

7. 在三相对称电路中，电源的线电压为 380V，每相负载电阻 $R=10$。试求负载接成星形和三角形时的相电流和线电流。

8. 对称三相负载在线电压为 220V 的三相电源作用下，通过的线电流为 20.8A 输入负载的功率为 5.5kW，求负载的功率因数。

9. 有一三相电动机，每相绕组的电阻是 30Ω，感抗是 40Ω，绕组连成星形，接于线电压为 380V 的三相电源上，求电动机消耗的功率。

10. 三相电动机的绕组接成三角形，电源的线电压是 380V，负载的功率因数是 0.8，电动机消耗的功率是 10kW，求线电流和相电流。

11. 某幢大楼均用日光灯照明，所有负载对称的接在三相电源上，每相负载的电阻是 6Ω，感抗是 8Ω。相电压是 220V，求负载的功率因数和所有负载消耗的有功功率。

12. 一台三相电动机的绕组接成星形，接在线电压为 380V 的三相电源上，负载的功率因数是 0.8，消耗的功率是 10kW，求相电流和每相负载的阻抗。

13. 有一三相负载的有功功率为 20kW，无功功率为 15kvar，求该负载的功率因数。

14. 大功率三相电动机启动时，由于启动电流较大而采用降压启动，其方法之一是启动时将三相绕组接成星形，而在正常运作时改接为三角形。试比较绕组星形连接和三角形连接时相电流的比值及线电流的比值。

实验 1　三相负载的星形连接

1. 实验目的

(1) 熟悉三相负载作星形连接的方法。

(2) 验证负载作星形连接时，线电压与相电压以及线电流的关系。

(3) 了解负载不对称时中性线的作用。

2. 实验线路图

3. 实验仪器和设备

(1) 三相四线制交流电源 380V/220V

(2) 交流电流表　　1 只

(3) 交流电压表　　1 只

(4) 电流插孔　　4 个

(5) 三相灯箱，220V，15W　　3 组

4. 实验步骤

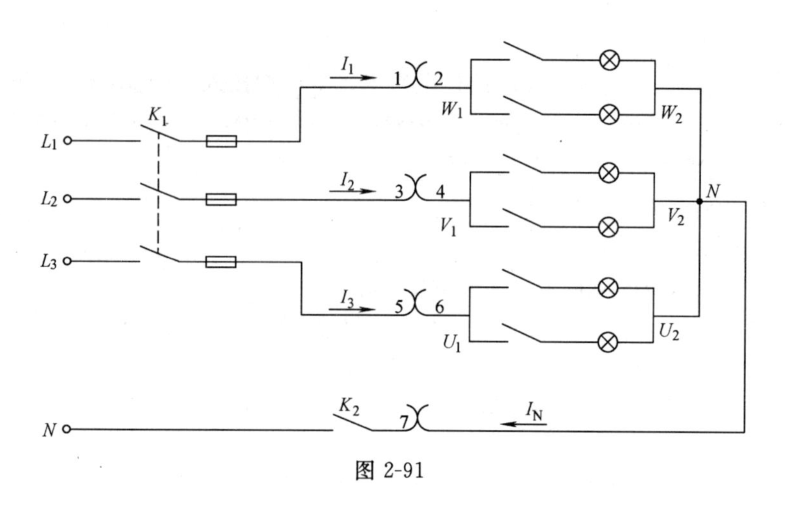

图 2-91

(1) 按图 2-91 接线。

(2) 先使三相负载对称，合上零线开关 K_2。经教师检查后，合上电源 K_1，测量各线电压及负载的各相电压、各相电流、线电流、中性线电流，同时观察灯光亮度是否正常，并将数据填入表中。

(3) 断开中性线开关 K_2，观察各相灯光亮度有何变化，并测量各线电压及负载的各相电压、各相电流、线电流，将数据填入表中。

(4) 不对称负载，L_1 相断开，L_2、L_3 两相各两盏灯，合上零线开关 K_2，观察各相灯光亮度的变化，测量线电压、负载的各相电压、各相电流、线电流，将数据填入表中。

(5) 保持三相负载不对称，断开零线开关 K_2，观察各相灯光亮度的变化，测量各线电压、负载的各相电压、各相电流、线电流及中性线电流，将数据填入表中。

负载情况	中性线	灯泡亮度			线电压			相电压		
		L_1	L_2	L_3	U_{12}	U_{23}	U_{31}	U_1	U_2	U_3
三相对称	有									
	无									
三相不对称	有									
	无									

负载情况	中性线	线电流			相电流			中性线电流 I_N
		I_1	I_2	I_3	I_1	I_2	I_3	
三相对称	有							
	无							
三相不对称	有							
	无							

5. 实验作业

(1) 用实验数据说明中性线的作用以及线电压和相电压、线电流和相电流之间的关系，并画出它们的相量图。

(2) 为什么照明供电均采用三相四线制？

(3) 在三相四线制中，中性线是否能接入保险丝？为什么？

实验2 三相负载的三角形连接

1. 实验目的

（1）熟悉三相负载作三角形连接的方法。

（2）验证三相对称负载作三角形连接时线电流与相电流的关系。

2. 实验线路图

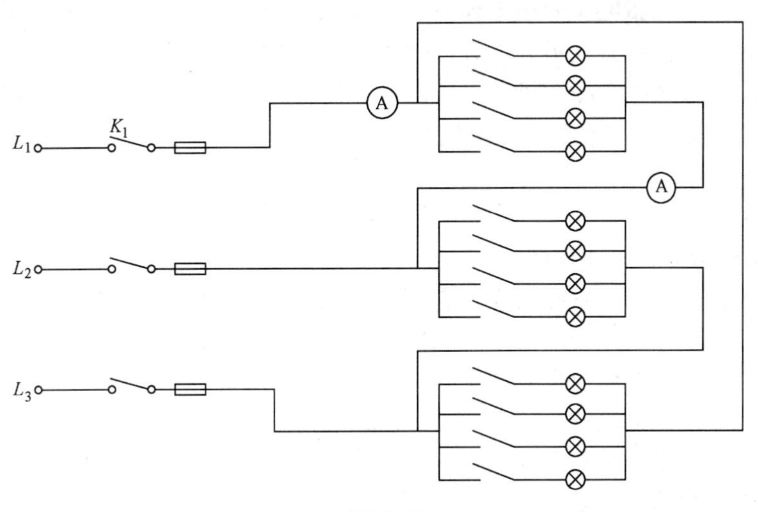

图 2-92

3. 实验仪表和设备

（1）三相交流电源，线电压 220V。

（2）交流电流表　　　　　2 只

（3）交流电压表　　　　　1 只

（4）三相灯箱，220V，共 1200W。

4. 实验步骤

（1）按图 2-92 将三相负载作三角形连接，使各相负载对称。

（2）经教师检查后，闭合电源开关 K_1，测量电源的线电压、各相负载的相电压以及各线电流、相电流，填入表中。

（3）改变各相负载使之不对称，重新测量上述各值，填入表中。

负载情况	线电压			相电压			线电流			相电流			灯光亮度		
	U_{12}	U_{23}	U_{34}	U_1	U_2	U_3	I_1	I_2	I_3	I_{12}	I_{23}	I_{31}	L_1	L_2	L_3
三相对称															
三相不对称															

5. 实验作业

（1）根据测量数据，说明对称三相负载作三角形连接时，线电流与相电流的关系式，并说明该关系式在什么情况下成立。

（2）画电路的相量图。

课题5　电度表的安装

实训课题　单相电度表的安装、三相电度表的安装

电度表是用来对用电设备进行电能测量的计量电器，是低压配电板或配电箱的主要组成部分，电度表有单相电度表和三相电度表两种（照明配电箱（盘）中单相电度表用得较多，动力箱（盘）中三相电度表用得较多）。三相电度表又有三相三线制电度表和三相四线制电度表两种；按接线方式不同，又各分为直接式和间接式两种。直接式三相电度表常用的规格有10、20、30、50、75A和100A等多种，一般用于电流较小的电路上；间接式三相电度表常用的规格是5A的，与电流互感器连接后，用于电流较大的电路上。

5.1　单相电度表的安装

5.1.1　单相电度表的工作原理

单相电度表是计量耗电量的仪表，它属于感应式仪表，它包括以下几个主要部分。

（1）驱动元件：即产生转动力矩的元件，包括固定线圈和可动铝盘。固定线圈有电压线圈与负载并联，电流线圈与负载串联。

（2）制动元件（制动磁铁），产生制动力矩。

（3）积算机构，用来计算电度表铝盘的转数，以实现电能的测量和积算。它包括安装在转轴上的蜗杆、蜗轮、计数器-齿轮和字轮。

此外还有轴承、支架、接线盒有关调节装置如轻载调整、相角调整、温度补偿等元件。

单相感应式电度表结构如图2-93（*a*）所示，图（*b*）（*c*）是它的原理图。

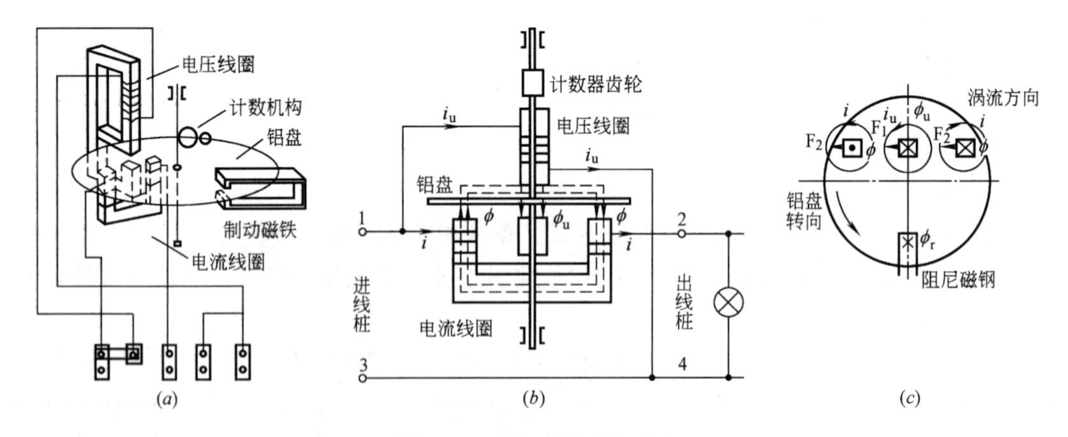

图2-93　单相感应式电度表

当单相电度表接入线路后，电压线圈两端加上电压产生一个交变磁通 ϕ_u，大小与电压成正比。电流线圈在有载时通过负载电流也产生交变磁通 ϕ，其大小也与通过的负载电流成正比。二线圈产生的三个交变磁通，都穿过铝盘，故名为“三磁通”。铝盘在磁通作用下感应涡流，并与磁通相互作用，产生转动力矩使其自身转动。为使铝盘在不同转动力矩作用下能产生不同转速。需要有一个与速度成一定比例的制动力矩，电度表制动力矩由永久磁铁与铝盘组成。因此永久磁铁产生的制动力矩方向总是与转矩方向相反，当两力矩

平衡时，铝盘以稳定的速度转动。从而带动计数器完成负载的耗电计量。

三相四线制表和三相三线制表的工作原理与单相电度表工作原理相同，分别是两组单相表和三组单相表组成激磁，由一组走字系统构成复合计数。

5.1.2 单相电度表的接线方式

单相电度表共有四个接线柱，从左到右按 1、2、3、4 编号。有两种接线方式，一种是跳入式接线方式：接线方法是按号码 1、3 接电源进线，2、4 接出线（负载线路），如图 2-94 所示。也有些单相电度表的接线方法是按号码 1、2 接电源进线，3、4 接出线，如图 2-95 所示。

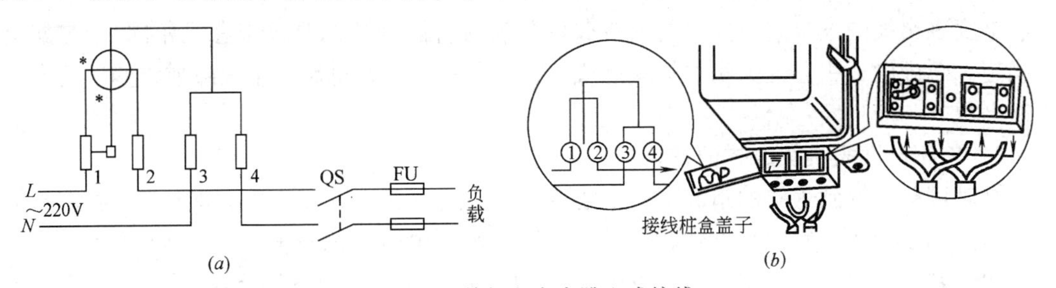

图 2-94 单相电度表跳入式接线

（a）接线原理图；（b）实物图

(1) 接线要求

1) 按负荷电流大小，选择好适当截面的导线，电度表标定电流应大于负载电流。

2) 相线应接电流线圈首端（同名端），零线应一进一出，相线、零线不得接反，否则会造成漏计电量，而且不安全。

3) 电度表电压联片（电压小钩）必须连接牢固。

4) 开关、熔断器应接负载侧。

(2) 单相电度表安装

按照单相电度表的配线安装线路图安装、连接线路，如图 2-96 所示。

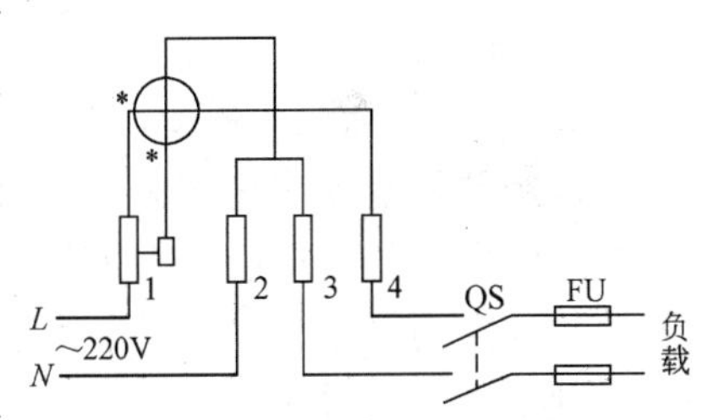

图 2-95 单相电度表顺入式接线

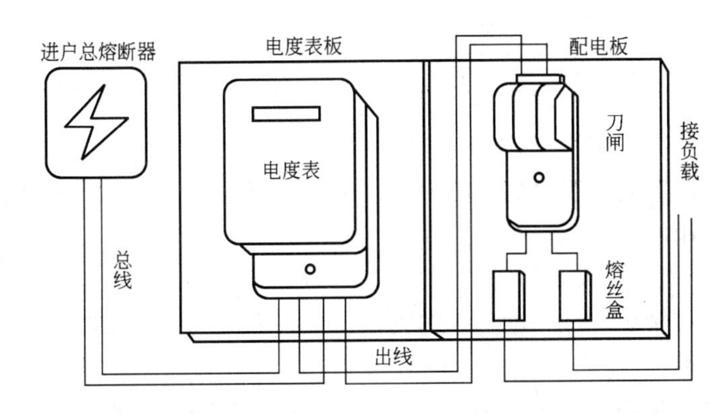

图 2-96 电度表的配线安装线路图

1) 电度表的表身固定：用三只螺钉以三角分布的方位，将木制表板固定在实验台（或墙壁）上，注意螺钉的位置应选在能被表身盖没的区域，以形成拆板应先拆表的操作程序。将表身上端的一只螺钉拧入表板，然后挂上电度表，调整电度表的位置，使其侧面和表面分别与墙面和地面垂直，然后将表身下端拧上螺钉，再稍作调整后完全拧紧。

2）端线的连接：电度表总线的连接。电度表总线是指从进户总熔断器盒至电度表这段导线，应满足以下技术要求：总线应采用截面不小于1.5mm的铜芯硬导线，必须明敷在表的左侧，且线路中不准有接头。进户总熔断器盒的主要作用是电度表后各级保护装置失效时，能有效地切断电源，防止故障扩大。它由熔断器、接线桥和封闭盒组成。接线时，中线接接线桥，相线接熔断器。

电度表出线的连接。电度表的出线敷设在表的右侧（其他要求与总线相同），与配电板相连。总配电板由总开关和总熔丝组成，主要作用是：在电路发生故障或维修时能有效切断电源。

3）单相电度表接线方式的辨认

有时可能会遇到这样的情况，一个电度表接线盒盖背面没有接线原理图，又找不到使用说明，无法确认该表接线方式。这样可以用万用表电阻挡测量电度表1、2接线柱间的阻值加以判断。方法是先将万用表拨到R×100Ω挡，然后用两标棒分别在接线柱1、2上测量两者间的阻值，若测出的阻值较小（表针略偏离“0”位）则表示该表的接线方式是1、3接进线，2、4接出线。

在电度表未清楚是如何接线方式时，不可贸然接线，必须经过验证明确无误时方可进行，否则容易烧坏电度表。

5.2 三相电度表的安装

5.2.1 三相电能的测量

（1）用单相电度表测量。三相（这里指三相四线制）负载对称（照明电路一般不对称）电路中电能的测量：在三相负载对称电路中，因三相负载的性质（电阻性，电感性或电容性）和大小都相同，所以可用一只单相电度表测量三相中任意一相的电能量，设读数为W，则三相总电能$W_{总}=3W$。

三相负载不对称电路中电能的测量：在三相负载不对称电路中，可采用三只单相电度表分别测出每相电路所消耗的电能W_1，W_2，W_3，则三相总电能$W_{总}=W_1+W_2+W_3$。

（2）用三相电度表测量。在上述方法测量三相电能时，显得既不经济，也不方便，更不直观。因此，在电力系统中常用的三相有功电能的测量方法是用三相有功电度表进行的，在用于动力和照明混合供电的三相四线制电路中采用的是三相四线电度表，而在三相三线制电路中，采用的是三相三线电度表。

5.2.2 三相电度表的安装

（1）直接接入式接线。三相电度表的直接式接线方式包括三相四线电度表接线和三相三线电度表接线两种。

三相四线有功电度表的直接式接线遵循接线端子1、4、7进线，3、6、9出线的原则，如图2-97所示。零线的接法对于不同型号的电度表略有不同，一般情况下接一进一出两根零线（如DT型25A电度表）。有的只有一个接零线端子（如DT型40-80A电度表），则只需接一根线即可。原理图如图2-98。

三相三线有功电度表的直接式接线一般遵循接线端子 1、4、6 进线，3、5、8 出线的原则，如图 2-99 所示。接线原理图如图 2-100 所示。

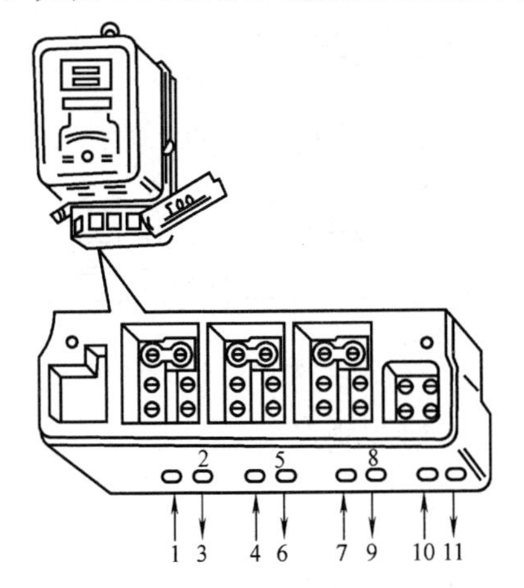

图 2-97　三相四线电度表接线端子示意图

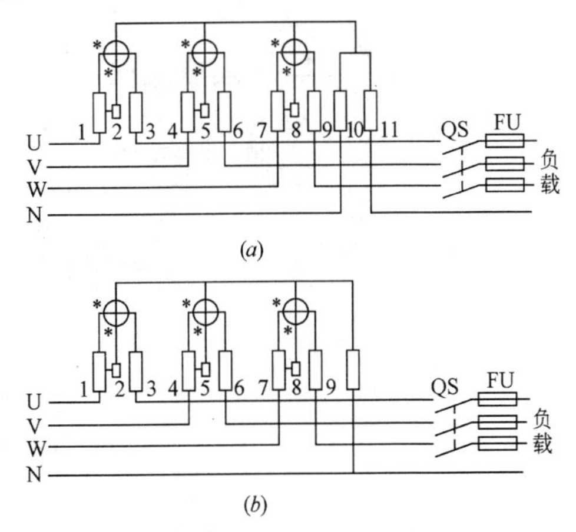

图 2-98　三相四线电度表直接式接线原理图

(*a*) DT 型 25A 电度表接线；(*b*) DT 型 40-80A 电度表接线

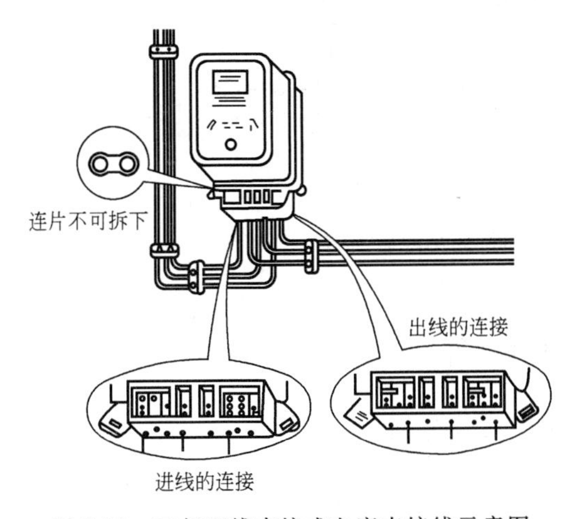

图 2-99　三相四线直接式电度表接线示意图

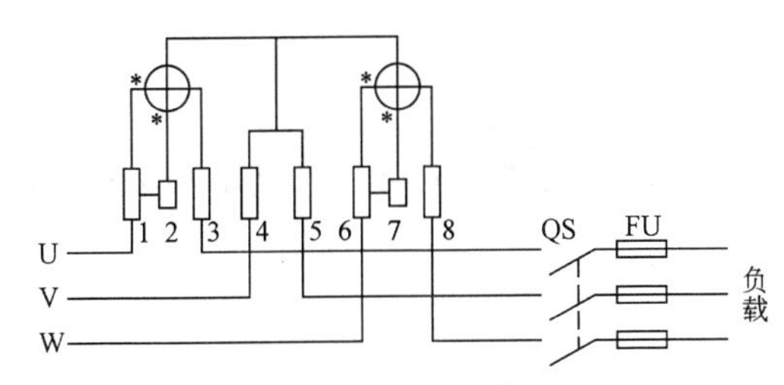

图 2-100　三相三线直接式电度表接线原理图

（2）间接接入式接线。因为三相直接式有功电度表所能接入的电流是有限的，如 DT8 型电度表的最大标定电流有 80A；而新型号的 DT862-4 型电度表最大标定电流也只有 100A，所以在工程中，常采用经电流互感器接线的方式。经电流互感器接线方式包括 DT 型三相四线电度表的接线和 DT 型三相三线电度表的接线两种，如图 2-101 和图 2-102 所示。

（3）接线要求

1）选择连接导线：电流回路应采用不小于 2.5mm^2 的绝缘铜导线；电压回路应采用不小于 1.5mm^2 的绝缘铜导线。

2）电流互感器的一次额定电流应符合负载电流的要求；三只或两只电流互感器的变比应相同；接线时极性不能接反；电流互感器的铁芯、外壳及二次端应接地或接零。

3）按正相序接线，三相四线电度表零线必须接入，而且零线、相线不能接反。

（4）三相有功电度表的安装

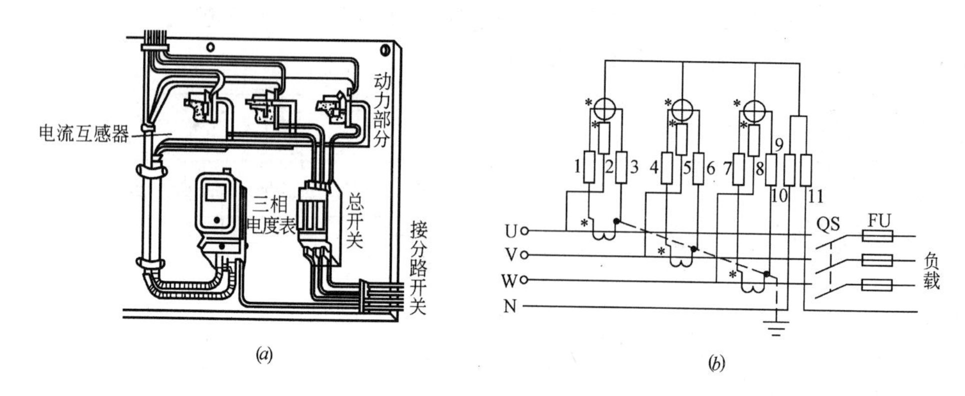

(a)　　　　　　(b)

图 2-101　三相四线电度表间接式接线图

（a）实物图；（b）接线原理图

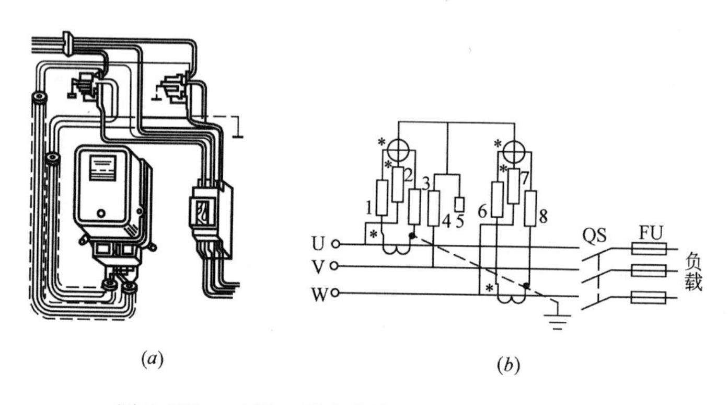

(a)　　　　　　(b)

图 2-102　三相三线电度表间接式接线原理图

（a）实物图；（b）接线原理图

三相电度表的安装要求基本和单相电度表要求一样。

实训报告

1. 实训目的

通过对电度表的安装训练，了解电路的电能计量、配电装置的基本原理及安装技能。

2. 实训内容

单相电度表的安装、三相电度表的安装

3. 实训场地和器材

电工实训室、电度表、刀开关、负载、万用表、电烙铁、电工刀、绝缘导线等。

4. 操作重点

（1）选用电度表的额定电流应符合要求。

（2）电度表接线的基本方法为：电压线圈与负载并联、电流线圈与负载串联。

（3）电度表本身应装得平直，纵横方向均不应发生倾斜。

（4）电度表总线在左、出线在右，不得装反，不得穿入同一管内。

（5）刀开关不许倒装。

5. 实习成绩

项目	技术要求	配分	扣分标准	得分
原理	电度表接线原理正确	20	电度表接线原理不正确扣0～20分	
布局	线路布局合理	10	线路布局不合理扣0～10分	
安装	电度表固定牢固、平直 总线、出线安装符合要求 进户总熔丝盒接线正确 配电盘安装符合要求 电源、负载安装合理	20 20 10 10 10	电度表固定不牢固、平直扣0～20分 总线出线安装不符合要求扣0～20分 进户总熔丝盒接线不正确扣0～10分 配电盘安装不符合要求扣0～10分 电源、负载安装不合理扣0～10分	
其他	安全文明操作 出勤		违反安全文明操作、损坏工具仪器、缺勤等扣20～50分	
教师签字			总分	

复习思考题

1. 简述单相电度表的工作原理。
2. 画出单相电度表的跳入式接线图。
3. 画出三相四线直接式电度表接线图。
4. 画出三相三线直接式电度表接线图。
5. 画出三相四线电度表间接式接线图。
6. 画出三相三线电度表间接式接线图。

实验　单相电度表

1. 实验目的：

(1) 了解单相电度表工作原理。

(2) 观察单相电度表的启动电流、潜动和铝盘反转。

(3) 学习用瓦秒法校验单相电度表。

2. 仪表与设备

(1) 单相调压器　　1只

(2) 交流电流表　　1只

(3) 交流电压表（万用表）　　1只

(4) 功率表　　1只

(5) 单相电度表　　1只

(6) 秒表　　1只

(7) 滑线变阻器（电炉或白炽灯）　　1只

3. 实验原理

(1) 电度表外形接线

单相电度表是一种测量电能的仪表，观察单相电度表的外形和接线，即：1、3连接电源，2、4连接负载。火线1进2出，零线3进4出。

（2）单相电度表灵敏度和潜动

灵敏度是指在额定电压、额定电流及功率因数为 1 的条件下，负载电流从零开始均匀增加，直至铝盘开始转动的最小电流与额定电流的百分比。

潜动是指负载电流为零时电流表的转动，及无载自转。一般规定灵敏度不大与 0.5%，潜动应是在线路电压为额定电压的 80%～110%时，铝盘转动不超过一周。

4. 实验步骤

（1）观察单相电度表的潜动

按图 2-103 接线，断开 R_L，使负载电流为零。调节调压器的输出电压为额定电压的 80%～110%，观察单相电度表有无潜动。

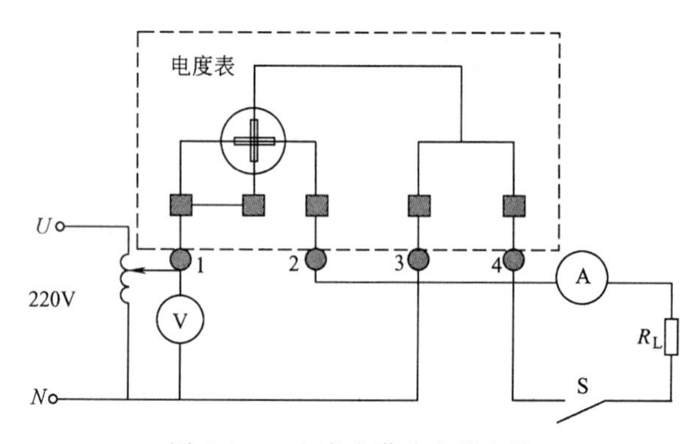

图 2-103　电度表潜动实验电路

（2）用功率表检验单相电度表

将电度表接线盒内的电压线圈和电流线圈的连片断开按图 2-104 接线。使负载电流为 $0.1I_N$，记下功率表的指示值 P 及电度表铝盘转 10 圈所需要的时间 t。分别取负载电流为 $0.5I_N$，I_N 重复上述实验，记录不同负载电流下电度表铝盘转 10 圈所需的时间 t；功率表的指示值 P，并计算电度表的相对误差 r 和电度表铝盘转 10 圈所需要的理论时间 t。

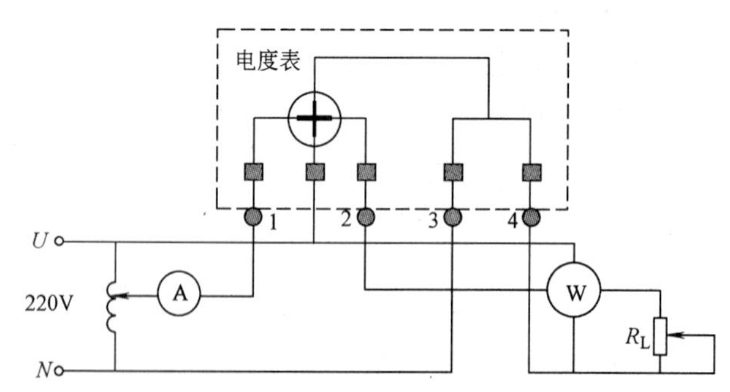

图 2-104　功率校验电度表实验电路

电度表型号		电度表常数 N					额定电流 I_N	
项　目		给定参数			测量数据		计算数据	
		U	I	n	t	P	T	γ
次数	1	220V	$0.1I_N$					
	2	220V	$0.5I_N$					
	3	220V	$1.0I_N$					

铝盘转 10 圈的理论时间为

$$T=\frac{3.6\times10^6 n}{NP}S$$

n 为电度表铝盘转数

N 为电度表常数

P 为功率表指示值

电度表相对误差为

$$\gamma=\frac{T-t}{T}\times100\%$$

（3）测试电度表的启动电流及观察铝盘反转情况

1）按图调节调压器的输出电压由零逐渐升高，同时观察电度表铝盘的转动及电流表的指示值。观测铝盘开始转动的最小电流。

2）按图将电度表的电流线圈反接，电压线圈电压为 220V，调节调压器的输出电压，使电流线圈的电流为额定电流的 10%观察铝盘反转。

5. 注意事项

1）认真检查实验线路，经老师检查同意后方能通电实验。

2）电度表必须垂直安装。

3）正确选用功率表、电压表、电流表量程以减少测量误差。

4）接线前必须判明电源火线及零线，以便正确接调压器和电度表。

单元3　接地与安全用电

知 识 点： 接地的类型、安全用电的一般知识、防止触电的措施、触电急救等。

教学目标： 懂得安全用电的基本知识，懂得接地的类型、会正确使用接地仪，会安装漏电开关，会进行触电急救的处理。

课题1　接　　地

1.1　接　　地

接地，是利用大地为电力系统正常运行、发生故障和遭受雷击等情况下提供对地电流回路的需要，从而保证了整个电力系统中包括发电、变电、输电、配电和用电环节的电气设备和人身的安全。

1.1.1　接地的类型

接地是电气设备或装置的某一部分（接地点）与土壤之间作良好的电气连接。

接地可分为工作接地、保护接地、重复接地和防雷接地等。

（1）工作接地

将电力系统的中性点直接或经消弧线圈与大地作良好的电气连接称工作接地。其作用是保证电网的正常运行。它能使接地继电保护装置准确地动作，能消除单相电弧接地晕电压，能防止零序过电压，能防止零序电压（中点或零点电压）偏移，保持三相电压基本平衡。

（2）保护接地

将电气设备在正常情况下不带电的金属外壳或与之相连的金属构件跟大地做良好的电气连接称保护接地。其作用是降低接触电压和减小流经人体的电流，避免和减轻触电事故的发生。通过降低接地电阻的电阻值，最大限度地保障人身安全。

在中性点非直接接地的低压电网中，电力设备应采用接地保护，其接地电阻一般不大于4Ω。

（3）重复接地

在中性点直接接地的系统中，除在中性点直接接地以外，为了保证接地的作用和效果，还须在零线上的一处或多处再作接地，称为重复接地。重复接地的作用是在保护接零系统中，当发生零线断线时可降低断线处后面零线的对地电压，当发生“碰壳”或接地短路时可降低零线的对地电压，当三相负载不平衡而零线又断开时可减轻或消除零线上电压的危险。

重复接地的接地电阻不应小于10Ω。

（4）防雷接地

将防雷装置（避雷针、避雷带和避雷网、避雷线、避雷器等）跟大地做良好的电气连接称防雷接地。其作用是将雷击时产生的雷电流泄入大地，以防雷害。

1.2 供电系统的接地方式

我国电力系统中电源（含发电机和电力变压器）的中性点有三种运行方式：一种是中性点不接地；一种是中性点经阻抗接地；再有一种是中性点直接接地。前两种称为小电流接地系统，后一种称为大电流接地系统。

我国3～66kV的电力系统，大多数采取中性点不接地的运行方式。只有当系统单相接地电流大于一定数值时（3～10kV，大于30A时；20kV及以上，大于10A时）才采取中性点经消弧线圈（一种大感抗的铁芯线圈）接地。110kV以上的电力系统，则一般均采取中性点直接接地的运行方式。

低压配电系统，按保护接地的型式，分为TN系统、TT系统和IT系统。系统符号含义如下。

第一个字母表示低压电源系统可接地点（三相供电系统通常是发电机或变压器的中性点）对地的关系。T—表示直接接地；I—表示不接地（所有带电部分与大地绝缘）或经人工中性点接地。

第二个字母表示电气装置的外露可导电部分对地的关系。T—表示直接接地，与低压供电系统的接地点无关；N—表示与低压供电系统的接地点进行连接。

后面的字母表示中性线与保护线的组合情况，S—表示分开的；C—表示公用的；C-S—表示部分是公共的。

TN系统：电源系统有一点直接接地，电气装置的外露可导电部分通过保护线（导体）接到此接地点上。如图3-1所示。

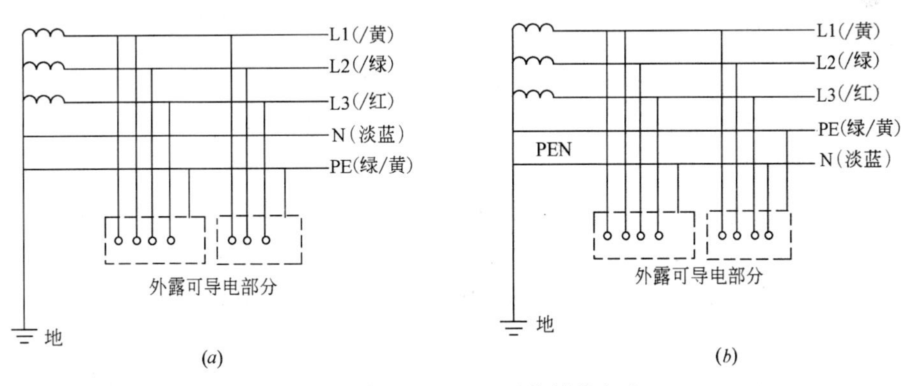

图3-1 低压电网TN系统接线方式

(*a*) TN-S系统；(*b*) TN-C-S系统

TT系统：供电网接地点与电气装置的外露可导电部分分别直接接地。如图3-2所示。

IT系统：电源系统可接地点不接地或通过电阻器（或电抗器）接地，电气装置的外露可导电部分单独直接接地。如图3-3所示。

以上几种供电方式中，TN系统是采用广泛的一种供电系统，根据中性线和保护导线的布置连接方式的不同，可分为TN-C系统、TN-S系统、TN-C-S系统。

(1) TN-C系统：在系统中，保护导线（PE线）和中性线（N线）合一为PEN线，

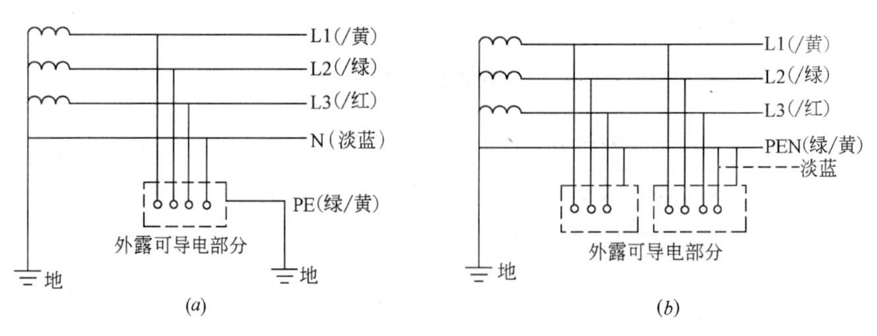

图 3-2　低压电网 TT 系统接线方式

(*a*) TT 系统；(*b*) TT-C 系统

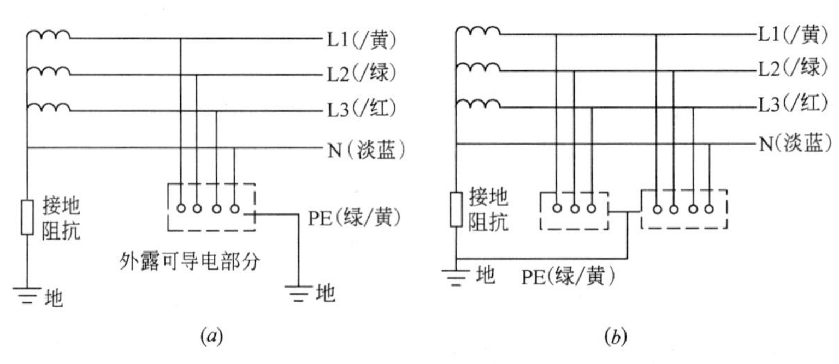

图 3-3　低压电网 IT 系统接线方式

(*a*) 具有独立接地极；(*b*) 具有公共接地极

则供电系统常用三相四线制。

(2) TN-S 系统：在整个系统中，保护导线与中性线分开，保护导线为保护零线，中性线称为工作零线。此系统安全可靠性高，施工现场必须使用，称为三相五线制，如图 3-1 (*a*) 所示。

(3) TN-C-S 系统：在整个系统中，保护导线和中性线开始是合一的，从某一位置开始分开。在实际供电中，以变压器引出往往是 TN-C 系统三相四线制。进入建筑物后，从总配电柜（箱）开始变为 TN-S 系统，加强建筑物内的用电安全，又称为局部三相五线制，如图 3-1 (*b*) 所示。

为了保证中性线安全可靠，在中性点直接接地的三相四线制低压供电系统中，中性点也要重复接地，TN-S 系统中 PE 还要重复接地。重复接地电阻值一般小于 10Ω。一般规定：架空线路的干线与支线的终端及沿线每千米处，电源引入车间或大型建筑物处都要做重复接地。

1.3　接地装置

1.3.1　接地装置的材料

将雷电流通过引下线引入大地的地下装置叫做接地装置。因此它必须和土壤有良好的接触。

接地装置由接地体（又称接地极）和接地线组成。接地体分自然接地体和人工接地体。自然接地体是利用与大地有可靠连接的金属管道和建筑物的金属结构等作为接地体，在可能的情况下应尽量利用自然接地体，人工接地体是利用钢材（如钢管、角钢等）截成适当的长度打入地下而成。在许多场所也可利用金属构件作为自然接地线，但此时应保证导体全长有可靠的联接，形成连续的导体。人工接地的材料应尽量采用钢材，一般采用钢管和角钢等作为接地体，扁钢和圆钢作为接地线，接地体之间的连接一般用扁钢而不用圆钢，且不应有严重锈蚀现象。为使接地装置具有足够的机械强度，对埋入地下的接地体不致因腐蚀而锈断，并考虑到连接的便利，其规格要求见表 3-1 和表 3-2。

人工接地体的材料规格 **表 3-1**

材料类别		最小尺寸(mm)
角钢(厚度)		4
钢管(管壁厚度)		3.5
圆钢(直径)		8
扁钢	(截面积)	48(mm^2)
	(厚度)	4

保护接地线的截面积规定 **表 3-2**

接地线类别		最小截面(mm^2)	最大截面(mm^2)
钢	移动电具引线的接地芯线	生活用 0.2	25
		生产用 1.0	
	绝缘铜线	1.5	
	裸铜线	4.0	
铝	绝缘铝线	2.5	35
	裸铝线	6.0	
扁钢	户内:厚度不小于 3mm	24.0	100
	户外:厚度不小于 4mm	48.0	
圆钢	户内:直径不小于 5mm	19.0	100
	户外:直径不小于 6mm	28.0	

1.3.2 接地装置的安装

(1) 挖沟

安装接地体前，先沿着接地体的线路挖沟，以便打入接地体和敷设连接接地体的扁钢。

按设计规定测出接地网的路线，在此线路挖掘出深为 0.8～1m，宽为 0.5m 的沟，沟的上部要稍宽，底部渐窄，沟底的石子应清除。注意沟的中心线与建（构）筑物的基础距离不得小于 2m。沟挖好后应立即着手安装。

(2) 安装接地体

接地体在打入地下时一般采用打桩法，如图 3-4 所示。一人扶着接地体，另一人用大锤打接地体顶端。

安装时，注意以下几点：

1）按设计位置将接地体打在沟的中心线上，接地体露出沟底地面上的长度约为150～200mm（沟深为 0.8～1m）时，可停止打入，使接地体的最高点离施工完毕后的地面有600mm 的距离。按设计要求，接地体间距一般不小于 5m。

2）敷设的管子或角钢及连接扁钢应避开地下管路、电缆等设施，与这些设施交叉时相距不小于100mm，与这些设施平行时相距不小于300～350mm。

3）使用手锤打接地体时要平稳，接地体与地面应保持垂直。

4）若在土质很干很硬处打入接地体，可浇上一些水使其疏松。

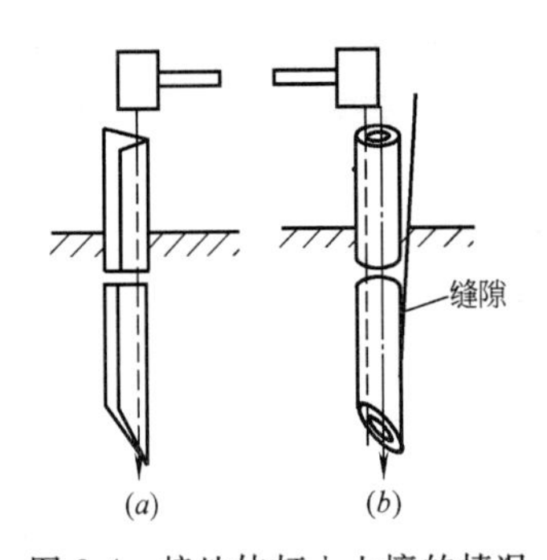

图 3-4 接地体打入土壤的情况

（a）角钢接地体；（b）钢管接地体

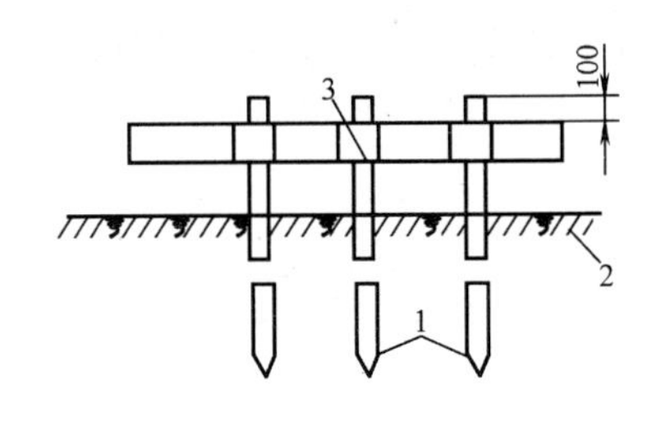

图 3-5 接地体安装

1—接地体；2—地沟；3—接地卡子焊接处

（3）接地线的敷设

1）接地体间的扁钢敷设当接地体打入沟中后，即可沿沟按设计要求敷设扁钢。扁钢敷设前应检查和调直，然后将扁钢放置于沟内，依次将扁钢与接地体焊接。接地体间的连接如图3-5所示，接地导体的焊接方法如图3-6所示。

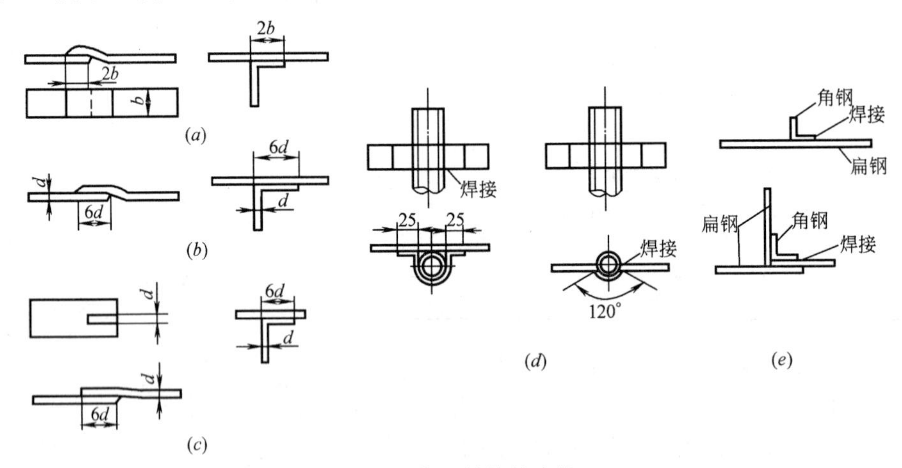

图 3-6 接地导体的连接

注意事项：

A. 扁钢应侧放而不可平放；

B. 扁钢与接地体连接的位置距接地体最高点约100mm；

C. 扁钢和角钢的焊接长度不小于宽度的2倍，用圆钢时不小于直径的6倍；扁钢和钢管除在其接触两侧焊接外，还要焊上用扁钢弯成的弧形卡子，或将扁钢直接弯成弧形与钢管焊接。

扁钢与接地体连接好后，必须经过认真检查认定合格后，即可将沟填平。

（4）电气设备与接地线的连接

电气设备与接地线的连接方法有焊接（用于不需移动的设备金属构架）和螺栓连接

(用于需要移动的设备)。

电气设备外壳上一般都有专用接地螺栓，采用螺栓连接时，先将螺钉卸下，擦净设备与接地线和接触面至发出光泽；再将接地线端部搪锡，并涂上中性凡士林油；然后将地线接入螺钉，拧紧螺帽（在有振动的地方，接地螺钉需加垫弹簧垫圈）。

复习思考题

1. 什么是接地？接地有哪几种？
2. 什么是工作接地、保护接地、重复接地、防雷接地？
3. 什么是接地装置？接地装置是由什么组成的？
4. 中性点接地方式有哪几种？
5. 接地装置的安装步骤有哪些？
6. 安装接地体应注意什么？

实训课题　接地电阻的测量

接地装置在接地体施工完毕后，应测量其接地电阻，常用接地电阻测量仪（俗称接地摇表）直接测量。

1. 测量方法和步骤

(1) 将被测接地体 E′、电位探测针 P′和电流探测针 C′，按直线彼此相距 20m 插入地中，使电位探测针 P′插入接地体 E′和电流探测针 C′之间，如图 3-7 所示。

(2) 用导线将 E′连接仪表 C_2P_2 接线端钮，P′(P) 的端钮连接仪表的 P_1(P) 端钮，C′连接仪表 C_1(C) 端钮。

(3) 将仪表水平放置，检查检流计的指针是否指于中心线（即零线）上，否则用零位调整器将其调正到指于中心线。

(4) 将“倍率标度”指于最大倍数，慢慢转动发电机的手柄，同时旋转“测量标度盘”使检流计的指针指于中心线。

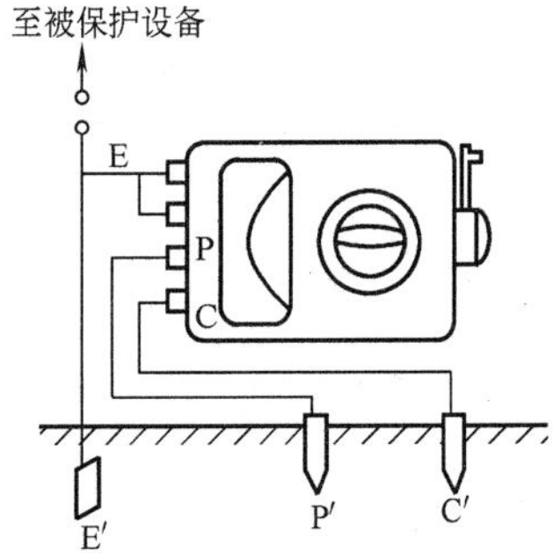

图 3-7　ZC-8 型接地电阻测量仪测量接地体的电阻接线图

(5) 当检流计的指针接近平衡时，加快发电机手柄的转速，使其每分钟达到 120 转以上，调整“测量标度盘”使指针指于中心线上。

(6) 如“测量标度盘”的读数小于 1 时，应将倍率标度置于较小的倍数，再重新调整“测量标度盘”以得到正确读数。

(7) 用“测量标度盘”读数乘以倍率标度的倍数即为所测的接地电阻值。

2. 测量注意事项

(1) 当检流计的灵敏度过高时，可将电位探测针插入土壤的深度放浅一些，当检流计灵敏度不够时，可沿电位探测针和电流探测针注水使其所接触土壤湿润。

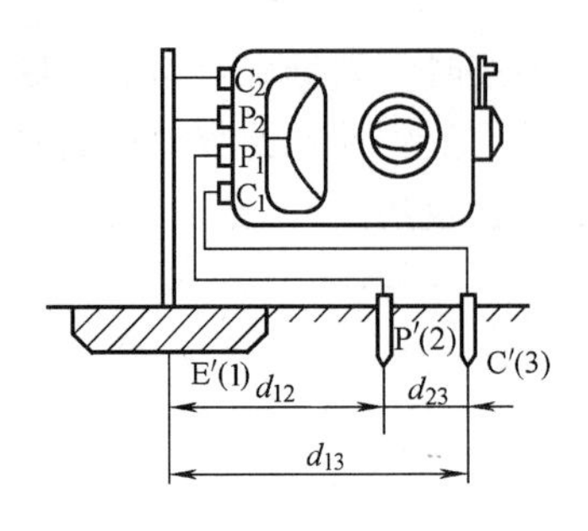

图 3-8 消除连接导线电阻附加误差的测量接线图

（2）当接地体 E′和电流探测针 C′之间的距离大于 20m 时，将电位探测针 P′插在 E′、C′之间的直线相距几米以外的地方，测量时的误差可以不计；但当 E′、C′之间的距离小于 20m 时，则应将电位探测针 P′正确地插于 E′和 C′的直线中间。

（3）当用 0～1/10/100Ω 规格的仪表（具有四个端钮）测量小于 1Ω 的接地电阻时，应将 C_2、P_2 间连片打开，分别用导线连接到被测接地体上，如图 3-8 所示。以消除测量的连接导线电阻的附加误差。

课题 2 安全用电基本知识

2.1 触电的几种形式

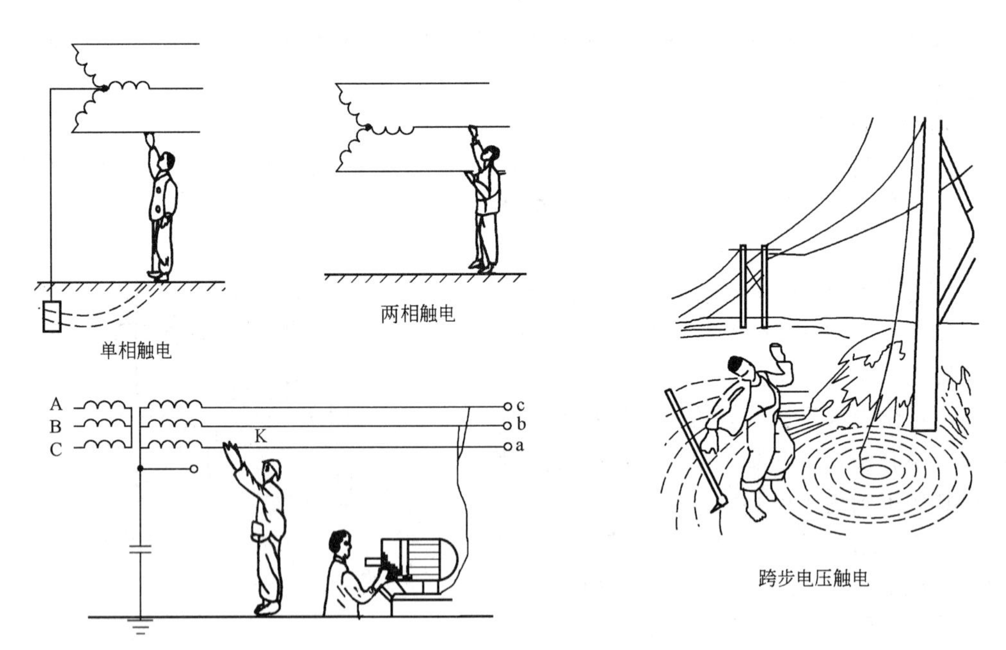

图 3-9 触电的几种形式

A—中性点“N”不接地，即使触电也不会形成电流回路避免人身伤亡。

（1）单相触电

单相触电是指人体接触电网中的任何一相电源。例如电动机外壳漏电，或照明灯头漏电，人体一触及，电流便从一个带电体通过人体流入大地，便形成电流回路。

（2）两相触电

两相触电是指人体同时触及三相带电线路中的任何两相，这时人体承受线电压，危险性极大。检修电路时应注意。

(3) 电弧触电

当人体离带电部分的距离很近以致能够从电器装置对人体放电时，就有电弧产生，电弧通过人体而形成电路。这些电弧一般都会使人体受到灼伤，严重的会被击毙。

(4) 跨步电压触电

跨步电压可分为两种情况：

第一种是由于电器设备的绝缘损坏，产生漏电，使电流与大地构成回路而形成。第二种是高压电网的一相导线断落在地面，导线落地点的电位就是导线的电位，如果人站在距离电线落地点 8～10m 范围内，就可能发生触电事故。这种触电称为跨步电压触电。人离电流入地处越近，电压越高。以导线入地处为圆心，直径 20m 之外才算安全。

2.2 触电急救

2.2.1 预防人体触电

为防止触电事故，除思想上重视，认真贯彻执行合理的规章制度外，主要依靠健全组织措施和完善各种技术措施。

为防止触电事故或降低触电危害程度，需要做好以下几方面的工作：

设立屏障，保证人与带电体的安全距离，并悬挂标示牌；

有金属外壳的电气设备，要采取接地或接零保护；

采用连锁装置和继电保护装置，推广、使用漏电保安器；

正确选用和安装导线、电缆、电气设备，对有故障的电气设备，及时进行修理；不要乱拉电线，乱接用电设备，更不准用“一线一地”方式接灯照明；

不要用湿手去摸灯口、开关、插座等。更换灯泡时要先关闭开关，要经常检查电器的电源线是否完好；

发现电线断开落地时不要靠近，对 6～10kV 的高压线路应离开落地点 8～10m，并及时报告；

建立健全各项安全规章制度，加强安全教育和对电气工作人员的培训。

2.2.2 触电急救方法

触电急救要做到镇静、迅速，方法得当切不可惊慌失措。具体方法如下：

使触电者迅速脱离电源。应立即断开就近的电源开关，如果距开关太远，则要采用与触电者人体绝缘的方法直接使他脱离电源。如戴绝缘手套拉开触电位置；用干燥木棒、竹竿等挑开导线。

如触电者脱离电源后有摔跌的可能时，应在使之脱离电源的同时作好防摔伤的措施。触电者一经脱离电源，应立即进行检查，若是已经失去知觉，便着重检查触电者的双目瞳孔是否已经放大，呼吸是否停止和心脏的跳动情况如何等项目。应在现场就地抢救，使触电者仰天平卧，松开衣服和腰带，打开窗户，但要注意触电者的保暖，及时通知医务人员前来抢救。

根据检查结果，立即采取相应的急救措施。对有心跳而呼吸停止的触电者，应采用“口对口人工呼吸法”进行抢救。

对有呼吸而心脏停跳（或心跳不规则）的触电者，应采用“胸外心脏挤压法”进行抢救。对呼吸和心跳都已停止的触电者，应同时采用上述两种方法进行抢救。

抢救方法：

口对口（或口对鼻）人工呼吸法步骤：

使触电者仰天平卧，头部稍后仰，松开衣服和腰带。

清除触电者口腔中血块、痰唾或口沫，取下假牙等杂物。

急救者深深吸气，捏紧触电者鼻子，大口地向触电者口中吹气，然后放松触电者鼻子，使之自身呼气，同时急救者再吸气，向触电者吹气。每次重复应保持均匀的间隔时间，以每分钟吹气 15 次左右为宜，人工呼吸要坚持连续进行，不可间断，直至触电者苏醒为止。见图 3-10 所示。

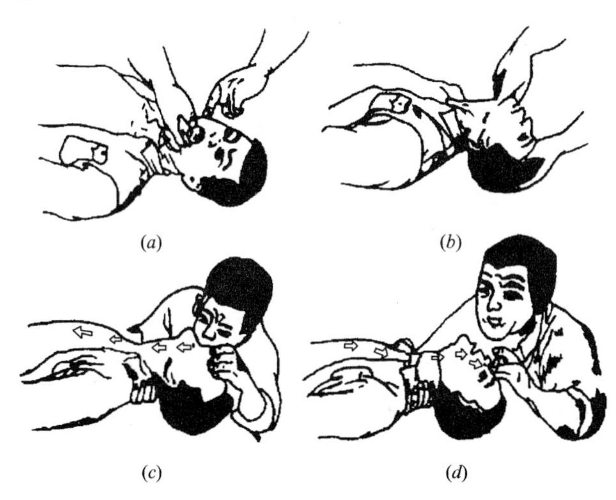

图 3-10　口对口人工呼吸法

(a) 清理口腔；(b) 头部后仰；(c) 贴嘴吹气；(d) 松口唤气

若触电者的嘴不易掰开，可捏紧嘴，往鼻孔里吹气。

胸外心脏挤压法施行步骤：

使触电者仰天平卧，松开衣服和腰带，颈部枕垫软物，头部稍后仰，急救者跪在触电者侧或跨在其腰部两侧，两手交叉相叠，用掌根对准心窝处（两乳中间略下一点）向下按压。向下按压不是慢慢用力，要有一定的冲击力，但也不要用力过猛，一般对于成人压陷胸骨 3～4cm，儿童酌减。然后突然放松，但不要离开胸壁，让胸部自动恢复原状，此时心脏扩张，整个过程如图 3-11 所示。如此反复做，每分钟约 60 次，对儿童每分钟大约 90～100 次。

触电者如果呼吸停止，心脏也停止跳动，则同时使用口对口人工呼吸法和心脏挤压法，每心脏挤压四次，吹一口气，操作比例为 4：1，最好由两个人共同进行。

2.2.3　防止触电事故发生的措施

(1) 电器设备要及时检修。

(2) 严格遵守操作规程。

(3) 供电变压器中性点不接地。

采用变压器中性点不接地的做法是在变压器中性点装一个过电压“保险击穿器”，当线路绝缘良好时，线路泄漏电流不超过 20mA。即使有人无意中碰触了带电体或漏电马达的外壳，虽有电流通过人体，由于电流很微弱，触电者也不会有生命危险。

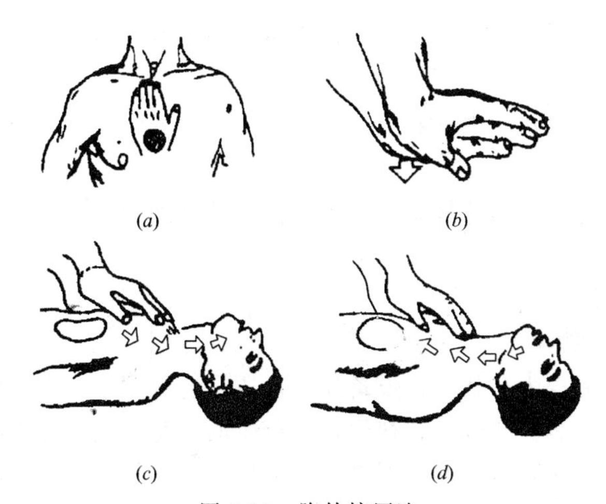

图 3-11 胸外挤压法
(a) 中指对凹膛；(b) 掌根向下压；(c) 慢压帮呼气；(d) 提掌助吸气

所谓“保险击穿器”实质上就是两块固定铜片造成的一个平板空气间隙，这个间隙可以将过电压泄放到大地，从而起到保护的作用。一般间隙的放电，其电压的大小高出变压器在空载运行时中性点的电容电压 20%～30%左右，例如变压器空载时中性点对地的电容电压是 1000V，则击穿器的间隙在 1200～1300V 放电。这个平板的空气间隙应装置在免受湿气和灰尘的密封装置中。

2.3 安 全 用 电

2.3.1 安全操作知识

电工必须接受安全教育，掌握电工基本的安全知识，方可参加电工的实际操作。凡没有接受过安全教育、不懂得电工安全知识的学员是不允许参加电工实际操作的。

电工所应掌握的具体的安全操作技术与电工操作的技术要求和规定相同，如安装开关时，相线必须接入开关，不可接入灯座；导线连接时接点要接触良好，以防过热；安装灯具时不能用木楔作预埋件，以防木楔干燥后脱落等等。所以要做到安全操作，就必须熟悉每一项电气安装工程的技术要求和操作规范；必须了解每一种工具的正确使用方法和每一种仪器仪表的测量方法。除此以外还应熟悉基本安全用电知识。这里就电工最基本的安全知识综述如下：

在进行电工安装与维修操作时，必须严格遵守各种安全操作规程和规定，不得玩忽职守。

在进行电工操作时，要严格遵守停电操作的规定。操作工具的绝缘手柄、绝缘鞋和手套等的绝缘性能必须良好，并应作定期检查。登高工具必须牢固可靠，也应作定期检查。

对已出现故障的电气设备、装置和线路必须及时进行检查修理，不可继续勉强使用。

具有金属外壳的电气设备，必须进行可靠的保护接地；凡有被雷击可能的电气设备，要安装防雷装置。

严禁采用一线一地、二线一地和三线一地（指大地）安装用电设备或器具。

在一个插座或灯座上不可引接过多或功率过大的用电器具。

不可用金属线绑扎电源线。

不可用潮湿的手去触及开关、插座和灯座等电气装置；更不可用湿布去揩抹电气装置和用电器具。

在搬移电焊机、鼓风机、电钻和电炉等各种移动电器时，应先分离电源，更不可拖拉电源引线来移动电器。

在雷雨时，不可走近高压电杆、铁塔和避雷针的接地导线周围，至少要相距10m远，以防雷电入地时周围存在跨步电压而造成触电。

2.3.2 电工消防知识

(1) 电气火灾的原因

电气事故不但能造成人员伤亡，设备损坏，还会造成火灾，有时火灾的损失比起电气事故的直接损失要大得多。电气设备在运行中产生的热量和电火花或电弧是引起火灾的直接原因。线路、开关、保险丝、照明器具、电动机、电炉等设备均可能引起火灾。电力变压器、互感器、电力电容器和断路器等设备除能引起火灾外还会产生爆炸。

(2) 预防和扑救

预防电气火灾和爆炸的具体措施很多，在此仅介绍几点一般的措施。

选用绝缘强度合格、防护方式、通风方式合乎要求的电气设备。

严格执行安装标准，保证安装质量。

控制设备和导线的负荷，经常检查它们的温度。

合理使用设备，防止人为地造成设备及导线的机械损伤、漏电、短路、通风道的堵塞、防护装置的损坏等。

导线的接点要接触良好，以防过热。铜、铝导线连接时应防止电化腐蚀。

消除有害的静电。

万一发生了火灾，应尽量断电灭火，断电时应注意下面几点：

起火后由于受潮或烟熏，开关的绝缘电阻下降，拉闸时最好用绝缘工具。

高压侧应断开油断路器，一定不能先断开隔离开关。

断电的范围要适当，要保留救火需要的电源。

剪断电线时，一次只能断一根，并且不同相电线应在不同的部位剪断，以免造成短路。

不得不带电灭火时，下面的事项应予以注意：

按火情选用灭火机的种类。二氧化碳、四氯化碳、二氟一氯、一溴甲烷（"1211"）、二氟二溴甲烷或干粉灭火机的灭火剂都是不导电的，可用于带电灭火。泡沫灭火机的灭火剂（水溶液）有一定导电性，且对电气设备的绝缘有影响，故不宜使用。

防止电通过水流伤害人体。用水灭火时，电会通过水枪的水柱、地上的水流、潮湿的物体使人触电。可以让灭火人员穿戴绝缘手套、绝缘靴或均压服，把水枪喷嘴接地，使用喷雾水枪等。

人体与带电体之间要保持一定距离。水枪喷嘴至带电体（110kV以下）的距离不小于3m。灭火机的喷嘴机体和带电体的距离，10kV不小于0.4m，35kV不小于0.6m。

对架空线路等架空设备进行灭火时，人体和带电体间连线与地平面的夹角不应超过45°，以免导线断落危及灭火人员的安全。如有带电导线落到地面，要划出一定的警戒区，防止有人触及或跨步电压伤人。

2.3.3 漏电保护器及安装

在使用漏电保护器的电路中，无论什么原因造成对地电流，都会使开关动作。如人触及带电体，电流经人体入地开关就动作。设备绝缘老化，出现轻微漏电，这时虽然作了接零保护，但漏电电流很小，短路保护装置不会动作，会造成设备外壳长时间带电，引起触电。但使用了漏电保护器，小的漏电电流，就会使开关动作，立即切断电源。

采用电流型漏电保护器，一般动作灵敏度在30mA以上，漏电电流大于30mA开关就会动作；高灵敏度型，动作灵敏度为10mA。漏电保护器的动作时间很短，在0.1秒以内即可切断电源。

(1) 漏电保护器的安装及使用接线方式

漏电保护器在TN系统中的典型接线如表3-3所示。

漏电保护器在TN系统中的典型接线方法 表3-3

序号	适用的负荷类型	漏电保护器类型	典型接线方式
1	TN-C三相和单相混合负荷	四极	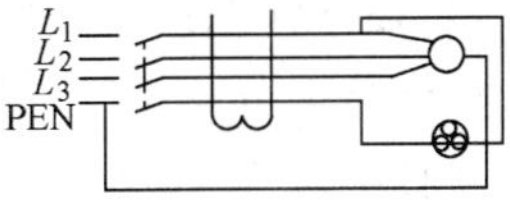 L_1 L_2 L_3 PEN
2	TN-S三相和单相混合负荷	四极	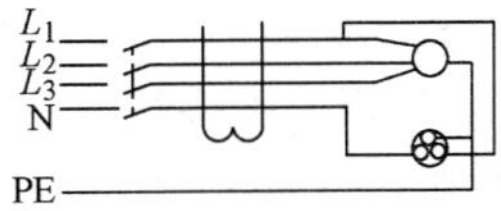 L_1 L_2 L_3 N PE
3	TN-C三相和单相混合负荷	三极和二极	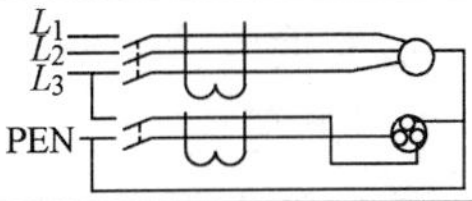 L_1 L_2 L_3 PEN
4	TN-S三相和单相混合负荷	三极和二极	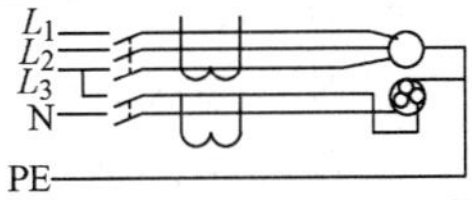 L_1 L_2 L_3 N PE
5	TN-C三相动力负荷	三极	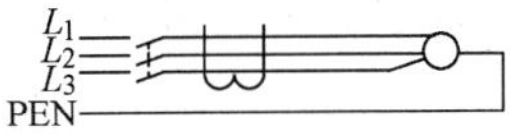 L_1 L_2 L_3 PEN
6	TN-S三相动力负荷	三极	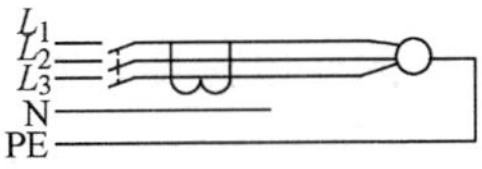 L_1 L_2 L_3 N PE
7	TN-C三相动力负荷	四极	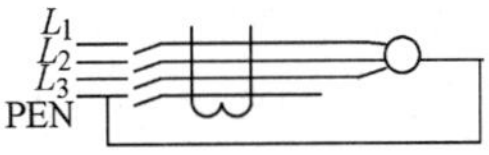 L_1 L_2 L_3 PEN
8	TN-S三相动力负荷	四极	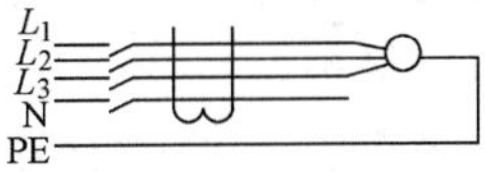 L_1 L_2 L_3 N PE
9	TN-C单相负荷	二极	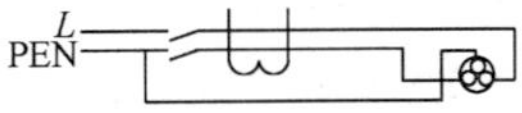 L PEN
10	TN-S单相负荷	二极	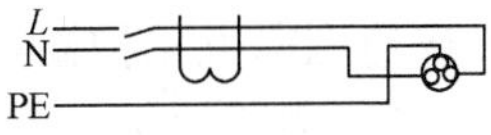 L N PE

续表

序　号	适用的负荷类型	漏电保护器类型	典型接线方式
11	TN-C单相负荷	三极	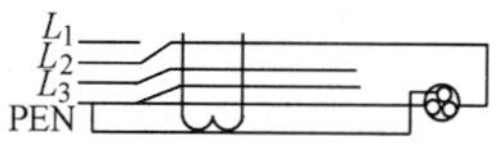 L_1 L_2 L_3 PEN
12	TN-S单相负荷	三极	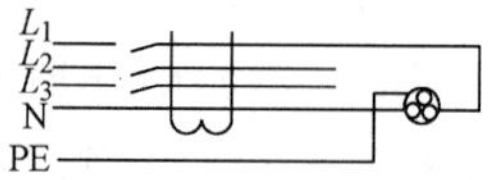 L_1 L_2 L_3 N PE
13	TN-C单相负荷	四极	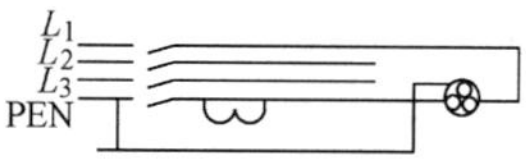 L_1 L_2 L_3 PEN
14	TN-S单相负荷	四极	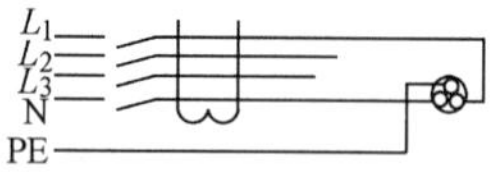 L_1 L_2 L_3 N PE

(2) 在TN系统中使用漏电保护器的注意事项

1) 严格区分N线和PE线。使用漏电保护器后，以漏电保护器起，系统变为TN-S系统，PE线和N线必须严格分开。N线要通过漏电保护器，PE线不通过漏电保护器，可从漏电保护器上口接线端分开。

2) 单相设备接线使用漏电保护器后，单相设备一定要接在N线上，不能接在PE线上，否则会合不上闸。

3) 重复接地使用漏电保护器后，PE线可以重复接地，开关后的N线不准重复接地，否则会合不上闸。

4) 使用漏电保护器后，从漏电保护器起，系统变为TN-S系统，后面的线路接线不能再变回TN-C系统，否则会引起前级漏电保护器误动作。

(3) 漏电保护的使用场所

根据劳动部颁发的《漏电保护器安全监察规定》，下列场所应采用漏电保护器。

1) 建筑施工场所，临时线路的用电设备必须安装漏电保护器。

2) 除三类外的手持式电动工具，移动式生活日常电器，其他移动式机电设备及触电危险性大的用电设备，必须安装漏电保护器。

3) 潮湿、高温、金属占有系数大的场所及其他导电良好的场所，以及锅炉房、食堂、浴室、医院等辅助场所必须安装漏电保护器。

4) 对新制作的低压配电柜（箱、屏)、动力柜（箱)、开关箱（柜)、试验台、起重机械等机电设备的动力配电箱，在考虑设备的过载、短路、失压、断相等保护的同时，必须考虑漏电保护。

应采用安全电压的场所，不得采用漏电保护器代替。

(4) 漏电保护器及漏电保护器动作电流的选择

1) 游泳池的供电设备、喷水池和水下照明、水泵、浴室中的插座及电气设备；住宅的家用电器和插座；试验室、宾馆、招待所客房的插座；有关的医用电气设备和插座，都应安装快速型漏电保护器，其动作电流应在6～10mA。

2) 环境潮湿的洗衣房、厨房操作间及其潮湿场所的插座，所安装漏电保护器的动作电流应为 15～30mA。

3）储藏重要文物和重要场所内电气线路上，主要为了防火，所装漏电保护器的动作电流应大于 30mA。

4）对有些不允许停电的负荷，如事故照明、消防水泵、消防电梯等，宜酌情装设漏电报警装置。可安装动作电流大于 30mA 的延时型漏电继电器。

2.3.4 电气安装工程的防火施工要求

我们知道电气事故不但能使设备损坏，还会造成火灾，而且火灾的损失比电气事故的直接损失要大得多，所以预防电气火灾是一项非常重要的工作，防患于未然，我们必须在电气安装的整个施工过程把好电气防火的每一关。

发生电气火灾的主要原因有：

线路严重过载或接头处接触不良引起严重发热，使附近易燃物、可燃物燃烧而发生火灾。

开关通、断或熔断器熔断时喷出电弧、火花，引起周围易燃、易爆物质燃烧爆炸。

由于电气设备受潮、绝缘性能降低而引起漏电短路，使设备产生火花引发火灾。电气照明及电热设备使附近易燃物燃烧。

由于静电（雷电、摩擦）引发火灾。

鉴于发生电气火灾的各种原因，在电气安装工程中制定了有关防火的要求和规范。

（1）在火灾危险环境电气设备及线路的安装要求

装有电气设备的箱、盒等，应采用金属制品；电气开关和正常运行产生火花或外壳表面温度较高的电气设备，应远离可燃物质的存放地点，其最小距离不应小于 3m。

在火灾危险环境内，不宜使用电热器。当生产要求必须使用电热器时，应将其安装在非燃材料的底板上，并应装设防护罩。

移动式和携带式照明灯具的玻璃罩，应采用金属网保护。

在火灾危险环境内的电力、照明线路的绝缘导线和电缆的额定电压，不应低于线路的额定电压，且不得低于 500V。

1kV 以下的电气线路，可采用非铠装电缆或钢管配线。

在火灾危险环境内，当采用铝芯绝缘导线和电缆时；应有可靠的连接和封端。

移动式和携带式电气设备的线路，应采用移动电缆或橡套软线。

电缆引入电气设备或接线盒内，其进线口处应密封。

（2）电气安装工程的一般防火要求

各式灯具在易燃结构部位或暗装在木制吊顶内时，在灯具周围应做好防火隔热处理。卤钨灯具不能在木质或其他易燃材料上吸顶安装。

在可燃结构的顶棚内，不允许装设电容器、电气开关以及其他易燃易爆的电器。如在顶棚内装设镇流器时，应设金属箱。铁箱底与顶棚板净距应不小于 50mm，且应用石棉垫隔热，铁箱与可燃构架净距应不小于 100mm，铁箱应与电气管路连成整体。

在顶棚内布线时，应在顶棚外设置电源开关，以便必要时切断顶棚内所有电气线路的电源。

在顶棚内由接线盒引向器具的绝缘导线，应采用可绕金属电线保护管或金属软管等保护，导线不应有裸露部分。

导线在槽板内不应设有接头，接头应置于接线盒或器具内；盖板不应挤伤导线的绝缘层。

塑料线槽必须经阻燃处理，外壁应有间距不大于1m的连续阻燃标记和制造厂标。

电气照明装置的接线应牢固，电气接触应良好；需接地或接零的灯具、开关、插座等非带电金属部分，应有明显标志的专用接地螺钉。

复习思考题

1. 电工基本安全有哪几方面内容？
2. 触电有哪几种形式？
3. 迅速脱离电源的方法有哪些？
4. 怎样视触电者身体状况确定急救方法？
5. 发生电气火灾的原因是什么？
6. 电气安装工程的防火施工有哪些？
7. 漏电保护器的使用场所有哪些？
8. 使用漏电保护器有哪些注意事项？

实训课题　触电急救练习

1. 使触电者脱离电源。
2. 将触电者移至通风处静卧，解衣领、宽裤带。
3. 实施人工呼吸。

（1）用毛巾模拟触电者，进行口对口人工呼吸，吹2秒、停3秒。按节奏操作若干次。

（2）一人模拟触电者，另一人实施胸外挤压心脏法。掌握好力度及频率。

单元4　照明电路基础

知 识 点： 照明工程常用电光源、照明的电源供应、基本照明电路。

教学目标： 懂得照明电路的基本知识，基本照明电路，会安装基本照明电路。

课题1　照明电路基础知识

1.1　照明工程常用电光源

1.1.1　基本光度单位

(1) 光通量

由于人眼对不同波长的可见光具有不同的灵敏度，所以不能直接用光源的辐射功率这个客观量来衡量光能量，而要采用以人眼对光的感觉量为基准的基本量——光通量来衡量。

光源在单位时间内向周围空间辐射出去的，并使人眼产生光感的能量，称为光通量，用符号 ϕ 表示，单位为流明（lm）。

(2) 发光强度

桌子上方有一盏无罩的白炽灯，在加上灯罩后，桌面显得亮多了。同一个灯泡不加灯罩与加上灯罩，它所发出的光通量是一样的，只不过加上灯罩后，光线经灯罩的反射，使光通量在空间分布的状况发生了变化，射向桌面的光通量比未加罩时增多了。因此，在电气照明技术中，只知道光源所发出的总光通量是不够的，还必须了解光通量在空间各个方向上的分布情况。

光源在空间某一方向上的光通量的空间密度，称为光源在这一方向上的发光强度（简称光强），以符号 I_θ 表示，单位为坎德拉（cd）。

因为光源发出的光线是向空间各个方向辐射的。因此，必须用立体角作为空间光束的量度单元来计算光通量的密度。

40W 的白炽灯泡在未加灯罩前，其正下方的光强约为 30cd，加上一个不透光的搪瓷灯罩后，原来向上发出的光通量，大都被灯罩朝下方反射，使下方的光通量密度增大，光强由 30cd 增至 73cd 左右。

(3) 照度

对被照面而言，它单位面积上所接受的光通量，称为该被照面的照度，照度用符号 E 表示，单位为勒克斯（lx）。照度的定义式为

$$E=\phi/A$$

式中　E——被照面 A 的照度（lx）；

　　ϕ——正面所接受的光通量（lm）；

　　A——A 面的面积（m^2）。

照度的单位为勒克斯（lx），1 勒克斯表示 1 流明的光通量均匀分布在 1 平方米的被照面上。

40W 白炽灯泡下 1m 处的照度约为 30lx，加一搪瓷灯罩后增至 73lx，阴天中午室外的照度为 8000～20000lx，晴天中午室外的照度可达 80000～120000lx。

1.1.2　照明光源

常用照明电光源可分为两大类。一类是热辐射光源，如白炽灯、卤钨灯等；另一类是气体放电光源，如荧光灯、高压汞灯、高压钠灯、金属卤化物灯、氙灯等。灯具由光源和控照器（灯罩）组成，也称照明器。

（1）常用照明光源

1）白炽灯　是第一代电光源，属于热辐射光源，通过钨丝白炽体高温辐射来发光，构造简单、使用方便，但钨丝热辐射的频率范围很广，其中绝大部分是红外线，紫外线很少，可见光部分仅占 2%～3%的比率，使得白炽灯的光视效能很低，仅为 10～18lx/W，且寿命较短，约为 1000h。

提高钨丝温度可以提高白炽灯的光视效能，理论上光视效能可达 85lx/W，但提高温度会使钨的升华变快，使得钨丝很快变细以致烧断。白炽灯主要由灯头、灯丝和玻璃泡等组成。

白炽灯的构造如图 4-1 所示。白炽灯的灯丝对于白炽灯的工作性能具有极其重要的影响，它是由高熔点低蒸发率的金属钨制成，一般 40W 及以下的白炽灯泡只将泡内抽成真空，而 60W 及以上的灯泡除了将泡内抽成真空外还在泡内充入一定量的惰性气体氩和其他气体如氮气等，用以抑制钨金属的蒸发，延长白炽灯的使用寿命。

白炽灯现在已发展成为宏大的光源“家族”，除照明用的普通白炽灯泡、局部照明灯泡和装饰灯泡外，还有许多其他用途的特殊白炽灯泡，如图 4-2 所示为装饰灯泡外形图。

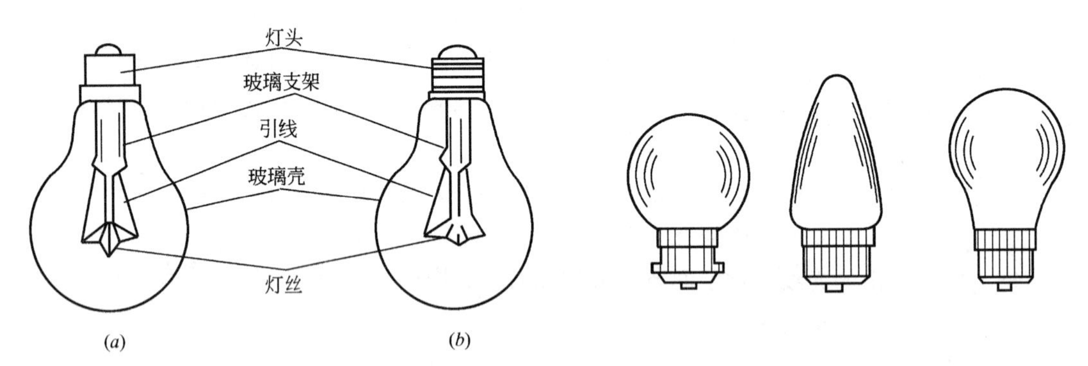

图 4-1　白炽灯的构造

（a）插口灯泡；（b）螺口灯泡

图 4-2　装饰灯泡外形

白炽灯在使用中应按照额定电压接入电源（电源电压波动应不大于±5%），否则会因此而影响发光效率和灯的使用寿命。白炽灯在正常工作时表面温度较高，如 60W 的白炽灯在正常工作时的表面温度约为 110℃，使用时应注意环境对灯的要求。

2）卤钨灯　卤钨灯光源是在白炽灯的基础上研究生产出来的一种高效率的热辐射光源。这种光源有效地避免白炽灯泡在使用过程中，灯丝钨蒸发使灯泡玻璃壳内壁发黑，透光性降低所引起的灯泡发光效率降低。卤钨灯的结构与白炽灯相比有很大的变化，发光效率（10～30lm/W）和使用寿命（1500h 左右）方面得到了很大的提高，光色也具有很明显的改善。实际上卤钨灯就是在白炽灯泡内充入卤族元素气体。

卤钨灯主要由灯丝、石英玻璃管、灯丝支架和电极等构成，图 4-3 所示为碘钨灯结构图。按充入卤素的不同，可分为碘钨灯、溴钨灯和氟钨灯。卤钨灯是在灯管内充入氮气、氩气和少量卤素气体，利用灯管内的高温，使卤素气体与灯丝蒸发出来的钨化合生成卤化钨并在灯管内扩散，在灯丝周围形成一层钨蒸气云，使钨重新落回灯丝上，有效地防止灯泡的黑化，使灯泡在整个使用期间保持良好的透明度，减少光通量的降低。

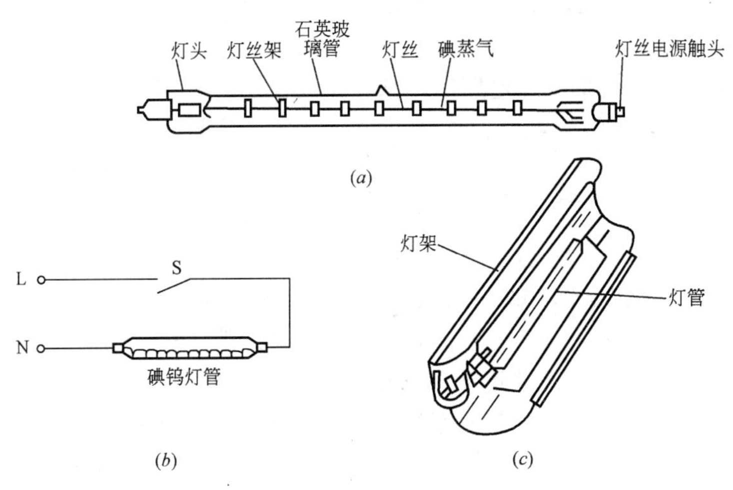

图 4-3 碘钨灯结构

(*a*) 结构；(*b*) 线路图；(*c*) 灯管及灯架

卤钨灯与一般白炽灯比较，优点是体积小、效率较高、功率集中、便于控制，且灯具尺寸缩小、制作简单、价格便宜、运输方便。正常工作时，灯管表面温度高达 600℃以上，故不能与易燃物接近。在安装时必须保持水平倾角不大于 4°。

卤钨灯是新型的光源和热源，适用于体育场、会场建筑物、舞台、厂房车间、机场照明以及火车、轮船、摄影、光学仪器等场所，同时还可用于烘干加热、取暖及作其他热源使用，如自行车、汽车、拖拉机等的烘化工艺和棉布、丝绸、印染工业等方面的烘干工艺。

3）荧光灯

荧光灯是第二代电光源的代表。它具有光色好、光效高、寿命长、光通分布均匀、表面亮度和温度低等优点。广泛应用于各类建筑的室内照明中，并适用于进行精细工作，照度要求高和长时间进行紧张视力工作的场所。

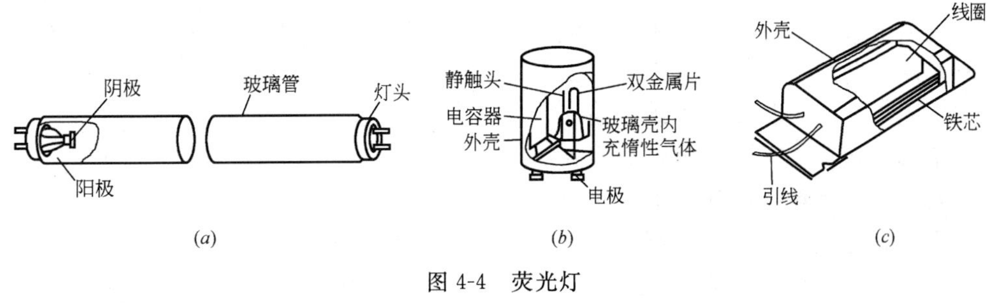

图 4-4 荧光灯

(*a*) 灯管；(*b*) 起辉器；(*c*) 镇流器

A. 荧光灯的构造

如图 4-4 所示，荧光灯由荧光灯管、镇流器和起辉器配套组成。

荧光灯管的主要部件是灯头、热阴极和内壁涂有荧光粉的玻璃管。热阴极为涂有热发射电子物质的钨丝。玻璃管在抽真空后充入气压很低的汞蒸气和惰性气体氩。在管内壁涂上不同配比的荧光粉，则可制成日光色、白色、暖白色等品种的荧光灯管。图 4-4 (*b*)、(*c*) 所示是起辉器和镇流器。起辉器主要由一个 U 形双金属片动触点和一个静触点组成，它们装在一个充满惰性气体的玻璃泡内，并用金属外壳作保护。镇流器实质上是一个铁芯线圈。

B. 工作原理

图 4-5 所示是荧光灯的工作电路图。其工作过程是：合上开关 K，电源电压加在起辉器的动、静触点之间，起辉器产生辉光放电。U 形双金属片受热弯曲并与静触点接通，从而有电流流经镇流器、灯丝和起辉器。当灯丝温度升高到一定时，发射出大量热电子。双金属片触点接通后，停止辉光放电，双金属片经一定时间冷却复位，这瞬间由于电路突然被分断，镇流器产生很高的自感电动势，使灯丝附近的热电子高速运动，汞蒸气因而电离而导电。电离的汞产生出紫外线，激发管壁的荧光粉发出可见光。灯管起燃后，灯管两端的电压不足以达到起辉器的起辉电压，起辉器不再动作，荧光灯进入正常工作状态。

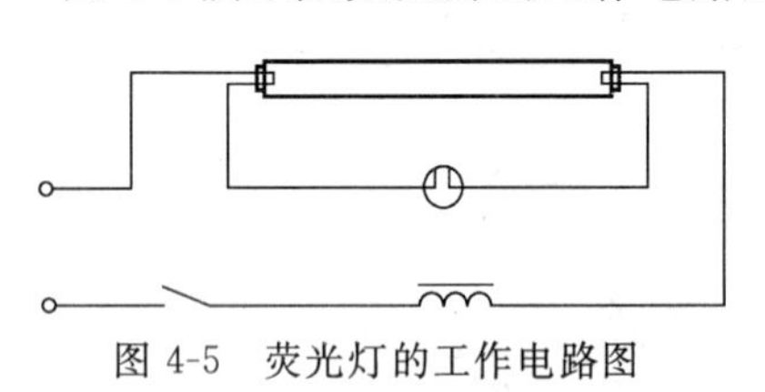

图 4-5　荧光灯的工作电路图

4）荧光高压汞灯　即高压水银荧光灯。其发光原理与低压荧光灯基本相同，只是它的工作气压要高得多。荧光高压汞灯的光效比白炽灯高 3 倍左右，寿命也长，启动时不需加热灯丝，故不需要起辉器。

自镇流荧光高压汞灯用钨丝作为镇流器，利用高压汞蒸气放电、白炽体和荧光材料三种发光物质同时发光的复合光源。

如图 4-6 (*a*) 所示，当合上开关之后，首先在辅助电极和主电极（也称工作电极）之间产生辉光放电，使石英玻璃管内的气体游离，在主电极的电场作用下，游离的气体便促使两个主电极之间产生弧光放电。为限制辅助电极和主电极之间的放电电流，在辅助电极上串联了一个阻值 $R=40\sim60\text{k}\Omega$ 的启动电阻，因为弧光放电电压比辉光放电电压低得多，故辉光放电很快结束，而弧光放电将继续下去。随着弧光放电管内温度增高，汞蒸气气压逐渐升高，大约经过 5～10min，灯泡达到稳定工作状态。其发光原理是由于管内的汞蒸气辐射出一种紫外线，在紫外线照射下，荧光粉受激而发射出可见光。荧光高压汞灯的光色呈淡蓝绿色。荧光高压汞灯在其使用过程中，电源电压波动不宜过大，当电压降低超过 5%

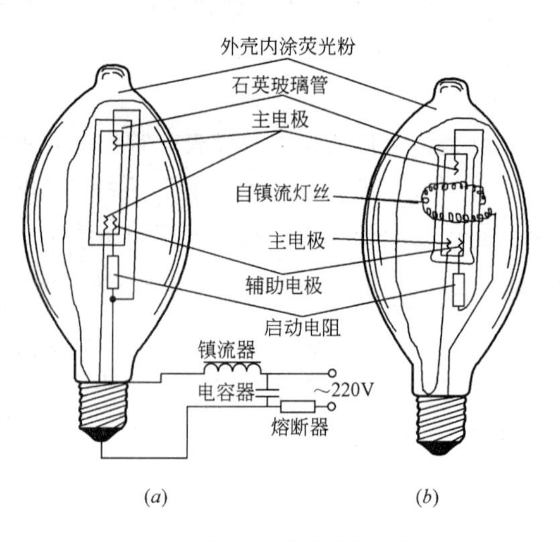

图 4-6　荧光高压汞灯

(*a*) 外镇流式高压汞灯；(*b*) 自镇流式高压汞灯

时灯会自动熄灭。在安装时应尽量保持让灯泡垂直安装。荧光高压汞灯必须与镇流器配套使用（自镇流式除外），否则会影响灯的使用寿命。自镇流式荧光高压汞灯如图 4-6（*b*）所示。由于荧光高压汞灯不能瞬时启动，因此不能用于需要迅速点燃的照明场所。

5）高压钠灯　高压钠灯是近十几年才发展起来的一种较新型气体放电光源，是一种发光效率高（80lm/W 左右）、使用寿命长（2000h 左右）、光色比较好的近白色光源。高压钠灯透雾性较强，适用于各种街道、飞机场、车站、货场、港口及体育场馆的照明。高压钠灯的基本构造如图 4-7（*a*）所示，主要由放电管、双金属片继电器和玻璃外壳（灯泡）等组成。

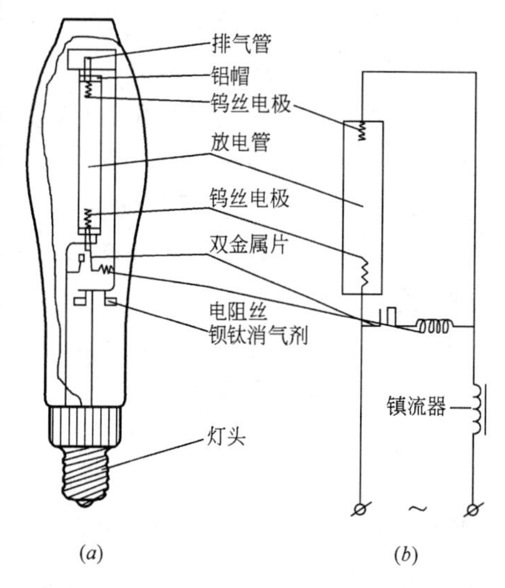

图 4-7　高压钠灯的基本构造及工作原理图
（*a*）结构；（*b*）工作原理

放电管是由和钠不起化学作用的、能耐高温的多晶氧化铝半透明陶瓷制作的，管内充有适量的钠、汞和氙等，两端装有钨丝电极。双金属片继电器是由两种膨胀系数不同的金属材料制成的。放电管外是一个由玻璃制作的椭圆形外壳（灯泡），泡内抽成真空。高压钠灯的灯头与普通白炽灯完全相同，可以通用。图 4-7（*b*）所示为一种常用的高压钠灯工作电路，当合上电源开关后，电路两端加上电源电压，电路中的电流通过镇流器、双金属片和加热线圈，加热线圈因受热而使双金属片（冷态动断触点）断开，在双金属片断开的一瞬间，镇流器产生一个高压脉冲使放电管内产生气体放电，即灯泡点燃。之后，双金属片借助放电管的高温保持常开状态。高压钠灯从点燃到稳定工作约需要 4～8min，在稳定工作时可发出金白色光。

高压钠灯受电源电压的影响较大，电压升高易引起灯泡自行熄灭；电压降低则灯泡发光的光通量减少，光色变暗。灯的再起动时间较长，一般在 10～20min 以内，故不能用作事故照明或其他需要迅速点燃的场所。高压钠灯不宜用于要频繁开启关闭的地方。灯泡内的各附件也要按规格与灯泡配套使用，否则影响灯的正常工作和使用寿命。

6）氙灯　氙灯是一种高压氙气放电光源，其光色接近于太阳光，且具有体积小、功率大、发光效率高等优点，故有“人造小太阳”之美称，并广泛用于纺织、陶瓷等工业照明，也适用于建筑施工工地、广场、车站、港口等其他需要高照度的大面积照明场所。

管形氙灯由石英玻璃放电管、两个由钍钨制成的环状电极（两个电极置于石英玻璃管的两端）、灯头等构成。管形氙灯的构造及外形如图 4-8 所示。

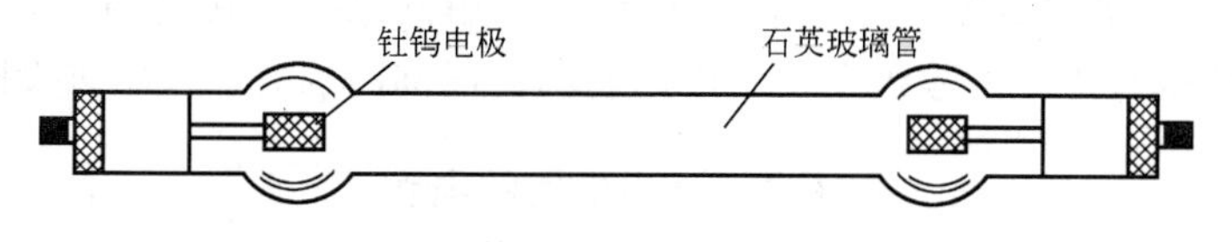

图 4-8　管形氙灯的构造及外形

选择使用管形氙灯时应注意以下要求：为了达到整个大面积工作面上的均匀照明和避免紫外线危害，灯的安装高度不低于 20m，20kW 以上的氙灯不得低于 25m。当电源电压波动超过±5%时，灯极易自行熄灭。灯管的安装要求（如要求水平或垂直安装）要参考使用说明书。氙灯必须与相应的触发器配套使用，但在使用时要防止触发器产生的高压脉冲对工作人员和各种设备的危害。

7）霓虹灯　霓虹灯也是一种气体放电光源，在装有电极的灯管两端加上高电压（4000～15000V之间），即可从电极发射电子。高速运动的电子激发管内的惰性气体或金属蒸气分子，使其电离而产生导电离子，灯管从而导通发光。由于不同元素激发后发光颜色不同，如氦发红光、氮和钠发黄光、氩发青光，可按需求在管内充以不同元素（氦、氖、氩、氮、钠、汞、镁等非金属或金属元素）。若管内充有几种元素，则按元素比例可发射不同的复合色光。

因霓虹灯需要专门变压器供给高压电源，故其装置由灯管和变压器两大部分组成。

（2）照明方式和种类

照明方式可分为以下三种：

1）一般照明　在整个场所或场所的某部分照度基本上均匀的照明。对于工作位置密度很大而对光照方向又无特殊要求，或工艺上不适宜装设局部照明装置的场所，优先考虑单独使用一般照明。

2）局部照明　局限于工作部位的固定的或移动的照明。对于局部地点需要高照度，并对照射方向有要求时，宜采用局部照明。但在整个场所不应只设局部照明而无一般照明。

3）混合照明　混合照明为一般照明与局部照明共同组成的照明，对于工作面需要较高照度并对照射方向有特殊要求的场所，宜采用混合照明。此时，一般照明照度按不低于混合照明总照度的5%～10%选取，且最低不低于20lx。

按照明的功能，照明可分成以下五类。

1）工作照明　正常工作时使用的室内外照明，一般可单独使用，也可与事故照明、值班照明同时使用，但控制线路必须分开。

2）事故照明　正常照明因故障熄灭后，供事故情况下继续工作或安全通行的照明。在由于工作中断或误操作容易引起爆炸、火灾以及人身事故会造成严重政治后果和经济损失的场所，应设置事故照明。事故照明布置在可能引起事故的设备、材料周围以及主要通道和出入口，并在灯的明显部位涂以红色，以示区别。事故照明通常采用白炽灯（或卤钨灯）。事故照明若兼作为工作照明的一部分则需经常点亮。

3）值班照明　在非生产时间内供值班人员使用的照明。例如对于三班制生产的重要车间、有重要设备的车间及重要仓库，通常宜设置值班照明。可利用常用照明中能单独控制的一部分，或利用事故照明的一部分或全部作为值班照明。

4）警卫照明　用于警卫地区周边附近的照明。

5）障碍照明　装设在建筑物上作为障碍标志用的照明。在机场周围较高的建筑上，或有船舶通行的航道两侧的建筑上，应按民航和交通部门的有关规定装设障碍照明。

1.2　照明电路的电源

1.2.1　照明电路的应用范围

照明电路广泛用于家庭、医院、工厂、机关、学校、商店等各种不同场合，照明电路的负载可以是照明负载、电热负载、电动负载和声像负载等。根据我国用电分类规定，凡属于家庭生活需要或用于工作单位直接生活需要的属于照明用电，其中包括单位用于生活或工作需要的照明、取暖、降温等用电。图 4-9 所示，概括了照明电路从电源到照明负载的内容。

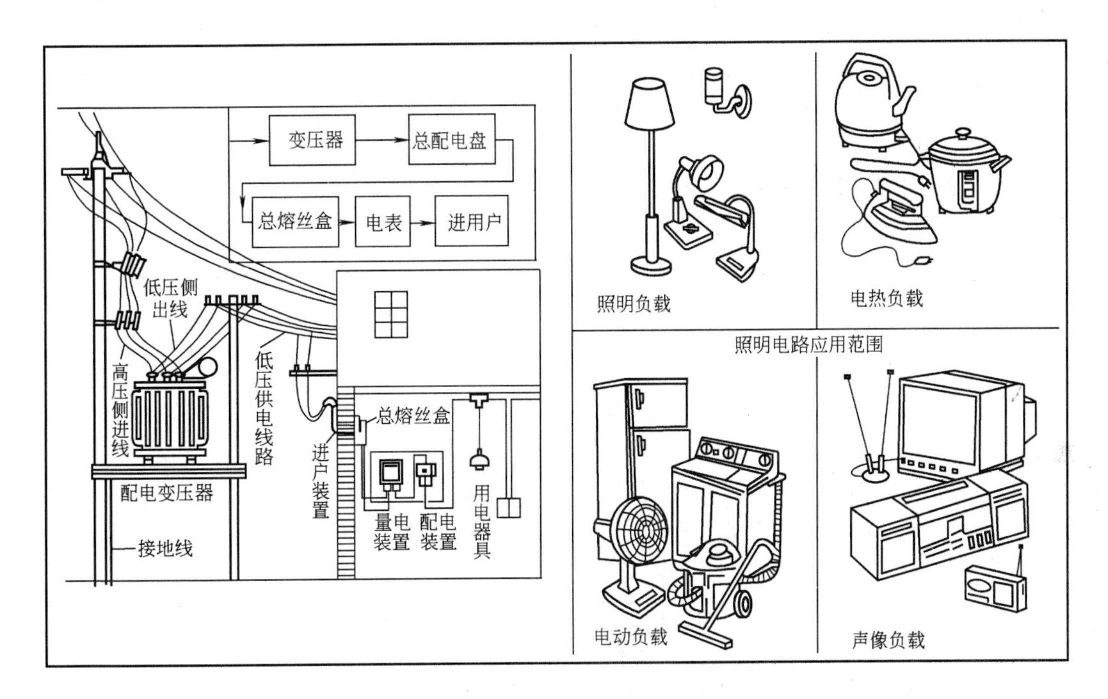

图 4-9　照明电路及其应用范围

照明负载包括：

（1）照明负载

它包括用于生活照明，工作照明和警卫照明的各种电灯等。如吊灯、壁灯、彩灯、移动灯、台灯、生产行灯等。

（2）电热负载

它包括用来直接为生活服务或改善生活工作条件的各种电热器具。如生活电炉、电饭锅、电水壶、石英取暖器、电烤箱、电熨斗等。

（3）电动负载

它包括用于单位或家庭的各种电动器具。如电风扇、电冰箱、洗衣机、抽油烟机、空调等。

（4）声像负载

它包括用于娱乐和宣传的声像设备。如收音机、电视机、录音机、录像机、幻灯机、投影机、复印机等等。

上述 4 种负载都可以在照明电路中接取电源。一般情况下，照明负载通过某些装置附件直接与照明电路连接，而其他三种负载则通过安装在照明线路上的插座接入照明电路。某些照明负载（如台灯及临时照明用灯）也可以通过插座接入照明线路。

1.2.2　照明电路的供电方式

（1）照明电路的电压标准

照明电路的电源通常是由电网低压供电线路提供的。在我国，电网低压供电电路一般采用的是三相四线制和三相五线制，三相四线制由三根相线和一根中性线组成，三相五线制除三根相线和一根中性线外还有一根保护接地线。它们的标准额定电压为线电压 380V（相-相间电压），相电压 220V（相-中性线间电压）。

同时规定，照明电路中的照明负载由一根相线和一根中性线组成，其额定电压为 220V（取用相电压）。其他三种需通过插座接入照明电路的负载，插座回路由一根相线、一根中性线和一根保护接地线组成。

（2）照明电路的供电方式

1）照明供电线路的基本形式

照明供电线路的基本形式分为架空进线和电缆进线，如图 4-10 所示。架空线路进线主要包括引下线（又称接户线）、进户线、总配电箱、重复接地、分配电箱、干线和支线等。当采用电缆进线时无引下线。

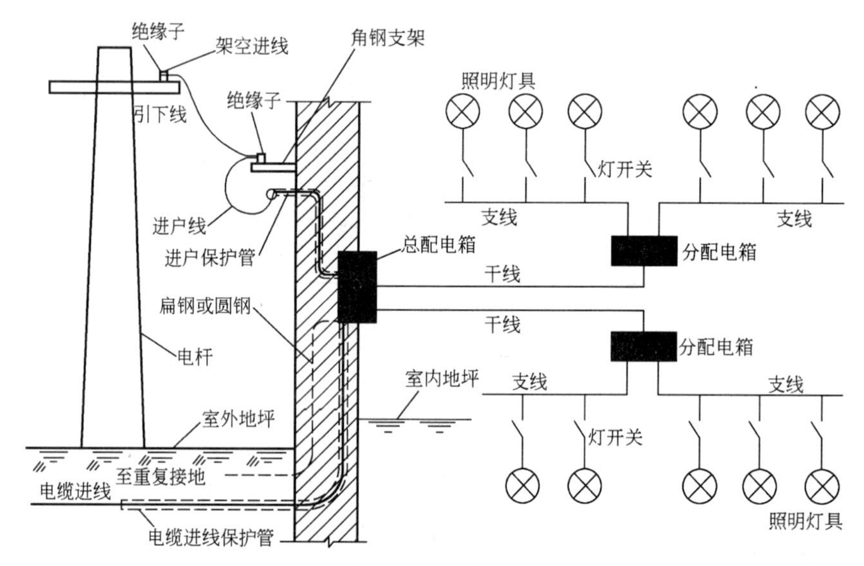

图 4-10　照明供电

电网低压供电线路起于配电变压器低压端，沿线分支出各供电分路，用户照明电路由此接取电源，然后通过进户装置、量电装置和配电装置、照明线路提供给各种照明负载。

对于三相四线（五线）制供电的用户，由用户在三相干线上均衡地分出各条照明分路，以期使干线各相所承受的负荷达到平衡。

2）照明供电线路的供电方式

照明干线的供电方式主要是指干线（照明干线）的供电方式。从总配电箱到分配电箱的干线主要有放射式、树干式，混合式属于树干式供电方式。

A. 放射式。各分配电箱分别由各条干线供电。当某分配电箱发生故障时，保护开关将其电源切断，不影响其他分配电箱的正常工作。所以放射式供电方式的电源较为可靠，但材料消耗较大。

B. 树干式。各分配电箱的电源由一条公用干线供电。当某分配电箱发生故障时，影响到其他分配电箱的正常工作，所以电源的可靠性差，但节省材料，经济性较好。

C. 混合式。放射式和树干式的供电方式混合使用，由此可吸取两式的优点，即兼顾材料消耗的经济性又保证电源具有一定的可靠性，这是目前采用较多的供电方式。

D. 链接式。建筑面积较大或较长的建筑物可采用链式连接供电方式供电。

(3) 照明配电线路

常用室内照明线路类型如图 4-11 所示，照明线路采用的线路类型应与周围环境相适应，一般常用的照明线路类型有以下几种：

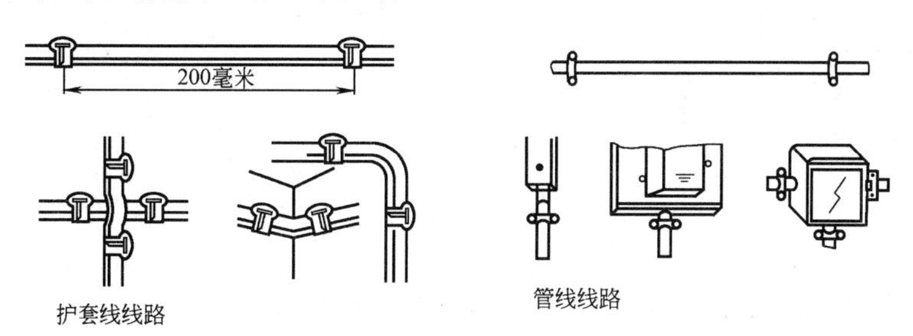

图 4-11 照明配电线路类型

塑料护套线路：护套线线路是指采用护套线的线路，是照明线路中使用比较多的线路类型。它具有安全可靠、线路简洁、造价低和便于维修的优点，除不能应用于易燃易爆环境外，各种场合均能应用。

管线线路：管线线路是指用钢管或 PVC 塑料管来支持导线的线路。管线线路有较好的防潮、防爆、抗腐蚀特性，且有较好的抗外界机械损伤性能，是比较安全可靠的线路结构。管线线路可分为明设管线线路和暗设管线线路。在照明线路中，明设管线线路主要用于电度表总线这段。较大容量的总线几乎都采用明设管线线路。暗设管线主要用于要求较高的用电环境。暗设管线线路有预埋管线线路和现埋管线线路两种。

线槽线路：线槽线路主要是指用金属和 PVC 塑料线槽来支持导线的线路。线槽线路有较好的防潮、抗腐蚀特性，为明设线路，线路美观，便于维修。

1.3 基本照明电路

照明线路一般由电源、导线、开关和负载（照明灯）组成。电源由低压照明配电箱提供，电源与照明灯之间用导线连接。选择导线时，要注意它的允许载流量，一般以允许电流密度作为选择的依据：明敷线路铝导线可取 4.5A/mm^2，铜导线可取 6A/mm^2，软电线可取 5A/mm^2。开关用来控制电流的通断。负载即照明灯，它能将电能变为光能。

1.3.1 一只单联开关控制一盏灯

其线路如图 4-12 所示。接线时，开关应接在相线（火线）上，这样在开关切断后，灯头不会带电，从而保证了使用和维修的安全。

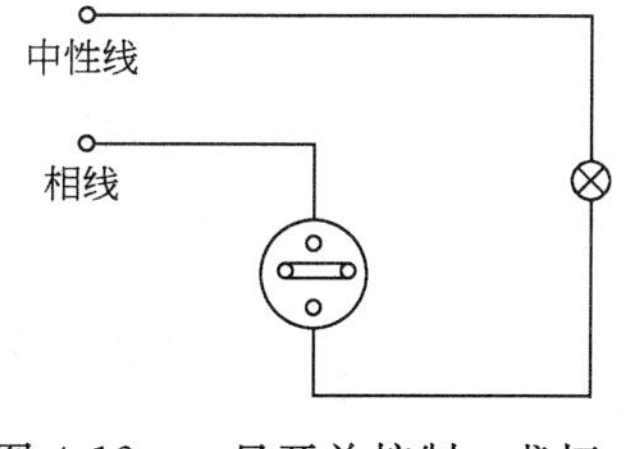

图 4-12 一只开关控制一盏灯

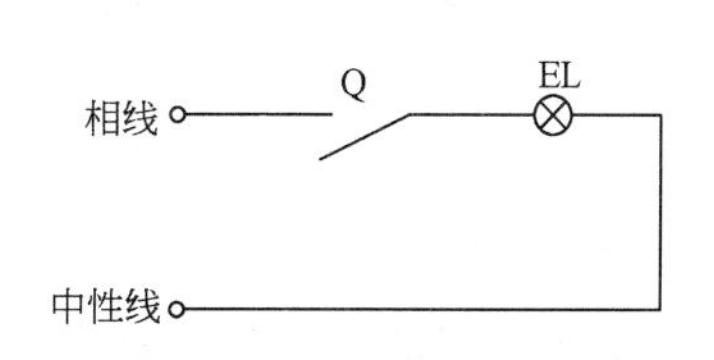

图 4-13 电路图

图 4-13 为图 4-12 所对应的电路原理图。

1.3.2 双控灯电路

两只双联开关在两个地方控制一盏灯，其线路如图 4-14 所示。这种形式通常用于楼梯或走廊上，在楼上楼下或走廊的两端均可控制线路的接通和断开。

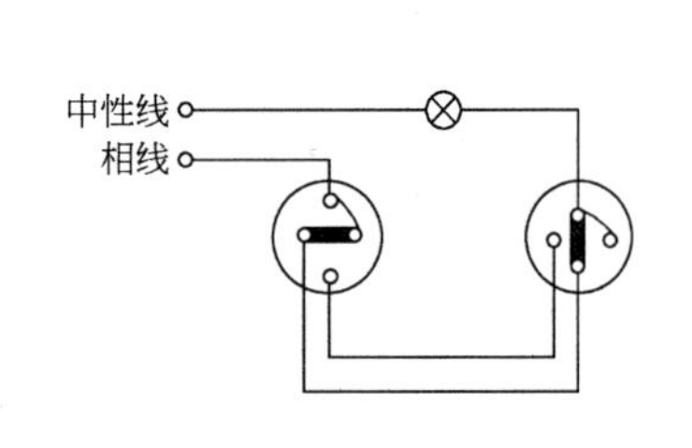

图 4-14 两只双联开关控制一盏灯

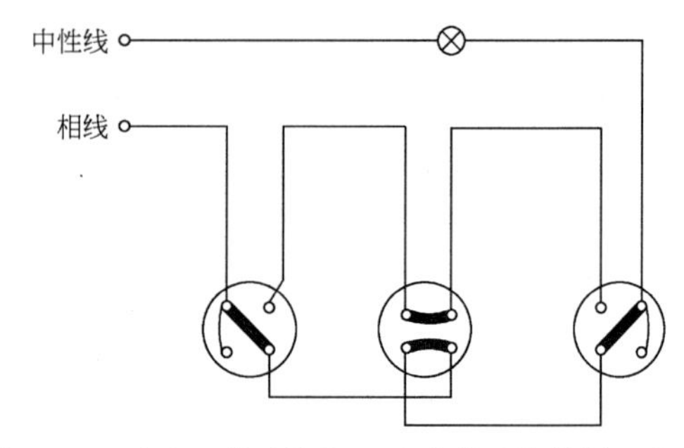

图 4-15 两只双联开关和一只三联开关控制一盏灯

1.3.3 三控灯电路

两只双联开关和一只三联开关在三个地方控制一盏灯，其线路如图 4-15 所示。这种形式也常用于楼梯或走廊上。

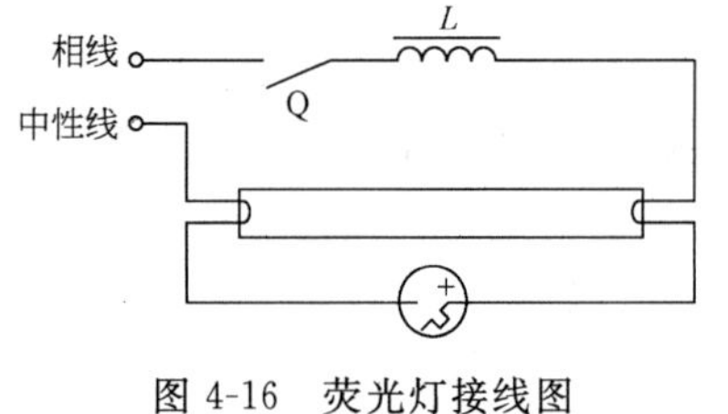

图 4-16 荧光灯接线图

1.3.4 荧光灯的控制线路

荧光灯又叫日光灯，它由灯管、起辉器、镇流器、灯架和灯座等组成。荧光灯的控制线路如图 4-16 所示，荧光灯发光效率高、使用寿命长、光色较好，且节电、经济，故也被广泛使用。

复习思考题

1. 试简述光通量、发光强度、照度的定义，它们的单位是什么？
2. 常用照明电光源可分为几大类？各类有哪些品种？
3. 照明器由几部分组成？
4. 照明方式可分为几种？
5. 照明电路的应用范围有哪些？
6. 照明线路由几部分组成？
7. 一般常用的照明线路类型有哪几种？
8. 开关一定要接在相线（火线）上吗？为什么？

课题 2 照明电路的安装

2.1 导线的连接

对于绝缘导线的连接，其基本步骤为：剥切绝缘层；线芯连接（焊接或压接）；恢复绝缘层。

2.1.1　导线绝缘层剥切方法

电工必须学会用电工刀或钢丝钳来剖削绝缘层。绝缘导线连接前，必须把导线端头的绝缘层剥掉，绝缘层的剥切长度，因接头方式和导线截面的不同而不同。各种类型电力线剖削方法也有所不同。

（1）塑料硬线绝缘层的剖削

1）芯线截面为 4mm² 及以下的塑料硬线，一般用钢丝钳进行剖削。

具体操作方法为：用左手捏住导线，根据线头所需长度，用钳头刀口轻切塑料层，但不可切入芯线，然后用右手握住钢丝钳头部用力向外勒去塑料绝缘层，与此同时，左手把紧导线反向用力配合动作。如图 1-52（*a*）所示。

2）芯线截面大于 4mm² 的塑料硬线，可用电工刀来剖削绝缘层。

具体操作方法为：根据所需的线端长度，用刀口以 45°倾斜角切入塑料绝缘层，不可切入芯线；接着刀面于芯线保持 15°角左右，用力向线端推削，削去上面一层塑料绝缘，然后将绝缘层剥离芯线向后扳翻，用电工刀取齐切去，如图 4-17 所示。

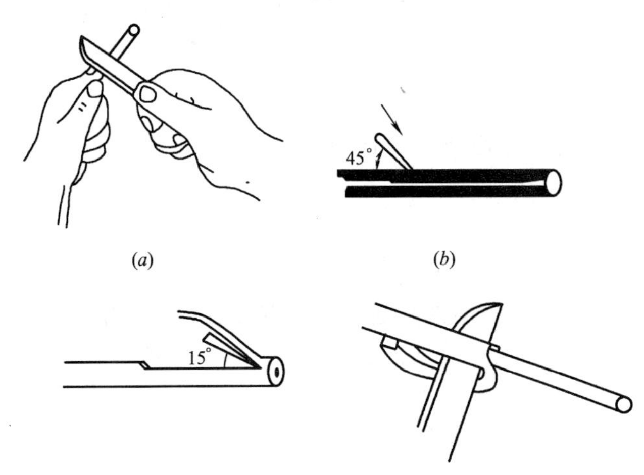

图 4-17　电工刀剥离塑料硬线绝缘层

（*a*）握刀姿势；（*b*）刀以 45°倾斜切入

（2）塑料软线绝缘层的剖削

塑料软线绝缘层只能用剥线钳或钢丝钳来剖削，不可用电工刀剖削，因其容易切断芯线。具体的操作方法如同剖削芯线截面为 4mm² 及以下的塑料硬线。

（3）塑料护套线绝缘层的剖削

护套层用电工刀来剥离，方法如图 4-18 所示：按所需长度用刀尖在线芯缝隙间划开护套层，接着扳翻，用刀口切齐。绝缘层的剖削如同塑料线，但绝缘层与护套层间的切口，应留有 5～10mm 距离。

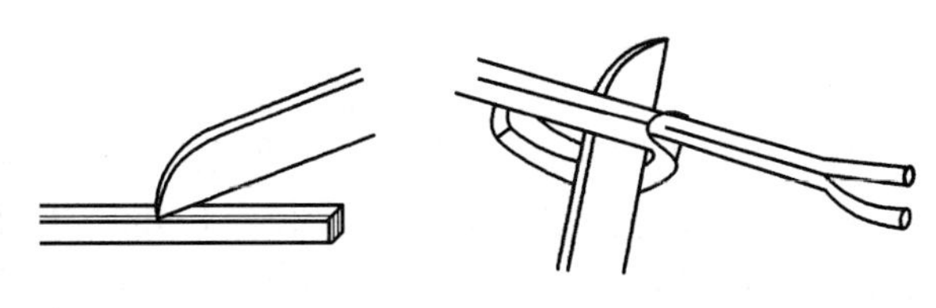

图 4-18　塑料护套线绝缘层的剖削

（4）橡皮线绝缘层的剖削

先把编织保护层用电工刀尖划开，与剥离护套层的方法类同，然后用剖削塑料线绝缘层相同的方法剥去橡胶层。

（5）花线绝缘层的剖削

因棉纱织物保护层较软，如图 4-19 所示在所需长度处用电工刀在棉纱织物保护层四周割切一圈拉去，距棉纱织物保护层 10mm 处，用钢丝钳刀口切割橡胶绝缘层，不能损伤芯线，然后右手握住钳头，左手把花线用力抽拉，钳口勒出橡胶绝缘层；最后露出了棉纱层，把棉纱层松散开来，用电工刀割断。

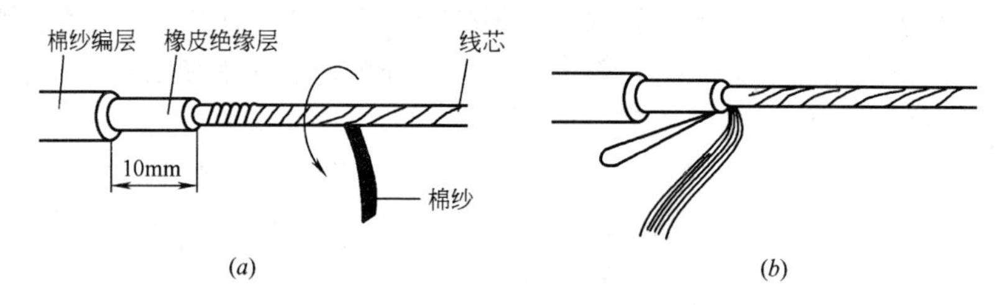

图 4-19 花线绝缘层的剖削

（*a*）取出编织层和橡皮绝缘层；（*b*）扳翻棉纱

2.1.2 导线连接

（1）单股铜线的连接法

截面较小的单股铜线（截面积 $6mm^2$ 以下），一般多采用绞接法连接。而截面超过 $6mm^2$ 的铜线，常采用绑接法连接。

（2）绞接法

直线连接见图 4-20（*a*）。绞接时先将导线互绞 2 圈，然后将导线两端分别在另一线上紧密地缠绕 5 圈，余线割弃，使端部紧贴导线。图 4-20（*b*）为分支连接。绞接时，先用手将支线在干线上粗绞 1～2 圈，再用钳子紧密缠绕 5 圈，余线割弃。

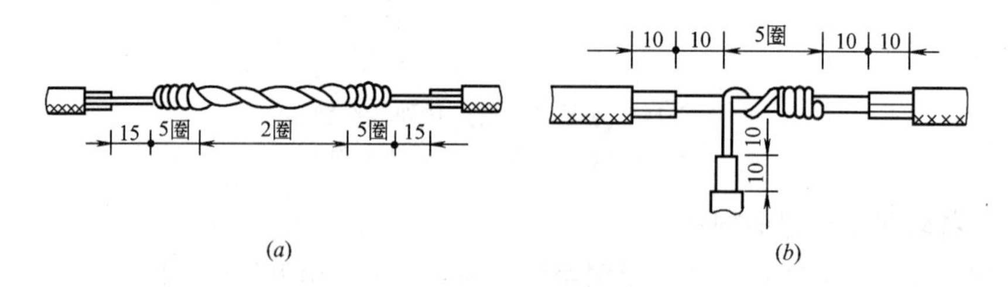

图 4-20 单股铜线的绞接连接

（*a*）直接接头；（*b*）分支接头

（3）绑接法

直线连接见图 4-21（*a*）。先将两线头用钳子弯起一些，然后并在一起，中间加一根相同截面的辅助线，然后用一根直径 1.5mm 的裸铜线做绑线，从中间开始缠绑，缠绑长度为导线直径的 10 倍，两头再分别在一线芯上缠绑 5 圈，余下线头与辅助线绞合，剪去多余部分。图 4-21（*b*）为分支连接。连接时，先将分支线作直角弯曲，其端部也稍作弯曲，然后将两线合并，用单股裸线紧密缠绕，方法及要求与直线连接相同。图 4-22 是单芯铜导线的另外几种连接方法。

（4）多股导线的连接法

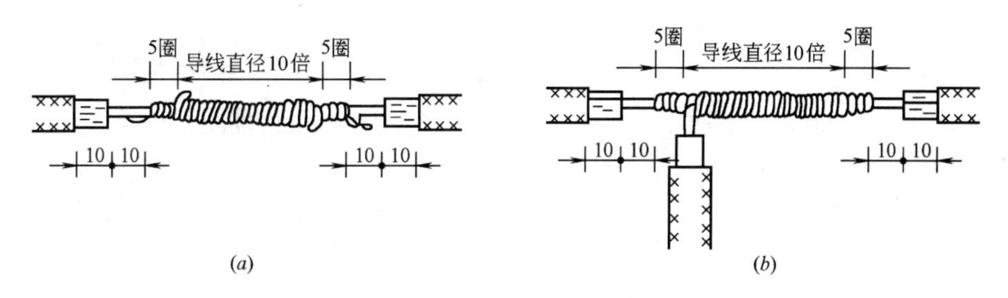

图 4-21　单股铜线的绑线连接

（a）直线连接；（b）分支连接

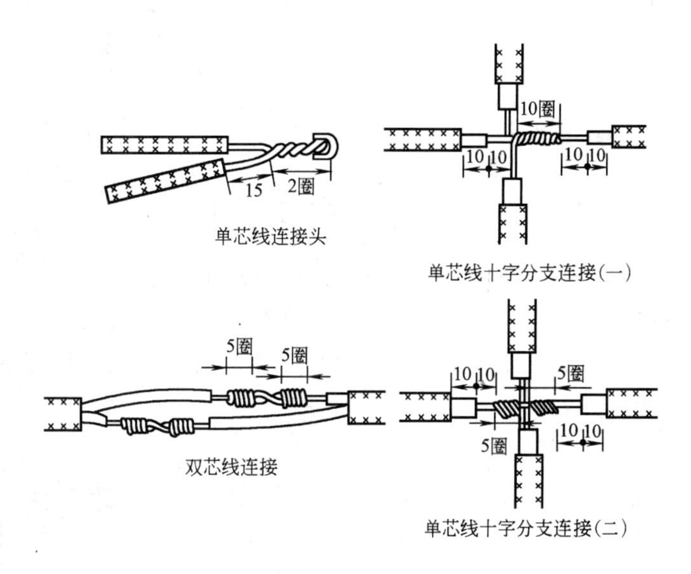

图 4-22　单芯铜导线的连接方法

多股铜导线的直线绞接连接如图 4-23 所示。先将导线线芯顺次解开，成 30°伞状，用钳子逐根拉直，并剪去中心一股，再将各张开的线端相互交叉插入，根据线径大小，选择合适的缠绕长度，把张开的各线端合拢，取任意两股同时缠绕 5～6 圈后，另换两股缠绕，把原有两股压住或割弃，再缠 5～6 圈后，又取二股缠绕，如此下去，一直缠至导线解开点，剪去余下线芯，并用钳子敲平线头。另一侧亦同样缠绕。

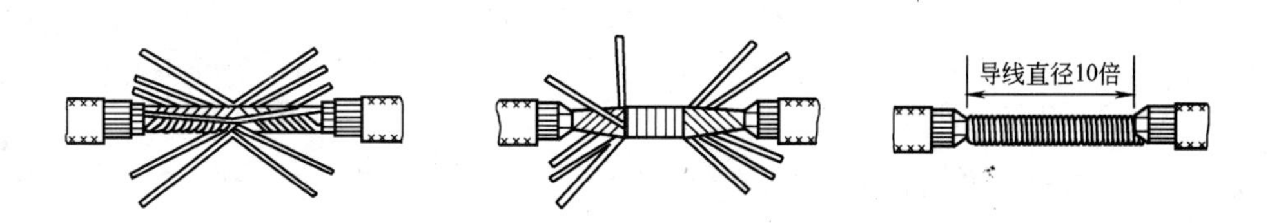

图 4-23　多股铜导线直线连接法

多股导线的分支绞接连接如图 4-24 所示。

（5）导线在接线端子处的连接

导线端头接到接线端子上或压装在螺栓下时，要求做到两点：接触面紧密，接触电阻小；连接牢固。

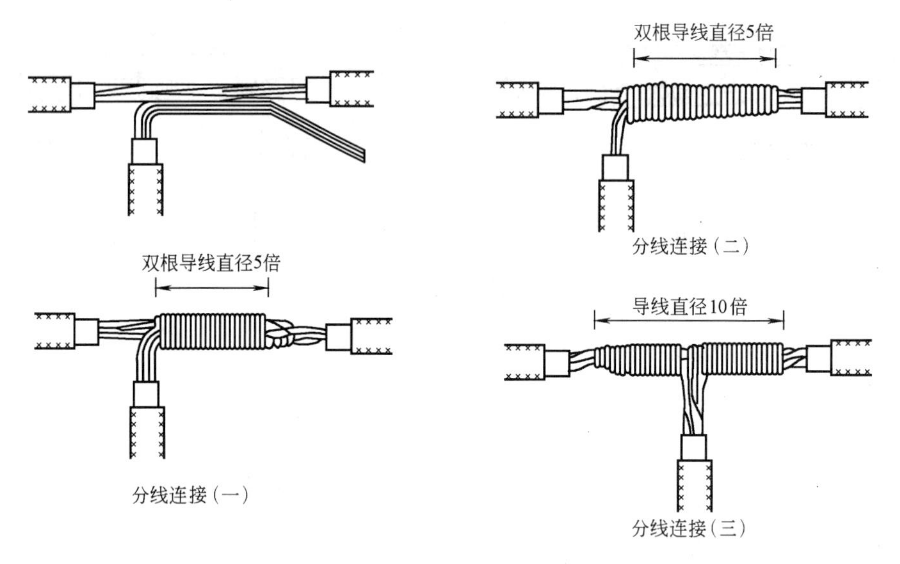

图 4-24　多股导线的分支连接

截面在 $10mm^2$ 及以下的单股铜导线均可直接与设备接线端子连接，线头弯曲的方向一般均为顺时针方向，圆圈的大小应适当，而且根部的长短要适当。

对于 $2.5mm^2$ 以上的多股导线，在线端与设备连接时，须装设接线端子。图 4-25 所示是导线端接的方法。

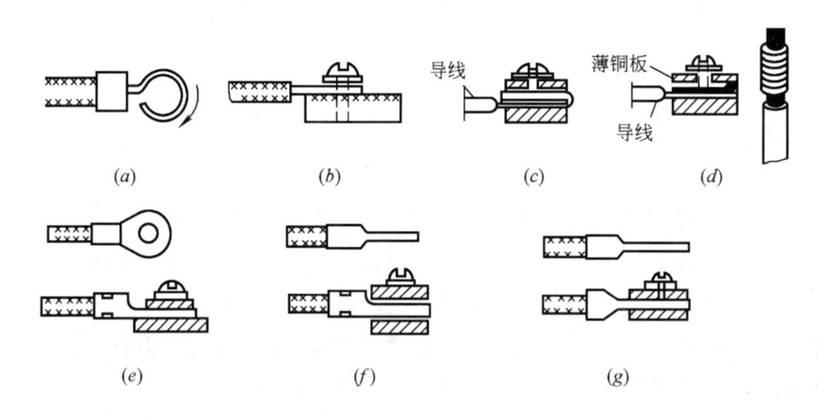

图 4-25　导线端接方法

(a) 导线旋绕方向；(b) 导线端接；(c) 导线端接；(d) 针孔过大时的导线端接；
(e) OT 型接线端子端接；(f) IT 型接线端子端接；(g) 管状接线端子端接

2.1.3　导线绝缘层的恢复

导线的绝缘层破损后，必须恢复，导线连接后，也需恢复绝缘。恢复后的绝缘强度不应低于原有绝缘层。

(1) 所用绝缘材料

在恢复导线绝缘中，常用的绝缘材料有：黑胶带、黄蜡带、塑料绝缘带和涤纶薄膜带等，它们的绝缘强度按上列顺序依次递增。为了包缠方便，一般绝缘带选用 20mm 宽较适中。

(2) 绝缘带的包缠方法

将黄蜡带（或塑料绝缘带）从导线的左边完整的绝缘层上开始包缠，包缠两带宽后方可进入无绝缘层的芯线部分，如图 4-26 所示。

包缠时，黄蜡带（或塑料绝缘带）与导线保持约 45°的倾斜角，每圈压叠带宽的 1/2，如图 4-26（*b*）所示。包缠一层黄蜡带后，将黑胶布带接在黄蜡带的尾端，按另一斜叠方向缠一层黑胶布带，也要每圈压叠带宽的 1/2。

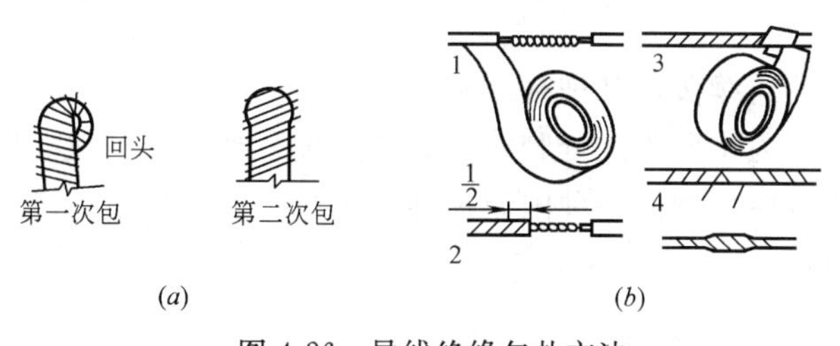

图 4-26　导线绝缘包扎方法

（*a*）并接头绝缘包扎；（*b*）直线接头绝缘包扎

若采用塑料绝缘带进行包缠时，就按上述包缠方法来回包缠 3～4 层后，留出 10～15mm 长段，再切断塑料绝缘带；将留出段用火点燃，并趁势将燃烧软化段用拇指揭压，使其粘贴在塑料绝缘带上。

（3）包缠要求

1）用在 380V 线路上的导线恢复绝缘时，必须先包缠 1～2 层黄蜡带，然后再包缠一层黑胶布带。

2）用在 220V 线路上的导线恢复绝缘时，先包缠一层黄蜡带，然后再包缠一层黑胶布带。也可只包缠两层黑胶布带。

3）绝缘带包缠时，不能过疏，更不能露出芯线，以免造成触电或短路事故。

4）绝缘带平时不可放在温度很高的地方，也不可浸染油类。

2.2　室内照明装置安装要求

2.2.1　室内照明常用配电线路材料

（1）电线

常用的电线可分为绝缘导线和裸导线两类。绝缘导线的绝缘包皮要求绝缘电阻值高，质地柔韧，有相当机械强度，耐酸、油、臭氧等的侵蚀。裸导线是没有绝缘包皮的导线。裸导线多用铝、铜、钢制成。裸导线主要用于室外架空线路。

电缆是一种多芯的绝缘导线，即在一个绝缘套内有很多互相绝缘的线芯，所以要求线芯间的绝缘电阻高，不易发生短路等故障。

橡皮绝缘电线是在裸导线外先包一层橡皮，再包一层编织层（棉纱或无碱玻璃丝），然后再以石蜡混合防潮剂浸渍而成。一般橡皮绝缘电线供室内敷设用，有铜芯和铝芯之分，在结构上有单芯、双芯和三芯等几种。长期工作温度不得超过＋60℃。电压在 250V 以下的橡皮线，只能用于 220V 照明线路。

聚氯乙烯绝缘电线是用聚氯乙烯作绝缘层的电线，简称塑料线。它的特点是耐油、耐燃烧，并具有一定防潮性能，不发霉，可以穿管使用。室外用塑料电线具有较好的耐日光、耐大气老化和耐寒性能。和橡皮电线比较，它的造价低廉，节约了大量橡胶，且性能良好，因此，是广泛采用的一种导电材料。塑料线的种类很多，各种类型的塑料线用于各种需要的场所。

低压橡套电缆的导电线芯是用软铜线绞制而成，线芯外包有绝缘包皮，一般用耐热无硫橡胶制成。绝缘线芯上包有橡胶布带，外面再包有橡胶护套。橡套电缆用于将各种移动的用电装置接到电网上。电缆线芯的长期允许工作温度不超过+55℃。电缆有单芯、双芯、三芯和四芯等几种。

附录1是导线长期连续负荷允许载流量表。

电线的种类很多，为了便于区分和使用，国家统一规定了电线的型号。

线规是表示导线直径粗细的一种国家标准。全国统一标准后，产品规格比较统一，设计和使用时便有所依据。

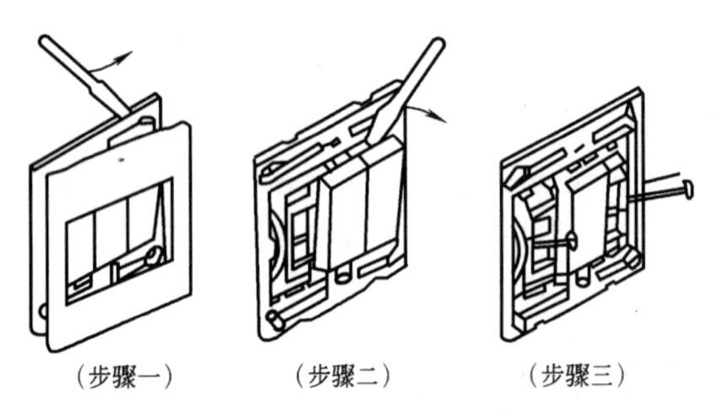

图4-27　卡线式开关结构示意图

(2) 开关

开关的作用是接通和断开电路。按其安装条件可分为明装式和暗装式两种，明装式开关有扳把开关、拉线开关和转换开关，暗装式开关为扳把式。按其构造可分为单联开关、双联开关和三联开关。开关的规格一般以额定电流和定额电压来表示。

(3) 插座

插座的作用是供移动式灯具或其他移动式电器设备接通电路。按其结构可分为单相双眼和单相带接地线的三眼插座、三相带接地线的插座，按其安装方式可分为明装式和暗装式。插座的规格一般也以额定电流和额定电压来表示。

插座接线孔的排列顺序：单相双孔为面对插座的右孔接相线，左孔接零线。单相三孔、三相四孔的接地或接零均在上方，如图4-28所示。

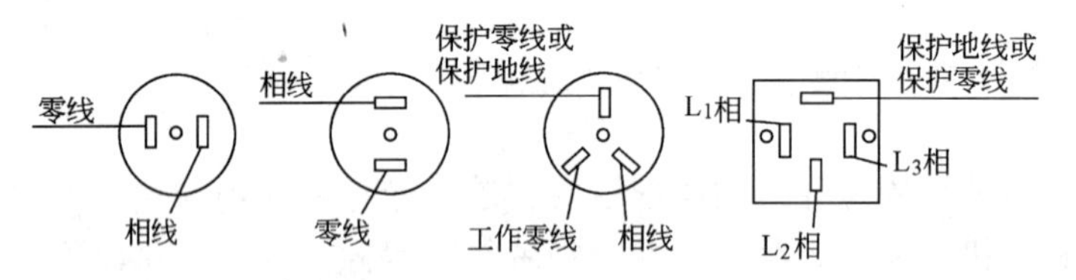

图4-28　插座插孔的极性连接法

(4) 其他安装材料

常用的安装材料还有：木材（不同规格的木方、木条、木板）、铝合金（板、型材）、型钢、扁钢、钢板作支撑构件。塑料、有机玻璃板、玻璃作隔片，外装饰贴面和散热板、铜板、电化铝板作装饰构件。其他配件如螺钉、铁钉、铆钉、胶粘剂等。

2.2.2　室内照明装置的安装要求

(1) 灯具的安装要求

1) 壁灯及吸顶灯要牢固地敷设在建筑物的平面上；吊灯必须装有吊线盒，每只吊线盒一般只允许接装一盏电灯（双管荧光灯及特殊吊灯例外），吊灯的电源引线绝缘必须良好，较重或较大的吊灯必须采用金属链条或其他方法支持。灯具与附件的连接必须正确、牢靠。

2）灯头的离地要求　相对湿度经常在85%以上的、环境温度经常在40℃以上的或有导电尘埃的场所及户外的电灯，其离地距离不得低于2.5m；不属于上述潮湿、危险场所的车间、办公室、商店和住房等处所使用的电灯，离地距离一般不应低于2m；在户内一般环境中，如果因生活、工作和生产需要而必须把电灯放低时，其离地最低距离不能低于1m，并应在放低的吊灯电源引线上穿套绝缘管加以保护，且必须采用安全灯座；灯座离地不足1m所使用的电灯，必须采用36V及以下的低压安全灯。

（2）开关和插座的安装要求

1）离地要求　普通电灯开关和普通插座的离地距离不应低于1.3m；特殊需要时，插座允许低装，但离地不得低于300mm，且应采用安全插座。

开关、插座明装时，应先在定位处预埋木榫或膨胀螺栓（多采用塑料胀管）以固定木台，然后在木台上安装开关和插座。暗装时，应设有如图4-29所示的专用安装盒，一般是先行预埋，再用水泥砂浆填充抹平，接线盒口应与墙面粉刷层平齐，等穿线完毕后再安装开关和插座，其盖板或面板应端正紧贴墙面。

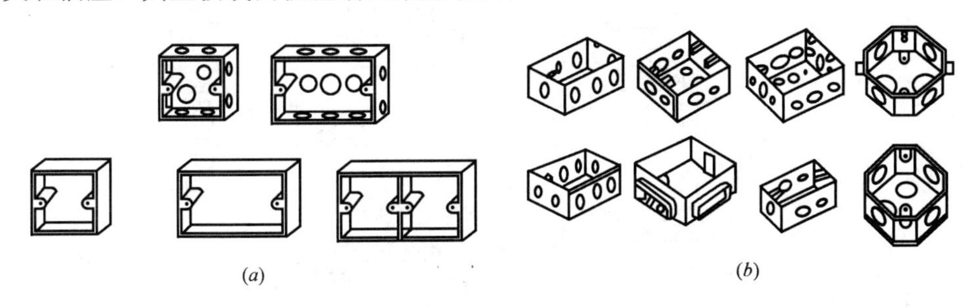

图4-29　安装盒外形图

（a）86系列；（b）120系列

安装开关、插座的一般做法如图4-30所示。所有开关均应接在电源的相线上，且扳把接通或断开的上下位置应一致。开关应串联在通往灯头的相线上，即相线应先通过开关才进灯头。

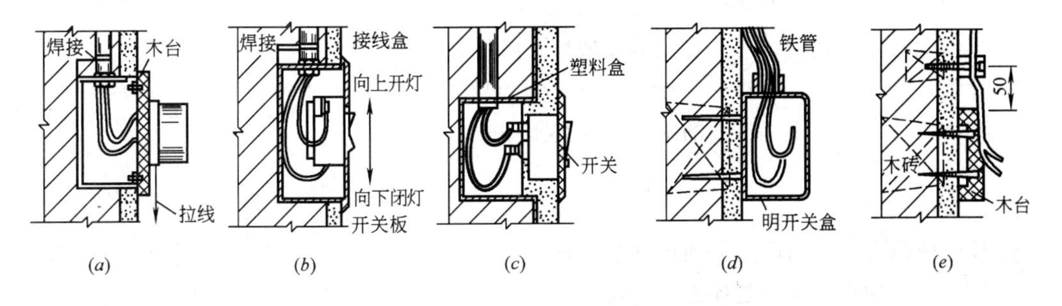

图4-30　明暗开关及插座的安装

（a）拉线开关；（b）暗扳把开关；（c）活装扳把开关；（d）明管开关或插座；（e）明线开关或插座

2）安装正规、合理、牢固和整齐，各种灯具、开关、插座及所有附件的安装必须遵守有关规程和要求；图4-31是线路安装的规范要求。选用的各种照明器具必须正确、适用、经济、可靠，安装的位置应符合实际需要，使用要方便；各种照明器具安装得牢固可靠，使用安全；同一使用环境和同一要求。

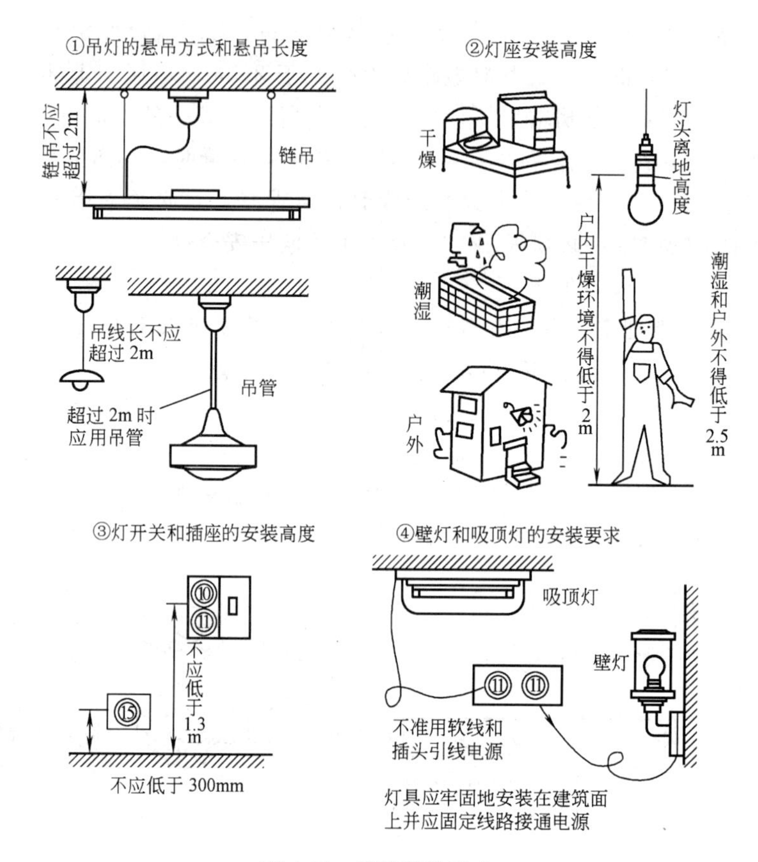

图 4-31　线路安装要求

复习思考题

1. 试述绝缘导线连接的基本步骤。
2. 导线连接的方法有哪些？
3. 导线端头接到接线端子上或压装在螺栓下时，有什么要求？
4. 导线连接后需恢复绝缘，对恢复绝缘有什么要求？
5. 在恢复导线绝缘中，常用的绝缘材料有哪些？
6. 开关的作用是什么？
7. 插座的作用是什么？
8. 插座接线孔的排列顺序是如何规定的？
9. 灯具安装的离地要求是什么？
10. 开关和插座的安装要求是什么？

实验 1　导线的连接

1. 实训内容

（1）使用钢丝钳、电工刀剖削塑料单股硬线和多股软线以及橡皮线等，在规定的时间里完成所要求的数量。

（2）直接连接和 T 字分支连接单股、多股铜芯线。

（3）定时地规范恢复绝缘层。

2. 实训步骤

（1）按所教手法用钢丝钳对 1.5mm² 的单股铜芯塑料线和 0.75mm² 的多股铜芯软塑料线剖削各 10 根，在 10min 内完成；按所教手法用电工刀对 7 股铜芯线剖削各 6 根，在 30min 内完成。

（2）将上述剖削的单股铜芯导线直接连接完成 5 个接头，T 字分支连接也完成 5 个接头（需重新剖削部分导线绝缘层），在 30min 内完成；将剖削的 7 股 BVL 导线直接连接 2 个接头，T 字分支连接 2 个接头，在 30min 内完成。

（3）将上述连接出来的各种导线在 1h 内用规范的手法恢复绝缘层。

3. 实训记录

（1）导线剖削要点：

1）使用钢丝钳的剖削对象有______________________________，剖削要点为____，____。

2）使用电工刀的剖削对象有______________________________，剖削要点为____。

（2）剖削、连接导线记录表

表 4-1

剖削对象	剖削根数	剖削所用时间	剖削质量
钢丝钳对单股钢芯塑料线			
钢丝钳对多股铜芯软塑料线			
电工刀对 7 股铝芯线			
电工刀对橡皮护套线			
连接对象	连接根数	连接所用时间	连接质量
单股铜芯导线直接连接			
单股铜芯导线 T 字分支连接			
7 股导线直接连接			
7 股导线 T 字分支连接			

4. 成绩评定

表 4-2

项目	技术要求	配分	扣分标准	得分
导线选用	根据负载情况能确定导线的截面积 根据用途状况能选用导线的型号及规格	15 分	通过负载情况不会确定导线的截面积 扣 10 分 根据用途状况不会选用导线的型号及规格 扣 10 分	
导线剖削	剖削导线方法得当、工艺规范 剖削后导线无损伤	15 分	导线剖削方法不正确 扣 5 分，工艺不规范 扣 5 分 导线损伤为刀伤 扣 5 分，为锉伤 扣 3 分	

续表

项目	技术要求	配分	扣分标准	得分
导线连接	导线缠绕方法正确、缠绕整齐、平直、紧凑且圆	50分	导线缠绕方法不正确　扣20分，缠绕不整齐　扣15分 不平直　扣10分 不紧凑且不圆　扣20分	
恢复绝缘层	包缠正确、工艺规范、绝缘层数满足要求不渗水	20分	包缠方法不正确　扣10分 绝缘层数不够　扣5分 渗水　每层扣10分	
安全文明操作	违反安全文明操作，损坏工具或仪器扣　20～50分			
考评形式	时限成果型	教师签字		总分

实验2　护套线照明电路的安装

1. 实训内容

(1) 按电气原理图及配线安装图安装线路

(2) 检查、通电实验

2. 实训步骤

(1) 室内照明电路工作原理

室内照明电路工作原理如图4-32所示，每盏灯由开关单独控制，再和插座一起并联在220V单相电源上。

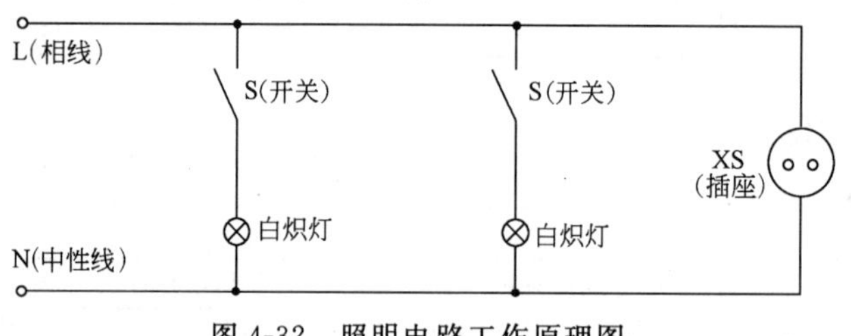

图4-32　照明电路工作原理图

(2) 安装线路

按护套线照明电路配线安装图安装线路，如图4-33所示。

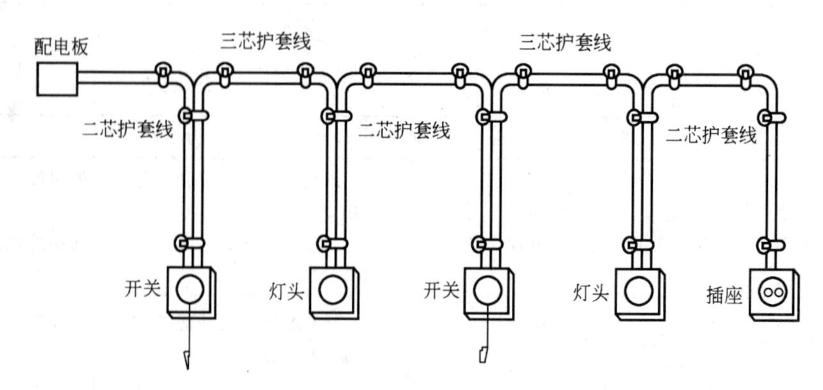

图4-33　护套线照明电路配线安装示意图

1）定位划线　先确定线路的走向，各用电器的安装位置，然后用粉线袋划线，划出固定铝线卡的位置，直线部分每隔 150～300mm，其他情况取 50～100mm。

2）固定铝线卡　铝线卡的形状有小铁钉固定和用胶粘剂固定两种，如图 4-34（*a*）所示。其规格分为 0、1、2、3、4 号，号码越大，长度越大。选用适当规格的铝线卡，在线路的固定点上用铁钉将线卡钉牢。

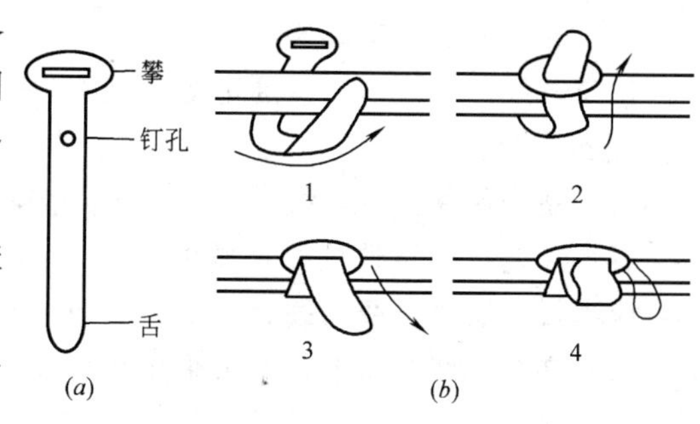

图 4-34　铝线卡的安装

3）敷设护套线　为了使护套线敷设平直，在直线部分要将护套线收紧并勒直，然后依次置于铝线卡中的钉孔位置上，再将铝线卡收紧，夹住护套线如图 4-34 所示。线路敷设完后，可用一根木条靠拢线路，使导线平直。

护套线另一种常见的固定方法是采用水泥钢钉护套线夹将护套线直接钉牢在建筑物表面，如图 4-35 所示。

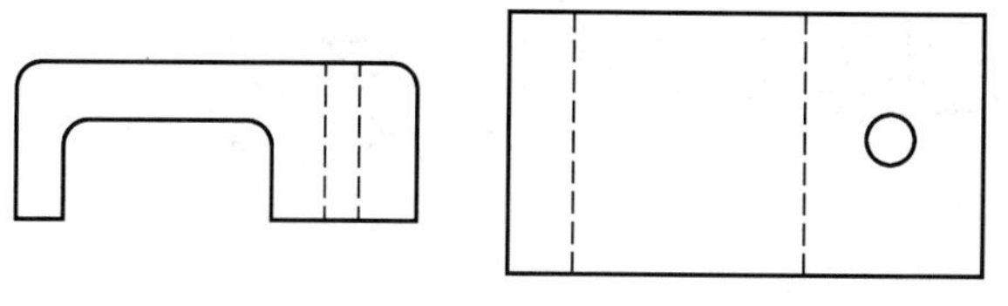

图 4-35　水泥钢钉护套线夹

4）安装木台　敷设时，应先固定好护套线，再安装木台，木台进线的一边应按护套线所需的横截面开出进线缺口。护套线伸入木台 10mm 后可剥去护套层。安装木台的木螺钉，不可触及内部的电线，不得暴露在木台的正面。

5）安装用电器　将开关、灯头、插座安装在木台上，并连接导线。三芯护套线红芯线为相线、蓝芯线为开关来回线，黑芯线为中性线。

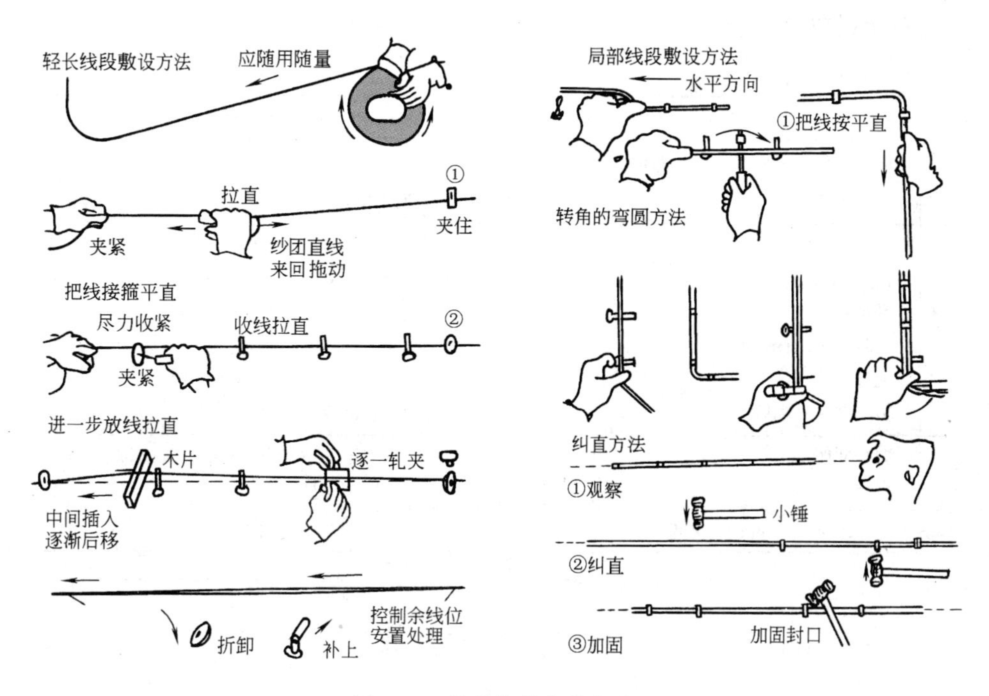

图 4-36　护套线的安装方法

（3）查线路、通电实验

检查各线路无误后，接通电源，观察电路工作情况。

3. 操作要点

（1）室内使用的护套线其截面规定：铜芯不得小于0.5mm^2，铝芯不得小于1.5mm^2。

（2）护套线线路敷设要求整齐美观，导线必须敷得横平竖直，几根护套线平行敷设时，应敷设得紧密，线与线之间不得有明显空隙。

（3）在护套线线路上，不可采用线与线直接连接方式，而应采用接线盒或借用其他电器装置的接线端子来连接导线，如图4-37所示。

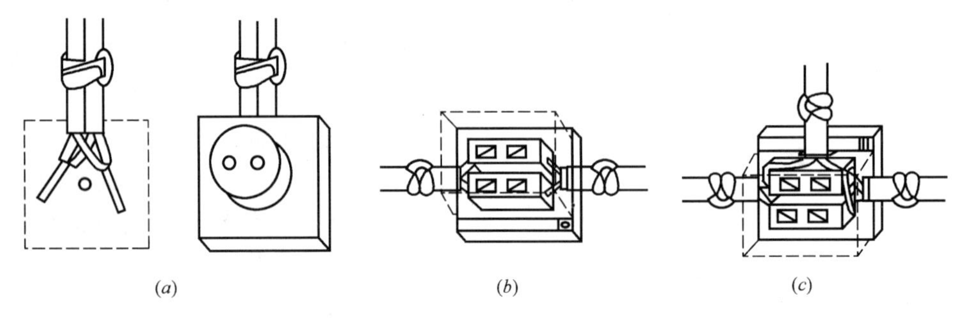

图4-37 护套线线头的连接方法

（4）护套线路特殊的位置，如转弯处、交叉处和进入木台前，均应加铝线卡固定。转弯处护套线不应弯成死角，以免损伤线芯，通常弯曲半径应大于导线外径的6倍。

（5）安装电器时，开关要接在火线上，开关2的火线要从开关1的入端引出；灯头的顶端接线柱应接在火线上；插座两孔应处于水平位置，相线接右孔，中性线接左孔。

（6）对于铅包护套线，必须把整个线路的铅包层连成一体，并进行可靠的接地。

4. 成绩评定

项目	技术要求	配分	扣分标准	得分
导线选用	能够根据负载情况选择适当的导线	10分	导线选择不当　扣0～10分	
原理	原理正确	20分	原理错误　扣0～20分	
线路安装	布局合理 铝线卡安装合理 线路平直、美观 线路接头连接合理 木台安装正确 用电器安装正确	10分 10分 10分 10分 10分 20分	布局不合理　扣0～10分 铝线卡安装不合理　扣0～10分 线路不平直、美观　扣0～10分 线路接头连接不合理　扣0～10分 木台安装不正确　扣0～10分 用电器安装不正确　扣0～20分	
其他	安全文明操作 出勤		违反安全文明操作、损坏工具仪器、缺勤等扣20～50分	

考评形式	设计成果型	教师签字		总分	

实验3　双控灯线路

1. 实训内容

(1) 线管配线

(2) 安装两处控制单灯的控制线路

2. 实训器材

(1) 双控(联)开关 (2) 白炽灯 (3) 线管(PVC 管直径为 15mm)

(4) 管卡 (5) 接线盒 (6) 灯头 (7) 导线

3. 原理图与安装图

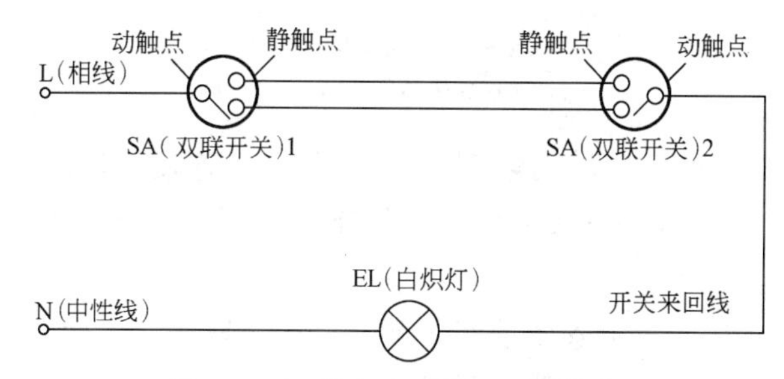

图 4-38 双控灯电路的工作原理图

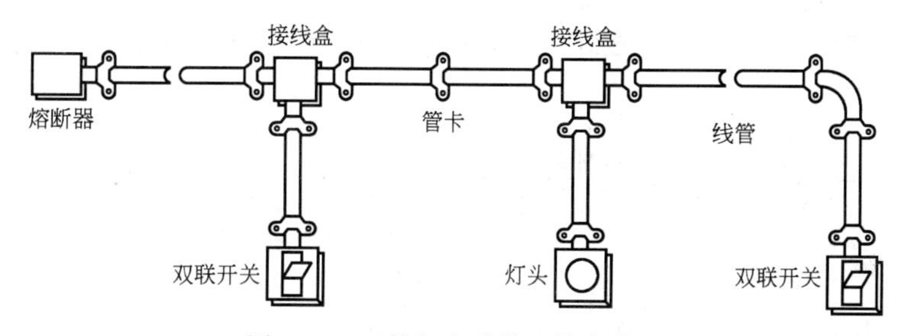

图 4-39 双控灯电路的配线安装图

4. 实训步骤

(1) 线管配线

1) 根据线路走向及用电器安装位置，确定接线盒的位置，然后以两个接线盒为一个线段，并根据线路转弯情况确定弯曲部位，按需要长度锯线管。

2) 线管的弯曲和连接 将专用弹簧放入塑料管内，在所需位置弯成需要的角度。线管弯曲的曲率半径应大于等于线管外径的四倍。

线管的连接有专用的连接的套管，在需要连接的管子接头处及套管内涂上专用胶水，即可将管子连接好。

3) 线管的固定 线管应水平或垂直敷设，并用管卡固定，两管卡间距水平应为 0.8m、垂直应为 1m。当线管进入开关、灯头、插座或接线盒前 300mm 处和线管弯头两边均需用管卡固定。

4) 线管的穿线 当线管较短且弯头较少时，把钢丝引线由一端送向另一端；如线管较长可在线管两端同时穿入钢丝引线，引线端应弯成小钩，当钢丝引线在管中相遇时，用手转动引线，使其钩在一起，用一根引线钩出另一根引线。多根导线穿入同一线管时应先勒直导线并剥出线头，在导线两端标出同一根的记号，把导线绑在引环上，如图 4-40 (*a*) 所示。导线穿入管前先套上护圈，再洒些滑石粉，然后一个人在一端往管内送，另一人在另一端慢慢拉出引线。如图 4-40 (*b*) 所示。

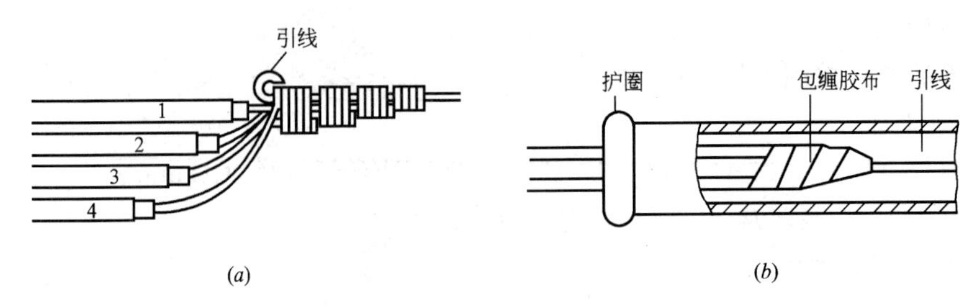

(a)　　(b)

图 4-40　线管的穿线

(a) 多根导线的绑法；(b) 穿管

5）线管与塑料接线盒的连接　线管与塑料接线盒的连接应使用胀扎管头固定。

6）安装木台　木台是安装开关、灯座、插座等照明设备的基座。安装时，木台先开出进线口，穿入导线，用木螺钉钉好。

(2) 安装用电器　在木台上安装插座、开关，连接好导线，接上白炽灯。

注意：双联开关 1 动触点接相线，双联开关 2 动触点接开关来回线。

(3) 查线路、通电实验

检查整个线路无误后，接上 220V 单相电源通电实验。观察电路工作情况。

5. 成绩评定

项目	技　术　要　求	配分	扣　分　标　准	得分
线管导线选择	线管、导线 选择合理 布局合理	20 分	线管选择不合理　扣 0～10 分 导线选择不合理　扣 0～10 分 布局不合理　扣 0～10 分	
原理	原理正确	20 分	原理不正确　扣 0～20 分	
线路安装	线管落料合理 线管弯曲正确 线管连接正确 线管穿线正确 接线盒、木台安装正确 用电器安装正确	10 分 10 分 10 分 10 分 10 分 10 分	线管落料不合理　扣 0～10 分 线管弯曲不正确　扣 0～10 分 线管连接不正确　扣 0～10 分 线管穿线不正确　扣 0～10 分 盒、台安装不正确　扣 0～10 分 用电器安装不正确　扣 0～10 分	
其他	安全文明操作、出勤		违反安全文明操作 缺勤　扣 20～50 分	

考评形式	设计成果型	教师签字		总分	

单元 5　变压器　电动机及控制电路

知识点：变压器的结构及分类、变压器的基本原理、变压器的铭牌、变压器的安装、三相异步电动机的结构和铭牌、三相异步电动机的工作原理、常用低压电器、三相异步电动机的控制电路及安装等。

教学目标：懂得变压器、三相异步电动机的结构及分类，懂得变压器、三相异步电动机的工作原理，识懂并能绘制三相异步电动机控制电路，会识别各类低压电器，会安装各类低压电器，会安装三相异步电动机的基本控制电路。

课题 1　变　压　器

1.1　变压器的构造及分类

变压器是利用互感原理工作的电磁装置，它的符号如图 5-1 所示，T 是它的文字符号。

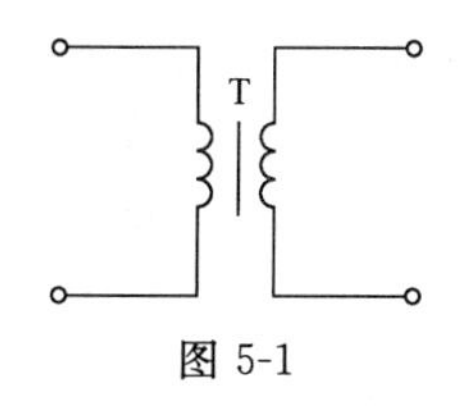

图 5-1

我们在日常生活和生产中，常常需用到不同的交流电压，如工厂中常用的三相或单相异步电动机，它们的额定电压是 380V 或 220V；照明电路和家用电器的额定电压是 220V；机床照明、低压电钻等，只需要 36V 以下的电压；在电子设备中还需要多种电压；而高压输电则需要用 110、220kV 以上的电压输电。如果采用许多输出电压不同的发电机来分别供给这些负载，不但不经济、不方便，而且实际上也是不可能的。所以，实际上输电、配电和用电所需的各种不同的电压，都是通过变压器进行变换后而得到的。

变压器除了可以变换电压外，还可以变换电流（如变流器、大电流发生器），变换阻抗（如电子电路输入、输出变压器），改变相位（如改变线圈的连接方法来改变变压器的极性）。因此可见，变压器是输配电、电子线路和电工测量中的十分重要的电气设备。

1.1.1　变压器的基本构造

变压器主要由铁芯和线圈（也叫绕组）两部分组成。铁芯是变压器的磁路通道。为了减小涡流和磁滞损耗，铁芯是用导磁率较高而且相互绝缘的硅钢片叠装而成的。每一钢片的厚度，在频率为 50Hz 的变压器中约为 0.35～0.5mm。变压器的铁芯有各种形式，见图 5-2。

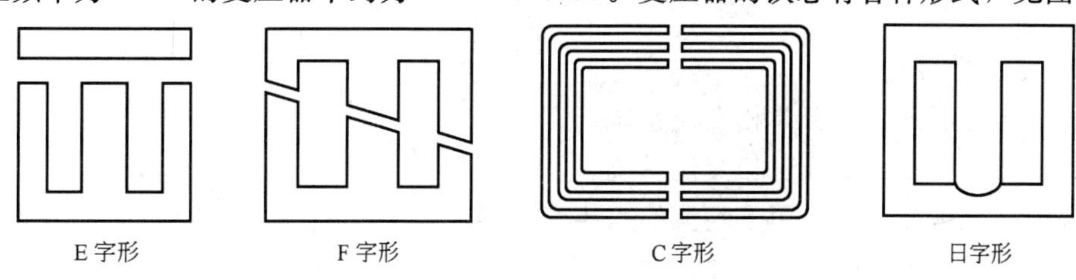

图 5-2　小型变压器铁芯

线圈是变压器的电路部分。线圈是用具有良好绝缘的漆包线、纱包线或丝包线绕成的。在工作时，和电源相连的线圈叫做原线圈（初级绕组）；而与负载相连的线圈叫做副线圈（次级绕组）。通常电力变压器将电压较低的一个线圈安装在靠近铁芯柱的内层，这是因为低压线圈和铁芯间所需的绝缘比较简单，电压较高的线圈则安装在外面。由于频率较高的变压器，为了减少漏磁通和分布电容，常需要把初、次级线圈分为若干部分，分格分层并交叉绕制。绝缘是变压器制造的主要问题，线圈的匝间和层间都要绝缘良好，线圈和铁芯、不同线圈之间更要绝缘良好。为了提高变压器的绝缘性能，在制造时还要进行去潮处理（浸漆、烘烤灌蜡、密封等）。

除此之外，为了起到电磁屏蔽作用，变压器往往要用铁壳或铝壳罩起来，原、副线圈间往往加一层金属静电屏蔽层，大功率的变压器中还有专门设置的冷却设备等。

1.1.2　变压器的分类

变压器的种类很多，按用途来分，在供电工程中作输电和配电用的变压器称为电力变压器；供电气设备作耐压试验用的高压变压器叫做试验变压器；用于自动控制系统中的小功率变压器叫做控制变压器。此外，还有调节电压用的自耦变压器、电气测量和继电保护用的仪用互感器以及各种专用变压器（如电焊用的电焊变压器、加热用的电炉变压器、整流用的整流变压器以及在电子线路中用以传递信号和实现阻抗匹配的耦合变压器和输出变压器等）。下面介绍几种主要的变压器分类法。

（1）按用途分

1）电力变压器：主要用于输配电系统，又分为升压变压器、降压变压器和配电变压器等。电力变压器容量从几十千伏安到几十万千伏安，电压等级从几百伏到几百千伏。

2）调压变压器：用来调节电压，实验室多使用小容量的调压变压器。

3）控制变压器：容量较小，用于自动控制系统，如电源变压器、输入变压器、输出变压器和脉冲变压器等。

4）仪表变压器：一般指电流互感器和电压互感器。因为线路中的大电流、高电压不宜直接测量，所以需要通过互感器连接测量仪表进行测量。

5）试验高压变压器：用于高压试验，如可产生电压高达750kV的试验变压器。

6）特殊用途变压器：有电炉变压器、整流变压器和电焊变压器等。

7）小型变压器：又叫小功率变压器。这种变压器容量小、电压低、体积小，放在空气中（干式）使用。

8）安全隔离变压器：是为小型电动工具的安全使用而设计的，将它接在市电和电动工具之间，可防止触电事故的发生。

9）感应自动变压器：是为稳定负载电压而设计的，安装在配电线路中，可以调整电压的波动。

（2）按相数分类

1）单相变压器：用于单相交流系统。

2）三相变压器：用于三相交流系统。

3）多相变压器：例如用于整流的六相变压器。

（3）按铁芯形式分类

按铁芯形式，变压器分为芯式变压器和壳式变压器。芯式变压器铁芯成“口”字形，线圈包着铁芯，如图 5-3（a）所示，这种变压器结构简单，绕组的装配及绝缘比较容易。壳式变压器铁芯成“日”字形，铁芯包着线圈，如图 5-3（b）所示，这种变压器制造工艺复杂，用材料较费，多用于小型电源变压器。

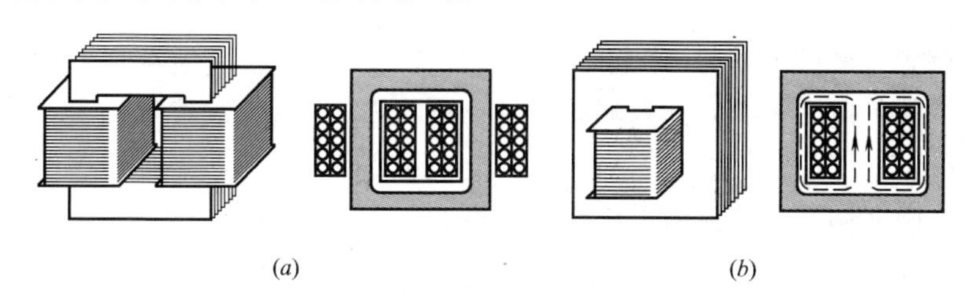

(a) (b)

图 5-3 芯式和壳式变压器

（4）按冷却方式分类

1）油浸（自冷）式变压器：把铁芯和绕组装进绝缘油箱中，借助于油的对流来加强冷却。这种方式冷却效率高，并增加了变压器的绝缘性能。输电网上的电力变压器多采用这种冷却方式。另外还有油浸（风冷或水冷）、强迫油循环风冷、氟化物致冷（蒸发冷却）变压器等。

2）干式变压器：变压器的热量直接散发到空气中。这些变压器多为小型变压器。当变压器周围散热条件差，或周围有怕热的其他器件时，可以利用电风扇使铁芯和绕组周围的空气流动，进行强制风冷，将变压器的热量迅速带走，达到降温的效果。

3）充气式变压器：变压器的器身放在封闭的铁箱内，箱内充以绝缘性能好、传热快、化学性能稳定的气体。

1.2 变压器的基本原理

1.2.1 变压器的工作原理

变压器是按电磁感应原理工作的，是互感现象的应用。如果把变压器的原线圈接在交流电源上，在原线圈就有交流电流流过，交变电流将在铁芯中产生交变磁通，这个变化的磁通经过闭合磁路同时穿过原线圈和副线圈。交变的磁通将在线圈中产生感应电动势，因此，在变压器原线圈中产生自感电动势，在副线圈中也产生了互感电动势。这时，如果在副线圈上接上负载，那么电能将通过负载转换成其他形式的能，如图 5-4 所示。

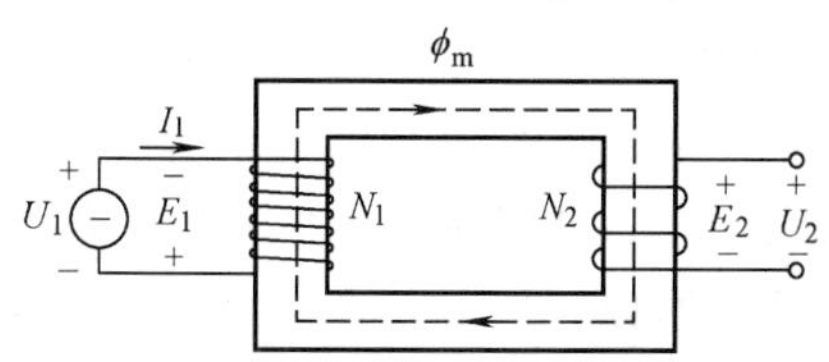

在一般情况下，变压器的损耗和漏磁通都是很小的。因此，下面在变压器铁芯损耗、导线的铜损耗和漏磁通都不计的情况下（看作理想变压器），讨论变压器的几个作用。

图 5-4 变压器空载运行原理

（1）变换交流电压 当电压器的原线圈接上交流电压后，在原、副线圈中通有交变的磁通，若漏磁通略去不计可以认为穿过原、副线圈的交变磁通相同，因而这两个线圈的每匝所产生的感应电动势相等。设原线圈的匝数是 N_1 副线圈的匝数是 N_2，穿过它们的磁通是 ϕ，那么原、副线圈中产生的感应电动势分别是

$$E_1=N_1\frac{\Delta\phi}{\Delta t},\ E_2=N_2\frac{\Delta\phi}{\Delta t}$$

由此可得

$$\frac{E_1}{E_2}=\frac{N_1}{N_2}$$

在原线圈中，感应电动势 E_1 起着阻碍电流变化的作用，与加在原线圈两端的电压 U_1 相平衡。原线圈的电阻很小，如果略去不计，则有 $U_1 \approx E_1$。副线圈相当于一个电源，感应电动势 E_2 相当于电源的电动势。副线圈的电阻也很小，略去不计，副线圈就相当于无内阻的电源，因而副线圈两端的电压 U_2 等于感应电动势 E_2，即 $U_2 \approx E_2$。因此得到

$$\frac{U_1}{U_2}\approx\frac{N_1}{N_2}=K$$

式中　K——为变压比。

可见，变压器原、副线圈的端电压之比等于这两个线圈的匝数比。如果 $N_2 > N_1$，U_2 就大于 U_1，变压器使电压升高，这种变压器叫做升压变压器。如果 $N_1 > N_2$，U_1 就大于 U_2，变压器使电压降低，这种变压器叫做降压变压器。

(2) 变换交流电流　由上面的分析知道，变压器能从电网中获取能量，并通过电磁感应进行能量转换后，再把电能输送给负载。根据能量守恒定律，在不计变压器内部损耗的情况下，变压器输出的功率和它从电网中获取的功率相等，即 $P_1 = P_2$。根据交流电功率的公式 $P = UI\cos\varphi$ 可得，$U_1 I_1 \cos\varphi_1 = U_2 I_2 \cos\varphi_2$。式中 $\cos\varphi_1$，是原线圈电路的功率因数，$\cos\varphi_2$ 是副线圈电路的功率因数，φ_1 和 φ_2 通常相差很小，在实际计算中可以认为它们相等，因而得到

$$U_1 I_1 \approx U_2 I_2$$

即

$$\frac{I_1}{I_2}\approx\frac{N_2}{N_1}=\frac{1}{K}$$

可见，变压器工作时原、副线圈中的电流跟线圈的匝数成反比。变压器的高压线圈匝数多而通过的电流小，可用较细的导线烧制；低压线圈匝数少而通过的电流大，应当用较粗的导线绕制。

(3) 变换交流阻抗　在电子线路中，常用变压器来变换交流阻抗，无论收音机还是其他电子装置，总希望负载获得最大功率，而负载获得最大功率的条件是负载电阻等于信号源的内阻，此时称为阻抗匹配。但在实际工作中，负载的电阻与信号源的内阻往往是不相等的，所以，把负载直接接到信号源上不能获得最大功率。为此，就需要利用变压器来进行阻抗匹配，使负载获得最大功率。

设变压器初级输入阻抗（即初级两端所呈现的等效阻抗）为 $|Z_1|$，次级负载阻抗为 $|Z_2|$，则

$$|Z_1|=\frac{U_1}{I_1}$$

将 $U_1 \approx \frac{N_1}{N_2}U_2$，$I_1 \approx \frac{N_2}{N_1}I_2$，代入上式整理后得

$$|Z_1| \approx \left(\frac{N_1}{N_2}\right)^2 \frac{U_2}{I_2}$$

因为

$$\frac{U_2}{I_2} = |Z_2|$$

所以

$$|Z_1| \approx \left(\frac{N_1}{N_2}\right)^2 |Z_2| = K^2 |Z_2|$$

可见，在次级接上负载阻抗 $|Z_2|$ 时，就相当于使电源直接接上一个阻抗 $|Z_1| \approx K^2 |Z_2|$。

【例 5-1】 有一电压比为 220/110V 的降压变压器，如果在次级接上 55Ω 的电阻时，求变压器初级的输入阻抗。

【解 1】 首先求出次级电流

$$I_2 = \frac{U_2}{|Z_2|} = \frac{110}{55} = 2A$$

然后根据变压比求出初级电流

$$K = \frac{N_1}{N_2} \approx \frac{U_1}{U_2} = \frac{220}{110} = 2$$

$$I_1 \approx \frac{1}{K} I_2 = \frac{1}{2} \times 2 = 1A$$

所以，变压器的输入阻抗为

$$|Z_1| = \frac{U_1}{I_1} = \frac{220}{1} = 220\Omega$$

【解 2】 先求出变压比

$$K = \frac{N_1}{N_2} \approx \frac{U_1}{U_2} = \frac{220}{110} = 2$$

然后根据阻抗变换公式，直接求出变压器的输入阻抗为

$$|Z_1| \approx K^2 |Z_2| = 4 \times 55\Omega = 220\Omega$$

【例 5-2】 有一信号源的电动势为 1V、内阻为 600Ω，负载电阻为 150Ω。欲使负载获得最大功率，必须在信号源和负载之间接一匹配电压器，使变压器的输入电阻等于信号源的内阻，如图 5-5 所示。问变压器的变压比，初、次级电流各为多大？

【解】 由题意可知，负载电阻 $R_2 = 150\Omega$，变压器的输入电阻 $R_1 = R_0 = 600\Omega$。应用变压器的阻抗变换公式，可求得变压比为

$$K = \frac{N_1}{N_2} \approx \sqrt{\frac{R_1}{R_2}} = \sqrt{\frac{600}{150}} = 2$$

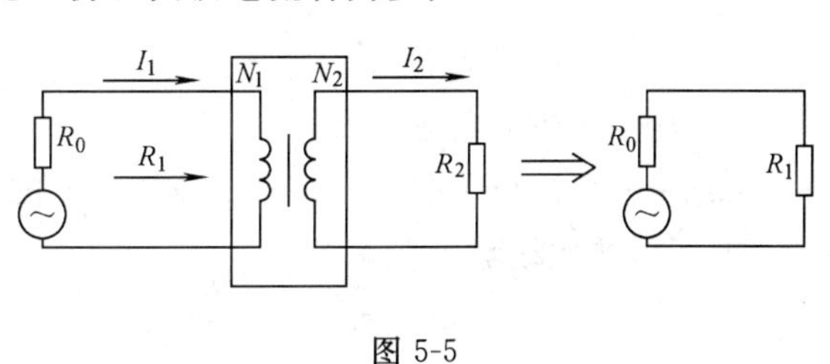

图 5-5

因此，信号源和负载之间接上一个变压比为 2 的变压器就能达到阻抗匹配的目的。这时变压器的初级电流

$$I_1=\frac{E}{R_0+R_1}=\frac{1}{600+600}\approx 0.83\text{mA}$$

次级电流

$$I_2\approx\frac{N_1}{N_2}I_1=2\times 0.83=1.66\text{mA}$$

(4) 变压器的外特性和电压变化率

对负载来说，变压器相当于电源。作为一个电源，它的外特性是必须考虑的。电力系统的用电负载是经常发生变化的，负载变化时，所引起的变压器次级电压的变化程度，既和负载的大小和性质（电阻性、电感性、电容性和功率因数的大小）有关，又和变压器本身的性质有关。为了说明负载对变压器次级电压的影响，可以作出变压器的外特性曲线，如图 5-6 所示。外特性就是当变压器的初级电压 U_1 和负载的功率因数 $\lambda=\cos\varphi$ 都是一定时，次级电压 U_2 随次级电流 I_2 变化的关系。

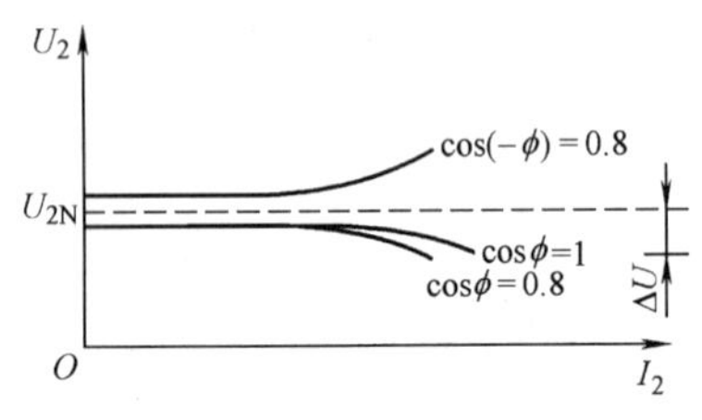

图 5-6 变压器外特性曲线

从图中可以看出，当 $I_2=0$（即变压器空载）时，$U_2=U_{2N}$。当负载为电阻性和电感性时，随着负载电流 I_2 的增大，变压器次级电压逐渐下降。在相同的负载电流下，其电压下降的程度取决于负载的功率因数的大小，负载的功率因数降低，端电压下降越大。在电容性负载时［如 $\cos(-\varphi)=0.8$］，曲线上升，所以，为了减小电压的变化，对感性负载而言，可以在其两端并联电容器，以提高负载的功率因数。

变压器有负载时，次级电压变化的程度用电压变化率 ΔU 来表示。电压变化率是指变压器空载时，次级电压 U_{2N} 和有载时次级端电压 U_2 之差与 U_{2N} 的百分比，即

$$\Delta U=\frac{U_{2N}-U_2}{U_{2N}}\times 100\%$$

电压变化率是变压器的主要性能指标之一，人们总希望电压变化率越小越好，对于电力变压器来讲，一般在 5%左右。

1.2.2 变压器的功率和效率

(1) 变压器的功率　变压器的初级输入功率为

$$P_1=U_1 I_1\cos\varphi_1$$

式中 U_1 ——初级端电压；

I_1 ——初级电流；

$\cos\varphi_1$ ——初级端电压和初级电流相位差的余弦值。

变压器的次级输出功率为

$$P_2=U_2 I_2\cos\varphi_2$$

式中　U_2——次级端电压；

I_2——次级电流；

$\cos\varphi_2$——次级端电压和次级电流相位差的余弦值。

输入功率和输出功率之差等于变压器的功率消耗，即

$$P_L = P_1 - P_2$$

变压器功率损耗包括铁损 P_{Fe}（磁滞损耗和涡流损耗）和铜损 P_{Cu}（线圈导线电阻的损耗）即

$$P = P_{Fe} + P_{Cu}$$

铁损和铜损可以用实验方法测量或计算求出，铜损（$I_1^2 r_1 + I_2^2 r_2$）与初级和次级电流有关；铁损决定于电压，并与频率有关。基本关系是：电流越大，铜损越大；频率越高，铁损越大。

（2）变压器的效率　变压器的效率为变压器输出功率与输入功率的百分比，即

$$\eta = \frac{P_2}{P_1} \times 100\%$$

大容量变压器的效率可达 98%～99%，小型电源变压器效率约为 70%～80%。

【例 5-3】 有一变压器初级电压为 2200V，次级电压为 220V，在接纯电阻性负载时，测得次级电流为 10A，变压器的效率为 95%。试求它的损耗功率、初级功率和初级电流。

【解】 次级负载功率为　$P_2 = U_2 I_2 \cos\varphi_2 = 220 \times 10 = 2200\text{W}$

初级功率　$P_1 = \frac{P_2}{\eta} = \frac{2200}{0.95} \approx 2316\text{W}$

损耗功率　$P_L = P_1 - P_2 = 2316 - 2200 = 116\text{W}$

初级电流　$I_1 = \frac{P_1}{U_1} = \frac{2316}{2200} \approx 1.05\text{A}$

1.2.3　常用变压器

（1）自耦变压器　自耦变压器原、副线圈共用一部分绕组，它们之间不仅有磁耦合，还有电的关系，如图 5-7 所示。

原、副线圈电压之比和电流之比的关系为

$$\frac{U_1}{U_2} = \frac{I_2}{I_1} \approx \frac{N_1}{N_2} = K$$

自耦变压器在使用时，一定要注意正确接线，否则易于发生触电事故。

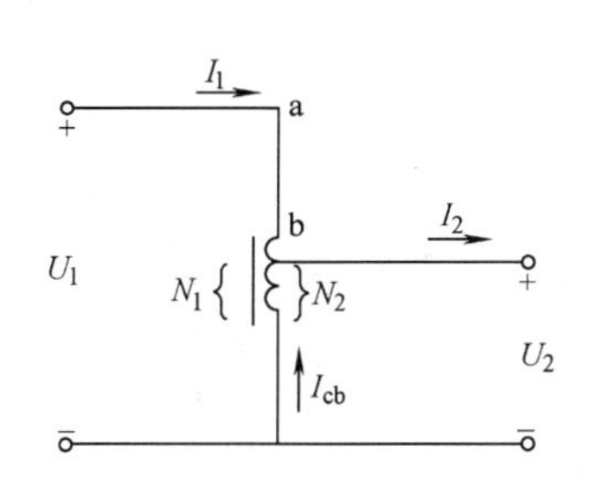

图 5-7　自耦变压器符号及原理

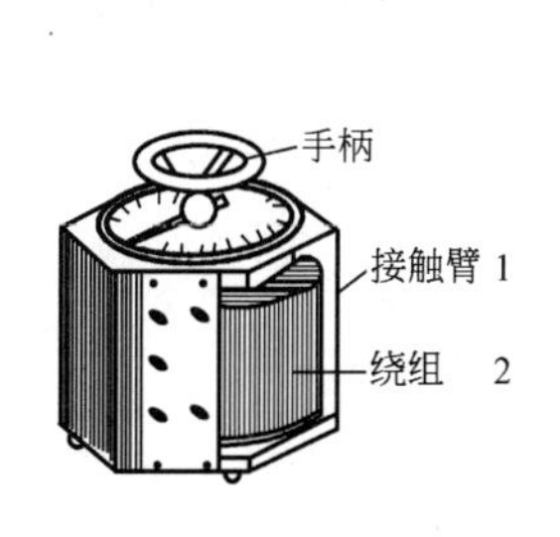

图 5-8　实验用调压变压器

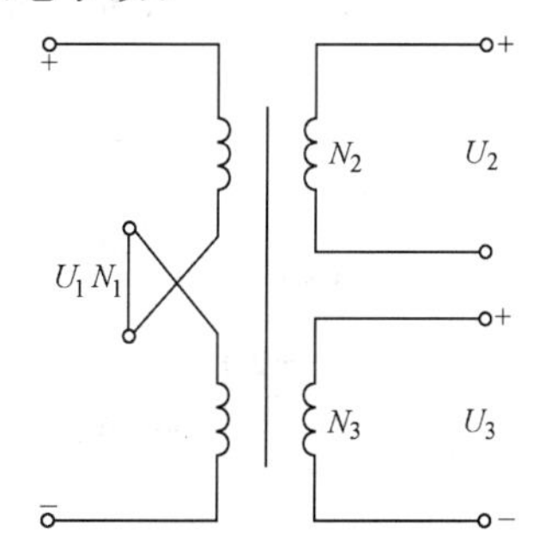

图 5-9　多绕组变压器

实验室中用来连续改变电源电压的调压变压器，就是一种自耦变压器，如图 5-8 所示。

（2）多绕组变压器　变压器的次级有两个以上的绕组或初、次级都有两个以上绕组的变压器叫多绕组变压器，如图 5-9 所示。多绕组变压器原、副线圈的电压关系仍符合变压比的关系，

$$\frac{U_1}{U_2}\approx\frac{N_1}{N_2}$$

$$\frac{U_1}{U_3}\approx\frac{N_1}{N_3}$$

多绕组变压器多使用于电子设备中，输出多种电压。多绕组可串联或并联使用，串联时应将线圈的异名端相接，并联时应将线圈的同名端相接。只有匝数相同的线圈才能并联。

（3）互感器　互感器是一种专供测量仪表，控制设备和保护设备中使用的变压器。可分为电压互感器和电流互感器两种。

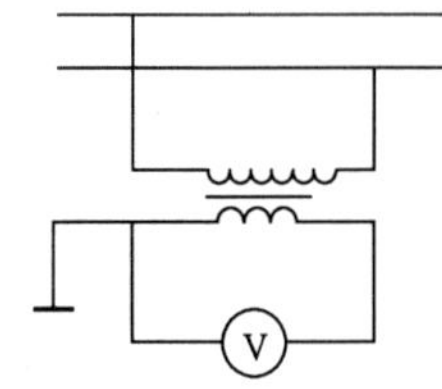

图 5-10　电压互感器

电压互感器　使用时，电压互感器的高压绕组跨接在需要测量的供电线路上，低压绕组则与电压表相连，如图 5-10 所示。

可见，高压线路的电压 U_1 等于所测量电压 U_2 和变压比 K 的乘积，即 $U_1=KU_2$，使用时应注意：

1）次级绕组不能短路，防止烧坏次级绕组。

2）铁芯和次级绕组一端必须可靠的接地，防止高压绕组绝缘被破坏时而造成设备的破坏和人身伤亡。

电流互感器　使用时，电流互感器的初级绕组与待测电流的负载相串连，次级绕组则与电流表串联成闭和回路，如图 5-11 所示。通过负载的电流就等于所测电流和变压比倒数的乘积。使用时应注意：

1）绝对不能让电流互感器的次级开路，否则易造成危险；

2）铁芯和次级绕组一端均应可靠接地。

常用的钳形电流表也是一种电流互感器。

三相变压器　三相变压器就是三个相同的单相变压器的组合，如图 5-12 所示。三相变压器用于供电系统中。根据三相电源和负载的不同，三相变压器初级和次级线圈可接成

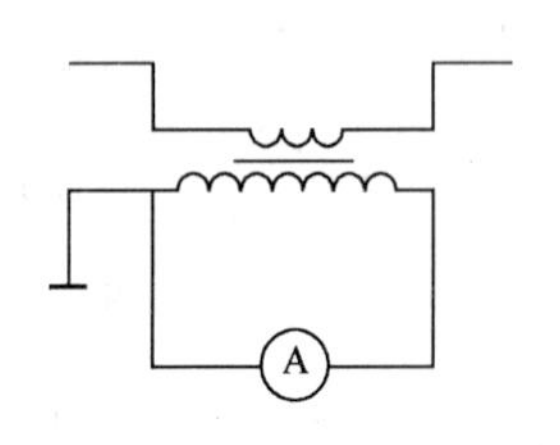

图 5-11　电流互感器

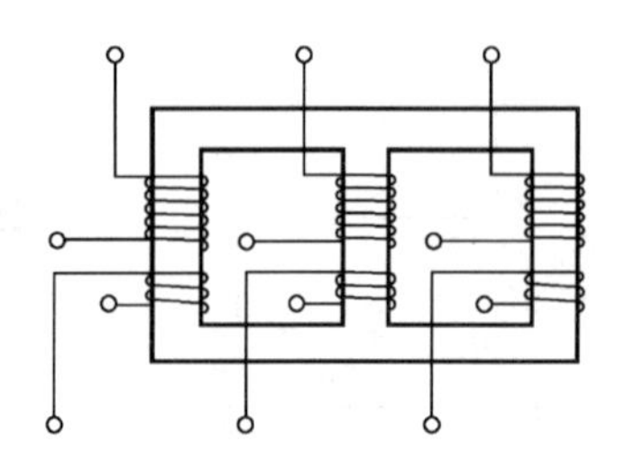

图 5-12　三相变压器

星形或三角形。

1.3　变压器的铭牌

各生产厂家为了使变压器安全、合理、经济地运行，对自己的产品规定了安全运行的技术数据，将其写在变压器外壳上的一块铭牌上。为了正确使用变压器，必须首先了解和掌握变压器铭牌上的技术数据。这些主要的数据有：

1.3.1　变压器的型号

变压器的型号是由基本代号及其后用一横线分开加注的额定容量（kVA）、高压绕组电压（kV）构成的。变压器的基本代号由产品类别、相数、冷却方式及其他结构特征四部分组成。变压器型号的编排顺序如下：

Ⅰ　Ⅱ　Ⅲ　Ⅳ　—12/3

其中，Ⅰ为产品类别；Ⅱ为相数；Ⅲ为冷却方式；Ⅳ为其他结构特征；1为设计序号；2为额定容量（kVA）；3为高压绕组电压等级（kV）。

变压器的基本代号及其含义见表5-1。

变压器基本代号及其含义　　　**表5-1**

Ⅰ		Ⅱ		Ⅲ		Ⅳ	
代号	含义	代号	含义	代号	含义	代号	含义
O	自耦变压器	D	单相	G	干式	S	三线圈(三绕组)
H	电弧炉变压器	S	三相	J	油浸自冷	K	带电抗器
BH	封闭电弧炉变压器			F	风冷	Z	带有载分接开关
ZU	电阻炉变压器			S	水冷	A	感应式
C	感应电炉变压器			FP	强迫油循环风冷	L	铝线
R	加热变压器			SP	强迫油循环水冷	N	农村用
Z	整流变压器			P	强迫油循环	C	串联用
BK	焊接变压器					T	成套变电站用
K	矿用变压器					D	移动式
Y	实验变压器					H	防火
T	电力变压器					Q	加强
T	调压变压器						
J	电压互感器						
I	电流互感器						

例如：SJL-500/10表示三相油浸自冷、铝线、500kVA、高压侧电压10kV的电力变压器；HSSPK-7000/10表示三相强迫油循环水冷内装电抗器、7000kVA、高压侧电压10kV的电弧炉变压器。

1.3.2　变压器的技术指标

变压器额定值是国家（或有关部门）对变压器正常运行时所作的使用规定。在额定工作状态下运行，可以保证变压器长期、可靠地工作，并且有良好的性能。

频率f是指加在变压器初级绕组上电源频率。我国规定的标准频率是50Hz。

相数 m 表示变压器绕组的相数，也表示适用电源的相数，二者必须一致。

额定电压　初级绕组的额定电压 U_{1N} 指变压器在正常运行时，初级绕组上所加的电压值。它是根据变压器的绝缘强度和允许发热等条件所规定的。变压器所承受的外加电压与额定值的偏差不得超过±5%额定值。这是额定运行的基本条件。

次级绕组的额定电压 U_{2N}　是指当变压器在空载运行时，初级绕组加上额定电压以后，次级绕组两端的空载电压值。变压器带负载后，次级输出电压将有所下降。为了保证供电质量，输出电压与额定电压的偏差不得超过供电电压允许的偏差。这依靠调节高压绕组分接头（抽头）来实现，分接头的电压用额定电压的百分数来表示。在三相变压器中额定电压都是指线电压。

额定电流　初级绕组的额定电流 I_{1N} 是根据允许发热条件，变压器在长时期运行过程中初级绕组允许通过的最大电流值。

初级绕组的额定电流 I_{2N}　是根据允许发热条件，变压器在长时期运行过程中次级绕组允许通过的最大电流值。

变压器在额定电流下运行，绕组的温升不会超限，使用寿命是有保障的（一般可使用20 年以上）；但是若电流长期超过额定电流运行，铜损耗增加，发热加剧，变压器温度升高，则使绕组的绝缘材料迅速老化甚至烧毁，致使变压器的使用寿命大大缩短。因此，使用变压器时要十分注意不要使电流较长时间超过额定值运行。在三相变压器中额定电流都是指线电流。

额定容量 S_N　表示在额定使用条件下变压器的最大输出能力，以视在功率表示，单位是千伏安（kV·A)。对单相变压器

$$S_N=\frac{U_{2N}I_{2N}}{1000}\text{kVA}$$

对三相变压器而言，额定容量 S_N 是指三相容量之和。额定容量为

$$S_N=\frac{\sqrt{3}U_{2N}I_{2N}}{1000}\text{kVA}$$

对于有高压、低压、中压（如果有的话）的三相变压器而言，额定容量指容量最大的那套三相绕组的容量。

变压器输出的最大功率 P 决定于额定容量 S_N 和负载的功率因数 $\cos\varphi$，$P=S_N\cos\varphi$。当负载功率因数 $\cos\varphi=1$ 时，变压器输出功率最大 $P=S_N$；当 $\cos\varphi=0.8$ 时，$P=0.8S_N$。同一台变压器，额定容量是确定的，负载功率因数越大，输出功率也越大，容量越能得到充分利用。因此，要努力提高变压器的负载功率因数。变压器输出功率值 $P=U_NI_N\cos\varphi$，不能将输出功率和容量混为一谈。

阻抗压降　阻抗压降也称为短路电压。是将次级绕组短路，并使次级电流达到额定值时，初级高压侧所加的电压值 U_{1s}。一般以额定电压的百分数表示，即 $\frac{U_{1s}}{U_{1N}}\times100\%$，一般约为 5%～10%。它是考虑短路电流和继电保护的依据，它反映了变压器内部阻抗的特点。

连接组别　是指变压器初级、次级绕组的连接方法及相位关系。常见的有“Y，yn0”和“Y，d_{11}”等。前者表示初级、次级绕组均为星形连接并带中线 N，其中“0”表示初

级、次级绕组对应的线电压相位差为零，即同相；后者表示初级绕组为星形连接，次级绕组为三角形连接，其中“11”表示 初级、次级绕组对应的线电压相位差为 30°（这是一种用时钟表示初级、次级绕组线电压相位关系的方法，即高压边线电压为时钟的长针，并永远指在钟面的“12”上；低压边线电压为短针，它指在钟面上的数字定为连接组别的标号，用来反映初级、次级绕组的相位关系）。

温升　温升是变压器在额定状态下运行，允许超过周围环境的温度值。它取决于变压器所用的绝缘材料的等级。

变压器的检验　变压器在使用前应进行检验，通常其检验内容有：

（1）区分绕组、测量各绕组的直流电阻；

（2）绝缘检查；

（3）各绕组的电压和变压比；

（4）磁化电流 I_μ，变压器次级开路时的初级电流叫磁化电流，I_μ 一般为初级额定电流的 3%～8%。

各项检验都应符合设计标准，否则不宜使用。

复习思考题

1. 如果把变压器一次绕组接入与额定交流电压相同的直流电源上，会有什么结果？

2. 已知单相变压器的容量为 1.5kVA，初级额定电压为 220V，次级额定电压为 110V，求初、次级线圈的额定电流。

3. 一台单相变压器，额定容量 S_N＝180kVA，额定电压 6000/220V，求原、副线圈的额定电流 I_{1N}，I_{2N} 各是多少？这台变压器是否允许接入 150kW、$\cos\phi$＝0.75 的感性负载？

4. 某三相变压器，额定容量为 5000kVA，Y/Δ 接法，额定电压 35/10.5kV，求原、副线圈的相电压、相电流和线电流的额定值。

5. 一台单相照明变压器，额定容量是 10kVA，额定电压为 3300/220V，求原、副绕组的额定电流，变压器在额定情况下运行，可以接多少盏 220V、40W 的白炽灯。

6. 额定电压为 10/0.25kV 的单相变压器，额定状态时，测得副线圈电压为 220V。试求该变压器原、副线圈额定电流及电压调整率 ΔU%。

7. 为了安全，机床上照明电灯用的电压是 36V，这个电压是把 220V 的电压降压后得到的，如果变压器的原线圈是 1140 匝，副线圈是多少匝？用这台变压器给 40W 的电灯供电，如果不考虑变压器本身的损耗，原、副线圈的电流各是多少？

8. 绕制一台 220/110V 的降压变压器，可否将原绕组绕 2 匝，副绕组绕 1 匝？为什么？

9. 某晶体管收音机的输出变压器，其初级线圈匝数为 230 匝，次级线圈匝数为 80 匝，原配接音圈阻抗为 8Ω 的扬声器，现在要改接 4Ω 的扬声器，问次级线圈应如何变动？

10. 如图 5-13 所示，一电源变压器，初级线圈为 1000 匝，接在 220V 的交流电源上。它

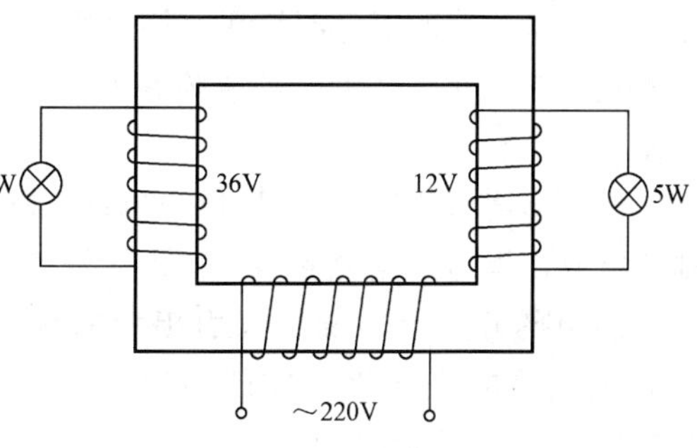

图 5-13　习题 10

有两个次级线圈，一个电压为36V，接若干灯泡，共消耗功率7W；另一个电压为12V，也接入若干灯泡，共消耗功率5W。如果不计变压器本身的损耗，求初级电流为多大？两个次级线圈的匝数各为多少？

11. 已知交流信号源的电动势$E=16V$，内阻$R=800\Omega$，负载电阻$R_L=8\Omega$，为使负载获得最大功率而采用变压器进行阻抗匹配，求：

(1) 阻抗匹配时，变压器的匝数比是多少？

(2) 负载获得的功率为多大？

(3) 如果不用变压器，负载直接从信号源获得功率为多大？

12. 一台容量为15kVA的自耦变压器，初级接在220V的交流电源上，初级匝数为500匝，如果要使次级的输出电压为150V，求这时次级的匝数？满载时初、次级电路中的电流各是多大？

13. 自耦变压器有什么特点？为什么不能用作安全变压器？

14. 电流互感器原线圈绕组为2匝、副线圈绕组为40匝，若原线圈电流为100A，则副线圈的电流读数应为多少？

15. 应用6000/100V的电压互感器，副线圈接100V的电压表，若电压表读数为50V，则被测电路的实际电压是多少？

16. 为什么电流互感器二次绕组不允许开路运行？而电压互感器二次绕组不允许短路运行？

实训课题　小型变压器的故障检修

小型变压器的检修

小型变压器是指用于工频范围内进行电压切换的小功率变压器，容量从几伏安到1kVA，广泛应用在日常生活和生产的各个用电领域中。其主要故障和检修办法有以下几方面。

1. 接通电源后副边无电压输出

(1) 故障原因可能有：①电源插头或馈线开路；②原边绕组开路或引出线脱焊；③副边开路或引出线脱焊。

(2) 检修方法。先确定电网电压正常后插上电源插头，用万用表测原边绕组两引入线端之间的电压。若不正常，则检查电源引入线和电源插头是否有开路、脱焊和接触不良现象；若正常，则取下电源插头，用万用表或电桥测原边绕组的直流电阻，判断其是否有开路现象，若无开路现象，则故障在副边绕组，可同样用万用表或电桥判断其是否有开路现象。

对于多绕组变压器，可以在接通电源后分别测多个副边绕组的输出电压，若有副绕组能正常输出电压，则说明原边绕组完好，无输出电压的副边绕组有开路现象。

绕组的开路点多发生在引出线的根部，通常是由于线头弯折次数过多、或线头遭到猛拉或焊接处霉断（焊剂残留过多）或引出线过细等原因造成的。如果断裂线头处在线圈的最外层，可掀开绝缘层，用小针等工具在断线处挑出线头，焊上新的引出线，恢复好绝缘即可。若断裂线端头部处在线圈内层，一般修复很困难，需要拆修甚至重绕。

2. 温升过高甚至冒烟

(1) 故障原因可能有：①线圈的匝间短路；②硅钢片间绝缘太差，使涡流增大；③铁芯设计不佳叠厚不足或重新装配硅钢片时少插入片数或绕组匝数偏少；④过载或输出电路局部短路。

(2) 检修方法。

1) 线圈的匝间短路。存在匝间短路，短路处的温度会急剧上升。如果短路发生在同层排列左右两匝或多匝之间，过热现象稍轻；若发生在上下层之间的两匝或多匝之间，过热现象就更加严重。通常是由于线圈遭受外力撞击或漆包线老化等原因所造成的。检测时可在断电状态下用兆欧表确定原、副边绕组之间是否有短路现象；在原、副边接上电源情况下，通过万用表测各副边绕组空载电压来判定匝间和层间短路现象，若某副边绕组输出电压明显降低，说明该绕组有短路现象，若各绕组输出电压基本正常但变压器过热则可能是静电屏蔽层自身短路。

如果短路发生在线圈的最外层，可掀开绝缘层，在短路处局部加热（可用电吹风），使绝缘漆软化，用薄竹片轻轻挑起故障导线，若线芯没损伤，则可插入绝缘纸，裹住后理平，若线芯己损伤，则应剪断故障导线，两端焊接后裹垫绝缘纸理平，然后涂绝缘漆吹干，再包外层绝缘。若故障发生在绕组内部，一般需要拆修甚至重绕。

2) 硅钢片间绝缘太差和铁芯叠厚不足或绕组匝数偏少一般需拆修。

3) 过载或外部电路不正常。只要在变压器空载时电压、温升等各项指标均正常，而负载时发热，则说明变压器过载或外部电路不正常，需减轻负载或排除外部电路的局部短路等象。

3. 噪声过大

(1) 故障原因可能有：①铁芯设计不当、电源电压过高、过载或漏电原因形成的电磁噪声；②铁芯未压紧，在运行时硅钢片发生机械振动而产生的机械噪声。

(2) 检修方法。如果是电磁噪声，属于设计原因的，可更换较佳的同规格硅钢片；属于过载等原因的应减轻负载或排除漏电故障。如果是机械噪声，应压紧铁芯。

4. 铁芯带电

(1) 故障原因可能有：①线圈对铁芯短路；②线圈漏电；③引出线裸露磨损碰触铁芯或底板。

(2) 检修方法。

1) 线圈对铁芯短路和线圈漏电。可用兆欧表分别检查原、副边绕组对地（指铁芯或静电屏蔽层）的绝缘电阻情况，若绝缘电阻显著降低，可烘干后再测，若绝缘电阻恢复，表明是线圈受潮引起故障；若绝缘电阻无明显提高，说明是有线圈碰触铁芯或静电屏蔽层，轻度的可拆去外层包缠的绝缘层，烘干后重新浸漆，严重的只有重绕。

2) 引出线故障。可在导线裸露部分包扎好绝缘材料或用套管套上；若是最里层线圈引出线碰触铁芯，裸露部分不好包扎时，可在铁芯与引出线间塞入绝缘材料，并用绝缘漆或绝缘黏合剂粘牢。

实训报告

1. 实训目的

掌握小型变压器的故障检修

2. 实训内容

小型变压器常见故障的分析与检修方法。

3. 实训场地和器材

电工实训室、万用表、电桥、电烙铁、锥子、电工刀、榔头、绝缘导线、硅钢片、绝缘纸等。

4. 操作重点

教师预设故障点，由同学根据故障现象确定检修程序，借助仪器和工具查找及排除故障。下面列出小型变压器常见故障现象和教师的预设故障点（预设故障点时可选其中一部分或全部）。

（1）变压器副边无电压输出。预设故障点：①电源插座接触不良，切断相线或零线；②电源引入线线芯在某处折断；③原边绕组引入端焊片脱焊；④副边绕组焊片脱焊。

（2）变压器发热。预设故障点：①加大副边负载；②减少铁芯叠片；③原边绕组与副边绕组短路（一定注意持续时间要短）。

（3）运行中有响声。预设故障点：①调松铁芯插片；②用调压器调高电源电压（适当）；③加重变压器负载。

（4）铁芯或底板带电。预设故障点：①引线线头碰铁芯或底板；②绕组局部对铁芯短路。

5. 实习成绩

评语

课题 2　交流电动机工作原理

2.1　三相异步电动机

2.1.1　*旋转磁场*

（1）旋转磁场的产生

图 5-14 为最简单异步电动机的定子，它的铁芯只有六个槽，三相定子绕组对称分布在这六个槽内。即三相绕组的首端 A、B、C（或末端 X、Y、Z）的空间位置互差 120°。若将三相绕组接成星形或三角形，然后将 A、B、C 分别接在三相电源上，便有三相对称电流流入三相对称绕组，即：

$$
\begin{aligned}
i_{\mathrm{A}} &= I_{\mathrm{m}}\sin\omega t \\
i_{\mathrm{B}} &= I_{\mathrm{m}}\sin(\omega t-120^{\circ}) \\
i_{\mathrm{C}} &= I_{\mathrm{m}}\sin(\omega t-240^{\circ})
\end{aligned}
\tag{5-1}
$$

图 5-15（a）为三相电流的波形。为了便于分析，习惯地规定：电流的正方向从绕组首端流向绕组的末端，即从首端流入从末端流出为正；从末端流入从首端流出则为负。在图中，凡电流流入的一端用“×”表示，电流流出的一端用“⊙”表示。

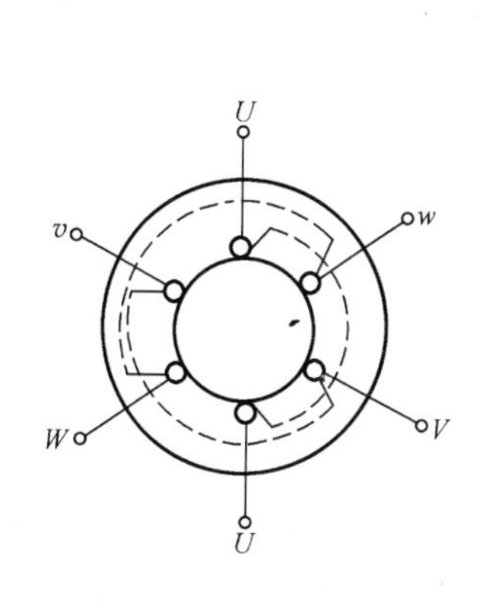

图 5-14　六槽电动机的定子

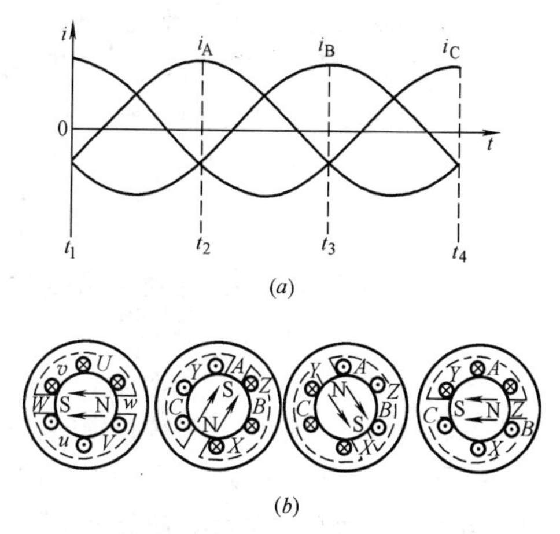

图 5-15　一对极的旋转磁场和旋转磁势

（a）三相电流的波形；（b）旋转磁场

当三相电流流入定子绕组时，每相电流产生一个交变磁场，三相电流的合成磁场则是一个旋转磁场。为了说明问题，可在图 5-15 中取几个不同瞬间，来分析旋转磁场的形成。

1）在 t_1 瞬间：

i_A 为正说明 A 相电流从 A 端流入，从 X 端流出；i_B、i_C 为负说明 B 相电流从 Y 端流入，从 B 端流出；C 相电流从 Z 端流入，从 C 端流出。然后用右螺旋法则，确定合成磁场的方向，如图 5-15（b）中的虚线所示，为一对极的磁场，并标出其 N、S 极。

2）在 t_2 瞬间：

i_A、i_C 为负说明 A 相电流从 X 端流入，从 A 端流出；C 相电流从 Z 端流入，从 C 端流出；i_B 为正说明 B 相电流从 B 端流入，从 Y 端流出，同样可用右螺旋法则确定合成磁场的方向。在图 5-15（b）之中，t_2 瞬间与 t_1 瞬间相比，磁场沿着顺时针方向旋转了 120°。

同理，可画出 t_3、t_4 两个瞬间的磁场，如图 5-15（b）所示，这时磁场继续沿着顺时针方向旋转。

由此可见，定子绕组由三个在空间相隔 120°的线圈组成时，通入三相对称电流，便能产生两极（$p=1$）旋转磁场；且电流变化一周时，合成磁场在空间旋转 360°。磁场旋转的方向与线圈中三相电流的相序一致。

旋转磁场的极数与定子绕组的排列有关，如果每相定子绕组由两个线圈串联而成，每相绕组有 4 个有效边，因此定子铁芯至少有 12 个槽，三相绕组的六个线圈对称分布在 12 个槽内，即每个线圈在空间相隔 60°。当三相绕组接成星形或三角形，并通入三相对称电流时，用上述方法分析，可得出四极旋转磁场（$p=2$）。当电流变化一周时，合成磁场在空间旋转 180°。磁场旋转的方向也与线圈中三相电流的相序一致。

（2）磁场旋转的转速

根据以上分析，可以看出旋转磁场的转速与磁极对数、定子电流的频率之间存在一定的关系，现在讨论如下。

一对极的旋转磁场，电流变化一周时，磁场在空间转一圈；

二对极的旋转磁场，电流变化一周时，磁场在空间转 1/2 圈；

p 对极的旋转磁场，电流变化一周时，磁场在空间转 $1/p$ 圈；

p 对极的旋转磁场，电流变化 f_1 周/秒时，磁场在空间的转速为 f_1/p 转/秒。通常转速是以每分钟的转数来表示的，所以旋转磁场转速的一般公式为，

$$n_1=\frac{60f_1}{p} \tag{5-2}$$

式中 n_1 ——为旋转磁场的转速，又称为同步转速；

f_1 ——为定子电流的频率；

p ——为旋转磁场的极对数。

当电源的频率一定时，旋转磁场的转速与极对数成反比。我国规定的电网标准频率为 50 周/秒，因此不同极对数的异步电动机所对应的旋转磁场的转速也就不同，分别列入下表中。由于极对数总是整数，故旋转磁场的转速也为整数。

p	1	2	3	4	5	6	7	8
n_1	3000	1500	1000	750	650	500	428	375

3. 旋转磁场的转向

如前所述，旋转磁场的转向与电流的相序一致，在图 5-15 中，电流的相序为 $A\rightarrow B\rightarrow C$，磁场旋转的方向为顺时针。必须指出，电动机三相绕组的任一相都可以是 A 相（或 B 相、C 相），但电源的相序则是固定的。因此，如果我们将三根电源线中的任意两根（如 A 和 B）对调，也就是说，电源的 A 相接到 B 相绕组上，电源的 B 相接到 A 相绕组上，在 B 相绕组中，流过的是 A 相电流，而在 A 相绕组中，流过的是 B 相电流，这时定子三相绕组中电流的相序将是 $A\rightarrow C\rightarrow B$（为逆时针），所以旋转磁场的转向也变为逆时针了。读者可自己作图证明。

综合以上分析可知，产生旋转磁场的条件是：在三相对称的定子绕组中，通入三相对称电流。

2.1.2　异步电动机的工作原理

当电动机的定子绕组通以三相交流电时，便在气隙中产生旋转磁场，设某瞬间绕组中的电流方向与合成磁场的方向如图 5-16 所示。磁场以 n_1 的速度顺时针旋转，切割转子绕组，因而在转子导体中产生感应电势，感应电势的方向用右手定则决定（注意：用右手定则时，应假定磁场不动，导体以相反的方向切割磁力线）。于是，得出转子上半部分导体的感应电势方向垂直于纸面并向外；下半部分导体的感应电势方向垂直于纸面并向里。由于转子电路是一闭合回路，便在感应电势的作用下，产生感应电流。如果忽略转子的电感，则转子电流与转子感应电势的相位相同，即图中所标的电势方向也就是电流的方向。

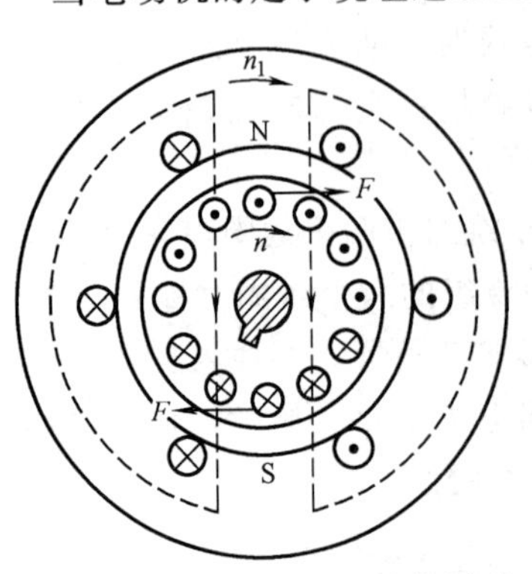

图 5-16　异步电动机的工作原理

因为载流导体在磁场中要受到电磁力的作用，所以带有感应电流的转子导体在旋转磁场中将受到电磁力的作用。电磁力的方向用左手定则决定，如图中所示。对于转轴来说，电磁力F产生电磁转矩M，转子便以一定的速度沿着旋转磁场的旋转方向转动起来。这时异步电动机从电源取得电能，通过电磁作用转换为机械能。

综上所述，异步电动机旋转力矩的产生必须具备两个条件：其一，气隙中有旋转磁场；其二，转子导体中有感应电流，从结构上来讲，若要满足这两个条件，三相定子绕组必须对称排列并通以对称三相交流电流；其三，转子绕组必须构成闭合电路。

从上面的分析可知，异步电动机转子的旋转方向与磁场的旋转方向一致，而磁场的旋转方向又是由电流的相序所决定。因此，要使电动机改变旋转方向，只需任意对调两根电源线就行了。

异步电动机转子旋转的方向虽然和磁场旋转方向一致，但它的转速 n 始终小于旋转磁场的转速 n_1。这是由异步电动机的工作原理所决定的。如果 $n=n_1$，即转子与旋转磁场同步，则转子与磁场之间便无相对运动，转子导体将不被磁场切割，因而也不可能有感应电动势和感应电流产生，电动机也就不能产生电磁力和旋转。也就是说，这种电动机的转速不可能等于同步转速，故称为异步电动机。又由于转子电动势和转子电流是感应产生的，故又称为感应电动机。

2.1.3 转差率

如上所述，异步电动机转子的转速总是小于同步转速。通常，同步转速 n_1 与转子转速 n 之差 $\Delta n=n_1-n$，称为转速差，转速差与同步转速之比称为转差率（或称滑差），用符号 s 表示，即：

$$s=\frac{n_1-n}{n_1} \quad 或 \quad s=\frac{n_1-n}{n_1}\times 100\% \tag{5-3}$$

当电动机起动瞬间，即 $n=0$，则 $s=1$。

当电动机的转速达到同步转速（称为理想空载状态，电动机在实际运行中是不可能的），即 $n=n_1$，则 $s=0$。

由此可见，异步电机在电动机运行状态下，转差率的范围为 $0<s<1$。在额定情况下运行时，$s=0.02\sim0.06$，用百分数表示，则 $s=2\%\sim6\%$。

由式（5-3）可得：

$$n=(1-s)n_1$$

或

$$\Delta n=sn_1$$

在电源频率 f_1 和电动机的极对数 p 一定时，同步转速 $n_1=60f_1/p$ 是一常量。电动机的转速 n 和转速差 Δn 都与转差率 s 有关，因而转差率 s 是决定异步电动机运行情况的一个重要变量。转子绕组中的感应电势的大小与转速差成正比，亦即与转差率成正比。当负载转矩越大时，为了要产生足够的电磁转矩，必须有较大的转子电势和转子电流，因而必须有较大的转差率；当负载转矩越小时，情况却相反，则转差率也较小。在理想空载情况下，因无阻力转矩，电磁转矩为零，这时，转子电势和转子电流为零，转子达到同步转速，因而转差率为零。

2.1.4 异步电动机的结构及铭牌数据

异步电动机的结构与其他旋转电机一样，都由固定不动的部分（定子）和旋转的部分（转子）组成，定、转子间有气隙。此外，尚有端盖、轴承、风冷装置和接线盒等。图 5-17 所示，为笼型异步电动机的结构剖面。

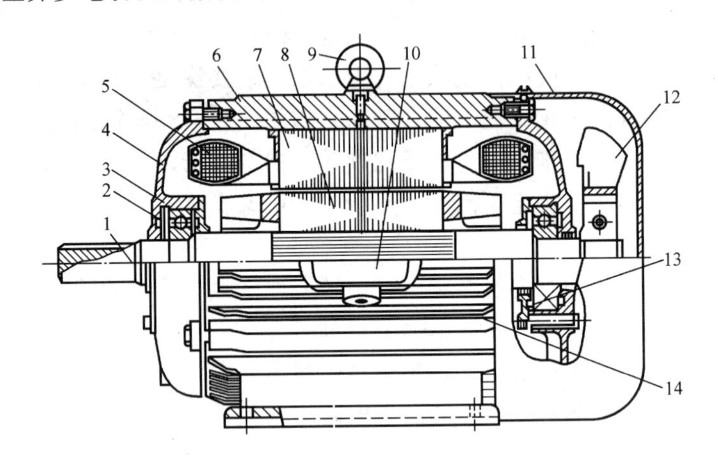

图 5-17 笼型异步电动机的结构剖面图

1—轴；2—弹簧片；3—轴承；4—端盖；5—定子绕组；6—机座；
7—定子铁芯；8—转子铁芯；9—吊环；10—出线盒；
11—风罩；12—风扇；13—轴承内盖；14—散热筋

（1）定子

它为电机的固定部分，主要用以产生旋转磁场。由定子铁芯、定子绕组和机座三部分组成。

1）定子铁芯

其作用一是导磁，二是安放绕组。为减少交变磁通在铁芯中产生磁滞和涡流损耗，铁芯一般采用导磁性能较好、厚度为 0.5mm、涂有绝缘漆的硅钢片叠压而成，并用压圈与扣片紧固。铁芯冲片内圆有均匀分布的槽，用以嵌装定子绕组。通常的槽形有半闭口、半开口与开口槽，如图 5-18 所示。铁芯外径较小时，钢片冲成整圆片，见图 5-18（*d*）；外径较大时，用扇形片拼成。为了散热，铁芯留有径向风沟或轴向通风孔。

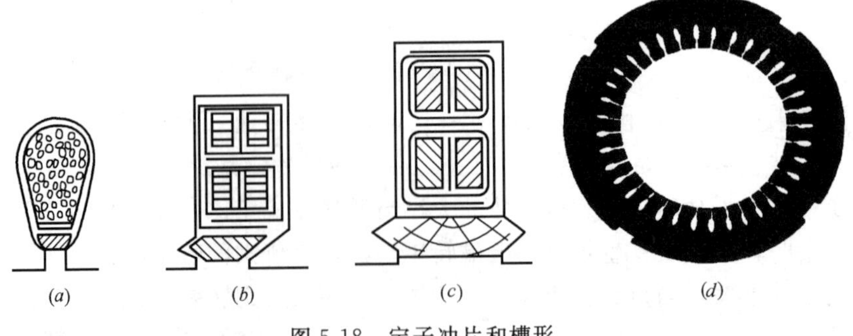

图 5-18 定子冲片和槽形

（*a*）半闭口槽；（*b*）半开口槽；（*c*）开口槽；（*d*）定子冲片

2）定子绕组

是电机的电路部分，每相绕组由若干个良好绝缘的线圈组成嵌放在槽内，并按一定规律连接。小容量电机常采用单层绕组，由高强度漆包线绕制，可分散嵌入半闭口槽中；一般高压和大、中容量电机常采用双层短距绕组，并由玻璃丝包扁铜线绕制，外包多层绝缘烘压为成型绕组，嵌装在半开口槽或开口槽内。

高压和大、中型电机的定子绕组常采用 Y 接法，只有三根引出线，即 U_1、V_1、W_1；而中、小容量低压电机常引出三相六个线柱为 U_1-U_2，V_1-V_2，W_1-W_2，根据需要可接成 Δ、Y 形，如 5-19 所示。

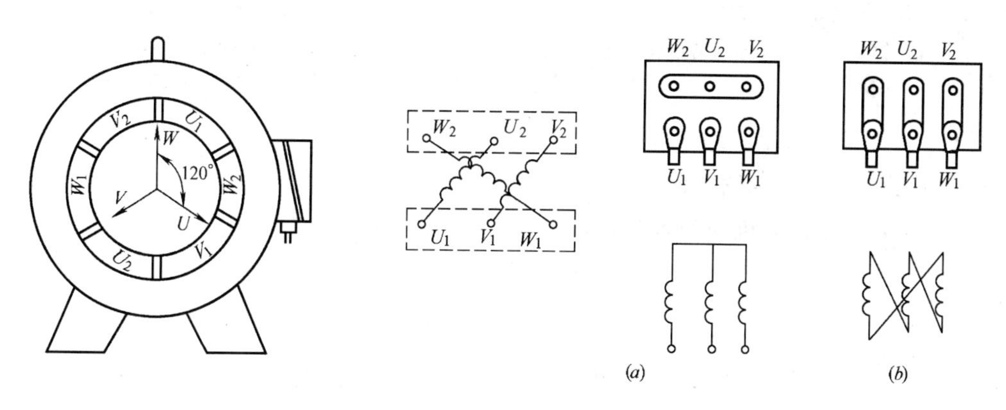

图 5-19　三相异步电动机绕组安排连接示意图

（a）星形接法；（b）三角形接法

3）机座

其作用是支承定子铁芯，转子通过轴承、端盖固定在机座上。一般采用铸铁机座、小型电机有铝合金铸成或注塑成型机壳，大中型电机采用钢板焊接机座。为了增加散热能力，一般封闭式机座表面都装有散热筋，防护式机座两侧开有通风孔。

（2）转子

它是电机的转动部分，其作用产生转矩并拖动负载。

1）转子铁芯

其作用一是导磁，二是嵌装绕组。它由 0.5mm 的硅钢片叠压而成，套压固定在转轴或支架上。

2）转子绕组

根据绕组型式可分为绕线式和鼠笼式。

A. 鼠笼式转子　常用裸铜条插入转子槽中，铜条两端用短路环焊接构成形成鼠笼状，如图 5-20（a）所示；中小型电机的鼠笼转子采用熔铝将导条端环和风扇一次浇注而成，如图 5-20（b）所示。

为改善电动机的起动性能，转子可采用斜槽、双鼠笼和深槽结构。

B. 绕线式转子　与定子绕组一样，是由嵌入转子槽内线圈按一定规律连接构成三相对称绕组，它的极数和定子绕组相同，一般都接成星形。而三相引线分别与固定在转轴上相互绝缘的三个滑环相连，滑环通过固定电刷与外电路起动或调速变阻器相连接，如图 5-21 所示。

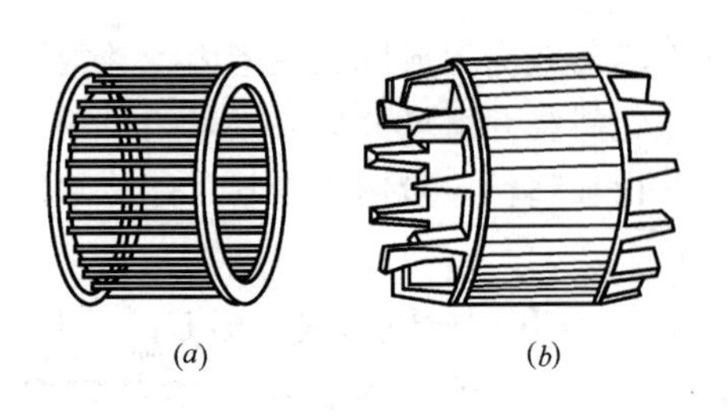

图 5-20　鼠笼转子

(a) 铜条鼠笼转子；(b) 铸铝鼠笼转子

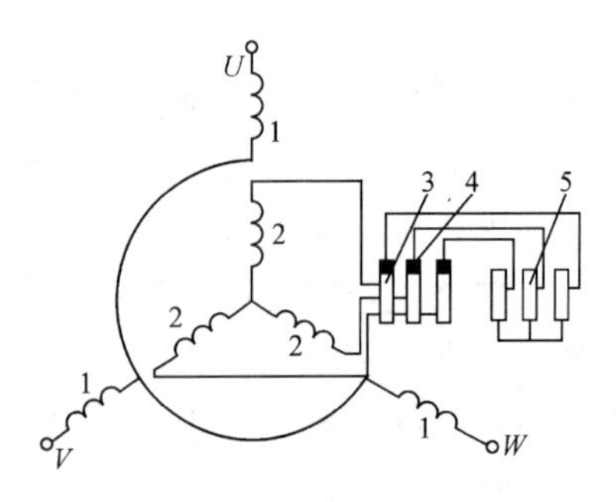

图 5-21　绕线式异步电动机示意图

1—定子绕组；2—转子绕组；3—滑环；4—电刷；5—变阻器

2.1.5　铭牌数据与系列简介

(1) 异步电动机的铭牌数据

1) 型号　表示电机的种类和特点。

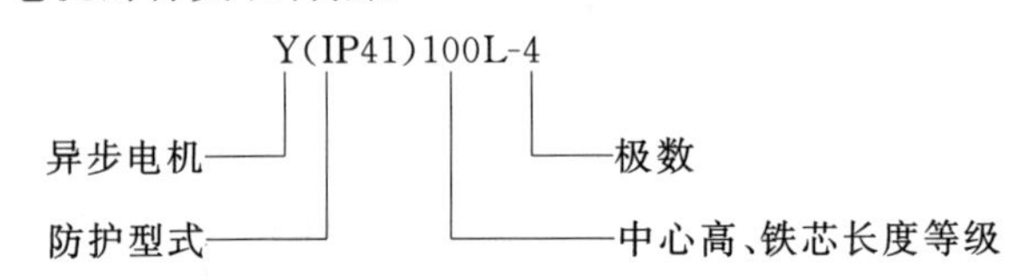

2) 额定容量 P_N　指传动轴端输出的机械功率 (kW)；

3) 额定电压 U_N　指加于定子绕组上的线电压 (V、kV)；

4) 额定电流 I_N　指输入定子绕组的线电流 (A)；

5) 额定转速 n_N　指电机在额定负载下的转速 (r/min)；

6) 额定频率 f_N　指电机所接电源的工频，规定为 50Hz；

7) 接法　指定子绕组的连接法，它与电源电压有关，如 Y/Δ380/220V；

8) 定额　指电机运行允许时间，如连续、短时、断续三种。

对绕线式电机，还应标明转子电压、额定转子电流。

(2) 异步电动机系列简介

Y 系列　为全封闭、自扇风冷、鼠笼型转子异步电动机，防护等级 IP44。该系列具有高效率、起动转矩大。噪声低，振动小，性能优良和外型美观等优点。其功率等级、安装尺寸、防护等级和接线端标志均符合国际电工委员会 IEC 有关标准的规定。

DO_2 系列　为微型单相电容运转式异步电动机。广泛用作录音机、家用电器、风扇、记录仪表等驱动设备。

2.2　三相异步电动机的特性

2.2.1　转矩特性

前已述及，异步电动机的电磁转矩是由定子绕组产生的旋转磁场与转子绕组的感应电流相互作用而产生的。磁场越强，转子电流越大，则电磁转矩也越大。可以证明，三相异步电动机的电磁转矩 T 与转子电流 I_2、定子旋转磁场的每极磁通 Φ 及转子电路的功率因数 $\cos\varphi_2$ 成正比，可表示为

$$T=K_{\mathrm{T}}\Phi I_2\cos\varphi_2 \tag{5-4}$$

式中 K_{T} ——与电动机结构有关的常数；

Φ ——旋转磁场的每极磁通。

$$\Phi=\frac{E_1}{4.44K_1N_1f_1}\approx\frac{U_1}{4.44K_1N_1f_1} \tag{5-5}$$

$$I_2=\frac{sE_{20}}{\sqrt{R_2^2+(sK_{20})^2}}=\frac{s(4.44K_2N_2f_1\Phi)}{\sqrt{R_2^2+(sK_{20})^2}} \tag{5-6}$$

将以上两式代入式（5-4），可得出电磁转矩的另一表达式

$$T=KU_1^2\frac{sR_2}{R_2^2+(sX_{20})^2} \tag{5-7}$$

式中 K ——比例常数；

s ——转差率；

U_1——加于定子每相绕组的电压；

X_{20} ——转子静止时每相绕组的感抗，一般也是常数；

R_2——每相转子绕组的电阻，在绕线式转子中可外接可变电阻器改变 R_2。由此可见，在式（5-7）中，可以人为改变的参数是 U_1 和 R_2，它们是影响电动机机械特性的两个重要因素，将在后面专门介绍。

式（5-7）表明，当电源电压 U_1 和转子电阻 R_2 一定时，电磁转矩 T 是转差率的函数，其关系曲线如图 5-22 所示。通常称 $T=f(s)$ 曲线为异步电动机的转矩特性曲线。图中给出的虚线是为了便于联系式（5-4）来理解。可以看出，三相异步电动机的电磁转矩 T 与转子电流 I_2、转子电路的功率因数 $\cos\varphi_2$ 的乘积成正比。

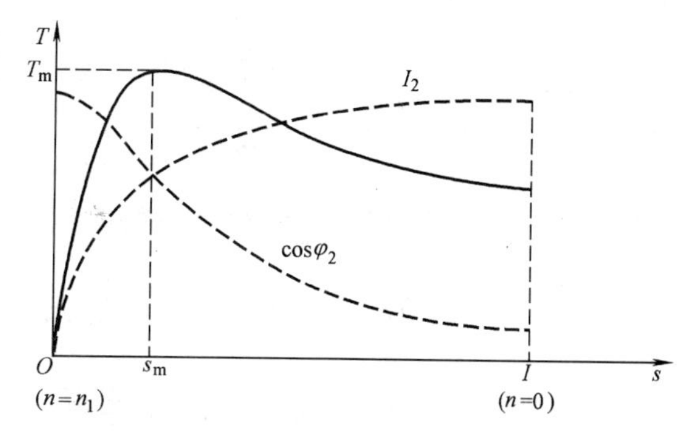

图 5-22 三相异步电动机的转矩特性曲线

从三相异步电动机的转矩特性可以看到，当 $s=0$，即 $n=n_1$ 时，$T=0$，这是理想的空载运行；随着 s 的增大，T 也开始增大（这时 I_2 增加快而 $\cos\varphi_2$ 减得慢），但到达最大值 T_{m} 以后，随着 s 的继续上升，T 反而减小（这时 I_2 增加慢而 $\cos\varphi_2$ 减得快）。最大转矩 T_{m} 又称临界转矩，对应与 T_{m} 的 s_{m} 称为临界转差率。

2.2.2 机械特性

转矩特性 $T=f(s)$ 曲线表示了电源电压一定时电磁转矩 T 与转差率的关系。但在实际应用中，更直接需要了解的是电源电压一定时转速 n 与电磁转矩 T 的关系，即 $n=f(T)$ 曲线，这条曲线称为电动机的机械特性曲线。

根据异步电动机的转速 n 与转差率 s 的关系，可将 $T=f(s)$ 曲线变换为 $n=f(T)$ 曲线。只要把 $T=f(s)$ 曲线中的 s 轴变换为 n 轴，把 T 轴平移到 $s=1$，即 $n=0$ 处，再按顺

时针方向旋转 90°，便得到 $n=f(T)$ 曲线，如图 5-23 所示。用它来分析电动机的工作情况更为方便。

为了正确使用异步电动机，应注意 $n=f(T)$ 曲线上的两个区域和三个重要转矩。

(1) 稳定区和不稳定区

以最大转矩 T_m 为界，机械特性分为两个区，上边为稳定运行区，下边为不稳定区。

当电动机工作在稳定区上某一点时，电磁转矩 T 能与轴上的负载转矩 T_L 相平衡（忽略空载损耗转矩）而保持匀速转动。如果负载转矩 T_L 变化，电磁转矩 T 将自动适应随之变化达到新的平衡而稳定运行。现以图 5-24 来说明，例如当轴上的负载转矩 $T_L=T_a$ 时，电动机匀速运行在 a 点，此时的电磁转矩 $T=T_a$，转速为 n_a，如果 T_L 增大到 T_b，在最初瞬间由于机械惯性的作用，电动机转速仍为 n_a，因而电磁转矩不能立即改变，故 $T<T_L$，于是转速 n 下降，工作点将沿特性曲线下移，电磁转矩自动增大，直至增大到 $T=T_b$，即 $T=T_L$ 时，n 不再降低，电动机便稳定运行在 b 点，即在较低的转速下达到新的平衡。同理，当负载转矩 T_L 减小时，工作点上移，电动机又可自动调节到较高的转速下稳定运行。

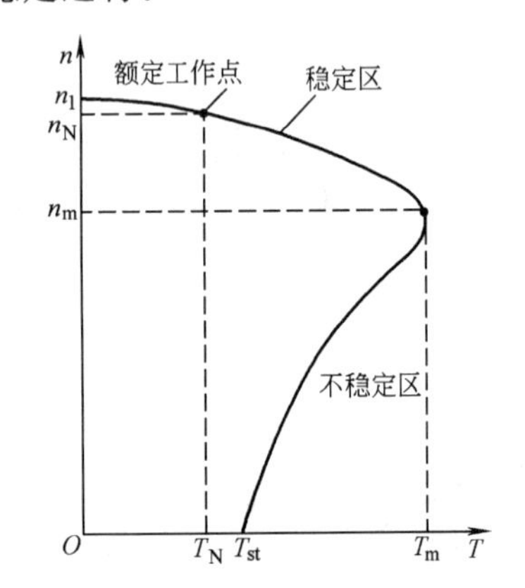

图 5-23　三相异步电动机的机械特性曲线

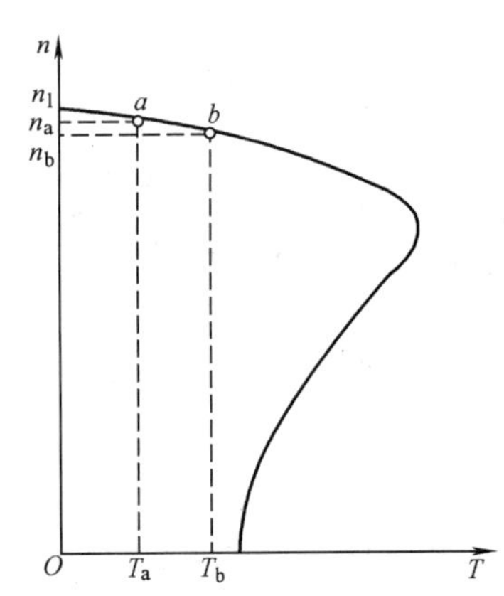

图 5-24　三相异步电动机自动适应机械负载的变化

由此可见，电动机在稳定运行时，其电磁转矩和转速的大小都决定于它所拖动的机械负载。

异步电动机机械特性的稳定区比较平坦，当负载在空载与额定值之间变化时，转速变化不大，一般仅 2%～8%，这样的机械特性称为硬特性，三相异步电动机的这种硬特性很适应于金属切削机床等工作机械的需要。

如果电动机工作在不稳定区，则电磁转矩不能自动适应负载转矩的变化，因而不能稳定运行。例如负载转矩 T_L 增大使转速 n 降低时，工作点将沿特性曲线下移，电磁转矩反而减小，会使电动机的转速越来越低，直到停转（堵转）；当负载转矩 T_L 减小时，电动机转速又会越来越高，直至进入稳定区运行。

(2) 三个重要转矩

1) 额定转矩 T_N

额定转矩是电动机在额定电压下，以额定转速运行，输出额定功率时，其轴上输出的转矩。因为电动机转轴上的功率等于角速度 ω 和转矩 T 的乘积，即 $P=T\cdot\omega$，故

$$T_N = \frac{P_N}{\omega_N} = \frac{P_N \times 10^3}{\frac{2\pi n_N}{60}} = 9550\frac{P_N}{n_N} \tag{5-8}$$

式中 ω——单位为 rad/s；

P_N——单位为 kW；

ω_N——单位为 r/min；

T_N——单位为 N·m。

异步电动机的额定工作点通常大约在机械特性稳定区的中部，如图 5-24 所示。为了避免电动机出现过热现象，一般不允许电动机在超过额定转矩的情况下长期运行，但允许短期过载运行。

2）最大转矩 T_m

最大转矩 T_m 是电动机能够提供的极限转矩。由于它是机械特性上稳定区和不稳定区的分界点，故电动机运行中的机械负载不可超过最大转矩，否则电动机的转速将越来越低，很快导致堵转。异步电动机堵转时电流最大，一般达到额定电流的 4～7 倍，这样大的电流如果长时间通过定子绕组，会使电动机过热，甚至烧毁。因此，异步电动机在运行中应注意避免出现堵转，一旦出现堵转应立即切断电源，并卸掉过重的负载。

为了描述电动机允许的瞬间过载能力，通常用最大转矩与额定转矩的比值 T_m/T_N 来表示，称为过载系数 λ，即

$$\lambda = T_M / T_N$$

一般三相异步电动机的过载系数为 1.8～2.2，在电动机的技术数据中可以查到。

3）起动转矩 T_{st}

电动机在接通电源被起动的最初瞬间，$n=0$，$s=1$，这时的转矩称为起动转矩 T_{st}。如果起动转矩小于负载转矩，即 $T_{st} < T_L$，则电动机不能起动。这时与堵转情况一样，电动机的电流达到最大，容易过热。因此当发现电动机不能起动时，应立即断开电源停止起动，在减轻负载或排除故障以后再重新起动。

如果起动转矩大于负载转矩，即 $T_{st} > T_L$，则电动机的工作点会沿着 $n=f(T)$ 曲线从底部上升，电磁转矩 T 逐渐增大，转速 n 越来越高，很快越过最大转矩 T_m，然后随着 n 的升高，T 又逐渐减小，直到 $T=T_L$ 时，电动机就以某一转速稳定运行。由此可见，只要异步电动机的起动转矩大于负载转矩，一经起动，便迅速进入机械特性的稳定区运行。

异步电动机的起动能力通常用起动转矩与额定转矩的比值 T_{st}/T_N 来表示，称为起动系数，并用 λ_{st} 表示，即

$$\lambda_{st} = T_{st} / T_N$$

一般三相鼠笼式异步电动机的起动能力是不大的，T_{st}/T_N 约为 0.8～2.2，绕线型异步电动机由于转子可以通过滑环外接电阻器，因此起动能力显著提高。起动能力也可在电动机的技术数据中查到。

【例 5-4】 已知两台异步电动机的额定功率都是 5.5kW，其中一台电动机额定转速为 2900r/min，过载系数为 2.2，另一台的额定转速为 960r/min，过载系数为 2.0，试求它们的额定转矩和最大转矩各为多少？

【解】 第一台电动机的额定转矩

$$T_{N1}=9550\frac{P_{N1}}{n_{N1}}=9550\times\frac{5.5}{2900}=18.1\text{N}\cdot\text{m}$$

最大转矩 $T_{m1}=\lambda_1 T_{N1}=2.2\times18.1=39.8\text{N}\cdot\text{m}$

第二台电动机的额定转矩

$$T_{N2}=9550\frac{P_{N2}}{n_{N2}}=9550\times\frac{5.4}{960}=54.7\text{N}\cdot\text{m}$$

最大转矩 $T_{m2}=\lambda_2 T_{N2}=2.0\times54.7=109\text{N}\cdot\text{m}$

此例说明，若电动机的输出功率相同，转速不同，则转速低的转矩较大。

(3) 影响机械特性的两个重要因素 U_1 和 R_2

前已述及，在式（5-7）中，可以人为改变的参数是外加电压 U_1 和转子电路电阻 R_2，它们是影响电动机机械特性的两个重要因素。

1）在保持转子电路电阻 R_2 不变的条件下，在同一转速（即相同转差率）时，电动机的电磁转矩 T 与定子绕组的外加电压 U_1 的平方成正比。因此，当 U_1 降低时，机械特性向左移。例如当电源电压降到额定电压的 70%时，最大转矩和起动转矩都降为额定值的 49%；若电压降到额定值的 50%，则转矩降到额定值的 25%。可见电源电压对异步电动机的电磁转矩的影响是十分显著的。电动机在运行时如果电源电压降低，则其转速会降低，导致电流增大，引起电动机过热，甚至使最大转矩小于负载转矩而造成堵转。

2）在保持外加电压 U_1 不变的条件下，增大转子电路电阻 R_2 时，电动机机械特性的稳定区保持同步转速 n_1 不变，而斜率增大，即机械特性变软。电动机的最大转矩 T_m 不随 R_2 而变，而起动转矩 T_{st} 则随 R_2 的增大而增大，起动转矩最大时可达到与最大转矩相等。由此可见，绕线型异步电动机可以采用加大转子电路电阻的办法来增大起动转矩。

2.3 单相异步电动机

2.3.1 单相异步电动机的结构

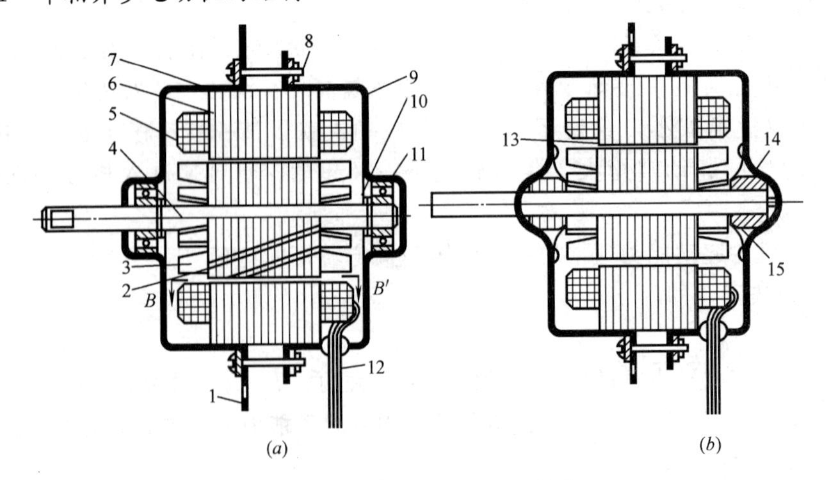

图 5-25 单相异步电动机的结构

(a) 正视；(b) 俯视图

1—安装孔；2—转子；3—风叶；4—电机轴；5—线圈；6—定子；7—上端盖；8—螺钉；9—下端盖；10—挡圈；11—滚珠轴承；12—电源线；13—气隙；14—含油轴承；15—油毡

无论是哪种类型的单相异步电动机，其结构基本相同，都是由定子、转子、端盖、风叶、启动元件等组成，如图 5-25 所示。根据使用条件，可做成封闭式或开启式，冷却方式有自然冷却（自冷）、自然及风扇冷却（风扇冷）两种。

（1）定子

定子是电动机的静止部分，是产生旋转磁场的部件。在定子部件中必须包含有：通过电流的电路部分——绕组，能使磁通顺畅地通过的磁路部分——铁芯，以及固定和支持定子铁芯的机壳及上、下端盖三部分。

定子结构如图 5-26 所示。定子铁芯是电动机磁路的一部分，绕组产生的旋转磁场相对于定子铁芯以同步转速旋转，因此定子铁芯中磁通的大小和方向都是变化的。为了减少磁场在定子铁芯中的损耗，定子铁芯由 0.3～0.5mm 厚的硅钢片叠成。硅钢片两面涂以绝缘漆，硅钢片或经铆接，或经焊接而成为一个整体的铁芯。在定子铁芯内圆周均匀地分布着许多形状相同的槽见图 5-27，用以嵌放定子绕组。

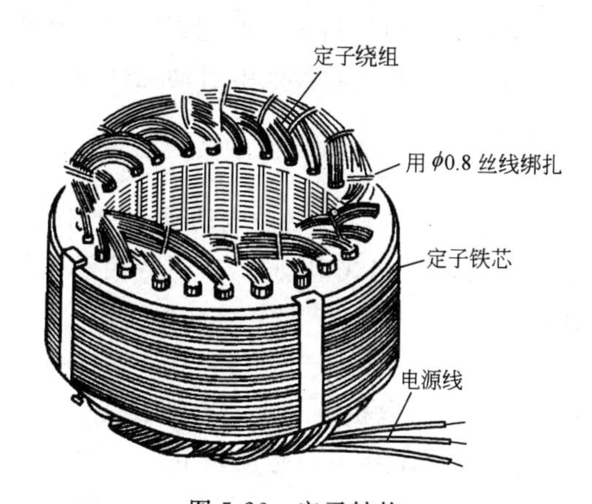

图 5-26 定子结构

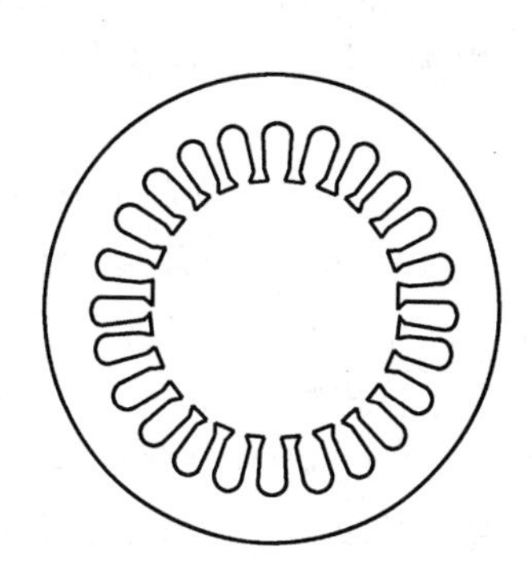
图 5-27 定子硅钢片

定子绕组由高强度聚酯漆包圆铜线绕成，线圈嵌入槽内，在线圈与铁芯之间衬以聚酯薄膜青壳纸作为槽绝缘，嵌线并经整形、捆扎后，还要浸漆和烘干处理。

定子绕组的作用是通入交流电后产生旋转磁场。

（2）转子

转子是电动机的旋转部分，电动机的工作转矩就是从转子轴输出的。电动机转子主要由转子铁芯、轴和转子绕组等组成，如图 5-28 所示。

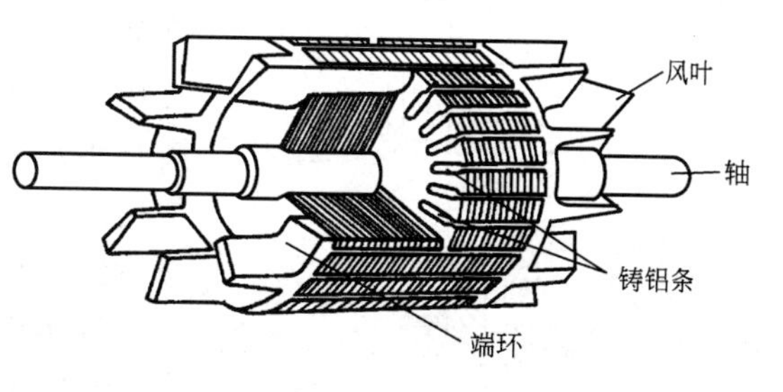

图 5-28 鼠笼式转子

转子铁芯由 0.3～0.5mm 的硅钢片叠成，转子硅钢片的外圆上冲有嵌放绕组的槽，一般冲片轴孔周围还冲出 6 个小孔用以减轻重量和利于轴向通风。轴一般由 45 碳素钢制成，轴经滚花后压入转子铁芯。这样，在转子表面就形成均匀分布的槽，转子绕组就在此槽中，为了改善电动机的启动性能和运转时的噪声，转子铁芯多采用斜槽结构。槽内经铸铝加工而形成铸铝条，在伸出铁芯两端的槽口处，用两个端环把所有铸铝条都短接起来，形成鼠笼式转子。铸铝条和端环通称为转子绕组。整个转子经上、下端盖的轴承而定位。轴承有滚动轴承和含油轴承两种。

转子绕组用于切割定子磁场的磁力线，在闭合成回路的铸铝条（即导体）中产生感应电动势和感应电流，感应电流所产生的磁场和定子磁场相互作用，在导条上将会产生电磁转矩，从而带动转子启动旋转。

（3）机座、端盖及轴承

机座是整个电动机的支撑部分，用来固定和保护定子与转子。常用的材料有铸铁、铸铝和钢板。机座的结构形状因用途不同，各种电机的差异很大。有的电动机省略了机座，如洗衣机、电风扇电动机，靠两端盖装在铁芯外缘上，既是机座又是端盖。

（4）启动元件

由于单相异步电动机没有启动力矩，不能自行启动，需在副绕组电路上附加启动元件才能启动运转。启动元件有电阻、电容器、藕合变压器、继电器、PTC 元件等多种，因而构成不同类型的电动机。启动元件应看做是单相异步电动机结构的一个组成部分。当电动机出现不能启动（但有嗡嗡声）、运转缓慢等不正常现象时，常常是由启动元件故障引起的。

2.3.2 单相异步电动机的种类

单相异步电动机根据启动方法有两类：分相启动电动机和罩极启动电动机。分相启动根据所用启动元件不同，又分为电阻分相式电动机（简称分相式电动机）、电容启动式电动机、电容运转式电动机和电容启动运转式电动机共四种。

2.3.3 单相异步电动机的起动

实际使用的单相异步电动机都有自行起动的能力。这种电机定子上具有两套空间位置互相垂直的绕组，一套为主绕组（工作绕组），另一套则为副绕组（起动绕组）。尽管两套绕组均接入同一单相电源，但由于人为地使两套绕组的阻抗不相同，从而使流入两套绕组的电流存在着相位差，称为分相。分相的结果使电动机具有一定的起动能力。

（1）电容分相单相异步电动机

1）电容分相起动单相异步电动机

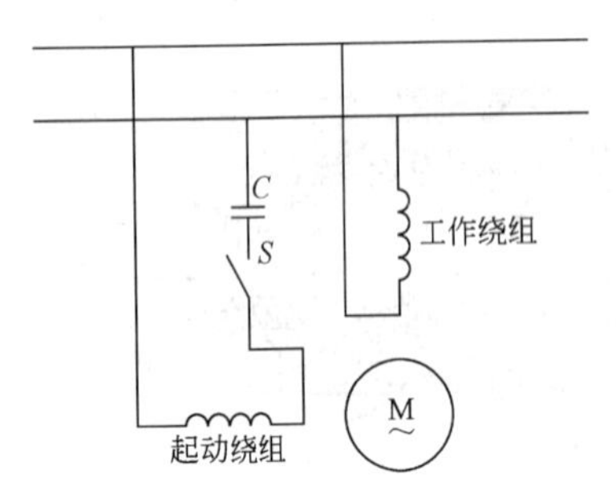

图 5-29　电容分相起动电动机接线图

接线如图 5-29 所示。起动绕组串接电容 C 和离心开关 S，C 的接入使两相电流分相。起动时，S 处于闭合状态，电动机两相起动。当转速达到一定数值时，离心开关 S 由于机械离心作用而断开，使电动机进入单相运行。由于起动绕组为短时运行，所以电容 C 可采用交流电解电容器。

2）电容运转电动机

这种电动机的副绕组只串接电容器，在运行的全过程中始终参加工作。实质上，电容运转电动机已是一台两相异步电动机。此时，电容 C 应采用油浸式电容器。

（2）电阻分相单相异步电动机

如果电动机的起动绕组采用较细的导线绕制，则它与工作绕组的电阻值不相等，两套绕组的阻抗值也就不等，流过这两套绕组的电流也就存在着一定的相位差，从而达到分相起动的目的。通常起动绕组按短时运行设计，所以起动绕组要串接离心开关 S。

欲使分相电动机反转，只要将任意一套绕组的两个端接线交换接入电源即可。

（3）罩极式单相异步电动机

定子为硅钢片叠成的凸极式，工作绕组套在凸极的极身上。每个极的极靴上开有一个凹槽，槽内放置有短路铜环，铜环罩住整个极面的 1/3 左右，如图 5-30 所示。当工作绕组接入单相交流电源后，磁极内即产生一个脉振磁场 Φ_1。脉振磁场的交变，使短路环产生感应电势和感应电流，根据楞次定律可知，环内将出现一个阻碍原来磁场变化的新磁场 Φ_2，从而使短路环内的合成磁场变化总是在相位上落后于环外磁场的变化。可以把环内、环外的磁场设想为两相有相位差的电流所形成，这样分相的结果，使气隙中出现椭圆形旋转磁场。由于相位差并不大，因此，起动转矩也不大。所以罩极式单相异步电动机只适用于负载不大的场所，如电唱机、电风扇等。

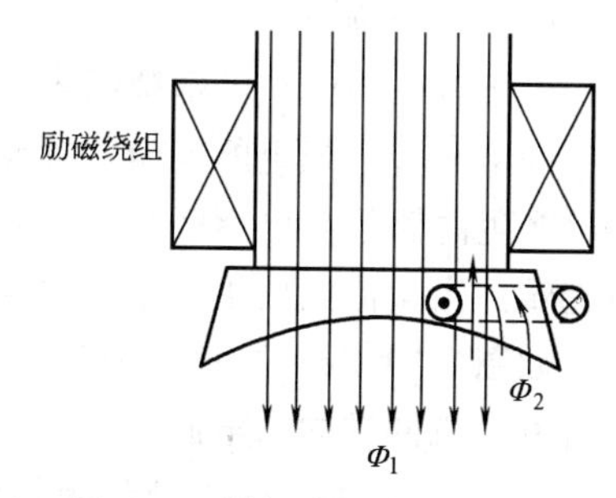

图 5-30 罩极式电动机的磁极

2.4 串激电动机

单相串激电动机采用换向器式结构，属于直流电动机范畴，因将定子铁芯上的激磁绕组和转子上的电枢绕组串联起来而得名。由于它既可以使用直流电源，又可以使用交流电源，所以又叫通用电动机。串激电动机具有转矩大、过载能力强、转速高、体积小、重量轻、调速方便等优点，在家用电器和电动工具上得到了广泛应用，如用于吸尘器、食品加工机、电吹风机、电动按摩器、电动扳手、电钻、电刨子等器具和工具上。

2.4.1 单相串激电动机的工作原理

单相串激电动机的工作原理是建立在直流串激电动机工作原理的基础上的。因为直流电动机的旋转方向是由定子磁场方向和电枢中电流方向两者之间的相对关系来决定的，所

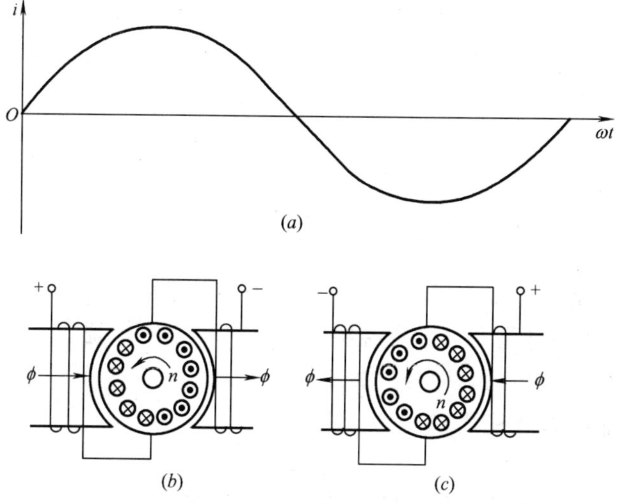

图 5-31 单相串激电动机工作原理图

（a）交流电流变化曲线；（b）当电流为正半波时，转子的旋转方向；

（c）当电流为负半波时，转子的旋转方向

以，如果改变其中的一个方向，则电动机的旋转方向就改变。如果同时改变磁场方向和电枢电流的方向，则两者的相对性没有改变，电动机不会改变方向。单相串激电动机的工作原理如图 5-31 所示。

由于激磁绕组和电枢绕组串接在同一单相电源上，当交流电处于正半周时，电流通过激磁绕组和转子绕组的方向（即磁场方向）和电枢电流的方向如图 5-31（*b*）所示。激磁绕组产生的磁场与电枢绕组电流相互作用产生电磁转矩，根据左手定则，电动机反时针方向旋转；当交流电处于负半周时，激磁绕组产生的磁场方向和转子绕组的电流方向同时改变，如图 5-31（*c*）所示，用左手定则判断出转子仍为反时针方向旋转，方向不变。所以，串激电动机的转向与电源极性无关，可以用于交流电源上。

2.4.2 单相串激电动机的结构

小型单相串激电动机结构相似于一般激磁式直流电动机，主要由定子、电枢、机座、端盖等 4 部分组成，如图 5-32 所示。

（1）定子

定子由铁芯和激磁绕组组成，铁芯用厚 0.5mm 硅钢片冲制的双凸极形冲片（图 5-33 所示）叠压而成，激磁绕组用高强度漆包线绕制成集中绕组，嵌入铁芯后再进行浸漆绝缘处理。

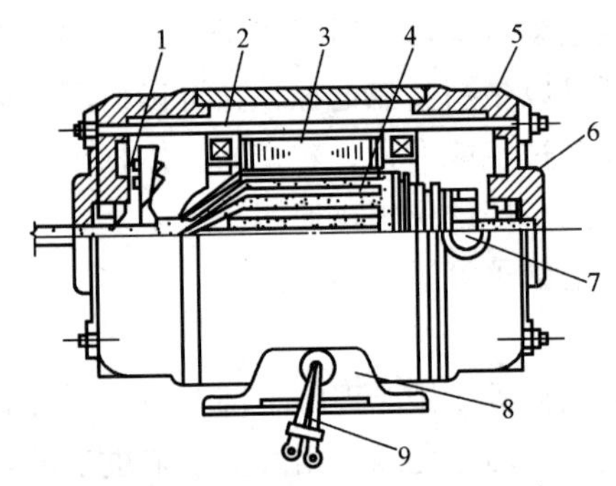

图 5-32 小型单相串激电动机结构图

1—风扇；2—励磁绕组；3—定子铁芯；4—转子；5—端盖；6—轴承；7—电刷孔；8—机座；9—引出线

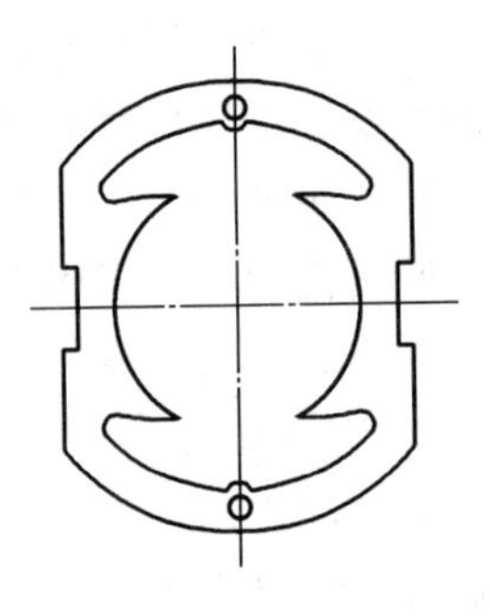

图 5-33 小型单相串激电动机的定子冲片

（2）电枢

电枢即是电动机转子，由铁芯、绕组、轴、换向器、风扇组成，与直流电动机的电枢结构相同。

激磁绕组与电枢绕组串联方式有两种：一种是电枢绕组串在两只激磁绕组的中间，如图 5-34（*a*）所示；另一种是两只激磁绕组串联后再串接电枢绕组，如图 5-34（*b*）所示。两种串联方式的工作原理相同，即两只激磁绕组通过电流时所形成的磁极极性必须相反。在实践中，第一种串联方式使用较多。

（3）机座

机座一般由钢板、铝板或铸铁制成，定子铁芯用双头螺栓固定在机座上。用于家用电器上的电动机则无固定的机座形式，它的机座常常直接制成为机器的一部分，如电吹风电动机、电钻、冲击钻、打磨机电动机等。

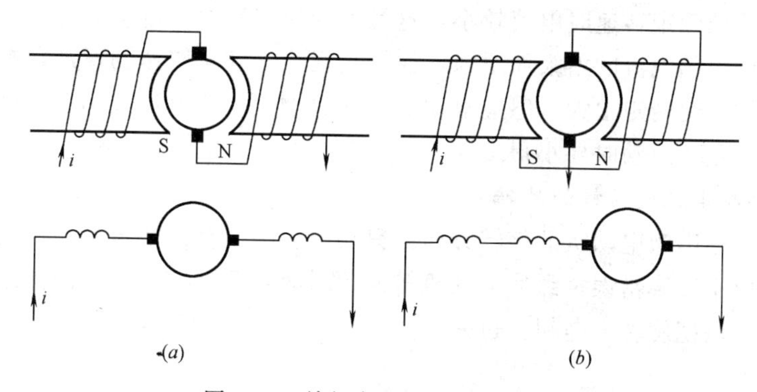

图 5-34 单相串激电动机接线图

(a) 电枢绕组串联在两个激磁绕组之间；

(b) 两个激磁绕组串联后再与电枢绕组串联

(4) 端盖

和其他电动机类似，端盖用螺栓紧固于机座的两端，轴承装于端盖内孔。小型串激电动机常将一只端盖与机座铸成一个整体，只有一只端盖可拆卸。端盖内孔中的轴承用于支撑电枢和将电枢精确定位。同时，在一只端盖上开有两个相对的圆孔或方孔，用来装设电刷。

2.4.3 单相串激电动机的主要特性

(1) 转速高、体积小、重量轻

一般为 1000～4000r/min，高的可达到 20000～40000r/min。转速愈高，体积可做得愈小，重量也就愈轻，因为铁芯可以缩小。

(2) 调速方便

改变单相串激电动机电枢绕组的总匝数、磁极对数、磁通均可调节电动机的转速。通常采用减小电枢绕组总匝数的方法。电枢绕组总匝数减小，使转速提高，同时也使电动机体积减小，重量减轻。同时，改变电源电压，也可以调节电动机的转速。

(3) 不允许在空载下运转

空载时，负载转矩很小，串激电动机的转速急剧上升，以至于升到电动机的机械强度所不能允许的程度，造成损坏。通常要求电动机的负载不小于额定负载的 25%～30%，电动机转速在 25000r/min 以下。

(4) 机械特性

单相串激电动机的机械特性，无论是采用直流电源或交流电源时，都与普通直流串激电动机的机械特性相类似。随着转矩的增加，转速急剧下降；而转矩减小，则转速迅速上升。这种特性叫软特性或串联特性。由于这种特性，串激电动机不适合于要求转速稳定的器具中，但在电钻等电动工具和吸尘器等家用电器中，这种特性却可以起到自动调整转速的作用，当负载重时，转速降低；负载轻时，转速升高。

由于单相串激电动机的空载转速非常高，所以电钻等使用串激电动机的电动工具，一般不可拆下减速机构等试运转，以防止飞车而损坏电枢绕组。

(5) 启动电流和工作电流

串激电动机有较好的启动性能，启动转矩与启动电流的平方成正比。启动时电流很大，而当它运行到额定转速时电流较小，这是因为启动时感应电动势等于零，因而电流很大。同时主磁场也随电流的增大而增强，使转矩很大。随着转速的增加，电枢线圈切割磁力线的速率增加，使转矩很大，感应电动势也随着增大，使电流减小。所以电动机在额定转速时的电流总是比启动时要小得多。

2.4.4 单相串激电动机的反转

若要改变单相串激电动机的旋转方向，只要改变激磁绕组或电枢绕组的极性即可。如果在修理中，由于接线错误，致使电动机转向不对时，只要改变一下激磁绕组或者电枢绕组的接线，就可以把旋转方向纠正过来。

复习思考题

1. 三相异步电动机在一定负载转矩下运行时，如电源电压降低，电动机的转矩、电流及转速有何变化？

2. 三相异步电动机为什么不能在低于临界转速的范围内稳定地工作？

3. 三相异步电动机定子电压过高或过低对电机有何影响？

4. 绕线式异步电动机采用转子电路串接电阻起动时，所串接的电阻值越大，起动转矩是否也越大？

5. 三相异步电动机如果断掉一根电源线能否起动？为什么？如果在运行时断掉一根电源线能否继续运转？对电动机有何影响？

6. 已知异步电动机部分额定数据如下，2.2kW 1430（rpm）220/380（V）
$\cos\phi=0.81$　Δ/Y 接法　$\eta=0.82$ 试计算：①两种接法时的相电流和线电流的额定值；②额定转差率及额定负载时转子电流频率，设电源频率为50Hz。

7. 一台三相异步电动机铭牌数据如下：$P_N=2.8$kW　$U_N=220/380$V $\cos\phi=0.88$　$I_N=10/5.8$A　$N_N=2880$（rpm）　$f=50$Hz，求额定运行时的输出转矩、效率和极对数。

8. 试述单相异步电动机的分相起动原理。分相起动的单相异步电动机是如何实现反转的？

9. 罩极式单相异步电动机是否可以反转？

10. 单相异步电动机根据起动方法分类有几种？

课题 3　低 压 电 器

3.1 常用低压电器

凡是根据外界指定的讯号或要求，自动或手动接通和断开电路，连续或断续地实现对电路或非电对象进行转换、控制、保护和调节的电工器械都属于电器的范畴。采用这些电器元件组成的系统称为电力拖动自动控制系统。

就现代生产机械而言，它们的运动部件大多是由电动机来带动的。因此，在生产过程中要对电动机进行自动控制，使生产机械各部件的动作按顺序进行，保证生产过程和加工工艺合乎预定要求。对电动机主要是控制它的起动、停止、正反转，调速及制动。

对电动机或其他电气设备的接通或断开，普遍采用继电器、接触器及按钮等控制电器来实现自动控制。这种控制系统一般称为继电接触器控制系统。

控制电器种类繁多。如按其工作电压以交流 1000V、直流 1200V 为界，可划分为高压电器和低压电器两大类。这里仅介绍常用电气自动控制领域中的低压电器。如按操作方式的不同可分为自动切换电器和非自动切换电器两类。前者是借助于电磁力或某个物理量的变化自动操作的。例如接触器和各种类型的继电器等。后者是用手或依靠机械力进行操作的，例如各种手动开关、控制按钮或行程开关等。

本课题主要介绍几种常用低压电器，如继电器、接触器、熔断器及一些常用开关等。

3.1.1 低压开关

(1) 刀开关

刀开关又叫闸刀开关，如图 5-35 所示。刀开关的作用是：在低压配电装置中作为不频繁手动接通和分断交直流电路的开关。

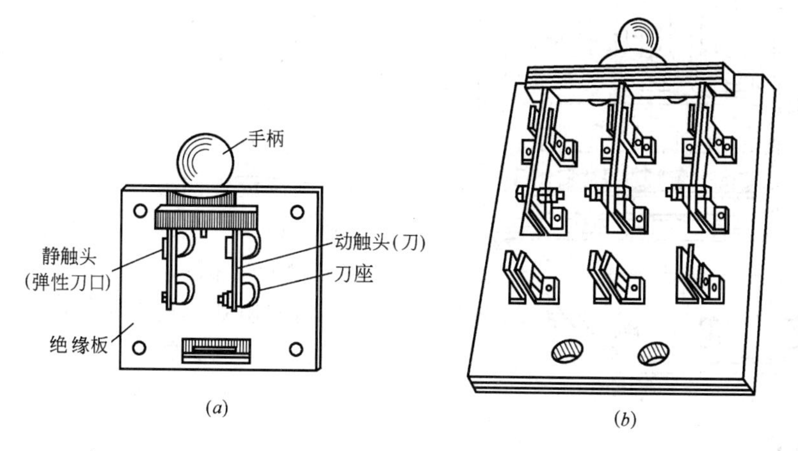

图 5-35 刀开关和刀形转换开关

常用刀开关型号的含义如下：

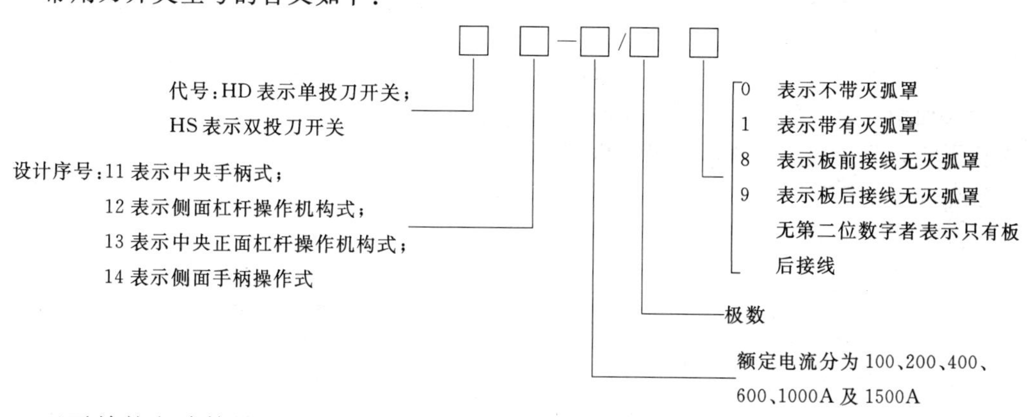

刀开关的电路符号

电路符号包括图形符号和文字符号，其文字符号为：QS，图形符号为：

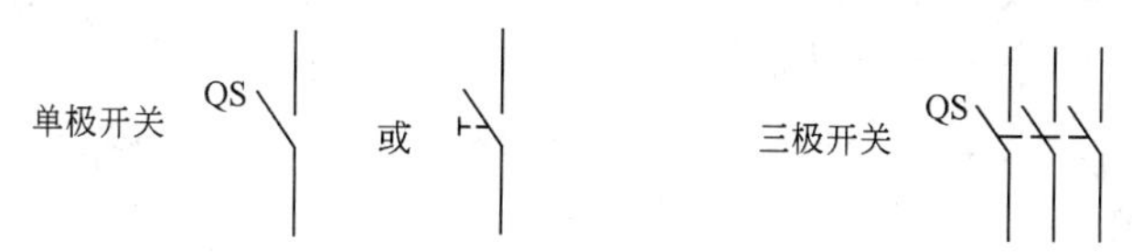

刀开关的选择

1）应根据在线路中的作用和配套，按照安装位置来选择刀开关的结构形式。如用作隔离电源开关，只需选用不带灭弧罩的刀开关即可；如作不频繁负荷操作开关，可选用带灭弧罩的刀开关。

2）开关的额定电流应等于或大于电路中的总负荷电流。若负载是电动机时，就必须考虑到电动机启动电流的影响。

3）开关所在线路的三相短路电流不应超过制造厂规定的动、热稳定值。

（2）铁壳开关

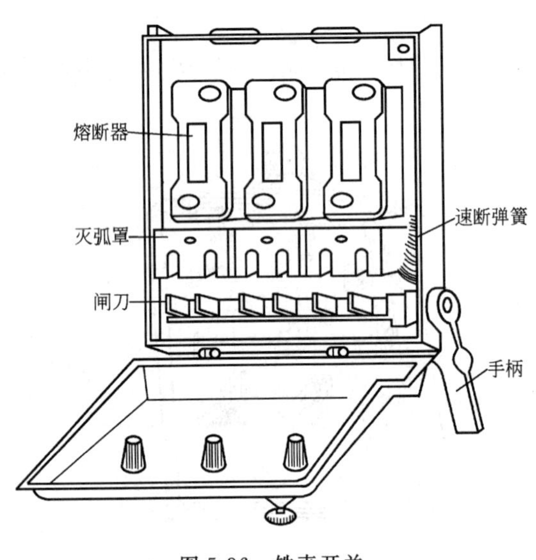

图 5-36　铁壳开关

铁壳开关（又称封闭式负荷开关）是由铸铁或钢板制成的全封闭外壳如图 5-36 所示。铁壳开关的作用是：适用于各种配电设备，供手动不频繁地接通和分断负载电路，并可作为三相异步电动机的不频繁直接启动及停止开关。开关的铁壳上装有弹簧，弹簧用钩扣于手柄转轴上。当手柄由合闸位置转向分断位置的过程中，钩子将弹簧拉紧，在弹簧拉力克服了闸刀与夹座之间的摩擦力后，闸刀很快与夹座分离，这时电弧迅速被拉长而熄灭。

为了安全，铁壳开关装有机械联锁装置，使在合闸位置时盖子不能打开，而盖子打开，开关又不能合闸。

铁壳开关的电路符号与刀开关相同，只有在设备的型号上加以区别。

铁壳开关的选择：

当铁壳开关用于一般电热、照明电路的不频繁接通和断开时，开关的额定电流应等于或大于被控制电路中各负载额定电流的总和。当用于控制电动机时，应考虑到电动机的启动电流影响，开关额定电流应为电动机额定电流的 3 倍。

铁壳开关型号的含义如下：

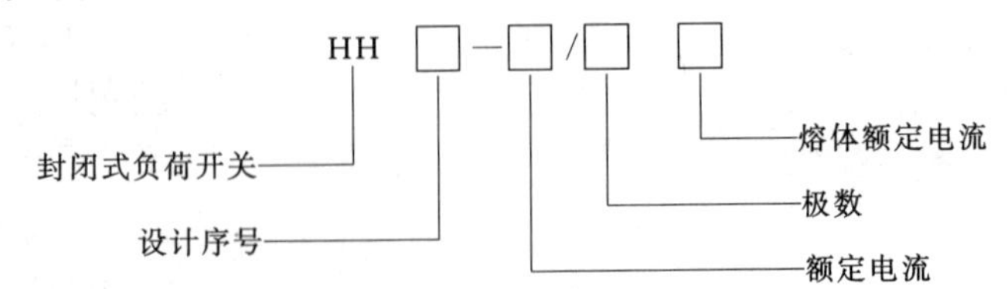

（3）组合开关

组合开关（也叫转换开关）是一种手动控制电器，它的作用是：可接通或分断电路，换接电源或负载，控制小容量电动机的正反转。

组合开关属于刀开关型，其结构特点是用动触片代替闸刀，以左右旋转操作代替刀开关的上、下分合操作，它分为单极、双极和多极。

组合开关的电路符号也与刀开关相同，只有在设备的型号上加以区别。

组合开关的外形与结构如图 5-37 所示，组合开关由分别装于各层的绝缘件内的若干个动、静触片组成。动触片装在附有手柄的方轴上，手柄沿任一方向转动 90°动、静触片便轮流接通或分断。为使开关切断电路时能迅速灭弧，在开关转轴上装有扭簧储能机构，使开关能迅速接通与分断，其通断速度与手柄旋转速度无关。

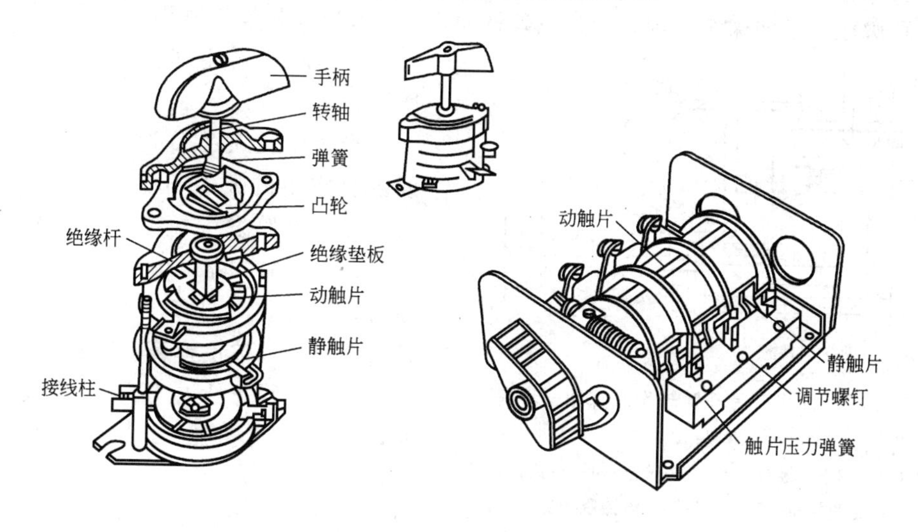

图 5-37 组合开关的外型与结构

组合开关的选择

组合开关一般用于电热、照明电路中，其额定电流应等于或大于被控制电路中各负载电流的总和。若控制小容量电动机不频繁地全压启动，应取电动机额定电流的 1.5～2.5 倍。

常用的组合开关有 HZ5、HZ10 系列等。HZ5 系列组合开关是代替 HZ1、HZ2、HZ3 等系列开关的一种新型开关，按其额定电流可分为 10、20、40、60A。HZ10 系列组合开关是全国统一设计产品，可取代 HZ1、HZ2 老系列，其通用性强，按其额定电流可分为 10、25、60、100A 等。

(4) 低压断路器

低压断路器（俗称自动空气开关），它的作用是：在低压电路中用作分、合电路及作电气设备的过载、短路、失压的保护。它的特点是：在正常工作时，可以人工操作，接通

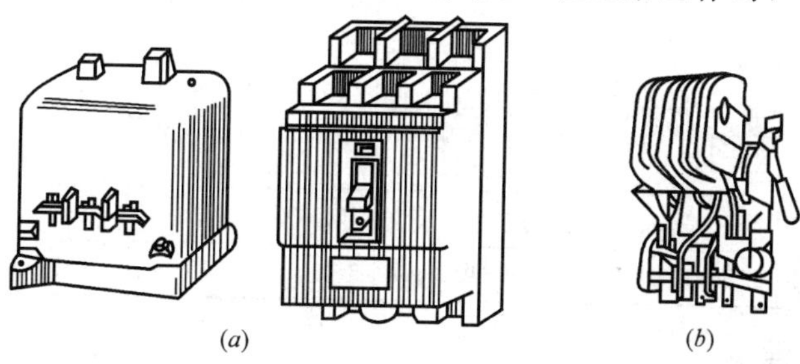

(*a*) (*b*)

图 5-38 低压断路器外形图

(*a*) 塑壳式；(*b*) 框架式

或切断电源与负载的联系，当出现故障时，如短路，过载，欠压等，又能自动切断故障电路，起到保护作用，因此得到了广泛的应用。

低压断路器外形如图5-38所示。低压断路器由触头系统、灭弧装置、操作机构和保护装置等组成。按结构型式可分为框架式（DW系列）和塑料外壳式（DZ系列）两类。DW系列有手动合闸和电动合闸两种，DZ系列一般为手动合闸，其操作机构分为手动操作和电动操作。电动操作机构又分为电磁铁操作机构和电动机操作机构。

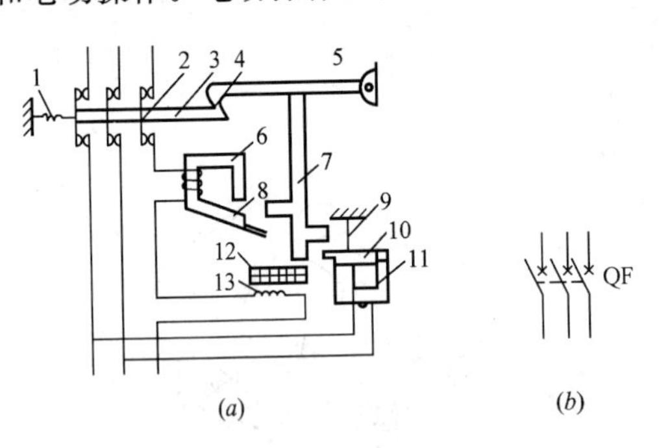

图5-39　自动空气开关动作原理图及符号

(a) 原理图；(b) 符号

1—主弹簧；2—主触头三副；3—锁链；4—搭钩；5—轴；6—电磁脱扣器；7—杠杆；8—电磁脱扣器衔铁；9—弹簧；10—欠压脱扣器衔铁；11—欠压脱扣器；12—双金属片；13—热元件

低压断路器原理图及符号如图5-39所示。

当线路正常工作时，电磁脱扣器6线圈所产生的吸力不能将它的衔铁8吸合，如果电路发生短路和产生较大过电流时，电磁脱扣器的吸力增加，将衔铁8吸合，并撞击杠杆7，把搭钩4顶上去，锁链3脱扣，被主弹簧1拉回，切断主触头2。如果线路上电压下降或失去电压时，欠电压脱扣器11的吸力减小或消失，衔铁10被弹簧9拉开，撞击杠杆7，也能把搭钩4顶开，切断主触头2。当线路出现过载时，过载电流流过发热元件13，使双金属片12受热弯曲，将杠杆7顶开，切断主触头2。

断路器的型号含义如下：

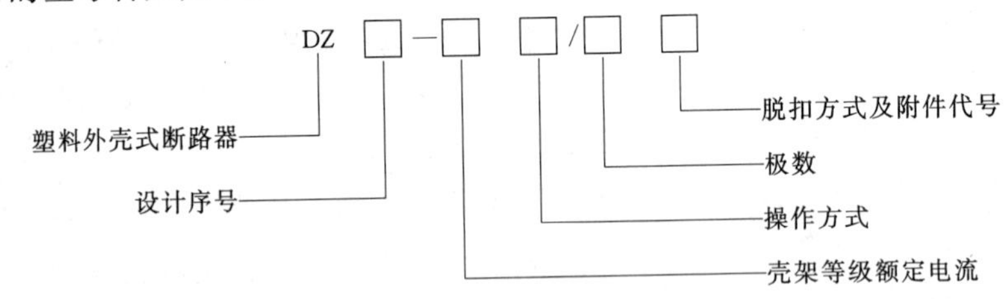

脱扣方式和附件代号见表5-2。

脱扣方式和附件代号　　　　表5-2

代号 \ 附件名称 \ 脱扣器方式	无附件	报警	分助	轴助	欠压	分励轴助	分励欠压	双轴动	辅助欠压	分励报警	辅助报警	欠压报警	分油辅助报警	分励欠压报警	双辅助报警	辅助欠压报警
瞬时脱扣器	200	208	210	220	230	240	250	260	270	218	228	238	248	258	268	278
复式脱扣器	300	308	310	320	330	340	350	360	370	318	328	338	348	358	368	378

断路器的选择及要求

1）断路器的额定电压应不低于线路的额定电压。

2）断路器用于照明电路时，电磁脱扣器的瞬时脱扣整定电流一般取负载电流的6倍。

3）断路器用于电动机保护时，电磁脱扣器的瞬时脱扣整定电流一般取电动机启动电流的1.7倍或取热脱扣器额定电流的8～12倍。

4）断路器用于分断电路时，其整定电流和热脱扣器的额定电流，应等于或大于电路中负载的额定电流。

断路器的接线应符合下列要求：

1）断路器的电源进线端和负载出线端的连接导线，必须按设计规定选用：上端（静触头端）连接电源，下端（动触头端）连接负载。

2）裸露在箱体外部且易触及的导线端子，应加绝缘保护。

3）有半导体脱扣装置断路器，接线应符合相序要求，脱扣装置端子应可靠。

3.1.2 交流接触器

交流接触器的作用和刀开关类似，即可以用来接通和分断电动机或其他负载主电路。所不同的是它是利用电磁吸力和弹簧反作用力配合使触头自动切换的电器，并具有失（欠）压保护功能，控制容量大，适于频繁操作和远距离控制，工作可靠且寿命长，因此，在电力拖动与自动控制系统中得到了广泛的应用。

交流接触器的外型如图5-40所示。

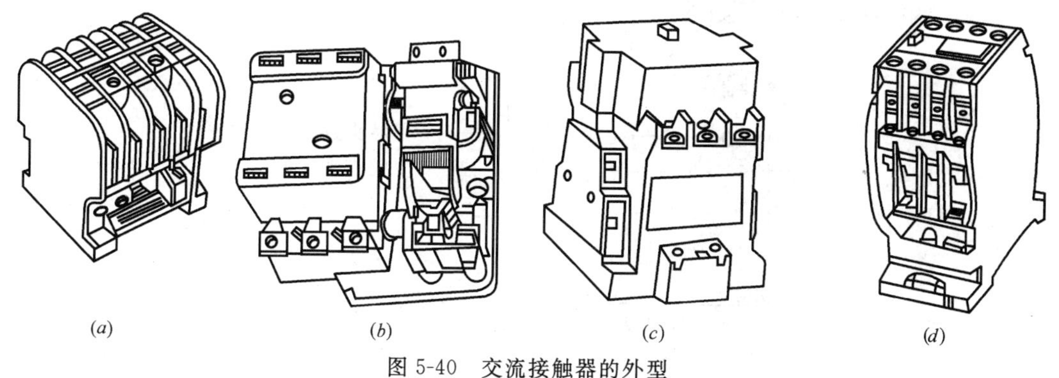

图5-40 交流接触器的外型

（a）CJ10-10；（b）CJ10-40；（c）CJ20-40；（d）3TB/3TH

（1）交流接触器的工作原理

交流接触器由电磁机构、触头系统和灭弧装置三部分组成。如图5-41所示。

电磁机构是感应机构。它由激磁线圈，铁芯和衔铁构成。线圈一般用电压线圈，通以单相交流电。

触头系统是接触器的执行元件，起分断和闭合电路的作用，要求触头导电性能良好。触头有主触头和辅助触头之分。还有使触头复位用的弹簧。主触头用以通断主回路（大电流电路），常为三对常开触头。而辅助触头则用以通断控制回路（小电流回路）起电气联锁作用，所以又称为联锁触头。所谓常开、常闭是指电磁机构未动作时的触头状态。

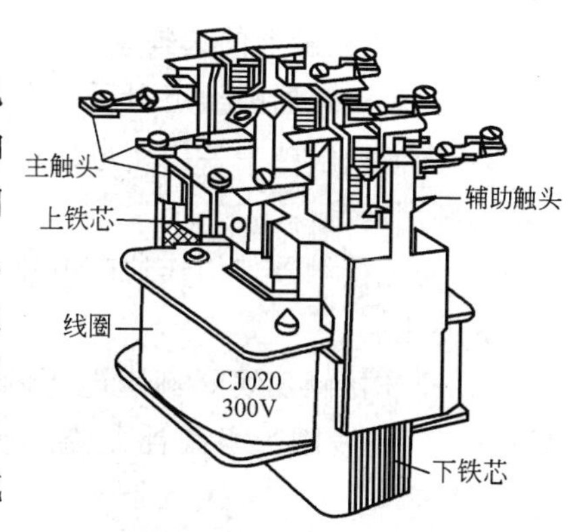

图5-41 交流接触器的结构

当分断有电流负荷的电路时，在触头之间会形成电弧，灭弧装置促使电弧尽快熄灭，以免造成相间短路。

交流接触器的工作原理：线圈接通电源后，线圈电流产生磁场，使下铁芯产生足够的吸引力克服弹簧反作用力，将上铁芯向下吸合，三对常开主触头闭合，同时常开辅助触头闭合，常闭辅助触头断开。当线圈断电时，下铁芯吸力消失，上铁芯在反作用弹簧力的作用下复位，各触头也一起复位。

交流接触器用交流电激磁，因此铁芯中的磁通也要随着激磁电流而变化。当激磁电流过零时，电磁吸力也为零。由于激磁电流的不断变化，将导致衔铁的快速振动，发出剧烈的噪声。振动将使电气结构松散，寿命降低，更重要的是影响其触头系统的正常分合。为减小这种振动和噪声，在铁芯柱端面上嵌装一个金属环，称为短路环。如图 5-42 所示。短路环相当于变压器的副绕组，当激磁线圈通入交流电后，在短路环中有感应电流存在，短路环把铁芯中的磁通分为两部分，即不穿过短路环的 ϕ_1 和穿过短路环的 ϕ_2。磁通 ϕ_1 和 ϕ_2 的相位不同，使得合成吸力无过零点，铁芯总可以吸住衔铁，使其振动减小。

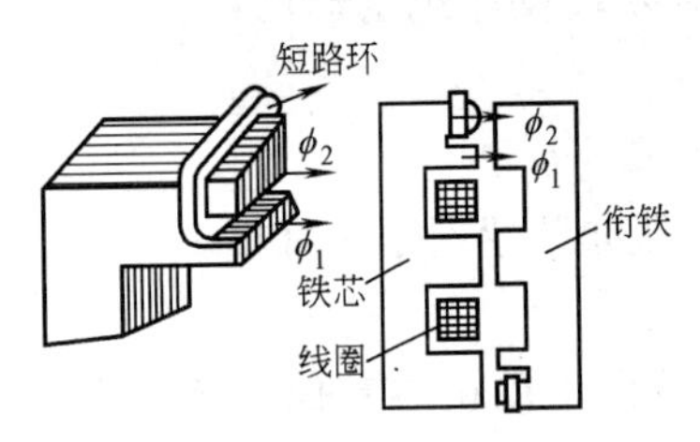

图 5-42　交流接触器铁芯的短路环

交流接触器的型号含义如下：

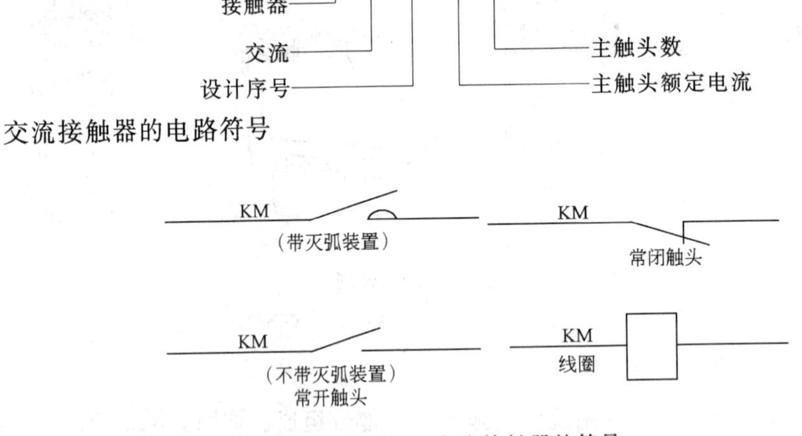

交流接触器的电路符号

图 5-43　交流接触器的符号

（2）交流接触器的选择

1）交流接触器的额定电压应大于或等于负载的额定电压。

2）交流接触器主要用于电力拖动中异步电动机的启动，其额定电流应大于或等于电动机的额定电流。

3）交流接触器如用作通断电流较大及通断频率过高的控制时，应选用其额定电流大一级的使用。

4）交流接触器线圈额定电压的选择：当线路简单、使用电器较少时，可选用 380V 或 220V 电压线圈；当线路复杂、使用电器较多时，可选用 36、110V 或 127V 的电压线圈。

（3）交流接触器的安装

1）安装前的检查

A. 检查接触器的铭牌及线圈的技术数据，如额定电压、电流、工作频率和通电持续率等，应符合实际使用要求。

B. 检查外观有无破损、缺件。

C. 将铁芯极面上的防锈油脂或锈垢用汽油擦净，以免因油垢黏滞造成接触器线圈断电后铁芯不能释放。

D. 用手分合接触器的活动部分，要求动作灵活，无卡住现象。

E. 拆开灭弧罩，用手按动触头架，观察动合触头闭合情况是否良好，动断触头是否断开及弹簧弹力是否合适。

F. 检查和调整触头的工作参数（如开距、超程、初压力和终压力等），并使各极触头的动作同步。

G. 给接触器线圈通电吸合数次，检查其动作是否可靠。一般规定交流接触器在冷态下的吸合电压值为额定电压值的85%以上，释放电压最大值约为额定电压值的30%～40%。

2）安装接触器

接触器触头表面应经常保护清洁，不允许涂油。当触头表面因电弧作用形成金属小珠时，应及时铲除，但银合金触头表面产生的氧化膜，由于接触电阻很小，不必铲修，否则会缩短触头寿命。

控制电路导线截面积宜用 $1.5mm^2$ 的塑料铜线。

A. 安装接触器时，其底面应与地面垂直，倾斜度应小于5°，否则会影响接触器的工作特性。

B. 安装接线时不要使螺钉、垫圈、接线头等零件脱落，以免掉进接触器内部而造成卡住或短路现象。安装时应将螺钉拧紧，以防震动松脱。

C. 检查接线正确无误后，应在主触头不带电的情况下，先使吸引线圈通电合分数次，检查动作是否可靠，然后才能进行使用。

D. 用于可逆转换的接触器，为了保证连锁可靠，除利用辅助触头进行电气连锁外，有时还加装连锁机构。

3.1.3 继电器

继电器的种类很多，按它们在电力拖动自动控制系统中的作用，可分为控制继电器和保护继电器两大类。控制继电器有中间继电器、时间继电器和速度继电器等；保护继电器有热继电器、欠压继电器和过电流继电器等。

（1）中间继电器

中间继电器一般用来控制各种电磁线圈，使信号得到放大或将信号同时传给几个控制元件，主要作用是与交流接触器配合使用，起中间环节和增多控制接点的作用。常用的JZ7型中间继电器如图5-44所示。

中间继电器的型号意义：

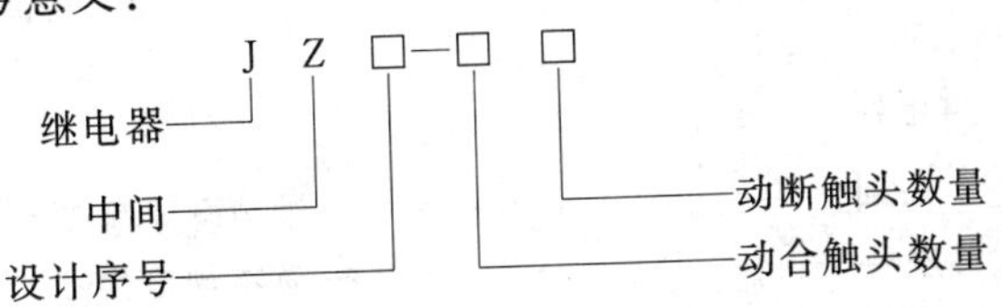

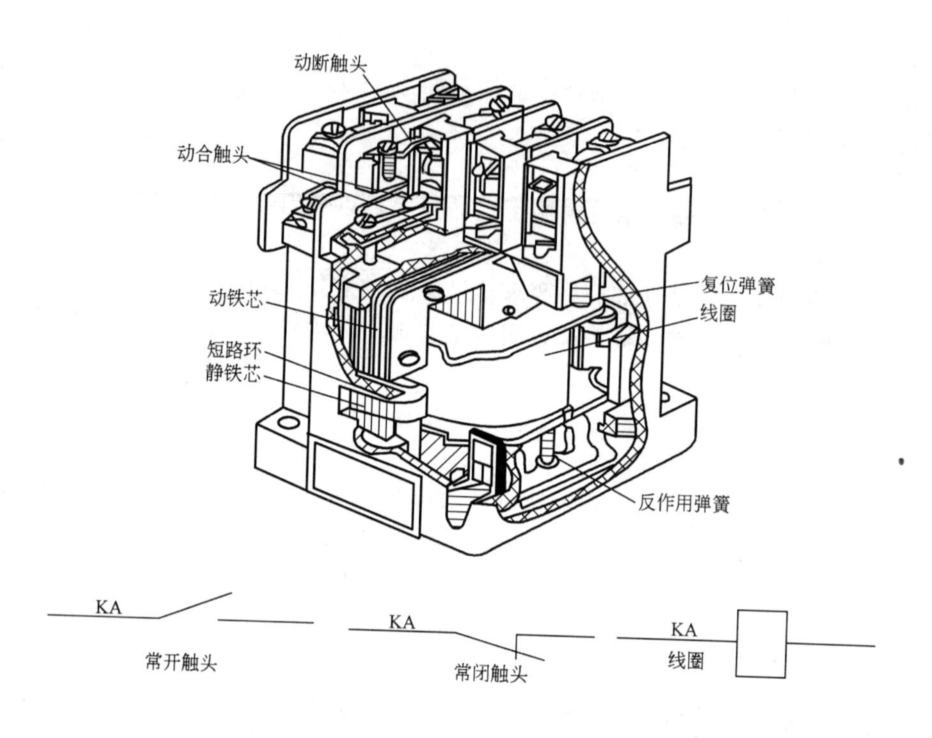

图 5-44　JZ7 型中间继电器

中间继电器的工作原理与交流接触器相同，与接触器不同的是触头无主，辅之分。

中间继电器的特点是：触头数目多（6 对以上），可完成对多回路的控制，触头电流较小（5A 以下），动作灵敏（动作时间不大于 0.05s）。所以当电动机的额定电流不超过 5A 时，也可用它代替接触器使用，可以认为中间继电器是小容量的接触器。

中间继电器的选择，主要是根据被控制电路的电压等级，同时还应考虑触点的数量种类及容量，以满足控制线路的要求。

（2）时间继电器

时间继电器在电路中起控制动作时间的作用。时间继电器种类繁多，主要有电磁式、空气阻尼式、电动式和晶体管式等几种。其中电动式时间继电器的延时精确，延时时间长（几分钟到几小时），但价格较高。在交流电路中使用较多的是空气阻尼式，它结构简单，延时范围较宽（0.4～180s），使用方便，价格低。以下仅介绍空气阻尼式时间继电器。

空气阻尼式时间继电器是利用电磁原理和空气阻尼原理等来延缓触头闭合或打开的，它的空气阻尼作用类似打气筒。常用的有 JS7 系列空气阻尼式时间继电器见（图 5-45）。

时间继电器有通电延时型和断电延时型两种，通电延时型是在继电器线圈刚通电时延迟动作时间，以达到延时目的。断电延时型则是在继电器线圈断电后延迟动作时间，应根据控制线路的要求来选择需要的类型

JS7 系列时间继电器型号含义如下：

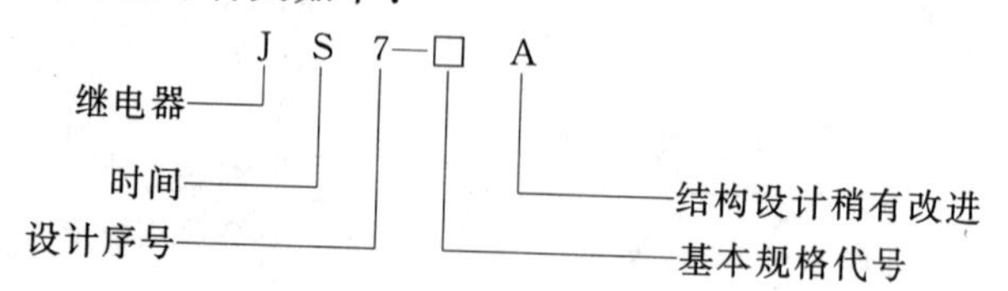

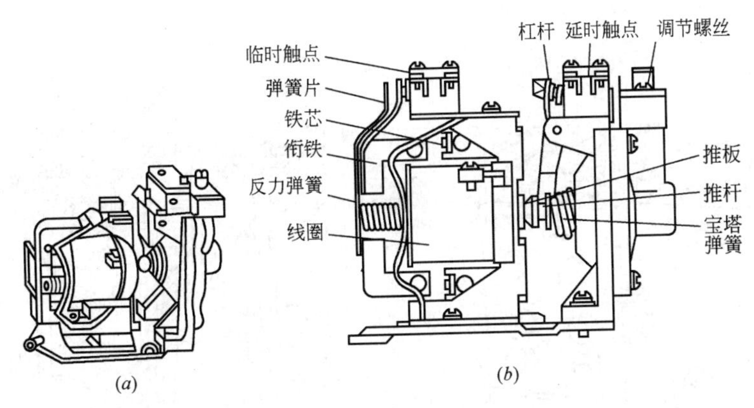

图 5-45　空气阻尼式时间继电器

(*a*) 外形；(*b*) 结构

时间继电器的文字符号为 KT，图形符号如下：

KT 线圈一般符号　KT 断电延时线圈　KT 通电延时线圈　KT 延时闭合常开触头　KT 延时断开常闭触头

KT 或 KT 延时闭合延时断开常开触头　KT 或 KT 延时闭合延时断开常开触头

KT 或 KT 延时断开延时闭合常闭触头　KT 或 KT 延时断开延时闭合常闭触头

在使用时通电延时型和断电延时型是可以互换的，只要把通电延时型的线圈颠倒安装，就成为断电延时型时间继电器了。

（3）热继电器

热继电器的作用是：作电动机的过载保护、断相保护、电流不平衡保护及其他电气设备发热状态的控制。

1）热继电器的结构

热继电器的型式多样，其中以双金属片式用得最多。双金属片式热继电器主要由热元件、触头系统、动作机构、复位按钮和整定电流装置等部分组成。其外形如图 5-46 所示。

热继电器的电路符号为：

FR 热元件　FR 常闭触头

A. 热元件　热元件是热继电器接受过载信号部分，它由双金属片及绕在双金属片外面的绝缘电阻丝组成。双金属片由两种热膨胀系数不同的金属片复合而成，如铁镍铬合金和铁镍合金。电阻丝用康铜或镍铬合金等材料制成，使用时热元件串联在被保护的主电路中。

B. 触头系统　触头系统一般配有一组切换触点，即一个动合触点（常开）、一个动断

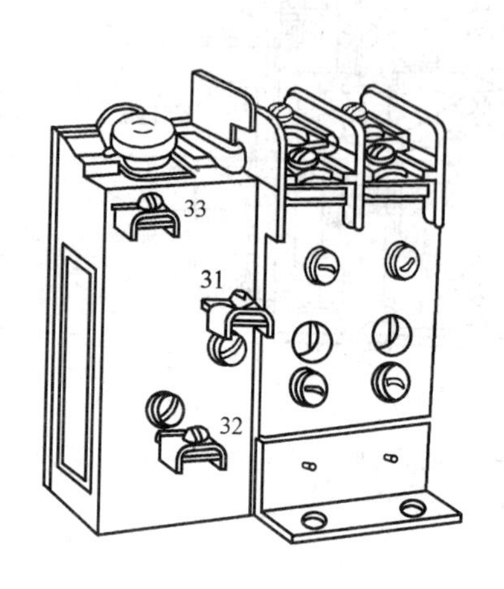

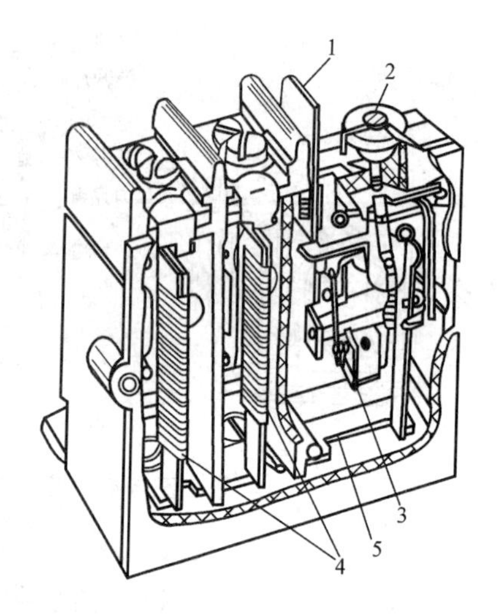

图 5-46　JR16 系列热继电器

1—复位按钮；2—整定旋钮；3—常闭触头；4—热元件；5—动作机构

触点（常闭），如图 5-46 所示。常闭触点串联在控制回路中。

C. 动作机构、复位按钮和整定电流装置　动作机构由导板、补偿双金属片、推杆、杠杆及拉簧等组成，用来将双金属片的热变形转化为触点的动作。补偿双金属片用来补偿环境温度的影响。

对 JR0、JRI5、JR16 和 JR14 型热继电器国家有关部门已于 1996 年规定淘汰使用。新装配电装置不能再采用上述继电器。但考虑到目前有不少设备还在使用这些继电器，故本书对热继电器作了简单介绍。目前推广使用的新型保护继电器有 JL-10 电子型电动机保护继电器、EMT6 系列热敏电阻过载继电器等。

2）热继电器的选用

A. 热继电器额定电流的选择：热继电器的额定电流应略大于电动机的额定电流。

B. 热继电器的整定电流的选择：依据热继电器的型号和热元件额定电流，即可查出热元件整定电流的调节范围。通常热继电器的整定电流调整到等于电动机的额定电流。旋钮上的电流值与整定电流之间可能有些误差，可在实际使用时按情况作适当调节。

3）热继电器的安装使用

A. 热继电器只能作为电动机的过载保护，而不能作短路保护使用。

B. 热继电器安装时，应清除触头表面尘污，以免因接触电阻太大或电路不通，影响热继电器的动作性能。

C. 热继电器必须按照产品说明书中规定的方式安装。

D. 热继电器出线端的连接导线，应符合热继电器的额定电流。

E. 对点动、重载起动、连续正反转及反接制动等运行的电动机，一般不宜用热继电器作过载保护。

3.1.4　熔断器

熔断器是在低压电路及电动机控制电路中作过载和短路保护用的电器，主要由熔体和安装熔体的熔器所组成。熔体的材料有两种：一种是铅、锡等合金制成的低熔点材料；另一种是铜制成的高熔点材料。常用的熔断器类型如图 5-47 所示。

(1) 常用类型及适用场合

常用熔断器的主要类型有 RC1A 系列瓷插式熔断器、RL1 系列螺旋式熔断器、RM10 系列无填料封闭管式熔断器、RTO 系列有填料封闭管式熔断器等。

RC1A 系列瓷插式熔断器的结构如图 5-47 (*a*) 所示，一般适用于交流 50Hz、额定电压 380V、额定电流 200A 以下的低压线路末端或分支电路中，作为电气设备的短路保护及一定程度上的过载保护之用。

RL1 系列螺旋式熔断器的外形及结构如图 5-47 (*b*) 所示，主要适用于控制箱、配电屏、机床设备及震动较大的场所，作为短路保护元件。

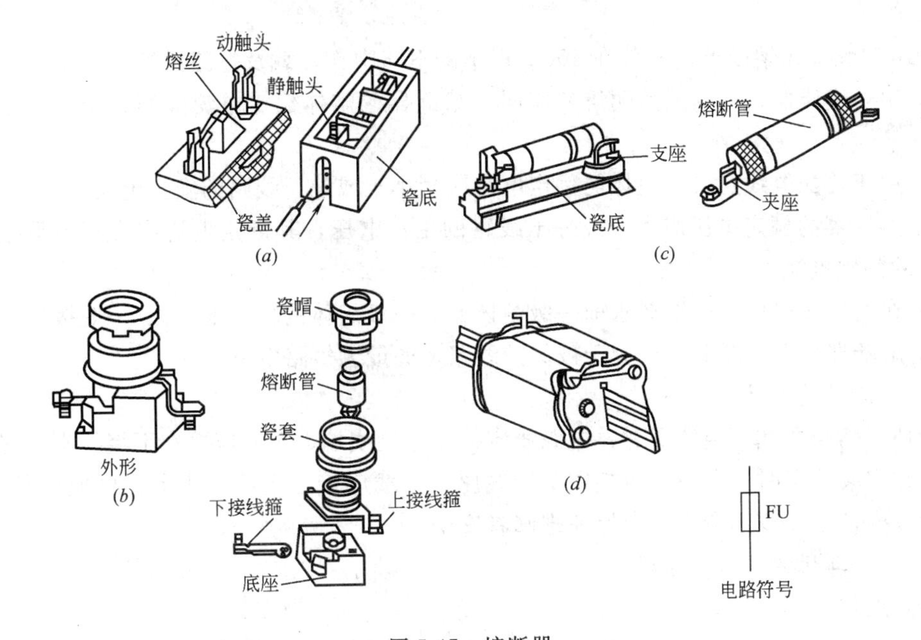

图 5-47 熔断器

(*a*) 瓷插式熔断器；(*b*) 螺旋式熔断器；(*c*) 无填料封闭管式熔断器；(*d*) 有填料封闭管式熔断器

RM10 系列无填料封闭管式熔断器的外形及结构如图 5-47 (*c*) 所示，一般适用于低压电网和成套配电装置中，作为导线、电缆及较大容量电气设备的短路或连续过载保护用。

RTO 系列有填料封闭管式熔断器的外形及结构如图 5-47 (*d*) 所示，主要适用于短路电流很大的电力网络或低压配电装置中。

熔断器型号的含义如下：

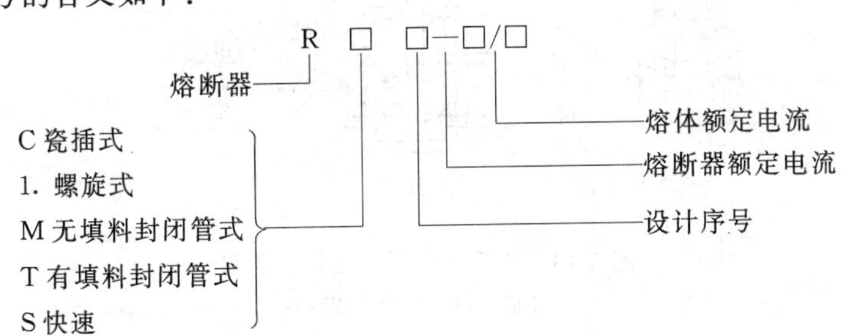

(2) 熔断器的选用和安装

1) 熔断器的结构与主要技术参数

熔断器主要由熔体和安装熔体的熔管或熔座两部分组成。熔体是熔断器的主要部分，常做成丝状或片状；熔管是熔体的保护外壳，在熔体熔断时兼有灭弧作用。

每一种熔体都有两个参数，额定电流与熔断电流。所谓额定电流是指长时间通过熔体而不熔断的电流值。熔断电流一般是额定电流的两倍，因此熔断器一般不宜作过载保护，主要用作短路保护。

2) 熔断器的选择

A. 常用的 RC1A 型瓷插式熔断器，一般作线路、照明设备和小容量电动机的短路及过载保护。

BL1 型螺旋式熔断器，一般在 500V 以下的电路中作过载及短路保护。

B. 用于变压器、电热或照明等负载时，熔断器的熔体额定电流应稍大于或等于负载电流。

C. 用于输配电线路时，熔体的额定电流应稍小于或等于线路的安全电流。

D. 熔断器的额定电压应大于或等于线路的工作电压，其额定电流应大于或等于所选择熔体的额定电流。

E. 在配电线路中，一般要求前一级熔体比后一级熔体的额定电流大 2～3 级。

F. 熔断器最大分断能力应大于被保护线路上的最大短路电流。

3) 熔断器的安装

瓷插式熔断器在安装使用时，电源线应接在上接线端，负载应接在下接线端。螺旋式熔断器在安装使用时，电源线应接在下接线座，负载应接在上接线座上。更换熔断管时，金属螺纹壳的上接线不会带电，保证维修者安全。

3.1.5 其他常用低压电器

(1) 按钮

按钮的作用是：主要用于控制接触器、磁力启动器、继电器等电器的电磁线圈的通断电，进而控制电动机和电气设备的运行，或控制信号及电气联锁装置。

按钮主要由触头和弹簧组成，有动合（常开）和动断（常闭）触头之分，其动作特点是能复位，即在外力作用下触头呈闭合（或断开）状，而外力消失后，会断开（或闭合）。其种类很多，常用的有 LA2、LA18、LA19 和 LA20 等系列。图 5-48 为常用 LA 系列按

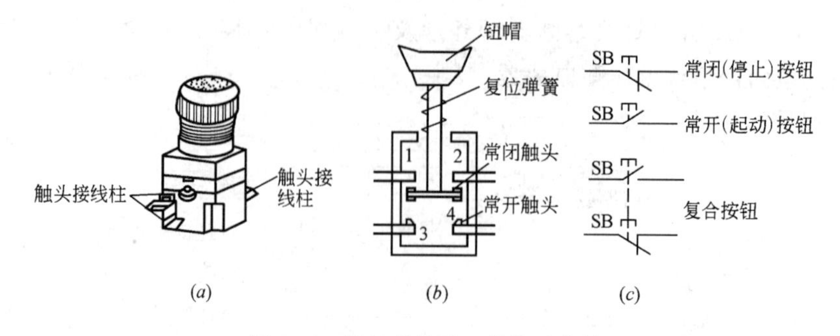

图 5-48 按钮的外形、结构及符号

(a) 外形；(b) 结构；(c) 符号

钮开关。

在使用按钮时，如需使用于电路的停止时，接在按钮的常闭触点上，如需使用于电路的起动时，则接在按钮的常开触点上。若常开、常闭触点同时使用，则是按钮的复合形式。

常用 LA 系列按钮开关的型号含义如下：

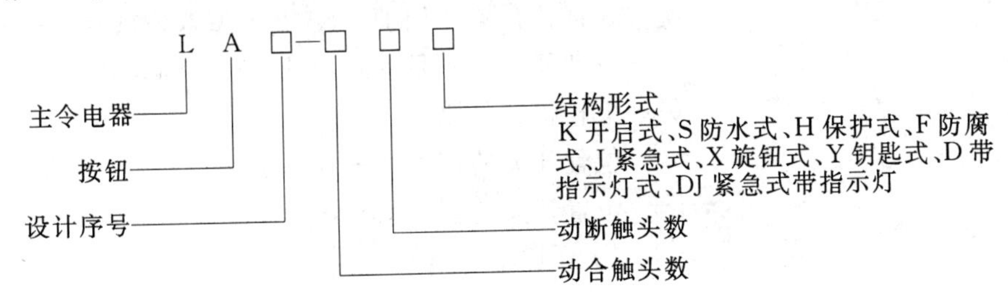

按钮的选择

可根据使用场合、操作需要的触头数目及区别的颜色来选择适合的按钮。

(2) 位置开关

位置开关又称行程开关或限位开关。它的作用是：控制生产机械运动的行程或位置。即利用生产机械某些运动部件的碰撞使其动作，以断开或接通电路，而将机械信号变为电信号。常用的位置开关有按钮式和滑轮旋转式两种。

从构造上看，行程开关主要由三部分组成：操作头、触头系统和外壳。操作头属于位置开关的感应部分，而触头系统则为执行部分。以下介绍两种位置开关。

1) 直动式位置开关

直动式位置开关的构造如图 5-49 所示。这种开关的动作原理同按钮类似。所不同的是：一个是用手指按动，另一个则由运动部件上撞块碰撞。当外界机械碰压按钮，使它向内运动时，压迫弹簧，并通过弹簧使接触桥由与常闭静触头接触转而同常开静触头接触。当外机械作用消失后，在弹簧作用下，使接触桥重新自动恢复原来的位置。

2) 滚轮旋转式位置开关

JLXK 系列位置开关的结构如图 5-50 所示。它由滚轮 1、传动杠杆 2、转轴 3、凸轮 4、撞块 5、触头 6、微动开关 7、复位弹簧 8 构成。

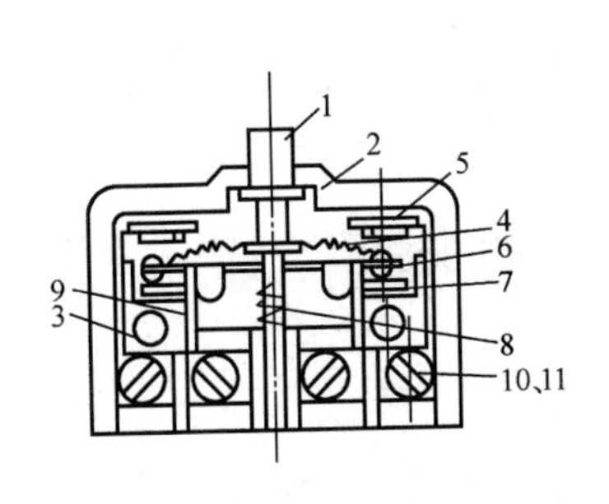

图 5-49 LK19K 型行程开关结构图

1—按钮；2—外壳；3—常开静触头；4—触头弹簧；5—触头；6—接触杆；7—触头；8—恢复弹簧；9—常闭静触头；10、11—螺钉和压板

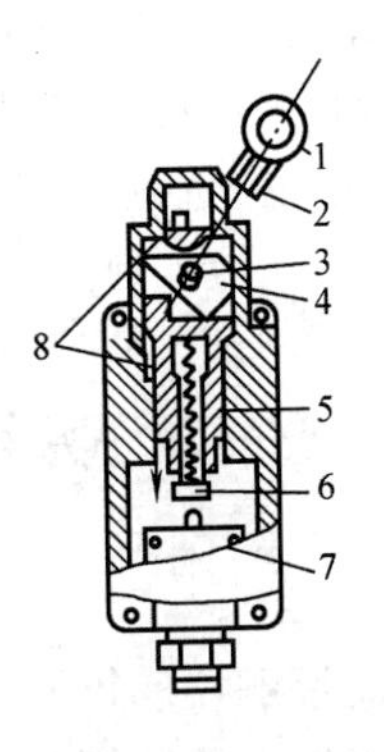

图 5-50 JLXK1-M 位置开关动作原理图

1—滚轮；2—传动杠杆；3—转轴；4—凸轮；5—撞块；6—触头；7—微动开关；8—复位弹簧

其动作原理是：当运动机械的挡铁压到行程开关的滚轮上时，传动杠杆连同转轴一同转动，使凸轮推动撞块，当撞块被压到一定位置时，推动微动开关快速动作。当滚轮上的挡铁移开后，复位弹簧就使行程开关各部分恢复原始位置。这种单轮自动恢复式行程开关是依靠本身的恢复弹簧来复原的，在生产机械的自动控制中应用较广泛。另一种是双轮旋转式行程开关，如 JLXK1-211 型双轮旋转式行程开关，不能自动复原，而是依靠运动机械反向移动时，挡块碰撞另一滚轮将其复原。

图 5-51　位置开关符号

位置开关的符号如图 5-51 所示。

位置开关的型号意义：

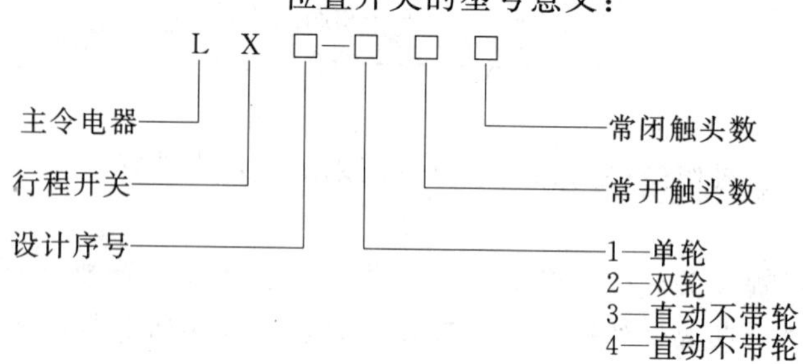

选择位置开关时，主要根据机械位置对开关型式的要求，对触头数目的要求及对电压种类，电压和电流等级来确定。

复习思考题

1. 断路器由哪几个基本部分组成？各起什么作用？在选择时要注意哪些事项？
2. 交流接触器的工作原理和作用是什么？选择时应注意哪些事项？
3. 中间继电器和交流接触器有哪些相似之处和不同之处？。
4. 在电动机的主电路中装有熔断器为什么还要装热继电器？
5. 画出常用低压电器的图形符号和文字符号。
6. 接触器应如何选择？
7. 时间继电器应如何选择？
8. 低压断路器应如何选择？
9. 按钮应如何选择？
10. 行程开关应如何选择？

实训课题　常用低压电器的安装

1. 实训内容

（1）交流接触器的拆装

（2）时间继电器的拆装

（3）低压电器板的安装

2. 实训步骤

（1）CJ0-20 交流接触器的拆卸与装配。

1）拆卸

A. 松去灭弧罩固定螺栓，取下灭弧罩。

B. 一手拎起桥形主触点弹簧夹，另一手先推出压力弹簧片，再将主触头侧转后取出。

C. 松去主静触头固定螺栓，卸下主静触头。松去辅助常开、常闭静触头接线柱螺钉，卸下辅助静触头。

D. 将接触器底部翻上。一手按住底盖，另一手松去底盖螺钉，然后慢慢放松按住底盖的手，取出弹起的底盖。

E. 取出静铁芯及其缓冲垫（有可能在底盖静铁芯定位槽内）。取出静铁芯支架、缓冲弹簧。

F. 取出反作用弹簧。将联在一起的动铁芯和支架取出。

G. 从支架上取出动铁芯定位销，取下动铁芯及其缓冲垫。

H. 从支架上取出辅助常开常闭的桥形动触头（主触头、辅助触头弹簧一般很少有损坏，且拆卸很容易弹掉失落，故不作拆卸）。

2）装配

拆卸完毕后，对各零件进行检查、整修（详见常见故障整修）。装配步骤与拆卸步骤相反。

3）CJ0-20 交流接触器常见故障与整修

经常出现的触头故障有触头过热，其次为触点磨损，偶尔也会发生触点熔焊。

A. 触点过热故障　触头发热的程度与动静触头触点之间接触电阻的大小有直接的关系。

以下情况均会导致接触电阻增大，而触头过热。

触点表面接触不良　造成原因主要是油污和尘垢沾在触点表面形成电阻层。接触器的触点是白银（或银合金）做成，表面氧化后会发暗，但不会影响导电情况，千万不要以为会增大接触电阻面挫掉。修理时擦（用布条）洗（用汽油、四氯化碳）干净即可。

触点表面烧毛　触头经常带负荷分、合，使触点表面被电弧灼伤烧毛。修理时可用细挫整修，也可用小刀刮平。但整修时不必将触点修的过分光滑，使触点磨削过多，使接触面减小，反而使接触电阻增大；也不允许用砂布修磨，因为用砂布修磨触点时会使砂粒嵌入其表面，也会使接触电阻增大。

触头接触压力不足　由于接触器经常分、合，使触头压力弹簧片疲劳，弹性减小，造成触头接触压力不足，接触电阻增大。修理时，统一更换弹簧片。

B. 触点磨损　触头的分、合在触点间引起的电弧或电火花，温度非常高，可使触点表面的金属气化蒸发造成电磨损。触点闭合时的强烈撞击和触点表面的相对滑动会造成机械磨损。当触点磨损包括表面烧毛后修整到原来厚度的 1/2～1/3 时，就要更换触头。

C. 触点熔焊　主触头被熔焊会造成线圈断电后触头不能及时断开，影响负载工作。常闭联锁触点熔焊不能释放时，会造成线圈烧毁。可修复或更换触头，甚至更换线圈。

另外常见的故障为铁芯噪声过大。接触器正常工作时，电磁系统会发出轻微的噪声。但是当听到较大的噪声时，说明铁芯产生振动，时间一长会使线圈过热，甚至烧毁线圈。造成的原因一般为铁芯接触面上积有油污，尘垢或锈蚀，使动静铁芯接触不良而产生振动，发出噪声。另外，由于反复的吸合、释放，有时会造成铁芯端面变形，使E形铁芯中心柱之间的气隙过小，也可增大铁芯噪声。

修理时，针对污垢造成接触不良，可拆下擦洗干净。铁芯端面生锈或变形磨损，可用细砂布磨平，中心柱间气隙过小，可用细挫修整。

（2）JS7系列空气阻尼式时间继电器的安装

A. 在安装接线时必须核对其额定电压与将接的电源电压是否相符；按控制原理图要求，正确选用接点的接线端子。

B. 延时的时间应在整定时间范围内，安装时按需要进行调换。

C. 由于该时间继电器无刻度，要准确调整延时时间较困难，同时气室的进排气孔也有可能被尘埃堵住而影响延时的准确性，应经常清除灰尘及油污，否则延时误差将更大。

D. 空气阻尼式时间继电器的调整：

（a）接通控制回路电源。

（b）用螺丝刀调节调整螺钉，所需的时间使指针指向与这一时间大致相符的刻度上，按动延时控制回路按钮，同时记下延时起始时间。

（c）延时结束后，立即记下结束时间，核实延时时间与所需延时时间是否相符。如不符，则继续向左或向右旋转调整螺钉，重复这一调节过程，直至实际延时时间与所需延时时间相符。

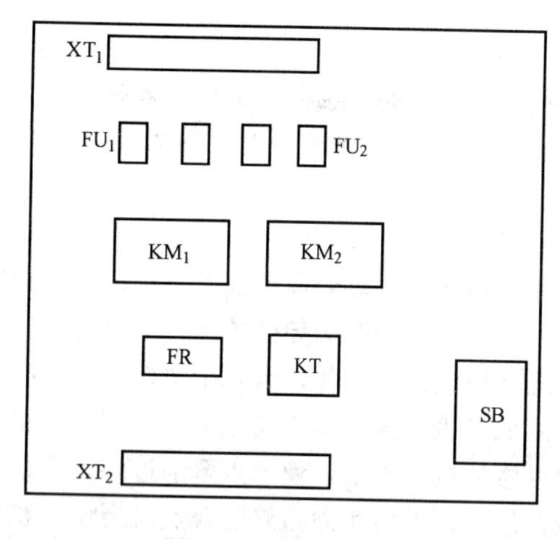

图 5-52　安装位置图

E. 通电延时与断电延时的互换。

将通电延时继电器的线圈拆下，转动180°后重新装上，通电验证。

（3）低压电器板的安装

1）准备好所要安装的低压电器：XT_1、XT_2 为接线端子，FU_1、FU_2 为熔断器，KM_1、KM_2 为交流接触器，FR为热继电器，KT为时间继电器，SB为按钮盒。

2）选取一块合适的木工板，按图5-52的位置布置，将所要安装的低压电器的位置确定好，画好定位线。

3）用木螺钉将各低压电器安装在木工板上，要求横平竖直。

3. 成绩评定

课题4　三相异步电动机控制电路

4.1　电气图的绘制

电气控制系统是由若干电气元件按照一定要求连接而成，完成生产过程控制的特定功能。为了表达生产机械电气控制系统的组成及工作原理，便于安装、调试和维修，而将系统中各电气元件及连接关系用一定的图样反映出来，在图样上用规定的图形符号表示各电气元件，并用文字符号说明各电气元件，这样的图样叫做电气图。电气图一般分为电气系统图和框图、电气原理图、电器布置图、电气安装接线图、功能图等。这里主要介绍电气原理图和电气安装接线图的绘制。

(1) 电气图的绘制特点

电气图是一种简图，不是严格按照几何尺寸的绝对位置测绘的，而是用规定的图形符号、文字符号和图线来表示系统的组成及连接关系而绘制的。

电气图的主要描述对象是电气元件和连接线。连接线可用单线法或多线法表示，两种表示法在同一张图上可以混用。电气元件在图中可以采用集中表示法、半集中表示法、分开表示法来表示。

集中表示法是把一个电气元件的各组成部分的图形符号绘在一起的方法。

分开表示法是将同一个电气元件的各组成部分的图形符号分开布置，有部分绘在主电路，有些部分则绘在控制电路。

半集中表示法介于上述两种方法之间，在图中将一个电气元件的某些部分的图形符号分开绘制，并用虚线表示其相互关系。

绘制电气图时一般采用机械制图规定的基本线条中的四种，线条的粗细应一致，有时为了区别某些电路功能，可以采用不同粗细的线条，如主电路用粗实线表示，而辅助电路用细实线表示。

电气图在保证图面布置紧凑，清晰和使用方便的前提下，图样幅面应按照国家标准推荐的两种尺寸系列，即基本幅面尺寸或优选幅面尺寸系列和加长幅面尺寸系列来选取。

电气图中的图形符号和文字符号必须符合最新的国家标准。图形符号在同一张图中，同一符号的尺寸应保持一致，各符号间及符号本身比例应保持不变。其符号方位可根据图面布置的需要旋转或成镜像位置。文字符号在图中不得倒置，基本文字符号不得超过两位字母，辅助文字符号不得超过三位字母，文字符号采用拉丁字母大写正体字。常用图形符号和文字符号见本章附录。

电气图中各电器接线端子用字母数字符号标记。三相交流电源引入线用 L_1、L_2、L_3、N、PE 标识。直流系统的电源正、负、中间线分别用 L_+、L_- 与 M 标记，三相动力电器引出线分别按 U、V、W 顺序标记。控制电路采用阿拉伯数字编号标记，标记按“等电位”原则进行，在垂直绘制的电路中，标记顺序一般由上而下编号，凡是被线圈、绕组、触点或电阻、电容等元件所隔开的线段，都标以不同的电路标号。

(2) 电气原理图的绘制原则

1) 原理图一般分主电路和辅助电路两部分绘制。主电路就是从电源到电动机绕组的大电流通过的路径。辅助电路包括控制电路、照明电路、信号电路及保护电路等，由继电器的线圈和触点、接触器的线圈和触点、按钮、照明灯、控制变压器等组成。一般主电路用粗实线表示，绘在图面的左边或上部；辅助电路用细实线表示，绘在图面的右边或下部。

2) 绘制原理图时，各电气元件不绘实际的外形图，而采用国家标准规定图形符号和文字符号绘制。如附录三所示。属于同一电器的线圈和触点，都要用同一文字符号表示，当使用多个相同类型电器时，可在文字符号后加注阿拉伯数字序号来区分。

3) 绘制原理图时，各电器的导电部件如线圈和触点的绘制位置，应根据便于阅读和分析的原则来安排。同一电器的各个部件可以不绘在一起。

4）绘制原理图时，所有电器的触点，都按没有通电或没有外力作用时的开闭状态绘制。如继电器、接触器的触点，按线圈未通电时的状态绘制；按钮、行程开关的触点按不受外力作用时的状态绘制；控制器按手柄处于零位的状态绘制。

5）绘制原理图时，有直接电连接的交叉导线的连接点，要用黑圆点表示。无直接电连接的交叉导线，交叉处不带黑圆点。

6）绘制原理图时，无论是主电路还是辅助电路，各电气元件一般应按动作顺序从上到下，从左到右依次排列，可水平布置或垂直布置。

7）图面分区时，竖边从上到下用拉丁字母，横边从左到右用阿拉伯数字分别编号。并用文字注明各分区中元件或电路的功能。

例如，图5-53，三相电动机单向旋转控制电路电气原理图，就是根据上述原则绘制出的用按钮和接触器控制的三相电动机单向旋转控制电路电气原理图。

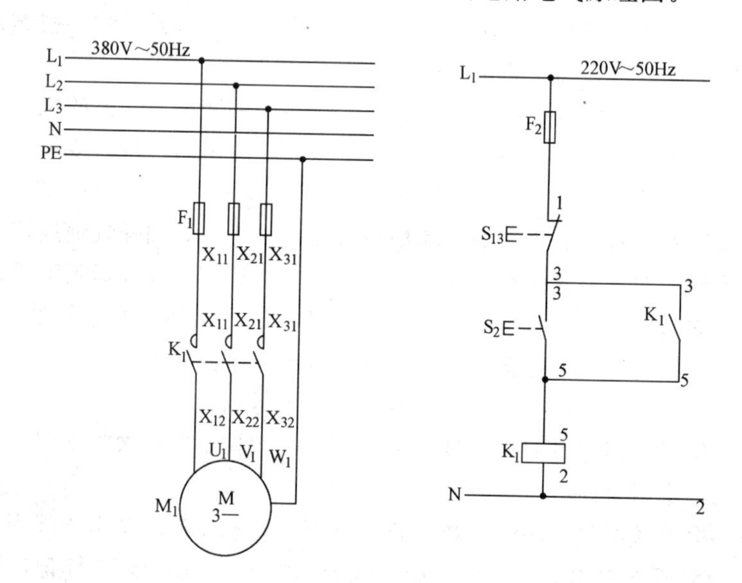

图5-53　三相电动机单向旋转控制电路电气原理图

（3）电气安装接线图的绘制原则

1）绘制安装接线图时，各电气元件均按其在安装底板中的实际安装位置给出。元件所占图面按实际尺寸以统一比例绘制。

2）绘制安装接线图时，一个元件的所有部件绘在一起，并且用点画线框起来，有时将多个电气元件用点画线框起来，表示它们是安装在同一安装底板上的。

3）绘制安装接线图时，各电气元件的图形符号和文字符号必须与原理图一致，并符合国家标准。

4）绘制安装接线图时，各电气元件上凡是需要接线的部件端子都应给出，并予以编号，各接线端子的编号必须与原理图的导线编号相一致。

5）绘制安装接线图时，安装底板内外的电气元件之间的连线通过接线端子板进行连接。安装底板上有几个接至外电路的引线，端子板上就应给出几个线的接点。

6）绘制安装接线图时，走向相同的相邻导线可以绘成一股线。

7）为了安装接线和维护检修，在安装接线图中，对每一个回路及其元件间的连接线一般应标号，标号一般是按以下规则标注的：

回路标号按等电位原则进行，即在电气回路中连于一点的所有导线，不论其根数多少均标注同一个数字；

当回路经过开关或继电器触点时，虽然在接通时为等电位，但断开时，开关或触点两侧不等电位，所以应给予不同的标号；

以主要降压元件（有电压降的元件，如 KM 、KA，KT 等的线圈）为界，从相线开始，以奇数顺序号 1、3、5……直至主要电压降元件，然后按偶数顺序……6、4、2 直至零线。

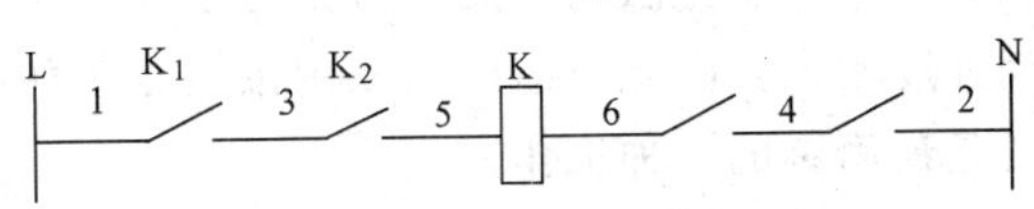

图 5-54 标号示例

在回路中，与相线相接为 1，经过触点 K_1，标号变为 3，经过触点 K_2，标号变为 5。再经降压元件 K，标号变为偶数，依次标号为 6、4 至零线 2。其余也是按这个原则进行标号的。

8）主电路标号用字母数字符号标记。

例如，三相电动机单向旋转控制电路安装接线图 5-55 就是根据上述原则绘制出的对应图 5-53 的电气安装接线图。

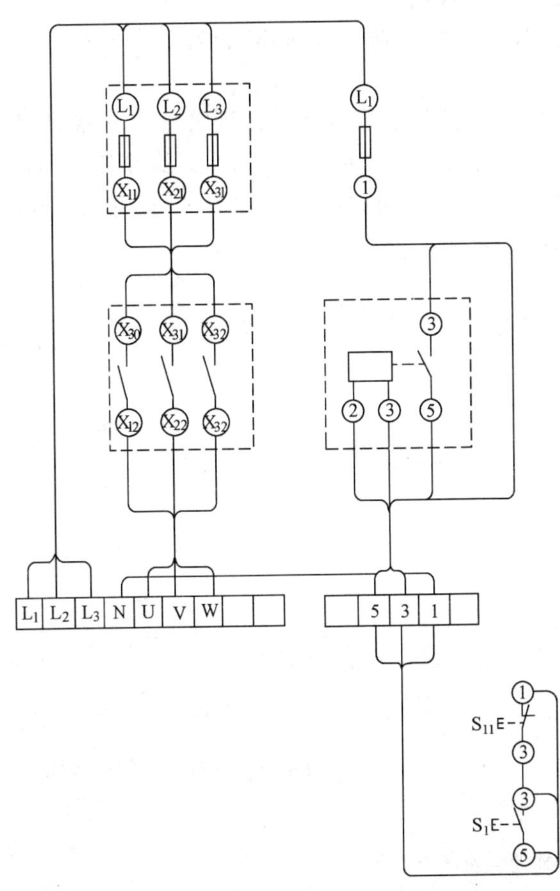

图 5-55 三相电动机单向旋转控制电路安装接线图

4.2 三相异步电动机的基本控制电路

电动机的控制线路，一般可以分为主电路和辅助电路两部分。凡是流过电动机负荷电流的电路称为主电路；凡是控制电路通断或监视和保护主电路正常工作的电路，称为辅助电路。主电路上流过的电流一般都较大，而辅助电路上流过的电流则都较小。

主电路一般由负荷开关、自动空气开关、熔断器、接触器的主触点、自耦变压器、减压启动电阻、热继电器的热元件、电动机、频敏变阻器等电气元件及连接它们的导线组成。

辅助电路一般由转换开关、熔断器、按钮、接触器线圈及辅助触点、各种继电器的线圈及其触点、信号灯等电气元件及连接它们的导线组成。

电动机在连续不断的工作中，有可能产生短路、过载等各种电器故障和机械故障。所以对一个完善的控制线路来讲，除了承担电动机与电源通、断的重要任务外，还担负着保护电动机的作用。当电动机发生故障时，控制电路应能及时发出信号或自动切断电源，以免事故扩大。

由于电动机拖动的生产机械的要求各有不同，因而它所要求的控制电路也不尽相同，但各种控制电路总是由一些基本控制环节组成。每个基本控制环节起着不同的控制作用。

常用的控制基本环节有全压启动、降压启动、制动和调速等控制线路。

4.2.1 电动机单向直接起动控制线路

对于 7.5kW 以下容量的电动机，只要把电动机接上电源就可以直接启动，称为全压启动。根据控制方法的不同，可分为手动控制和自动控制。由于手动控制的方法不方便，劳动强度较大，因此目前广泛采用按钮、接触器等电器自动控制电动机的运转。这种启动方式是最简单的一种工作方式。

（1）点动控制

点动控制线路是用按钮和接触器控制电动机最简单的控制线路，点动控制接线图如图 5-56 所示。

主电路是从三相电源端点 L_1、L_2、L_3 引来，经过电源开关 QS，熔断器 FU_1 和接触器三对主触头 KM 到电动机。

其动作原理如下：

启动：按下按钮 SB→接触器 KM 线圈获电→KM 主触头闭合→电动机 M 运转。

停止：放开按钮 SB→接触器 KM 线圈断电→KM 主触头分断→电动机 M 停转。

（2）具有自锁的正转控制电路的工作原理

若要电动机一经按过按钮启动后，在松开按钮仍能连续运转，则需把接触器 KM 的常开辅助触点并联在常开按钮两端，这对触点叫做自锁（或自保）触点，这个按钮叫做启动按钮（见图中 SB_2）。同时，需在控制线路适当位置再串联一个常闭按钮，控制电动机停机，这个按钮叫作停止按钮（见图中 SB_1）。控制电路见图 5-57。

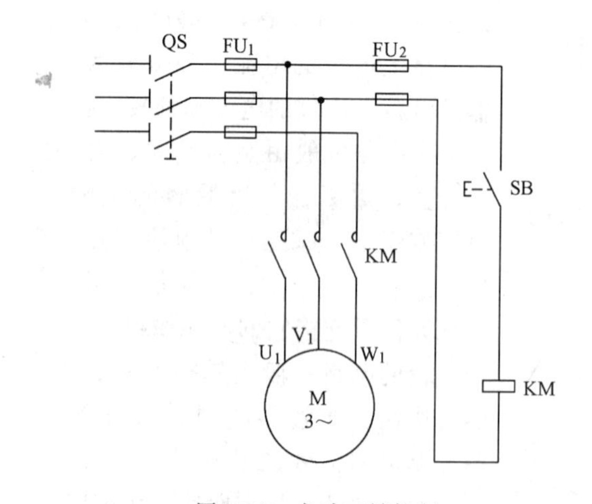

图 5-56 点动正转控制

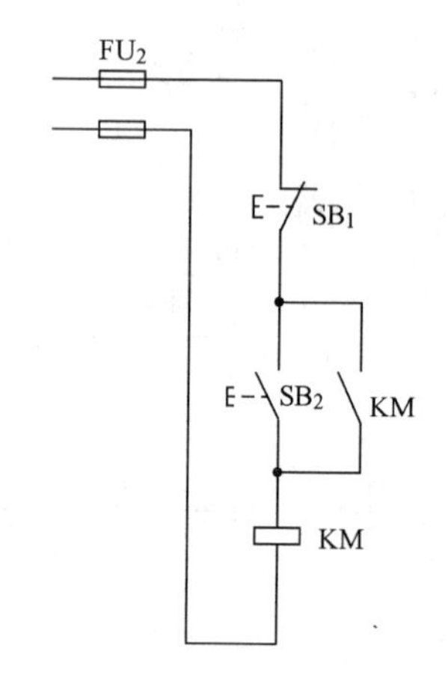

图 5-57 具有自锁的正转控制

电路的动作原理如下：

起动：按 SB_2→KM 线圈获电→
- →KM 动合辅助触头闭合自锁
- →KM 动合主触头闭合 → 电动机运转

松开按钮 SB_2，由于接在按钮 SB_2 两端的 KM 动合辅助触头闭合自锁，控制回路仍保持接通，电动机 M 继续运转。

停止：按 SB_1→KM 线圈断电释放→ ┬→KM 动合辅助触头断开
└→KM 动合主触头断开 → 电动机停止运转

上面的电路具有启动、自锁（或自保）、停止功能，简称为“启、保、停”电路。这个电路的另一个重要特点是具有欠电压和失电压（或零电压）保护功能。当电源电压下降时，电动机转矩便要降低，转速随之下降，会影响电动机正常运行。当电源电压低于85%时，接触器线圈电流减小，磁场减弱，动铁芯释放，常开辅助触点分断，解除自锁，同时主触点也分断，电动机失电停转，得到保护。这种保护方式称为欠压保护方式。当电源临时停电时，控制线路失电，接触器释放，主、辅触点同时都分断。当电源恢复供电时，接触器不可能自行通电。若要通电运转，须重按启动按钮，电动机才能恢复工作。这种保护方式称为失压保护。

（3）具有过载保护的正转控制

电动机在运行中，如果负载过大、电源缺相等原因，都可能使电动机的电流超过它的额定值。如熔断器在这种情况下不能熔断或自动空气开关不能断开，这将引起绕组过热，如温度超过允许温升就会使绝缘损坏，影响电动机的使用寿命，严重的甚至烧坏电动机。

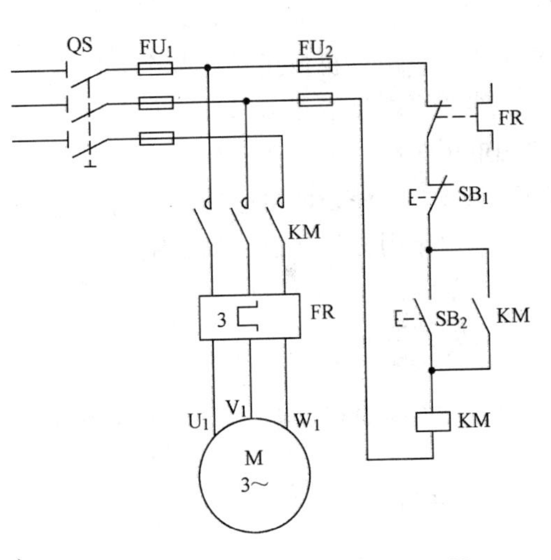

图 5-58　具有过载保护的正转控制

因此，对电动机必须采用过载保护装置。一般采用热继电器作为过载保护。有过载保护的单向控制电路如图 5-58。图中 FR 为热继电器，它的热元件串联在主电路中，常闭触点则串联在控制线路中。若电动机在运行过程中，由于过载或其他原因，使负载电流超过额定值，经过一段时间，串联在主电路中的热继电器的双金属片受热变形，使串联在控制线路中的常闭触点分断，切断控制线路，接触器 KM 的线圈失电，主触点分断，使电动机断电停转，达到过载保护的功能。

4.2.2　电动机正、反转控制电路

在实际工作中，生产机械往往要求有正反两个运动方向的功能，如建筑工地上的卷扬机需要上下起吊重物，混凝土搅拌机的正、反运转等，这就要求拖动这些机械的电动机具有正、反转功能。根据异步电动机工作原理可知，若将接至电动机的三相电源进线中任意两相对调接线，就可达到能反转的目的。可见电动机改变旋转方向是非常方便的。

（1）接触器联锁的正、反转控制电路

接触器联锁的正、反转控制电路工作原理，如图 5-59 所示。

图中采用两个接触器，KM_1，KM_2，如设定 KM_1 为正转，则 KM_2 为反转。

当 KM_1 的三副主触头接通时，三相电源的相序按 L_1→L_2→L_3 接入电动机。而 KM_2

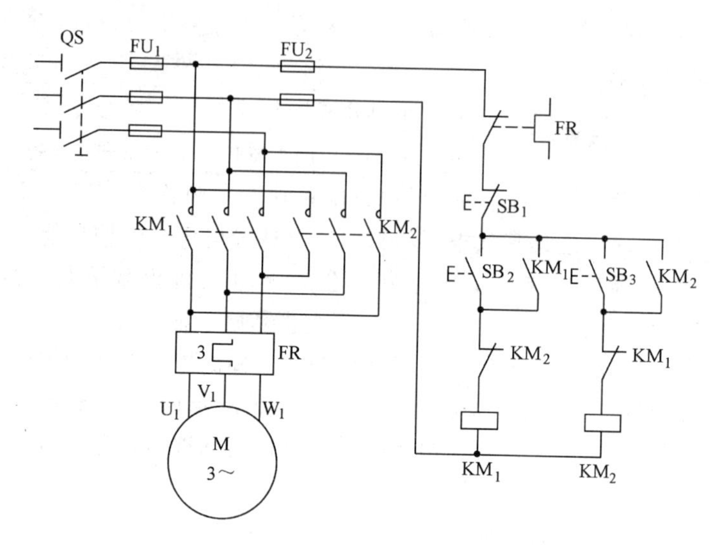

图 5-59　接触器联锁的正、反转控制电路

的三副主触头接通时，三相电源的相序按 $L_3 \rightarrow L_2 \rightarrow L_1$ 接入电动机。所以当两个接触器分别工作时，电动机按正、反两个方向转动。

线路要求接触器 KM_1 和 KM_2 不能同时通电，否则它们的主触头同时闭合，将造成两相电源短路，为此在 KM_1 与 KM_2 线图各自的控制回路中相互串联了对方的一副动断辅助触头，以保证两接触器不会同时通电吸合。KM_1 与 KM_2 这两副动断辅助触头在线路中所起的作用称为联锁（或互锁）作用，这两副动断触头就叫做联锁触头。

控制线路动作原理如下：

正转控制：

按下 $SB_2 \rightarrow KM_1$ 线圈得电→
- →KM_1 自锁触头闭合
- →KM_1 主触头闭合 → 电动机 M 正转
- →KM_1 联锁触头断开以保证 KM_2 不能得电

反转控制：

先按 $SB_1 \rightarrow KM_1$ 线圈失电→
- →KM_1 自锁触头分断
- →KM_1 主触头分断 → 电动机 M 停转
- →KM_1 联锁触头闭合

再按 $SB_3 \rightarrow KM_2$ 线圈得电→
- →KM_2 自锁触头闭合
- →KM_2 主触头闭合 → 电动机 M 反转
- →KM_2 联锁触头断开以保证 KM_1 不能得电

（2）按钮联锁正反转控制电路

如图 5-60 所示。

按钮联锁的控制线路与接触器联锁的控制线路基本相似。只是在控制回路中将复合按钮 SB_2 与 SB_3 的动断触头作为联锁触头，分别串接在 KM_1 与 KM_2 的控制回路中。当要电动机反转时，按下反转按钮 SB_3，首先使串接在正转回路中的 SB_3 动断触头分断，于是 KM_1 的线圈断电释放，电动机断电作惯性运行；紧接着再往下按 SB_3，使 KM_2 的线圈通电，电动机立即反转起动。这样可以不按停止按钮而直接按反转按钮进行反转控制。同样，由反转运行转换到正转运行时也只要直接按 SB_2 即可。

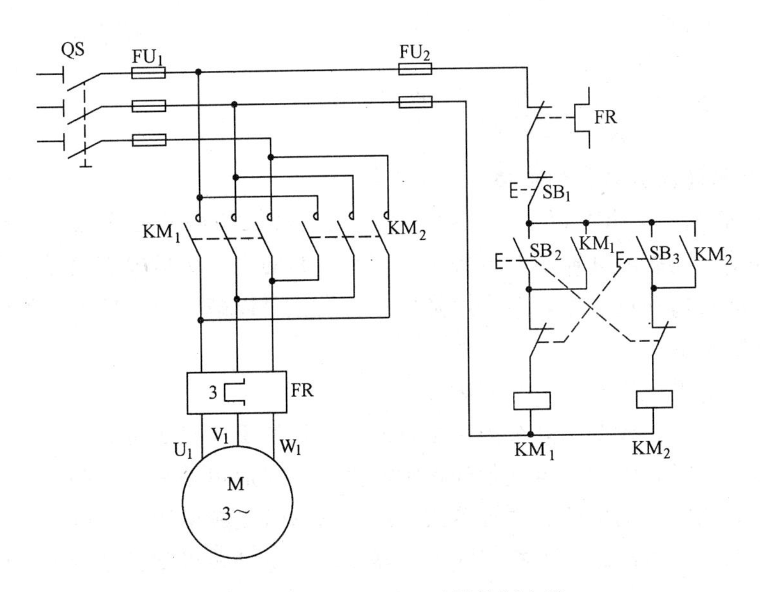

图 5-60　按钮联锁正反转控制电路

(3) 按钮、接触器复合联锁正反转控制电路

如图 5-61 所示。在控制回路中将按钮联锁与接触器联锁结合在一起使用。这种电路操作方便，安全可靠。

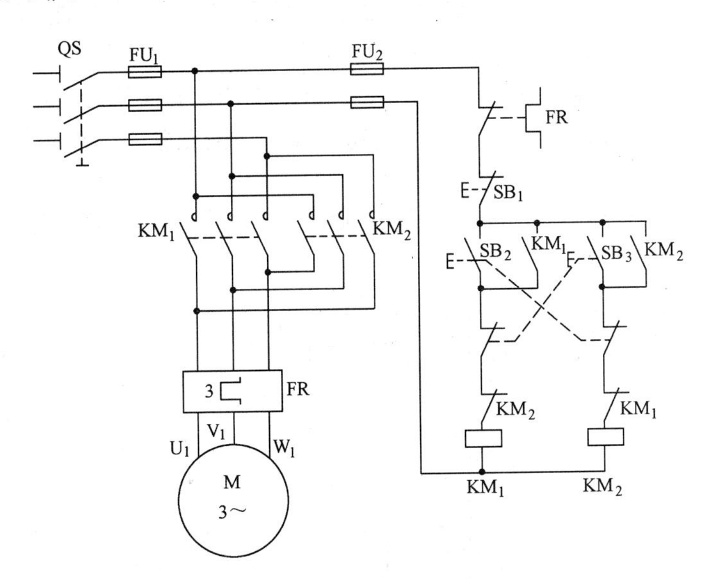

图 5-61　电动机正、反转控制电路

控制线路动作原理如下：

正转控制：

按下 SB_2 → KM_1 线圈得电 →
- → KM_1 自锁触头闭合
- → KM_1 主触头闭合 → 电动机 M 正转
- → KM_1 联锁触头断开

反转控制：

按下 SB_3→KM_1 线圈失电→电动机 M 失电→KM_1 联锁触头闭合→

KM_2 线圈得电→
- →KM_2 自锁触头闭合
- →KM_2 主触头闭合 → 电动机 M 反转
- →KM_2 联锁触头断开

4.2.3 电动机降压启动控制电路

当电动机的功率在 7.5kW 以上，或者为了防止电动机的启动电流过大，而造成电源电压产生较大变动，而影响其他用电设备正常工作，有的生产机械要求启动平稳，为达到以上要求，在电动机启动过程中，多采用降压启动措施，以减小启动电流，避免对外界的影响和延长电动机寿命。

所谓降压启动通常采用以下两种方法：

方法一：在启动时，改变电动机的接法，使电动机的工作电压得到降低，而电源电压不变。经过一段时间后，电动机再恢复到正常的接法，完成启动到工作的一个完整过程。

方法二：在启动时，用电阻、电抗器或变压器来降低电源电压，而电动机的接法不改变，经过一段时间后，将电阻、电抗器或变压器切除，电动机得到正常的工作电压，进入正常工作状态。

我们只介绍方法一。

星形——三角形（Y-△）启动控制电路。

这种启动方法只适用于正常工作时定子绕组接成三角形的电动机。由于Y系列电动机在 4kW 以上均为△接法，所以对Y系列电动机来讲，采用Y-△启动方法是较为方便的一种降压启动方法。启动时，将定子绕组接成星形，每相绕组上得到低的电压 220V，由于降低了每相绕组上的电压，进而减小启动电流。当电动机转速升高接近额定值时，再通过转换接触器，将电动机恢复成三角形接法，电动机绕组得到正常工作电压。电动机正常工作，完成启动过程。

这种启动方法的优点是启动设备成本低，使用方法简单。但其启动转矩只有全压启动

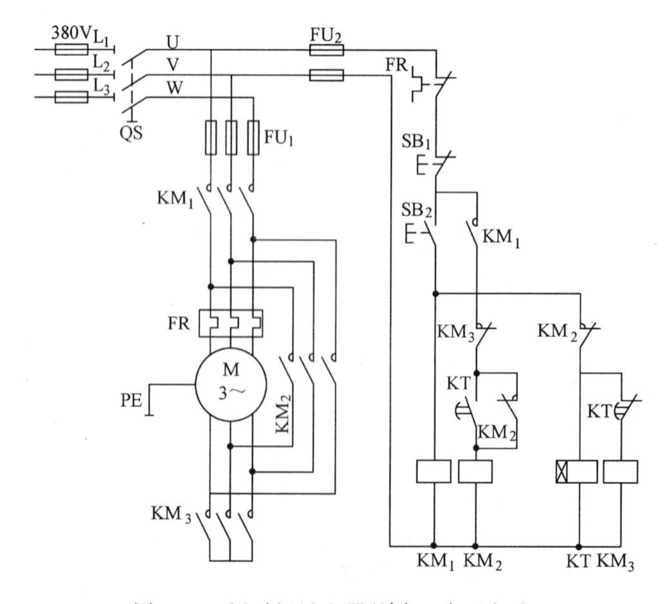

图 5-62 用时间继电器的Y-△降压启动

时的 1/3，只适用于空载或轻载启动。

用时间继电器控制的Y-△降压启动电路：

用时间继电器控制的Y-△降压启动如图 5-62 所示，主电路三组接触器主触点分别将电动机定子绕组接成星形和三角形。

当 KM_1，KM_3 线圈得电时，定子绕组接成星形；当 KM_1、KM_2、线圈得电时，定子绕组接成三角形，由星形转为三角形是靠时间继电器 KT 来实现的。

电路工作原理如下。

合上电源开关 QS，按下启动按钮 SB_2，使 KM_1 线圈得电并自锁，随即 KM_3 线圈得电，电动机接成星形，接入三相电源进行降压启动；在 KM_3 得电的同时，时间继电器 KT 线圈得电，经一段时间延时后，KT 的常闭触点断开，KM_3 线圈失电，同时 KT 的常开触点闭合，KM_2 线圈得电并自锁，电动机转为三角形连接全压运行。当 KM_2 得电后，KM_2 常闭触点断开，使 KT 断电，避免时间继电器长期工作。KM_2，KM_3 常闭触点也为互锁触点，以防止同时连接成星形和三角形造成电源短路。

复习思考题

1. 电气原理图与电气安装接线图有什么不同?

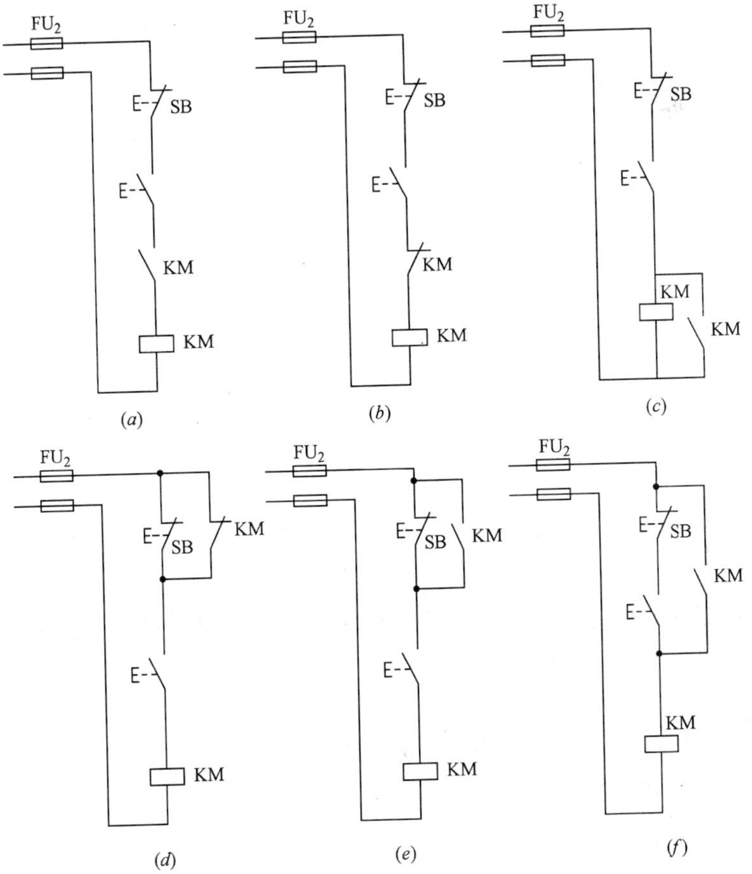

(a) (b) (c)

(d) (e) (f)

图 5-63 各种控制线路

2. 电气图的主要描述对象是什么？

3. 电气元件在图中可以采用什么方法来表示？

4. 电气原理图的绘制原则是什么？

5. 电气安装接线图的绘制原则是什么？

6. 按图 5-63 中各控制线路接线，说明会出现哪些现象？

7. 图 5-64 中各控制线路是否正确？并说明会出现哪些现象？

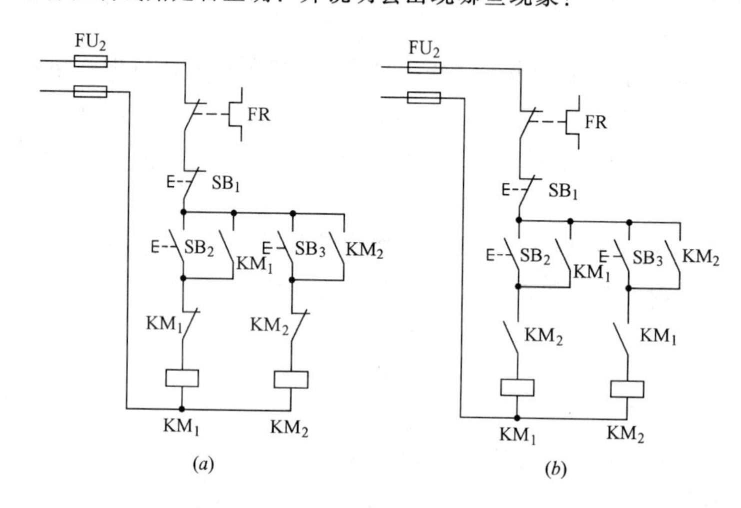

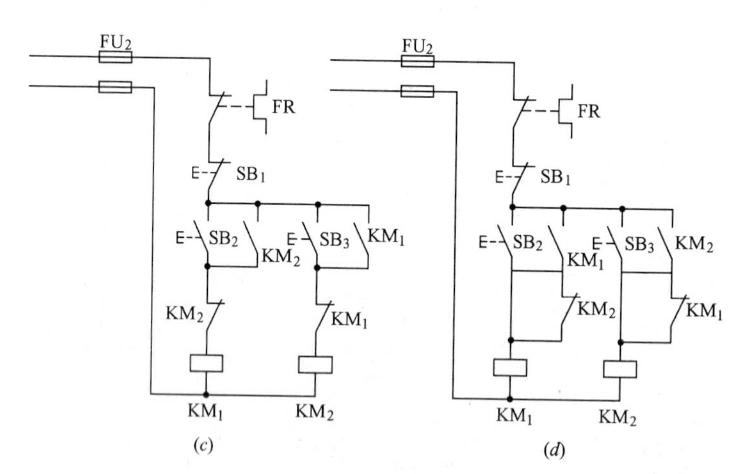

图 5-64　各种控制线路

实验 1　三相异步电动机的单向旋转控制电路

1. 实训内容

(1) 画出三相异步电动机单向直接起动控制电路图；

(2) 绘制安装接线图；

(3) 安装控制电路。

2. 实训步骤

(1) 熟悉电气控制电路图

图 5-65 所示为电动机单向启动控制线路，主电路中刀开关 QS 起接通和隔离电源的作用；熔断器 FU_1 对主电路进行短路保护；接触器 KM 的主触头控制电动机 M 的启动、运行和停车；由于电动机是长期运行，设置热继电器 FR 作过载保护。FR 的动断辅助触头串联在 KM 的线圈回路中。

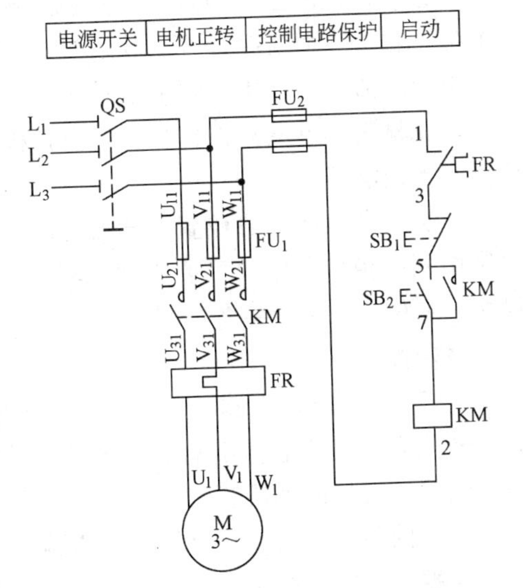

图 5-65　三相电动机单向启动控制线路原理图

辅助电路中熔断器 FU_2 进行短路保护；启动按钮 SB_2 和停止按钮 SB_1 控制接触器 KM 电磁线圈的通路，接触器的电磁机构还具有欠压和失压保护的作用。

在控制线路启动按钮 SB_2 上并联一个接触器 KM 的动合辅助触头，称“自锁”触头，而触头上、下端子的连接线称为“自锁线”。

（2）绘制安装接线图

将开关 QS、熔断器 FU_1 和 FU_2 及交流接触器 KM 安装固定在配电板上，控制按钮 SB_1、SB_2 和电动机 M 装在配电板外，通过接线端子板 XT 与配电板上的电器连接。绘图时主电路的电气元器件 QS、FU_1、KM 画在一条直线上，对照电路图上的线号，在接线图上作好端子标号，接线图的绘制与排列如图 5-66 所示。

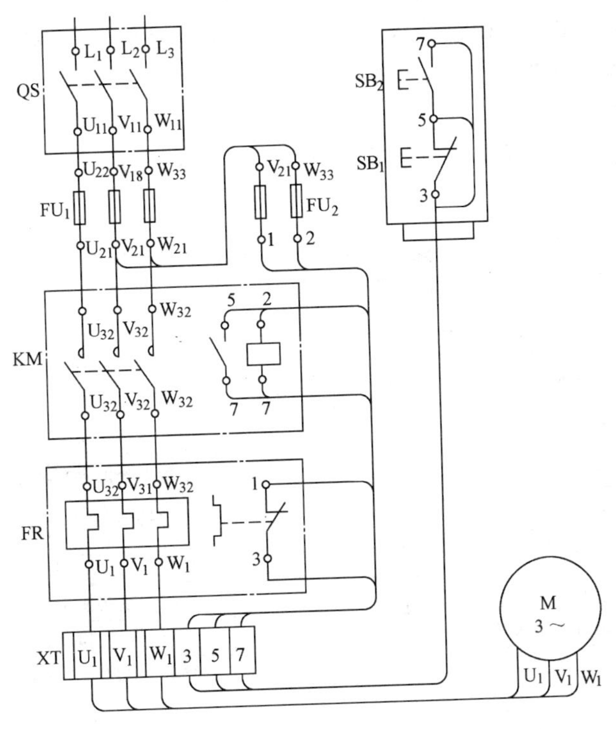

图 5-66　三相电动机单向启动控制线路接线图

(3) 检查、固定电器元件

检查刀开关的三极触刀与静插座的接触情况；拆下接触器的灭弧罩，检查相间隔板；检查各主触头表面情况，按压其触头架观察动触头（包括电磁机构的衔铁、复位弹簧）的动作是否灵活；用万用表测量电磁线圈的通断；测量电动机每相绕组的直流电阻值并作记录。认真检查热继电器，打开其盖板，检查热元件是否完好。检查中如发现异常，则进行检修或更换电器。

按照接线图规定的位置将电器元件摆放在安装底板上。注意使 QS 中间一相触刀、FU_1 中间一相熔断器和 KM 中间一极触头的接线端子成一直线，以保证主电路走线美观规整。定位打孔后，将各电器元件固定牢靠。

(4) 接线

从刀开关 QS 的下接线端子开始，先做主电路，后做辅助电路的连接线。主电路使用导线的截面积应按电动机的工作电流适当选取。将导线先矫直，剥好两端的绝缘皮后成型，将写好线号的编码管套在导线端头上。作线时要注意水平走线时尽量靠近底板；中间一相线路的各段导线成一直线，左右两相导线应对称。三相电源线直接接入刀开关 QS 的上接线端子，电动机接线盒至安装底板上的接线端子板之间应使用护套线连接。注意做好电动机外壳的接地保护线。

辅助电路一般使用 $1.5mm^2$ 的导线连接。将同一走向的相邻导线并成一排。

(5) 检查线路

用万用表电阻挡 R×10，把表棒接到控制电路电源的两端，这时万用表指针不应偏转，当按下 SB_2 时，万用表指针偏转，其数值等于 KM 的线圈电阻值。当松开 SB_2 时，电表指针回到最大值。当按下和松开 SB_1 时，电表指针不动。再检查主回路，可用螺丝刀分别按 KM，使其主触头闭合，然后用万用表电阻挡测绕组电阻值。若有短路或开路的情况，可检查主触头是否接触不良或接线错误。

(6) 通电试车

将控制电路通电，依照单向直接起动电路的工作原理分步实验。

3. 成绩评定

单向旋转控制电路安装与调试成绩评定表

项　目	技　术　要　求	分数分配	评　分　标　准	得分
元件选择	合理选择电气元件	10	每选错一个扣 1 分	
	正确填写元件明细表		每填错一个扣 1 分	
元件安装	元件质量检查	15	因元器件质量影响扣 0.5 分	
	按布置图安装		不按布置图安装扣 5 分	
	元件固定牢固整齐		元件松动、不整齐，每处扣 1 分	
	保持元件完好		损坏元件每件扣 5 分	
线路敷设	按原理图接线	35	不按图接线扣 15 分	
	线路敷设整齐不交叉		一处不合格扣 2 分	
	导线压接紧固、规范		导线压接松动、线芯裸露过长等，每处扣 1 分	
	编码管整齐		缺一个扣 1 分	

续表

项　目	技　术　要　求	分数分配	评　分　标　准	得分
通电试车	正确整定热继电器整定值	40	不会整定或未整定扣 5 分	
	正确选配熔芯		错配熔芯扣 5 分	
	正确连接电源和电动机，拆线顺序规范正确		每错一次扣 5 分	
	通电一次成功		一次不成功扣 15 分	
	安全文明操作		违反安全操作规程取消资格	
时限	在规定时间内完成		每超 10min 扣 5 分	
合计		100		

实验 2　三相异步电动机正反转控制电路

1. 实训内容

(1) 画出三相异步电动机正反转控制电路图；

(2) 绘制安装接线图；

(3) 安装控制电路。

2. 实训步骤

(1) 熟悉电气控制电路图

按钮、接触器辅助触头双重连锁的正、反向启动控制线路如图 5-67 所示。

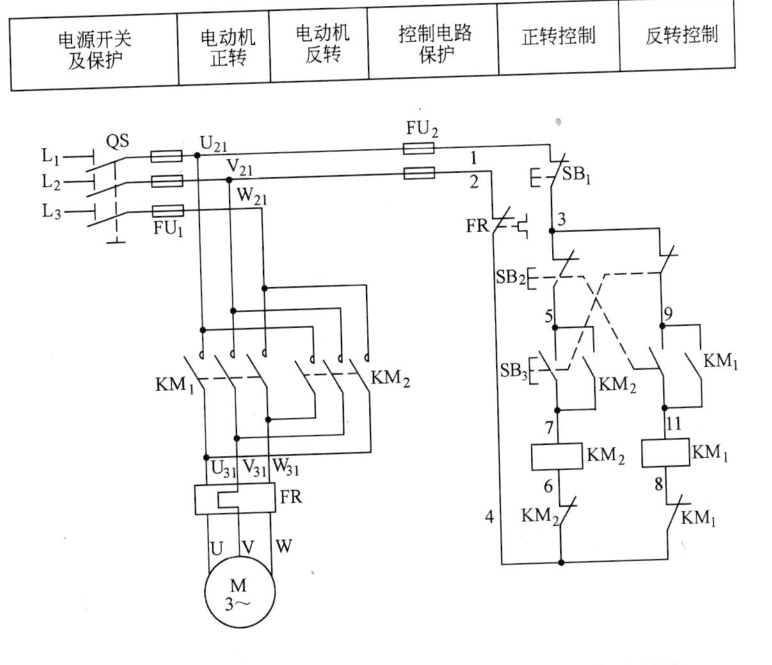

图 5-67　电动机正反向启动控制（按钮连锁）线路原理图

正、反向启动控制线路的主电路使用两个交流接触器 KM_1、KM_2 来改变电动机的电源相序，当 KM_1 得电时，使电动机正转；而 KM_2 得电时，使电源相线 L_1、L_3 对调接入电动机定子绕组，实现反转控制。

控制线路中，正、反向启动按钮 SB_2、SB_3 都是具有动合、动断两对触头的复合按钮，每个按钮的动断触头都串联在相反转向的接触器线圈回路；而每个接触器除使用一个动合触头进行自锁外，还将一个辅助动断触头都串联在相反转向的接触器线圈回路。当操作任意一个按钮时，其辅助动断触头先断开，而接触器得电动作时，先分断辅助动断触头，使相反方向的接触器失电释放，因而防止两个接触器同时得电动作造成相间短路，起到了双重连锁作用。起这种作用的触头叫"连锁触头"，而两端的接线叫"连锁线"。

（2）绘制安装接线图

接线和要求与单向启动控制线路基本相同，如图 5-68 所示。辅助电路中，将每只接触器的连锁触头并排画在自锁触头旁边。

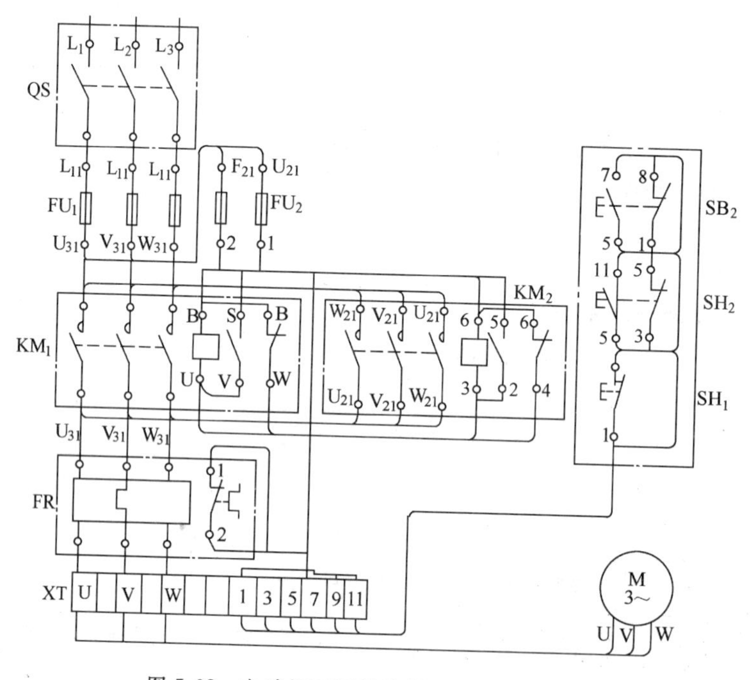

图 5-68　电动机正反转控制电路安装接线图

由于这种线路的自锁、连锁线号多，应仔细标注端子号，特别注意区别触头和线圈的上下端。

（3）检查、安装电器元件

认真检查两只交流接触器的主触头、辅助触头的接触情况，按下触头架检查各极触头的分合动作，必要时用万用表检查触头动作后的通断情况，以保证自锁和连锁线路正常工作。

检查其他电器、动作情况和进行必要的测量，排除发现的电器故障。

按照接线图规定的位置在底板上定位打孔和固定电器元件。

（4）接线

A. 主电路从 QS 到接线端子板 XT 之间的走线方式与单向启动线路完全相同。两只接触器主触头端子之间的连线可以直接在主触头高度的平面内走线，不必向下贴近安装底板，以减少导线的弯折。一般主电路的换相线在下接线端换，且 L_1 与 L_3 换，这样做出的线比较美观。

B. 作辅助电路接线时，可先接好两只接触器的自锁线路，检查无误后再做连锁线路，先做按钮连锁线，最后做辅助触头连锁线。由于辅助电路线号多，应随做线随核查。可以采用每做一条线，就在接线图上标一个记号的办法，这样可以避免漏接、错接和重复接线。

C. 应按线号顺序接线，注意按钮盒内各端子的连线不要接错，否则容易引起 KM_1 和 KM_2 同时动作，造成短路。

D. 按钮盒内有五条引出线，应使用软线接入配电底板上的接线端子板 XT。接线前必须要先校线并套好线号以便检查。

（5）检查线路

对照电路图、接线图逐线核对，重点检查主电路 KM_1 和 KM_2 之间的换相线，控制线路中按钮、接触器辅助触头之间的连线有无错接、漏接、虚接等。特别要注意每一对触头的上下端子接线不可颠倒，同一导线两端线号应相同，不能标错。检查导线与接线端子的接触、紧固情况，排除虚接现象。

断开 QS，取下 KM_1、KM_2 的灭弧罩，用万用表 R×10 电阻挡作以下检查：

A. 主电路。可用螺丝刀分别按下 KM_1 和 KM_2 的铁芯，使其主触头闭合，然后用万用表电阻挡分别测“Y”形定子绕组中的二相绕组电阻值。若有短路或开路的情况，可检查主触头是否接触不良或接触错误。检查电源换相通路，换相是否正确。

B. 控制线路。把表棒接到控制电路电源的两端，这时万用表指针不应偏转。当按下 SB_2 时，万用表指针偏转其数值等于 KM_1 的线圈电阻值，当松开 SB_2 时，电表指针又回到最大数值。当按下 SB_3 时，万用表指针偏转其数值等于 KM_2 的线圈电阻值，当松开 SB_2 时，电表指针又回到最大数值。

将万用表的两只表笔分别接到 U_{21}、V_{21} 处作以下检查：

（a）启动和停止控制。分别按下 SB_2、SB_3 或 KM_1、KM_2 触头架头，应测得 KM_1、KM_2 的线圈电阻值，再按下 SB_1，使万用表显示由通而断。

（b）自锁线路。分别按下 KM_1、KM_2 触头架，应测得 KM_1、KM_2 的线圈电阻值，再按下 SB_1，使万用表显示由通而断。若发现异常，重点检查接触器自锁线，触头上下端子的连线及线圈有无断线和接触不良。容易接错的是 KM_1 和 KM_2 的自锁线相互接错位置，将动断触头误接成自锁线的动合触头使用，使控制线路动作不正常。如果测量时发现异常，则重点检查接触器自锁触头上下端子的联线。容易接错处是：将 KM_1 的自锁线错接到 KM_2 的自锁触头上；将动断触头用作自锁触头等等，应根据异常现象分析、检查。

（c）按钮连锁。先按下 KM_1 触头架（或 SB_2）测出其线圈电阻值后，再按下 KM_2 触头架（或 SB_3），万用表显示由通而断。同样先按下 KM_2 触头架（或 SB_3），再按下 KM_1 触头架（或 SB_2）测得结果与先按下 KM_1 触头架（或 SB_2）时相同。如发现异常现象，重点检查按钮盒 SB_1、SB_2、SB_3 之间的连线，按钮引出的护套线与接线端子板 XT 的连线有无接错。

（d）辅助触头连锁线路。按下 KM_1 触头架测出其线圈电阻值后，再按下 KM_2 触头架，使万用表显示由通而断。同样先按下 KM_2 触头架，再按下 KM_1 触头架，也测出线路由通而断。

若将 KM_1 和 KM_2 触头架同时按下，万用表显示应为断路无指示。若发现异常现象，重点检查接触器动断触头与相反转向接触器线圈的连线。常见连锁线路的错误接线有：将动合辅助触头错接成连锁线路中的动断辅助触头，把接触器的连锁线错接到同一接触器的线圈端子上使用，引起连锁控制线路动作不正常。

（6）通电试车

检查好电源、作好准备，在老师的监护下试车。

A. 控制电路试验。先给控制电路通电，按下正转启动按钮，KM_1 接触器应吸合，再按下反转启动按钮，KM_1 线圈应断电，KM_2 线圈应吸合。

B. 控制电路正确后，再给主电路通电。

3. 成绩评定

正反转控制电路安装与调试成绩评定表

项　目	技　术　要　求	分数分配	评　分　标　准	得分
元件选择	合理选择电气元件	10	每选错一个扣1分	
	正确填写元件明细表		每填错一个扣1分	
元件安装	元件质量检查	15	因元器件质量影响扣0.5分	
	按布置图安装		不按布置图安装扣5分	
	元件固定牢固整齐		元件松动、不整齐，每处扣1分	
	保持元件完好		损坏元件每件扣5分	
线路敷设	按原理图接线	35	不按图接线扣15分	
	线路敷设整齐不交叉		一处不合格扣2分	
	导线压接紧固、规范		导线压接松动、线芯裸露过长等，每处扣1分	
	编码管整齐		缺一个扣1分	
通电试车	正确整定热继电器整定值	40	不会整定或未整定扣5分	
	正确选配熔芯		错配熔芯扣5分	
	正确连接电源和电动机，拆线顺序规范正确		每错一次扣5分	
	通电一次成功		一次不成功扣15分	
	安全文明操作		违反安全操作规程取消资格	
时限	在规定时间内完成		每超10min扣5分	
合计		100		

实验3　三相异步电动机的Y-△启动电路

1. 实训内容

（1）画出三相异步电动机Y-△启动控制电路图；

（2）绘制安装接线图；

（3）安装控制电路。

2. 实训步骤

（1）熟悉电气控制电路图

图 5-69 所示为时间继电器转换Y-△启动控制线路原理。在控制线路中增设一个时间继电器 KT，用来控制电动机绕组Y启动的时间和向△运行状态的转换。在接触器的动作顺序上采取了措施：由Y接触器 KM_2 的辅助动合触头接通电源接触器 KM_1 的线圈通路，保证了 KM_2 主触头的“封星”线先短接后，再使 KM_1 接通三相电源，因而 KM_2 主触头不操作启动电流，其容量可以适当降低；在 KM_2 与 KM_3 之间设有辅助触头连锁，防止它们同时动作造成短路；此外，线路转入△运行，KM_3 的动断触头分断，切除时间继电器 KT，避免 KT 线圈长时间运行而空耗电能，并延长其寿命。

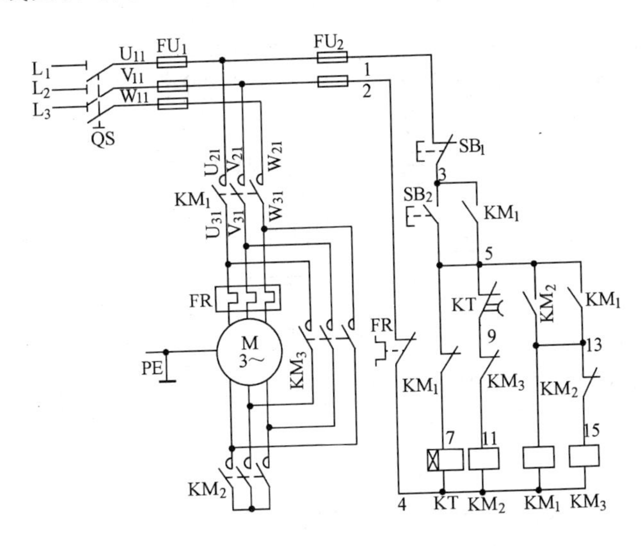

图 5-69　电动机时间继电器转换星—三角启动控制线路

（2）绘制线接图

如图 5-70 所示，主电路中的 QS、FU_1、KM_1、FR 和 KM_3 排成一竖直线。KM_2 与 KM_3 并排放置。将 KT 与 KM_1 并排放置，并与 KM_2 在竖方向对齐，使各电器元件排列整齐，走线方向方便美观。线路中各接触器主触头端子号不可标错，而控制线路的并联支路较多，应注意对照电路图看清楚联线方位及顺序，尤其注意连接端子较多的 5 号线（有 6 根），应认真核对，防止漏标编号。

（3）检查电器元件

按前述按钮转换星形-三角形（Y-△）启动控制线路的要求检查各电器元件。线路一般使用 JS7-1A 型空气阻尼式时间继电器。首先检查延时类型，如不符合要求，应将电磁机构拆下，倒转方向后装回。用手压合衔铁，观察延时时间继电器的动作是否灵活，将延时时间调整到 5s（调节延时时间继电器上端的针阀）左右。

（4）固定电器元件

除了按常规固定各电器元件以外，还要注意 JS7-1A 时间继电器的安装方位。如果设

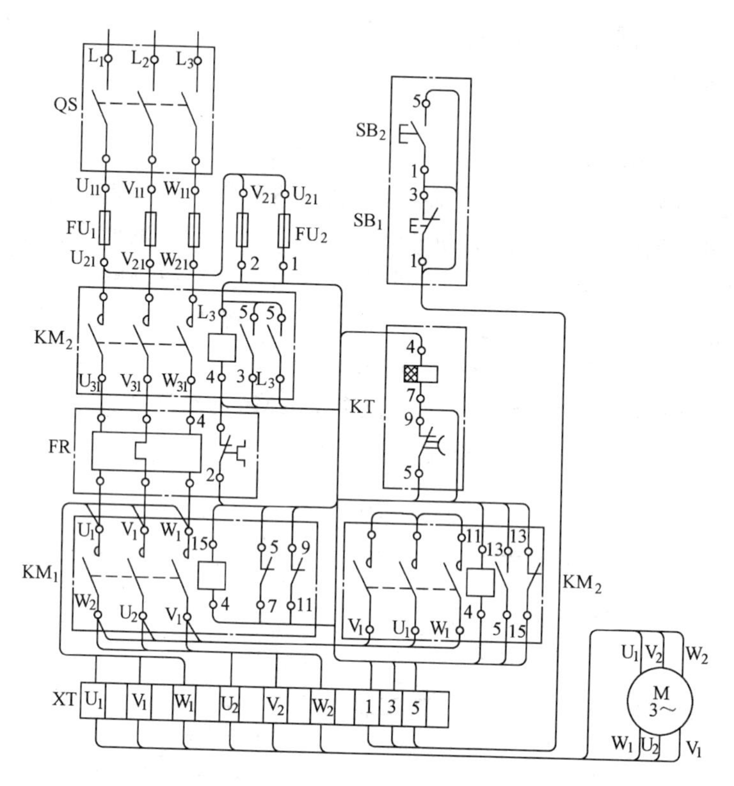

图 5-70　时间继电器转换星—三角启动控制线路接线图

备运行时安装底板垂直于地面，则时间继电器的衔铁释放方向必须指向下方，否则违反了安装要求。

（5）照图接线

主电路中所使用的导线截面积较大，注意将各接线端子压紧，保证接触良好和防止震动引起松脱。辅助电路中 5 号线所连接的端子多，其中 KM_2 动断触头上端子到 KT 延时触头上端子之间的连线容易漏接；13 号线中 KM_1 线圈上端子到 KM_2 动断触头上端子之间的一段连线也容易漏接，应注意检查。

（6）检查线路

按照电路图、接线图逐线检查。检查各端子导线压接紧固情况。

用万用表检查，断开 QS 取下接触器灭弧罩，将万用表拨到 R×10 电阻挡进行检查：

A. 检查主电路，按按钮转换Y-△控制线路的方法检查。

B. 检查控制电路，拆下电动机接线，将万用表表笔接到 QS 下端 U_{11} 和 V_{11} 端子作以下检查：

（a）启动控制线路，按下 SB_2，应测得 KT 和 KM_2 两个线圈的并联电阻值；同时按下 SB_2 和 KM_2 触头架，应测得 KT、KM_2 和 KM_1 三个线圈的并联电阻值；同时按下 KM_1 和 KM_2 触头架，使其辅助动断触头分断，动合触头闭合，也应测出 KT、KM_2 和 KM_1 三个线圈的并联电阻值。

（b）连锁线路，按下 KM_1 触头架，应测得控制线路 4 个电磁线圈的并联电阻值；再轻轻按下 KM_2 触头架，不要放开 KM_1 触头架，使其辅助动断触头分断，切除 KM_3 线圈，测出的电阻值应增大；如按下 SB_2 的同时再轻轻按下 KM_3 触头架，使其动断触头分断，万用表显示电路由通而断。

(c) KT 的控制作用，按下 SB_2 测得 KT 和 KM_2 两个线圈的并联电阻值，再按下 KT 电磁机构的衔铁，约 5s 后，KT 的延时触头分断切除 KM_2 的线圈，测出电阻值应增大。

(7) 通电试车

检查好电源、作好准备，在老师的监护下试车。

A. 控制电路试验。先给控制电路通电，按下启动按钮，KM_1、KM_2 接触器应吸合，经过延时时间后，KM_1 线圈仍通电，KM_2 线圈应断电，KM_1、KM_3 线圈通电。

B. 控制电路正确后，再给主电路通电。

3. 成绩评定

三相异步电动机Y-△降压启动控制电路安装与调试成绩评定表

项目	技术要求	分数分配	评分标准	得分
元件选择	合理选择电气元件	10	每选错一个扣1分	
	正确填写元件明细表		每填错一个扣1分	
元件安装	元件质量检查	15	因元器件质量影响扣0.5分	
	按布置图安装		不按布置图安装扣5分	
	元件固定牢固整齐		元件松动、不整齐，每处扣1分	
	保持元件完好		损坏元件每件扣5分	
线路敷设	按原理图接线	35	不按图接线扣15分	
	线路敷设整齐不交叉		一处不合格扣2分	
	导线压接紧固、规范		导线压接松动、线芯裸露过长等，每处扣1分	
	编码管整齐		缺一个扣1分	
通电试车	正确整定时间继电器的动作时间值	40	不会整定或未整定扣5分	
	正确选配熔芯		错配熔心扣5分	
	正确连接电源和电动机，拆线顺序规范正确		每错一次扣5分	
	通电一次成功		一次不成功扣15分	
	安全文明操作		违反安全操作规程取消资格	
时限	在规定时间内完成		每超10min扣5分	
合计		100		

附 录 一

500V 铝芯绝缘导线长期连续负荷允许载流量表

导线截面(mm²)	线芯结构			导线明敷设				橡皮绝缘导线多根同穿在一根管内时,允许负荷电流(A)												塑料绝缘导线多根同穿在一根管内时,允许负荷电流(A)											
	股数	单芯直径(mm)	成品外径(mm)	25℃		30℃		25℃						30℃						25℃						30℃					
				橡皮	塑料	橡皮	塑料	穿金属管			穿塑料管			穿金属管			穿塑料管			穿金属管			穿塑料管			穿金属管			穿塑料管		
								2根	3根	4根	2根	3根	4根	2根	3根	4根	2根	3根	4根	2根	3根	4根	2根	3根	4根	2根	3根	4根	2根	3根	4根
2.5	1	1.76	5.6	27	25	25	25	21	19	16	19	17	15	20	18	15	18	16	14	20	13	15	18	16	14	19	17	14	17	16	13
4	1	2.24	5.5	35	32	33	30	28	25	23	25	23	20	26	23	22	23	22	19	27	24	22	24	22	19	25	22	21	22	21	20
6	1	2.75	6.2	45	42	42	39	31	34	30	33	29	26	35	32	28	31	27	24	35	32	28	31	27	25	33	30	26	29	28	24
10	7	1.33	7.8	65	59	61	55	52	46	40	44	40	35	49	43	37	41	38	33	49	44	38	42	38	33	46	41	36	39	38	34
16	7	1.68	8.8	85	80	80	75	66	59	52	58	52	46	62	55	49	54	49	43	63	56	50	55	49	44	59	52	47	51	49	44
25	7	2.11	10.6	110	105	103	98	86	76	68	77	68	60	80	71	64	72	64	56	80	70	65	73	65	57	75	65	61	68	61	57
35	7	2.49	11.8	138	130	129	122	106	94	83	95	84	74	99	89	78	89	79	69	100	90	80	90	80	70	94	84	75	84	79	70
50	19	1.61	13.8	175	165	164	154	133	118	105	120	108	95	124	110	98	112	101	89	125	110	100	114	102	90	117	103	94	107	96	88
70	19	2.14	16.0	220	205	206	192	165	150	133	153	135	120	154	140	124	143	126	112	155	143	127	145	130	115	145	134	111	130	125	111
95	19	2.49	18.3	265	250	248	234	200	180	160	184	165	150	187	168	150	172	154	140	190	170	152	175	158	140	178	159	142	164	149	133
120	37	2.01	20.0	310	—	290	—	230	210	190	210	190	170	215	197	178	197	178	159	—	—	—	—	—	—	—	—	—	—	—	—
150	37	2.24	22.0	360	—	337	—	260	240	220	250	227	205	243	224	206	234	212	192	—	—	—	—	—	—	—	—	—	—	—	—

附 录 二

500V 铜芯绝缘导线长期连续负荷允许载流量表

导线截面（mm^2）	线芯结构			导线明敷设				橡皮绝缘导线多根同穿在一根管内时，允许负荷电流（A）												塑料绝缘导线多根同穿在一根管内时，允许负荷电流（A）											
	股数	单芯直径（mm）	成品外径（mm）	25℃		30℃		25℃						30℃						25℃						30℃					
				橡皮	塑料	橡皮	塑料	穿金属管			穿塑料管			穿金属管			穿塑料管			穿金属管			穿塑料管			穿金属管			穿塑料管		
								2 根	3 根	4 根	2 根	3 根	4 根	2 根	3 根	4 根	2 根	3 根	4 根	2 根	3 根	4 根	2 根	3 根	4 根	2 根	3 根	4 根	2 根	3 根	4 根
1.0	1	1.3	4.4	21	19	20	18	15	14	12	13	12	11	14	13	11	12	11	10	14	13	11	12	11	10	13	12	10	11	10	9
1.5	1	1.37	4.6	27	24	25	22	20	18	17	17	16	14	19	17	16	16	15	13	19	17	16	16	15	13	18	16	15	15	14	12
2.5	1	1.76	5.0	35	32	33	30	28	25	23	25	22	20	26	23	22	23	21	19	26	24	22	24	21	19	24	22	21	22	19	18
4	1	2.24	5.5	45	42	42	39	37	33	30	33	30	26	35	31	28	31	28	20	35	31	28	31	28	25	33	29	26	29	26	23
6	1	2.73	6.2	58	55	54	51	49	43	39	43	38	34	46	40	36	40	36	32	47	41	37	41	36	32	44	38	35	38	34	30
10	7	1.33	7.8	85	75	80	70	68	60	53	59	52	46	64	56	50	55	49	43	65	57	50	52	49	44	61	58	47	52	46	41
16	7	1.68	8.8	110	105	103	96	86	77	69	76	68	60	80	72	65	71	64	56	82	73	63	72	65	57	77	68	61	67	61	53
25	19	1.28	10.6	145	138	136	129	113	100	90	100	90	80	106	84	84	94	84	75	107	95	85	95	85	75	100	89	80	89	80	70
35	19	1.51	11.8	180	170	168	159	140	122	110	125	110	98	131	114	103	117	103	92	133	115	105	120	105	93	124	108	98	112	98	87
50	19	1.61	18.8	230	215	215	201	175	154	137	160	140	123	164	144	129	150	131	115	165	146	130	150	130	117	154	137	122	140	123	109
70	49	1.33	17.3	285	265	267	248	215	193	173	195	175	155	201	131	102	182	164	145	205	183	165	185	165	146	194	171	154	173	150	138
95	84	1.20	20.8	345	325	323	304	260	235	210	240	215	195	243	220	197	224	201	182	250	225	200	230	265	185	244	210	187	215	192	173
120	133	1.08	21.7	400	—	374	—	300	270	245	278	250	227	280	252	229	260	234	212	—	—	—	—	—	—	—	—	—	—	—	—
150	37	2.24	22.0	470	—	439	—	340	310	280	320	290	245	318	290	262	299	271	248	—	—	—	—	—	—	—	—	—	—	—	—
185	37	2.49	24.2	540	—	505	—	—	—	—	—	—	—	—	—	—	—	—	—	—	—	—	—	—	—	—	—	—	—	—	—
240	61	2.21	27.2	660	—	617	—	—	—	—	—	—	—	—	—	—	—	—	—	—	—	—	—	—	—	—	—	—	—	—	—

附　录　三

常用图形符号和文字符号

编号	名　称	新标准 图形符号	新标准 文字符号	旧标准 图形符号	旧标准 文字符号
	开　关		QS		K
1	单极开关		QS		K
	三极开关		QS		K
	闸刀开关	同上	QS	同上	DK
	组合开关	同上	QS	同上	HK
	控制器或选择开关及操作开关		SA		ZK
	压力开关		SP		
	限位开关		SL		
	限位开关		SQ		XWK
2	常开触头		SQ		XWK
	常闭触头		SQ		XWK
	复合触头		SQ		XWK
	按　钮		SB		A
3	启动按钮		SB		QA
	停止按钮		SH		TA
	复合按钮		SB		

续表

编号	名称	新标准		旧标准	
		图形符号	文字符号	图形符号	文字符号
4	接触器		KM		C
	线圈		KM		C
	常开触头		KM		C
	常闭触头		KM		C
	带灭弧装置的常开触头		KM		C
	带灭弧装置的常闭触头		KM		C
5	中间继电器		KA		ZJ
	速度继电器		KA		SDJ
	电压继电器		KA		YJ
	一般线圈		KA		相应符号
	欠压继电器线圈	U<	FV	U<	QYJ
	过电流继电器线圈		FA		GLJ
	常开触头		KA		相应符号
	常闭触头		KA		相应符号
6	时间继电器		KT		SJ
	线圈的一般符号		KT		SJ
	断电延时线圈	同右,旧标准	KT		SJ
	通电延时线圈	同右,旧标准	KT		SJ
	瞬时闭合常开触头		KT		SJ
	瞬时断开常闭触头		KT		SJ
	延时闭合常开触头		KT		SJ
	延时断开常闭触头		KT		SJ
	延时断开常开触头		KT		SJ
	延时闭合常闭触头		KT		SJ

续表

编号	名称	新标准		旧标准	
		图形符号	文字符号	图形符号	文字符号
7	热继电器		FR		RJ
	热元件	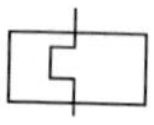	FR	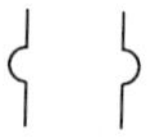	RJ
	常闭触头	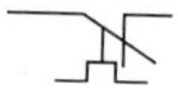	FR		RJ
8	电磁铁	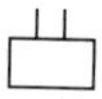	YA		CT
	电磁吸盘	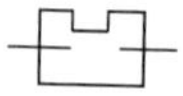	YA	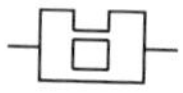	DX
9	接触器	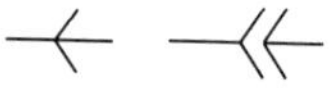	XS-XP	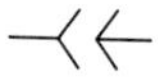	CZ
10	熔断器		FU		RD
11	单相变压器	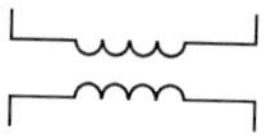	T	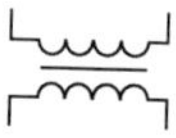	B
	电力变压器	同上	TM	同上	LB
	照明变压器	同上	TC	同上	ZB
	整流变压器	同上	TC	同上	ZLB
12	照明灯	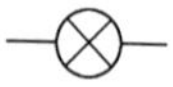	EL	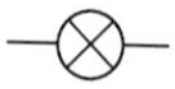	ZD
	信号灯		HL		ZSD
13	电铃	同右旧标准	HA		DL
14	三相自耦变压器	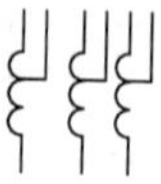	TM	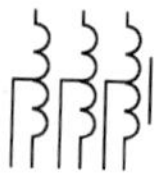	ZOB
15	三相鼠笼式异步电动机	 M 3～	M		D

续表

编号	名 称	新 标 准		旧 标 准	
		图 形 符 号	文字符号	图 形 符 号	文字符号
16	三相绕线式 异步电动机	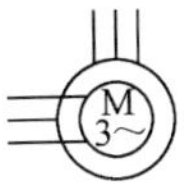 M 3~	M	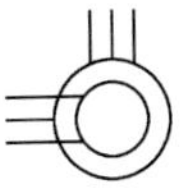	D
17	串励直流电动机	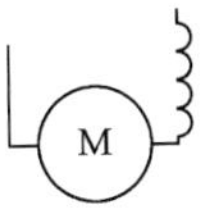 M	M	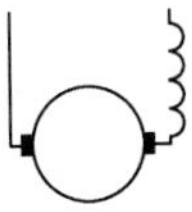	D
18	并励直流电动机	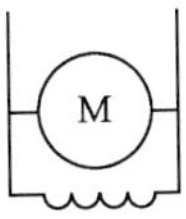 M	M	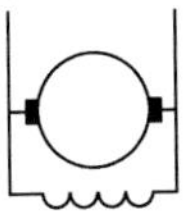	D

参 考 文 献

1 郭智敏. 图解电工手册. 南宁：广西科学技术出版社，2002
2 郑风翼. 看图安装电气设备和电路. 北京：人民邮电出版社，2004
3 马克联. 电工基本技能实训指导. 北京：化学工业出版社，2001
4 周绍敏. 电工基础. 北京：高等教育出版社，2001